普通高等教育土木工程专业新形态教材

钢结构设计原理

白泉　盛国华　金生吉　主编

清华大学出版社
北京

内 容 简 介

本教材根据现行的《钢结构设计标准》(GB 50017—2017)、《钢结构通用规范》(GB 55006—2021)及《建筑结构可靠性设计统一标准》(GB 50068—2018)等规范并参考国内同类相关教材编写而成。

本教材按照《高等学校土木工程本科指导性专业规范》要求,着重讲述钢结构设计的基本原理,主要内容包括钢结构的材料、钢结构的连接、轴心受力构件、受弯构件、拉弯和压弯构件。对于重要知识点,配备了必要的例题和习题,便于使用者学习掌握。同时,为方便读者使用,本教材附录提供了计算分析中常用的各种表格。

本教材内容充实、难易适当,注重理论与应用结合,同时,积极落实立德树人根本任务,教材中融入了大量课程思政资源,突出价值引领。本教材既可作为高等学校土木类相关专业本科生教学用书,也可作为相关科研人员和工程设计人员的参考书。

图书在版编目(CIP)数据

钢结构设计原理/白泉,盛国华,金生吉主编. —北京:清华大学出版社,2024.5
普通高等教育土木工程专业新形态教材
ISBN 978-7-302-66359-1

Ⅰ. ①钢… Ⅱ. ①白… ②盛… ③金… Ⅲ. ①钢结构−结构设计−高等学校−教材 Ⅳ. ①TU391.04

中国国家版本馆 CIP 数据核字(2024)第 107737 号

责任编辑:王向珍　王　华
封面设计:陈国熙
责任校对:欧　洋
责任印制:丛怀宇

出版发行:清华大学出版社
　　网　　址:https://www.tup.com.cn,https://www.wqxuetang.com
　　地　　址:北京清华大学学研大厦 A 座　　　邮　　编:100084
　　社 总 机:010-83470000　　　邮　　购:010-62786544
　　投稿与读者服务:010-62776969,c-service@tup.tsinghua.edu.cn
　　质量反馈:010-62772015,zhiliang@tup.tsinghua.edu.cn
印 装 者:三河市天利华印刷装订有限公司
经　　销:全国新华书店
开　　本:185mm×260mm　　印　　张:20.75　　　字　　数:505 千字
版　　次:2024 年 7 月第 1 版　　　　　　　印　　次:2024 年 7 月第 1 次印刷
定　　价:65.00 元

产品编号:096415-01

前 言
PREFACE

钢材是一种优质的工程结构材料,具有强度高、塑性韧性好、加工性能优良等诸多优点,而且钢材是一种绿色建筑材料,符合可持续发展的理念。以钢材为主制作的工程结构具有承载力高、质量小、跨越能力强、施工速度快等优势,越来越得到人们的青睐,广泛应用于高层建筑、工业厂房、高耸结构、桥梁和大型公共设施等。多年来,我国钢材产量稳居世界第一,年产量均在 10 亿 t 以上,为钢结构的应用奠定了坚实的物质基础;与此同时,我国一批相关标准和规范相继更新,也为钢结构的应用发展提供了可靠的技术保障。《钢结构行业"十四五"规划及 2035 年远景目标》提出钢结构行业"十四五"期间发展目标:到 2025 年年底,全国钢结构用量达到 1.4 亿 t 左右,占全国粗钢产量 15% 以上,钢结构建筑占新建建筑面积比例达到 15% 以上;到 2035 年年底,我国钢结构建筑应用达到中等发达国家水平,钢结构用量达到每年 2.0 亿 t 以上,占粗钢产量 25% 以上,钢结构建筑占新建建筑面积比例逐步达到 40%,基本实现钢结构智能建造。目前,距离上述目标还有很大空间,钢结构发展前景广阔。

钢结构的快速发展对于钢结构人才需求将更加旺盛。适应行业发展变化、培养满足社会需求的土木人才是各高校的重要任务。加强教材建设,提高人才培养质量势在必行。基于此,作者组织编写了《钢结构设计原理》教材。本教材主要特色为:

1. 强化理论基础、注重工程应用。立足于沈阳工业大学建设国内一流本科专业、培养一流创新应用人才的目标,以地方院校土木工程相关专业应用型本科为主要受众对象,秉承少而精和理论联系实际的原则,强化基本理论的同时,配备大量例题、习题,强化工程应用,教材针对性和实用性强。

2. 结合新标准、时效性好。顺应行业发展趋势、紧抓前沿发展动态,尽量反映钢结构的国内外最新成就,并突出新近国家颁布的相关标准及内容,增强学生从业的适应性;同时,在编制例题和习题时密切结合全国一级注册结构工程师执业资格考试的相关内容,为学生未来参加执业考试奠定良好的专业基础。

3. 加强课程思政、凸显价值引领。全面落实立德树人根本任务,深入挖掘课程思政元素,融入教材内容,在潜移默化中讲好中国故事,引导学生树立正确的人生观、世界观和价值观。

参加本教材编写工作的有:白泉、盛国华、金生吉、徐金花、陆海燕、徐超、赵东阳、孙乐娟。主要分工如下:第 1 章由白泉、赵东阳编写;第 2 章由金生吉、孙乐娟编写;第 3 章由白泉、盛国华编写;第 4 章由盛国华、徐金花编写;第 5 章由盛国华、孙乐娟编写;第 6 章由金生吉、徐超编写;陆海燕、赵东阳对全书例题和附录进行了编写。土木工程专业侯添一、卢建南等同学参与了本教材部分插图的绘制。全书由白泉统稿。

　　本教材的编写工作得到了清华大学出版社的鼎力支持,谨向他们高水准的辛勤工作致以诚挚的谢意!

　　由于编者水平有限,书中不足之处在所难免,敬请读者批评指正。

编　者

2023 年 9 月

目 录

CONTENTS

第1章

绪论

1.1　钢结构的特点和应用范围

1.1.1　钢结构的特点

以钢板、热轧型钢或冷加工成型的薄壁型钢等钢材为主要承重结构材料,通过焊接、铆接或螺栓连接等组成的承重结构称为钢结构。钢结构与钢筋混凝土结构、砌体结构、木结构等相比,具有如下特点。

1. 材料强度高,塑性和韧性好

钢材与其他建筑材料诸如混凝土、砖石和木材相比,强度要高得多,因此,特别适用于跨度大、高度高以及荷载重的构件和结构。

钢材还具有塑性和韧性好的特点。钢材塑性好,承受静力荷载时,材料吸收变形能量的能力强,有利于结构在一般条件下不会因超载而突然断裂;同时,还能将局部高峰应力重新分配,使应力变化趋于平缓。钢材韧性好,具有更强的抵抗冲击或振动荷载的能力,适宜在动力荷载下工作。

2. 材质均匀,与力学计算的假定比较符合

与砖石和混凝土相比,钢材属单一材料。由于生产过程质量控制严格,钢材内部组织构造比较均匀,且接近各向同性,钢材的弹性模量很高,在正常使用情况下具有良好的延性,可简化为理想弹塑性体,非常符合一般工程力学的基本假定,计算上的不确定性相对较小,计算结果比较可靠。

3. 质量小,抗震性能好

钢材的密度虽比混凝土等建筑材料大,但由于钢材强度高,构件截面尺寸小,做成的结构比较轻且柔。钢材的强度与密度之比要比钢筋混凝土结构的强度与密度之比大得多,在同样的跨度、承受同样荷载的条件下,钢屋架的质量仅为钢筋混凝土屋架的 $1/4 \sim 1/3$,冷弯薄壁型钢屋架甚至接近 $1/10$,为运输及吊装提供便利。

钢结构由于质量小,且结构比较柔,地震作用相对较小;同时,钢材又具有较高的抗拉和抗压强度及较好的塑性和韧性,能很好地承受动力荷载。国内外的历次地震中,钢结构建筑损坏程度最小,钢材已被工程界确定为最合适的抗震结构材料。

4. 制造简便,施工周期短

钢结构所用的材料单一而且是成材,加工比较简便,并能使用机械操作。因此,大量的钢结构一般在专业化加工厂制作成构件,然后再运至现场安装,装配化率比较高,精确度也较高,质量更易于控制。构件在工地拼装,可以采用安装简便的普通螺栓和高强度螺栓,有时还可以在地面拼装和焊接成较大的单元再吊装,以缩短施工周期。小量的钢结构和轻钢屋架也可以在现场就地制造,随即用简便机具吊装。此外,对已建成的钢结构也较容易改建和加固,用螺栓连接的结构还可以根据需要拆迁,具有其他结构不可替代的优势。

5. 密封性好

钢结构钢材及焊接连接的水密性和气密性较好,不易渗漏,特别适用于制作各种压力容器、油罐、气柜、管道等水密性、气密性要求较高的结构。

6. 钢材可重复利用

钢结构加工制作过程中产生的余料和碎屑,以及废弃和破坏了的钢结构或构件,均可回炉重新冶炼成钢材重复使用。因此,钢材被称为绿色建筑材料或可持续发展材料。

7. 耐腐蚀性差

钢材容易锈蚀,因此,必须对结构注意防护。通常,在没有侵蚀性介质的一般厂房中,钢构件经过彻底除锈并涂上合格的油漆后,锈蚀问题并不严重。对于湿度大、有侵蚀性介质环境中的结构,可采用耐候钢或不锈钢提高其抗锈蚀性能。总体来说,钢结构耐腐蚀性差的缺点不足以对钢结构的使用产生显著的负面影响。

8. 耐热但不耐火

钢材长期经受 100℃ 辐射热时,性能变化不大,具有一定的耐热性能。但当温度超过 200℃ 后,材质变化较大,此时,强度开始逐步降低,并伴有蓝脆现象。当温度达 600℃ 时,钢材进入热塑性状态,强度降为零,已不能继续承载。因此,《钢结构设计标准》(GB 50017—2017)规定:钢结构的温度超过 100℃ 时,进行钢结构的承载力和变形验算时,应该考虑长期高温作用对钢材和钢结构连接性能的影响;高温环境下的钢结构温度超过 100℃ 时,应进行结构温度作用验算,并应根据不同情况采取防护措施。

钢材表面温度超过 150℃ 时需采取隔热防护,对有防火要求的,必须按照相关规定采取隔热保护措施。

9. 钢材的脆断

钢结构在低温环境下和其他条件下可能发生脆性断裂,应引起足够的重视。

1.1.2 钢结构的应用范围

钢结构具有强度高、质量小、施工速度快等优点,因此,一直深受人们喜爱。但其合理应用范围不仅取决于钢结构本身的特点,还受到国民经济发展情况的制约。在我国,从新中国成立到 20 世纪 90 年代中期,钢结构的应用经历了一个长期的"节约钢材"阶段,即在土建工程中钢结构只用在钢筋混凝土不能代替的地方。主要原因是钢材短缺,1949 年全国钢产量只有十几万吨,虽然大力发展钢铁工业,但钢产量一直跟不上社会主义建设宏大规模的要求。直至 1996 年钢产量突破 1 亿 t,局面才得到根本改变,钢结构的技术政策调整为"合理使用钢材"。此后,我国粗钢产量持续快速增长,2003 年粗钢产量首次突破 2 亿 t,2010 年达到 6.4 亿 t,2013 年达到 8.1 亿 t,2020 年超过 10 亿 t,连续多年,我国钢产量高居世界第一,遥遥领先其他国家。

改革开放后,钢产量的大幅增加和经济的快速发展,为我国钢结构的广泛应用奠定了物质基础。随着我国使用钢材的政策由限制转变为推广使用,钢结构在高层建筑、工业厂房、大跨度体育场馆、会展中心、大型飞机安装检修库、大跨度桥梁、海上采油平台、各种大中型仓库中得到广泛应用。新结构形式层出不穷,计算和分析手段不断更新,各种大型复杂钢结构工程不断出现,我国钢结构设计、建造水平也快速提升到世界前列。

目前,钢结构的应用范围大致如下。

1. 大跨度结构

结构跨度越大,自重在全部荷载中所占比重越大,减轻自重可以获得明显的经济效益。因此,钢结构强度高而质量小的优点在大跨桥梁和大跨建筑结构中特别突出。所采用的结构形式有空间桁架、网架、网壳、悬索(包括斜拉体系)、张弦梁、实腹或格构式拱架和框架等。2008 年北京奥运会的主场馆——国家体育场"鸟巢"的屋面结构(图 1-1),跨度为 332.3m×296.4m;2019 年建成通车的武汉杨泗港长江大桥(图 1-2),采用双层钢桁架悬索结构,主跨达到 1700m,是世界第二大跨度桥梁。

图 1-1 国家体育场"鸟巢"

图 1-2　武汉杨泗港长江大桥

2. 厂房结构

钢铁企业和重型机械制造业有许多车间属于重型厂房,车间里吊车的起重质量大(常在110t以上,有的达到440t),其中有些作业十分繁重(24h运转),往往承受较大的振动荷载,钢材因其塑性、韧性好,钢结构的应用可使重型工业厂房更安全可靠。近年来,轻型钢结构工业厂房应用也越来越广泛。

3. 高耸结构

高耸结构通常高度较大、横断面相对较小,要求结构具备较强的抗风及抗震能力,同时,也希望有较轻的自重,采用钢结构具有明显优势。根据其结构形式,主要分为塔式结构和桅式结构,如广播或电视的发射塔、发射桅杆、高压输电线塔、钻井塔、环境大气监测塔等。

4. 多层和高层建筑

由于钢结构的综合效益指标优良,近年来在多、高层民用建筑中也得到广泛应用。其结构形式主要有多层框架、框架-支撑结构、框筒、悬挂、巨型框架等。

5. 可拆卸或移动的结构

钢结构不仅质量小,还可以用螺栓或其他便于拆装的手段连接,因此,非常适用于需要搬迁的结构,如建筑工地、油田和野外作业的生产和生活用房的骨架,临时性展览馆等。还可用作钢筋混凝土结构施工用的模板支架、脚手架,塔式起重机、履带式起重机的吊臂,门式起重机等。

6. 容器和其他构筑物

用钢板焊成的容器具有密封和耐高压的特点,广泛应用于冶金、石油、化工企业中,包括油罐、煤气罐、高炉、热风炉等。此外,还经常用于皮带通廊栈桥、管道支架、钻井和采油塔架,以及海上采油平台等其他钢构筑物。

7. 轻型钢结构

钢结构质量小不仅对大跨结构有利,对使用荷载特别小的小跨结构也有优越性。因为使用荷载特别小时,小跨结构的自重也就成了一个重要因素。冷弯薄壁型钢屋架在一定条件下的用钢量比钢筋混凝土屋架的用钢量还少。轻型结构的结构形式有实腹变截面门式刚架、冷弯薄壁型钢结构(包括金属拱形波纹屋盖)以及钢管结构等。

1.2 钢结构的设计方法

钢结构设计的目的是保证结构和构件在充分满足功能要求的基础上安全可靠地工作,即在施工和规定的设计使用年限内能满足预期的安全性、适用性和耐久性的要求,同时还要保证其经济合理性。因此,钢结构设计的原则为技术先进、经济合理、安全适用、确保质量。这一设计原则是根据《建筑结构可靠性设计统一标准》(GB 50068—2018)制定的。除疲劳计算外,钢结构设计采用以概率理论为基础的极限状态设计方法(简称"概率极限状态设计法"),用分项系数的设计表达式进行计算。关于钢结构的疲劳计算,由于疲劳破坏的不确定性较大,研究方法也欠成熟,我国现行设计标准仍然沿用传统的容许应力设计法,而不采用概率极限状态设计法。

1.2.1 概率极限状态设计法

1. 结构的功能要求

结构在规定的设计使用年限内应满足下列功能要求:

(1) 能承受施工和使用期间可能出现的各种作用;

(2) 保持良好的使用性能;

(3) 具有足够的耐久性能;

(4) 当发生火灾时,在规定的时间内可保持足够的承载力;

(5) 当发生爆炸、撞击、人为错误等偶然事件时,结构能保持必需的整体稳固性,不出现与起因不相称的破坏后果,防止出现结构的连续倒塌。

上述"各种作用"是指引起结构内力或变形的各种原因,包括施加在结构上的集中力或分布力(直接作用,也称为"荷载")和引起结构外加变形或约束变形的原因(间接作用)。

2. 结构的可靠度

根据《建筑结构可靠性设计统一标准》(GB 50068—2018),结构的可靠性是指结构在规定时间内,规定条件下,完成预定功能的能力。结构的可靠度是对结构可靠性的定量描述,即结构在规定的时间内,规定的条件下,完成预定功能的概率。

"规定的时间"是指结构的设计使用年限;"规定的条件"是指正常设计、正常施工、正常使用和维护的条件,不包括非正常的,如人为的错误等。

3．结构的极限状态

整个结构或结构的一部分超过某一特定状态就不能满足设计规定的某一功能要求,此特定状态为该功能的极限状态。现行《钢结构设计标准》(GB 50017—2017)中,将钢结构的极限状态分为承载能力极限状态和正常使用极限状态两大类。《建筑结构可靠性设计统一标准》(GB 50068—2018)中,新增了结构耐久性极限状态相关内容。

1) 承载能力极限状态

这种极限状态对应于结构或结构构件达到最大承载能力或出现不适于继续承载的变形,包括构件或连接的强度破坏、脆性断裂,因过度变形而不适用于继续承载,结构或构件丧失稳定,结构转变为机动体系和结构倾覆。

强度破坏是指构件的某一截面或连接件因应力超过材料强度而导致的破坏。有孔洞的钢构件在削弱截面处拉断,属于一般的强度破坏。钢结构还有一种特殊情况,即在特定条件下出现低应力状态的脆性断裂。材质低劣、构造不合理和低温等因素都会促成这种断裂。

土建钢结构用的钢材具有较好的塑性变形能力,并且在屈服之后还会强化,表现为抗拉强度 f_u 高于屈服强度 f_y。设计钢结构时可以考虑适当利用材料的塑性,但是,塑性工作阶段不应导致过大的变形。桁架的受拉弦杆如果以 f_u 而不是 f_y 为承载极限,就会因过大变形而使桁架不适于继续承载。

超静定梁或框架可允许在受力最大的截面出现全塑性,形成所谓塑性铰。荷载继续增大时,这个截面有如真实的铰一样工作。多次超静定结构可以出现几个塑性铰而不丧失承载能力,直至塑性铰的数目增加到形成机动体系为止。当然,达到这种极限状态有一定条件,即丧失稳定的可能性得到控制。

钢构件因材料强度高而截面小,且组成构件的板件又较薄,使失稳成为承载能力极限状态极为重要的方面。压应力是使构件失稳的原因,除轴心受拉杆外,压杆、梁和压弯构件都在不同程度上存在压应力,因此,失稳又在钢结构中具有普遍性。不过,有些局部性的失稳现象并不构成承载能力的极限。读者将从后面的有关章节了解这方面的情况。

许多钢构件用来承受多次重复的移动荷载,桥梁、吊车梁都属于这类构件。这些构件在反复循环荷载作用下,有可能出现疲劳破坏。

承载能力极限状态绝大多数是不可逆的,一旦发生就导致结构失效,因而必须慎重对待。

2) 正常使用极限状态

这种极限状态对应于结构或构件达到使用功能上允许的某个限值,包括影响结构、构件和非结构构件正常使用或外观的变形,影响正常使用的振动,影响正常使用的局部损坏(包括组合结构中混凝土裂缝)。

正常使用极限状态中的变形和振动限制通常都在弹性范围内,并且是可逆的。对于可逆的极限,可靠度方面的要求可以适当放宽。

承载能力极限状态与正常使用极限状态相比,前者可能导致人身伤亡和大量财产损失,故其出现的概率应当很小;而后者对生命的危害较小,故允许出现的概率可大些,但仍应给予足够的重视。

3)耐久性极限状态

值得注意的是,结构的可靠性包括安全性、适用性和耐久性,相应的可靠性设计也应包括承载能力、正常使用和耐久性三种极限状态设计。《建筑结构可靠性设计统一标准》(GB 50068—2018)中,新增了有关结构耐久性极限状态设计的内容。结构耐久性是指在服役环境作用和正常使用维护条件下,结构抵御性能劣化(或退化)的能力,因此,在结构全寿命性能变化过程中,原则上结构劣化过程的各个阶段均可以选作耐久性极限状态的基准。理论上讲,足够的耐久性要求已包含在一段时间内的安全性和适用性要求中。然而,出于实用的原因,增加与耐久性有关的极限状态内容或针对一定(非临界)条件的极限状态是有用的。因此,广义上来说,对于极限状态可定义以下3类状态:

第1类极限状态:影响结构初始耐久性能的状态(如碳化或氯盐侵蚀深度达到钢筋表面导致钢筋开始脱钝、钢结构防腐涂层作用丧失等);

第2类极限状态:影响结构正常使用的状态(如钢结构的锈蚀斑点、混凝土表面裂缝宽度超出限值等);

第3类极限状态:影响结构安全性能的状态(如钢结构的锈蚀孔、混凝土保护层的脱离等)。

《建筑结构可靠性设计统一标准》(GB 50068—2018)中首次引入的耐久性极限状态系指第1类极限状态。

4. 结构的极限状态原理

结构的工作性能可以用结构的功能函数来描述。若结构设计时需要考虑影响结构可靠度的随机变量有 n 个,即 $X_1, X_2, \cdots, X_n$,则这 n 个随机变量通常可建立某种特定的函数关系

$$Z = g(X_1, X_2, \cdots, X_n) \tag{1-1}$$

式(1-1)被称为结构的功能函数。

结构的可靠度受各种作用、材料性能、几何参数和计算公式精确性等因素的影响,这些具有随机性的因素称为基本变量。基本变量均可考虑为相互独立的随机变量。对于一般的建筑结构,可以将上述基本变量归并为两个综合的基本变量,即作用效应 S 和结构抗力 R。结构的功能函数可表示为

$$Z = g(R, S) = R - S \tag{1-2}$$

由于 S 和 R 都是随机变量,其函数 Z 也是一个随机变量。功能函数 Z 存在3种可能状态:

(1) $Z = g(R, S) = R - S > 0$,结构处于可靠状态;

(2) $Z = g(R, S) = R - S = 0$,结构达到临界状态,即极限状态;

(3) $Z = g(R, S) = R - S < 0$,结构处于失效状态。

由于基本变量的不确定性,作用效应 S 有出现高值的可能,结构抗力 R 也有出现低值的可能,即使设计中采用了相当保守的设计方案,但在结构投入使用后,谁也不能保证它绝对可靠,因而,对所设计结构的功能只能给出一定概率的保证。

按照结构极限状态设计方法,结构的可靠性用结构的可靠度来度量,即结构安全的概率,它可用下面的公式表达:

结构的安全概率(可靠度 p_s)可表示为

$$p_s = P(Z \geqslant 0) \tag{1-3}$$

结构的失效概率(不可靠度 p_f)可表示为

$$p_f = P(Z < 0) \tag{1-4}$$

并且,由于事件 $Z<0$ 与事件 $Z\geqslant0$ 是对立的,所以,结构可靠度 p_s 与结构的失效概率 p_f 符合式(1-5)

$$p_s = 1 - p_f \tag{1-5}$$

因此,结构可靠度的计算可以转换为结构失效概率的计算。可靠的结构设计是指失效概率小到可以接受的程度,并不等同于结构绝对可靠。

设 S 和 R 都服从正态分布,则功能函数 $Z=R-S$ 也服从正态分布。若以 μ 代表平均值,σ 代表标准差,则根据平均值和标准差的性质可知

$$\mu_Z = \mu_R - \mu_S \tag{1-6}$$

$$\sigma_Z^2 = \sigma_R^2 + \sigma_S^2 \tag{1-7}$$

由于标准差都取正值,则结构的失效概率表达式(1-4)可改写成

$$p_f = P\left(\frac{Z}{\sigma_Z} < 0\right) \tag{1-8}$$

和

$$p_f = P\left(\frac{Z - \mu_Z}{\sigma_Z} < -\frac{\mu_Z}{\sigma_Z}\right) \tag{1-9}$$

因为 $\dfrac{Z-\mu_Z}{\sigma_Z}$ 服从标准正态分布,所以又可写成

$$p_f = \phi\left(-\frac{Z}{\sigma_Z}\right) \tag{1-10}$$

式中,$\phi(\cdot)$ 为标准正态分布函数。

令 $\beta = \dfrac{\mu_Z}{\sigma_Z}$,并将式(1-6)和式(1-7)代入,则有

$$\beta = \frac{\mu_R - \mu_S}{\sqrt{\sigma_R^2 + \sigma_S^2}} \tag{1-11}$$

式(1-10)成为

$$p_f = \phi(-\beta) \tag{1-12}$$

因为是正态分布,故:

$$p_s = 1 - p_f = \phi(\beta) \tag{1-13}$$

由以上两式可以看出,β 和 p_s(或 p_f)具有数值上的一一对应关系。已知 β 后即可由标准正态分布函数值的表中查得 p_f。图 1-3 和表 1-1 都给出了 β 和 p_f 的对应关系。图中 $f_Z(Z)$ 是 Z 的概率密度函数,阴影面积的大小就是 p_f。由于 β 越大 p_f 就越小,也就是结构越可靠,所以称 β 为可靠指标。

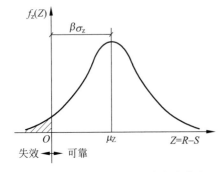

图 1-3　功能函数 Z 的概率密度曲线

表 1-1 β 与 p_f 的对应关系

β	1.5	2.0	2.5	3.0	3.5	4.0	4.5
p_f	6.68×10^{-2}	2.28×10^{-2}	6.21×10^{-3}	1.35×10^{-3}	2.33×10^{-4}	3.17×10^{-5}	3.40×10^{-6}

以上推算均假定 S 和 R 都服从正态分布。实际上结构的作用效应多数不服从正态分布,结构的抗力一般也不服从正态分布。然而,对于非正态的随机变量可以作当量正态变换,找出它的当量正态分布的平均值和标准差,然后再按照正态随机变量一样对待。当功能函数 Z 为非线性函数时,可将此函数展开为泰勒级数而取其线性项计算 β。由于 β 的计算只采用分布的特征值,即一阶原点矩(均值)μ_Z 和二阶中心矩(方差,即标准差的平方)σ_Z^2,对非线性函数只取线性项,而不考虑 Z 的全分布,故称该方法为一次二阶矩法。

为了使不同结构能够具有相同的可靠度,《建筑结构可靠性设计统一标准》(GB 50068—2018)规定了各类构件按承载能力极限状态设计时的可靠指标,即目标可靠指标(表 1-2)。

表 1-2 结构构件承载能力极限状态设计时的可靠指标 β

破坏类型	安全等级		
	一级	二级	三级
延性破坏	3.7	3.2	2.7
脆性破坏	4.2	3.7	3.2

目标可靠指标的取值从理论上说应根据各种结构构件的重要性、破坏性质及失效后果,以优化方法确定。但是,实际上这些因素还难以找到合理的定量分析方法。因此,目前各个国家在确定目标可靠指标时都采用"校准法",通过对原有规范作反演算,找出隐含在现有工程结构中相应的可靠指标值,经过综合分析后确定设计规范中相应的可靠指标值。这种方法的实质是从整体上继承原有的可靠度水准,是一种稳妥可行的办法。对钢结构各类主要构件校准的结果,β 一般在 3.16~3.62。一般工业与民用建筑的安全等级属于二级。钢结构的强度破坏和大多数失稳破坏都具有延性破坏性质,所以钢结构构件设计的目标可靠指标一般为 3.2。但是,也有少数情况,主要是某些壳体结构和圆管压杆及一部分方管压杆失稳时具有脆性破坏特征。对这些构件,可靠指标按表 1-2 应取 3.7。疲劳破坏也具有脆性特征,但我国现行设计规范对疲劳计算仍然采用容许应力法。钢结构连接的承载能力极限状态经常是强度破坏而不是屈服,可靠指标应比构件高,一般推荐用 4.5。

5. 设计表达式

1) 承载能力极限状态表达式

为了应用简便并符合人们长期已熟悉的形式,可将式(1-11)做如下变换

$$\mu_S = \mu_R - \beta\sqrt{\sigma_R^2 + \sigma_S^2}$$

由于

$$\sqrt{\sigma_R^2 + \sigma_S^2} = \frac{\sigma_R^2 + \sigma_S^2}{\sqrt{\sigma_R^2 + \sigma_S^2}}$$

故得

$$\mu_S + \alpha_S \beta \sigma_S \leqslant \mu_R - \alpha_R \beta \sigma_R \tag{1-14}$$

式中

$$\alpha_S = \frac{\sigma_S}{\sqrt{\sigma_R^2 + \sigma_S^2}}, \quad \alpha_R = \frac{\sigma_R}{\sqrt{\sigma_R^2 + \sigma_S^2}}$$

式(1-14)就是以平均值表示的一次二阶矩法的设计表达式。只要根据结构的重要性和破坏特性确定了结构的可靠指标,又统计出各随机变量的平均值和标准差,就可利用式(1-14)设计。

考虑到工程设计中经常以 S 和 R 的标准值 S_K 和 R_K(图 1-4)为统计对象,

$$S_K = \mu_S + \eta_S \sigma_S \tag{1-15}$$

$$R_K = \mu_R - \eta_R \sigma_R \tag{1-16}$$

式中,η_S、η_R——确定标准值时所用的保证度系数。一般取 95% 的保证度(对应 0.05 的分位数)时,$\eta = 1.645$。

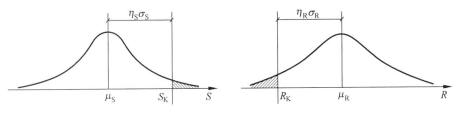

图 1-4　S_K 和 R_K 的取值

由式(1-14)可以得到

$$\mu_S(1 + \alpha_S \beta \delta_S) \leqslant \mu_R(1 - \alpha_R \beta \delta_R) \tag{1-17}$$

式中,$\delta_S = \sigma_S / \mu_S$,$\delta_R = \sigma_R / \mu_R$ 分别为 S 和 R 的变异系数。

由式(1-15)、式(1-16)可得到

$$S_K = \mu_S(1 + \eta_S \delta_S) \tag{1-18}$$

$$R_K = \mu_R(1 - \eta_R \delta_R) \tag{1-19}$$

把式(1-18)和式(1-19)分别表示为 μ_S 和 μ_R 的等式,并代入式(1-17)中,则式(1-17)转化为

$$\frac{1 + \alpha_S \beta \delta_S}{1 + \eta_S \delta_S} S_K \leqslant \frac{1 - \alpha_R \beta \delta_R}{1 - \eta_R \delta_R} R_K \tag{1-20}$$

或

$$\gamma_S S_K \leqslant \frac{1}{\gamma_R} R_K \tag{1-21}$$

此即为以标准值表示的设计公式。式中,γ_S、γ_R 分别为作用效应分项系数和结构抗力分项系数。其表达式分别为

$$\gamma_S = \frac{1 + \alpha_S \beta \delta_S}{1 + \eta_S \delta_S} \tag{1-22}$$

$$\gamma_R = \frac{1 - \eta_R \delta_R}{1 - \alpha_R \beta \delta_R} \tag{1-23}$$

《建筑结构可靠性设计统一标准》(GB 50068—2018)规定,结构构件宜根据规定的可靠

指标,采用由作用的代表值、材料性能的标准值、几何参数的标准值和各相应的分项系数构成的极限状态设计表达式进行设计。

作用效应分项系数(包括永久荷载分项系数 γ_G、可变荷载分项系数 γ_Q)和结构构件抗力分项系数 γ_R 应根据结构功能函数中基本变量的统计参数和概率分布类型,以及表 1-2 规定的可靠指标,通过计算分析,并考虑工程经验确定。《钢结构设计标准》(GB 50017—2017)中,基于各牌号钢材和各厚度组别调研和试验数据,按照《建筑结构可靠性设计统一标准》(GB 50068—2018)的要求进行数理统计和可靠度分析,并考虑设计使用方便,最终确定钢材的抗力分项系数 γ_R(表 1-3)。

表 1-3　钢材抗力分项系数 γ_R

厚度分组/mm		6~40	40~100	原规范值
钢牌号	Q235 钢	1.09		1.087
	Q355 钢	1.125		1.111
	Q390 钢			
	Q420 钢	1.125	1.18	
	Q460 钢			—

考虑到施加在结构上的可变荷载往往不止一种,这些荷载不可能同时达到各自的最大值,因此,还要根据组合荷载效应分布来确定荷载的组合系数 ψ_{ci}。

《钢结构设计标准》(GB 50017—2017)规定,按承载能力极限状态设计钢结构时,应考虑作用效应的基本组合,必要时尚应考虑作用效应的偶然组合(考虑如火灾、爆炸、撞击、龙卷风等偶然事件的组合)。按正常使用极限状态设计钢结构时,应考虑荷载效应的标准组合。

(1) 对于持久设计状况、短暂设计状况,承载能力极限状态设计表达式为

$$\gamma_0 S \leqslant R \tag{1-24}$$

式中,γ_0——结构重要性系数,对安全等级为一级的结构构件不应小于 1.1,对安全等级为二级的结构构件不应小于 1.0,对安全等级为三级的结构构件不应小于 0.9;

S——承载能力极限状况下作用组合的效应设计值,对持久或短暂设计状况应按作用的基本组合计算;

R——结构构件的承载力设计值。

作用的基本组合效应设计值 S 应从式(1-25)荷载效应组合值中取用最不利值:

$$S = \sum_{i=1}^{m} \gamma_{Gi} S_{Gik} + \gamma_P S_P + \gamma_{Q1} \gamma_{L1} S_{Q1k} + \sum_{j=2}^{n} \gamma_{Qj} \psi_{cj} \gamma_{Lj} S_{Qjk} \tag{1-25}$$

式中,S_{Gik}——第 i 个永久作用标准值的效应;

S_P——预应力作用有关代表值的效应;

S_{Q1k}——第 1 个可变作用标准值的效应;

S_{Qjk}——第 j 个可变作用标准值的效应;

γ_{Gi}——第 i 个永久荷载分项系数,当永久荷载效应对结构构件的承载能力不利时取 1.3,当永久荷载效应对结构构件的承载能力有利时取值不应大于 1.0;

γ_P——预应力作用的分项系数;当预应力作用效应对结构构件的承载能力不利时取

1.3,当预应力作用效应对结构构件的承载能力有利时取值不应大于 1.0;

γ_{Q1}、γ_{Qj} ——分别为第 1 个和第 j 个可变荷载分项系数,当可变荷载效应对结构构件的承载能力不利时,取 1.5;有利时,取 0;

γ_{L1}、γ_{Lj} ——分别为第 1 个和第 j 个考虑结构设计使用年限的荷载调整系数,结构设计使用年限 5 年时,取 0.9;结构设计使用年限 50 年时,取 1.0;结构设计使用年限 100 年时,取 1.1;

ψ_{cj} ——第 j 个可变荷载的组合值系数,可按《建筑结构可靠性设计统一标准》(GB 50068—2018)的规定采用。

(2) 对于地震设计状况,多遇地震采用式(1-26)的表达式,设防地震采用式(1-27)的表达式。

$$\text{多遇地震} \qquad\qquad S \leqslant R/\gamma_{RE} \qquad\qquad (1\text{-}26)$$

$$\text{设防地震} \qquad\qquad S \leqslant R_k \qquad\qquad (1\text{-}27)$$

式中,S——承载能力极限状况下作用组合的效应设计值,对地震设计状况应按作用的地震组合计算,即按式(1-28)计算。

$$S = \gamma_G S_{GE} + \gamma_{Eh} S_{Ehk} + \gamma_{Ev} S_{Evk} + \psi_w \gamma_w S_{wk} \qquad\qquad (1\text{-}28)$$

式中,γ_G——重力荷载分项系数,一般情况应采用 1.3,当重力荷载效应对构件承载能力有利时,不应大于 1.0;

γ_{Eh}、γ_{Ev}——分别为水平、竖向地震作用分项系数,当仅计算水平地震作用或竖向地震作用时,分别应采用 1.3;同时计算水平与竖向地震作用时,其中主要作用的该系数应采用 1.3,另一作用的该系数应采用 0.5;

γ_w——风荷载分项系数,应采用 1.5;

S_{GE}——重力荷载代表值的效应,有吊车时,尚应包括悬吊物重力标准值的效应;

S_{Ehk}——水平地震作用标准值的效应,尚应乘以相应的增大系数或调整系数;

S_{Evk}——竖向地震作用标准值的效应,尚应乘以相应的增大系数或调整系数;

S_{wk}——风荷载标准值的效应;

ψ_w——风荷载组合值系数,一般结构取 0.0,风荷载起控制作用的建筑应采用 0.2。

(3) 偶然设计状况,偶然作用的代表值不乘分项系数;与偶然作用同时出现的可变荷载,应根据观测资料和工程经验采用适当的代表值,具体的设计表达式及各种系数应符合专门规范的规定。

2) 正常使用极限状态

对于正常使用极限状态,按《建筑结构可靠性设计统一标准》(GB 50068—2018)的规定,宜根据不同情况采用作用的标准组合、频遇组合或准永久组合分别进行设计,并使变形等设计值不超过相应的规定限值。

钢结构只考虑荷载的标准组合,其设计式为

$$\sum_{i=1}^{m} \nu_{Gik} + \nu_{Q1k} + \sum_{j=2}^{n} \psi_{cj} \nu_{Qjk} \leqslant [\nu] \qquad\qquad (1\text{-}29)$$

式中,ν_{Gik}——第 i 个永久荷载的标准值在结构或构件中产生的变形值;

ν_{Q1k}——起控制作用的第 1 个可变荷载标准值在结构或构件中产生的变形值(该值使计算结果最大);

ν_{Qik}——第 i 个可变荷载标准值在结构或构件中产生的变形值；

$[\nu]$——结构或构件的允许变形值，按《钢结构设计标准》(GB 50017—2017)相关规定采用。

1.2.2 容许应力法

以结构构件的计算应力 σ 不大于有关规范所给定的材料容许应力 $[\sigma]$ 的原则进行设计的方法称为容许应力法。其表达式为

$$\sigma \leqslant [\sigma] = \frac{f_b}{K} \tag{1-30}$$

式中，σ——由标准荷载采用弹性分析求得的结构构件中的最大应力；

$[\sigma]$——规范规定的钢材容许应力；

f_b——材料的极限强度，对塑性材料取屈服点 f_y，对脆性材料取强度极限 f_u；

K——安全系数，凭经验取值。

容许应力设计法以线性弹性理论为基础，以构件危险截面的某一点或某一局部的计算应力小于或等于材料的容许应力为准则。在应力分布不均匀的情况下，如受弯构件、受扭构件或静不定结构，用这种设计方法比较保守。

容许应力设计法应用简便，是工程结构中的一种传统设计方法。该方法的优点是简单适用，已有多年的使用经验，目前疲劳验算、钢桥、储液罐和压力容器等结构仍在应用。缺点是将非确定性的结构可靠性问题作为确定性问题考虑，用单一的安全系数来表达，不能保证各种结构具有比较一致的可靠度水平，该法以弹性分析得到的某点强度来确定整个结构安全与否，没有考虑钢材的塑性性能和内力重分布。

在钢结构设计中，采用容许应力法进行结构疲劳计算，相关内容详见后续章节。

1.3 我国钢结构的发展

1. 古代——探索开展

钢结构是现代建筑工程中较常用的结构形式之一，但其应用历史却较久远。

中国作为世界上最早掌握炼钢技术的国家之一，早在春秋时期就有了钢的应用历史。考古工作者曾经在湖南长沙杨家山春秋晚期的墓葬中发掘出一把"铁剑"，经金相检验，其含碳量为 0.5%，与现在的中碳钢相当，它说明在距今已有 2500 多年的春秋晚期，中国就能够炼钢。公元 7 世纪，北齐的著名冶金家綦毋怀文在总结前人经验的基础上，对古代一种新的炼钢方法——灌钢法做出了突破性发展和完善，为世界冶炼技术的发展做出了划时代的贡献。

我国也是最早用钢铁建造承重结构的国家。据《水经注·渭水三》记载："秦始皇造桥。铁墩重不胜，故刻石作力士孟贲像以祭之，墩乃可移动也"，可见，秦始皇时期就有用铁墩造桥的历史。公元前 206 年，汉将樊哙在汉中留坝建樊河铁索桥，这是世界上最早的铁索桥，距今有 2200 多年历史，该桥经多次修复，直至 20 世纪 50 年代毁坏。公元 1 世纪中叶汉明

帝时,曾在今云南景东地区的澜沧江上"以铁锁系甫北为桥",名为兰津桥。两汉至隋朝时期,除上述之外,还出现了铁索浮桥,主要代表有湖北西陵峡铁索浮桥、湖北荆门虎牙浮桥、河南洛水天津桥等。唐代至元代时期,铁索桥无论是在建造技术,还是在使用方面都得到飞速发展,特别是铁索浮桥发展更快,其数量明显增多;此外,由于冶铁技术的发展,铁索浮桥被大量用于长江与黄河河道的防御。这一时期铁索桥的主要代表有云南神川铁索桥、云南漾濞水桥、西藏拉萨布达拉宫金桥、四川江油云岩寺桥等;铁索浮桥的主要代表有浙江临海中津桥、浙江黄岩利涉浮桥、山西永济蒲津浮桥等。到了明清时期,全国范围内的铁索桥数量急剧增多,尤其是西部云、贵、川、藏等地的铁索桥数量飞速增加,出现了并列多索铁链桥和并列多索铁眼杆桥等新式铁索桥。我国现存最早的铁索桥是四川大渡河泸定桥,长 103.67m、宽 3m,由 13 根铁索组成,建于 1705 年,距今已 300 余年,新中国成立后修复过一次,现仍在使用。与我国相比,欧洲最早的铁索桥是 1741 年在英格兰建成的温奇(Winch)人行桥;而美国则是 1801 年,由苏格兰移民到美国宾夕法尼亚州的詹姆斯·芬利建造的一座熟铁链式悬索桥(Jacob's Creek Bridge),但在 1825 年损毁,比中国樊河铁索桥晚了近2000 年。

除悬索桥之外,我国古代还在钢结构建筑方面取得了领先地位。位于江苏省镇江市的甘露寺铁塔,始建于唐宝历元年(825 年),名曰"卫公塔",唐乾符年间(874—879 年)被毁,宋熙宁年间(1068—1077 年)原址重建。甘露寺铁塔全部以铁仿木构楼阁式塔铸制,残高约为8m,包括塔基(须弥座)及残塔 4 层。塔身平面为八角形,八面四门,塔基和塔身均有图案,如云水纹、莲瓣双雀、游龙戏珠、佛及飞天像等。甘露寺铁塔不仅反映了中国古代冶铁铸造技术水平和佛教艺术,也反映了宋代木构形制,具有重要的历史、科学、文物及佛教研究价值。建于北宋崇宁四年(1105 年)的山东济宁寺铁塔,铁铸塔身 9 层,计塔座在内共 11 层,通高 23.8m,为八角仿楼阁式建筑风格,塔尖采用鎏金塔顶防雷技术,体现了高超的建筑学、力学原理,是我国现存最高、保存最完整的宋代铁塔。

这一时期,我国在钢结构应用方面处在世界前列,积累了丰富的工程经验。

2. 近代——突破进展

进入 18 世纪 60 年代,第一次工业革命开始。钢铁冶炼技术的进步和生产能力的大幅提高,为钢结构的广泛应用提供了可能。1779 年,英国科尔布鲁克戴尔厂利用生铁建造了塞文河桥(拱桥),跨径 30.7m。由于生铁性脆,宜受压,不宜受拉,仅适用于拱桥。熟(锻)铁抗拉性能较生铁好,19 世纪 40 年代开始出现熟(锻)铁桥,跨径 60~70m 的公路桥多采用锻铁链悬索桥,铁路由于悬索桥的刚度不足而采用桁架桥,1850 年英国建造的布列坦尼亚双线铁路桥,为世界上第一座用熟铁铆接的箱形锻铁梁桥。1855 年美国建成尼亚加拉瀑布公路铁路两用桥,为采用锻铁索和加劲梁的悬索桥,跨径达 250m。1883 年美国建成了布鲁克林大桥,跨度跃升至空前的 486m,由此,拉开了现代大跨度悬索桥建设的帷幕。

在房屋建筑方面,1786 年巴黎法兰西剧院建造了生铁结构屋顶,1801 年建造的英国曼彻斯特萨尔福特棉纺厂的 7 层生产车间,采用生铁梁柱,并首次使用了工字形断面的铁件。1851 年,英国约瑟夫·帕科斯顿设计的水晶宫是 19 世纪前半期铁框架结构技术发展的杰出代表。与此同时,资本主义各国的钢产量迅速增加,价格下降,钢所具有的高强度、良好的韧性和塑性使铁相形见绌,于是铁结构逐渐被钢结构所替代,再加上计算理论的进步,建筑的高度和跨度都得以大幅提高。1889年,法国建成了埃菲尔铁塔,高度超过300m。同一时期,第一座依照现代钢框架结构原理建造的高层建筑——芝加哥家庭保险公司大厦(10层)于1885年建成。1907年,美国设立伯力恒钢厂(Bethlehem steel),次年开始生产热轧型钢,之后热轧型钢开始应用于建筑结构,一批钢结构摩天大楼不断涌现。20世纪初,焊接技术的突破性进步以及高强螺栓连接的出现,极大地促进了钢结构发展。

20世纪前半叶,由于钢结构防火能力弱等缺陷和钢筋混凝土结构的兴起,钢结构在房屋建筑领域发展一度低迷。第二次世界大战之后,随着经济的复苏及科学技术的进步,钢材的性能和产量取得了突破性进展,计算机逐渐开始应用于钢结构建筑的辅助设计,钢结构建筑的各种结构体系日益成熟,除了在超高层、大跨度结构等方面继续保持优势,以工业化为特征的轻型钢结构在欧美发达国家迅速发展,尤其是60年代以后,发达国家钢材供应有了充分保证,建筑钢材亦有了突破性进展,如新型彩色压型钢板、新型高效能冷弯薄壁型钢和第三代热轧型钢——H型钢的出现,为钢结构在低层建筑的应用和普及创造了条件。

我国近代以来,饱受封建压迫和外敌入侵的屈辱,科学技术发展全面滞后。19世纪末、20世纪初修建的许多钢桥都由外国人设计、建造,如1909年建成的兰州黄河大桥(五跨超静定钢桁架结构),由美国公司设计、德国公司承建。完全由中国人自行设计建造的钢桥可追溯至1905—1909年詹天佑主持建造的京张铁路,其中,钢桥121座,总长度1951.03m。京张铁路的建成,显示了中国人民杰出的智慧和才干,大大增强了中国人民建设自己祖国的信心,周恩来总理曾盛赞这一业绩是"中国人民的光荣"。1937年9月26日,茅以升主持建设的钱塘江大桥建成通车,这是中国人自己设计、建造的第一座双层铁路、公路两用桥,它的建成彻底结束了中国人不能独立建设现代化大桥的历史,是中国桥梁工程史上一座不朽的丰碑。1937年12月23日,为了阻止日军南下,茅以升亲手炸毁了通车仅89天的大桥。抗日战争胜利以后,茅以升受命组织修复,大桥服役至今,远超设计使用年限。在房屋建筑方面,1927年建成了沈阳皇姑屯机车厂钢结构厂房;1931年建成了广州中山纪念堂,屋顶采用钢桁架结构,跨度达到71m。

近代,西方发达国家在钢结构应用方面取得了突破进展,设计理论不断完善,建造经验不断丰富,建筑物的跨度、高度及承载能力大幅提高。我国在这一时期,总体处于落后位置,但也诞生了以詹天佑、茅以升为杰出代表的一批发奋图强、自力更生的爱国工程师,不但给后人留下了传世的不朽工程,更给后人注入了不竭的精神动力!

3. 现代——快速发展

新中国成立后,党和国家非常重视钢铁生产和建筑钢结构发展,但受限于我国当时钢材的生产能力和综合国力水平,钢结构广泛应用还不具备条件,主要集中于一些重点工程。

桥梁工程中,1957年,在苏联专家的帮助下建成我国第一座跨长江公铁两用桥——武汉长江大桥,桥长1670m,实现了"一桥飞架南北,天堑变通途",圆了几代人的梦想。1968年建成南京长江大桥,桥长4589m,它是长江上第一座由中国自行设计和建造的现代化双层式铁路、公路两用桥梁,是苏联专家撤走并中断了钢铁供应和成套技术后,中国人靠自己的力量建成的桥,它是20世纪60年代中国经济建设的重要成就、中国桥梁建设的重要里程碑,它破解了当时的"卡脖子"问题,具有极大的经济、政治和战略意义,是中国人民的"争气桥",它开创了我国"自力更生"建设大型桥梁的新纪元。

房屋建筑方面,新中国成立初期,钢结构主要集中应用于重型厂房、大跨度公共建筑以及塔桅结构中。新中国成立初期,几个大型钢铁联合企业如鞍山、武汉、包头等钢厂的炼钢、轧钢、连铸车间等都采用了钢结构。1959 年建成的人民大会堂,钢屋架达到 60.9m;1968 年建成的首都体育馆,屋盖为平板钢网架,长 112.9m,宽 99m;1975 年建成的上海体育馆,屋面为圆形钢网架,跨度 110m;1975 年建成的兵马俑 1 号坑钢结构,形式为三铰拱,跨度 72m。1962 年建成的北京工人体育馆,采用的圆形双层辐射式悬索结构,直径为 94m;1967 年建成的浙江体育馆,采用的双曲抛物面正交索网的悬索结构,呈椭圆平面,尺寸达 80m×60m。在塔桅结构方面,广州、上海等地都建造了高度超过 200m 的多边形空间桁架钢电视塔。1977 年北京建成的环境气象塔为高达 325m 的五层纤绳三角形杆身的钢桅杆结构。

1978 年以后,我国实行改革开放政策,伴随经济建设的突飞猛进,我国钢结构行业走出低潮期,迎来前所未有的快速发展。各类钢结构桥梁、高层和超高层房屋、多层房屋、单层轻型房屋、体育场馆、大跨度会展中心、机场候机楼、大型客机检修库、自动化高架仓库等大批量涌现。尤其是 20 世纪 90 年代,我国 1996 年钢铁产量突破 1 亿 t、一举跃居世界第一,钢结构应用范围和规模进一步扩大。

桥梁工程中,斜拉桥方面,1987 年建成通车的胜利黄河大桥,是国内首座双箱钢斜拉桥,主桥长 682m,主跨达 288m。1991 年通车的上海南浦大桥,主桥为一跨过江的双塔双索面斜拉桥,全长 846m,采用钢梁与钢筋混凝土预制板相结合的叠合梁结构,主孔跨径 423m,邓小平亲自题名"南浦大桥",这座当年国内第一跨度斜拉桥,见证了中国建桥史的高歌猛进之路。1993 年建成的上海杨浦斜拉桥(钢与钢筋混凝土叠合梁),主桥全长 1172m,主跨 602m,一举超越 1991 年挪威建成的主跨 530m 的斯堪桑德大桥,成为当时世界最大跨径斜拉桥,它标志着我国斜拉桥的建设水平已进入世界前列。福州青洲闽江大桥(2000 年建成,主跨 605m)、南京长江二桥(2001 年建成,主跨 628m)、南京长江三桥(2005 年建成,主跨 648m)、武汉白沙洲长江大桥(2008 年建成,主跨 620m)、苏通长江公路大桥(2008 年建成,主跨 1088m)、香港昂船洲大桥(2009 年建成,主跨 1018m)、鄂东长江大桥(2010 年建成,主跨 926m)等世界跨度前列的斜拉桥集中涌现,其中,苏通长江公路大桥(双索面钢箱梁)首次将斜拉桥跨度突破千米大关,并成为新的世界第一跨度斜拉桥。2011 年建成的胶州湾大桥,由沧口航道桥、红岛航道桥及大沽河航道桥三部分组成,分别采用双钢箱梁斜拉桥、钢箱梁斜拉桥、钢箱梁悬索桥,是国际屈指可数的现代化桥梁集群工程,并于 2013 年荣获国际桥梁大会乔治·理查德森奖。悬索桥方面,1996 年西陵长江大桥(主梁采用钢箱梁)建成通车,全桥总长 1118.66m,主跨 900m,该桥的设计理论及施工工艺水平均代表了当时世界上大跨度桥梁的发展方向,该桥的成功建成,带动中国的桥梁建设水平进入一个新时代。1997 年虎门大桥(主梁采用加劲钢箱梁)建成通车,航道桥单跨 888m,虎门大桥是当时中国国内规模最大的公路桥梁,也是中国首座加劲钢箱梁悬索结构桥梁。1999 年建成通车的江阴长江公路大桥(主梁采用钢箱梁),是中国第一座跨度超千米的特大桥(桥梁全长 3071m,主跨 1385m),代表中国 20 世纪 90 年代造桥最高水平,是我国桥梁工程建设新的里程碑,跻身世界桥梁前列(当时的世界第四)。之后,润扬长江公路大桥(2005 年建成,主跨 1490m)、武汉阳逻长江大桥(2007 年建成,主跨 1280m)、舟山西堠门大桥(2009 年建成,主跨 1650m)等世界跨度排名前十的悬索桥成批涌现,尤其是西堠门大桥,更是荣获了国际桥梁界"诺贝尔奖"——古斯塔夫·林德撒尔奖。钢桁梁桥及拱桥方面,2003 年建成通车的上海卢浦大桥，主跨550m，是当时世界跨度最大的钢结构拱桥。2009年建成的重庆朝天门长江大桥，主跨552m，打破了卢浦大桥的纪录。2011年建成通车的南京大胜关长江大桥，为六跨连续钢桁梁拱桥，建成时是世界首座六线铁路大桥，世界上跨度最大的高速铁路桥，也是设计荷载最大的高速铁路桥，具有体量大、跨度大、荷载大、速度高"三大一高"的特点，它建成时代表了中国桥梁建造的最高水平，标志着中国桥梁建造技术跻身于世界领先行列，并荣获古斯塔夫·林德撒尔奖。2012年建成的四川合江县波司登大桥，主跨530m，是世界上跨度最大的钢管混凝土拱桥。其他如巫山长江大桥（2005年建成，主跨492m，钢管混凝土拱桥）、宁波明州大桥（2011年建成，主跨450m，钢拱桥）等，比比皆是，均在同类桥型中排在世界前列。2013年建成通车的九江长江大桥，是双层双线铁路、公路两用桥，是中国桥梁建设史上第三座"里程碑"式的桥梁，是当时世界最长的铁路、公路两用的钢桁梁大桥。

房屋建筑方面，同发达国家相比，我国的超高层钢结构建筑发展起步较晚，在改革开放以后，尤其是20世纪90年代以后，进入高速发展期，也成为国民经济高速发展的重要标志。1988年建成的深圳发展中心大厦，高度165.3m，是国内第一座超高层钢结构建筑。1990年北京建成的京广中心大厦，高度209m，是我国第一座突破200m的超高层钢结构建筑。1992年建成的香港中环广场（374m）一度居亚洲第一，1996年建成的深圳地王大厦（384m），成为当年的亚洲第一、世界第四高楼。1999年建成的上海金茂大厦（88层，高420.5m），央视纪录片中赞誉其为"中国建筑通向新世纪的通天宝塔"，标志着我国超高层钢结构已进入世界前列。之后，2003年香港国际金融中心二期（420m）、2003年台北101大厦（508m）、2008年上海环球金融中心（492m）、2010年香港环球贸易广场（484m）、2010年广州国际金融中心（439m）、2010年南京紫峰大厦（450m）、2011年深圳京基100大厦（442m）等如雨后春笋般涌现，集团式冲进世界最高建筑排行榜前列。在钢塔桅结构方面，1995年建成的青岛电视塔，塔高232m，是当时的"中国第一钢塔"。2000年建成的石家庄电视塔，塔高280m，同年建成的哈尔滨龙塔，塔高336m，成为当时亚洲第一；2009年建成的河南广播电视塔（中原福塔），塔高388m；2009年建成的广州塔（小蛮腰），总高度达到600m，位居世界前列。在大跨度建筑和单层工业厂房方面，1994年建成的天津市体育中心体育馆，屋面采用双层网壳，跨度达135m；1996年建成的嘉兴电厂干煤棚，采用柱面双层网壳结构，跨度达103.5m；1997年建成的上海八万人体育场，屋盖采用马鞍形环形大悬挑空间钢结构，最大悬挑长度达73.5m，当时为世界第一；1999年建成的上海浦东国际机场航站楼（一期），首次采用张弦梁屋盖结构，跨度达82.6m，2002年广州国际会展中心采用这种结构，跨度达126.6m；2004年，哈尔滨国际会展中心跨度达128m。2010年上海世博会主题馆西侧展厅屋盖结构采用单向张弦桁架，实现了180m×120m展厅全厅无柱，为亚洲最大的无柱展馆。这些建筑都位居当时同类建筑中最大跨度的前列，这些建筑的建成也说明我国大跨度钢结构技术已接近国际先进水平。

从20世纪80年代到21世纪初，我国钢结构在各个领域高速发展，迅速摆脱了落后面貌，尤其是进入21世纪的十几年，更是在多个领域达到世界先进水平。经济的飞速发展为大型土木工程建设创造了前所未有的机遇，中国土木人奋发图强、创新发展，没有辜负时代，向世界展示了中国高度、中国跨度、中国速度。

4. 新时代——高质量创新发展

进入新时代,我国钢结构保持高速发展的良好势头,在各个领域继续发展。

桥梁方面,2013年建成通车的浙江常台高速嘉绍大桥,全长10.137km,主航道桥采用独柱四索面六塔斜拉钢箱梁桥(70m+200m+5×428m+200m+70m),索塔数量、主桥长度规模位居世界前列,该桥的设计将自然、人文和科技创新完美融合,获得了包括国际桥梁最高奖——古斯塔夫·林德撒尔奖在内的多个奖项。2016年建成通车的杭瑞高速北盘江大桥,主桥采用双塔双索面钢桁梁斜拉桥,全长1341.4m,主跨720m,桥面至江面距离565.4m,桥塔顶部至江面垂直距离740m,为世界少有的高桥,荣获古斯塔夫·林德撒尔奖。2016年建成通车的贵黔高速鸭池河大桥,为双塔双索面钢桁梁斜拉桥,全长1240m,主跨800m,荣获古斯塔夫·林德撒尔奖。2019年建成的平罗高速平塘大桥,为三塔双索面钢混组合梁斜拉桥,大桥全长2135m(249.5m+550m+550m+249.5m),荣获古斯塔夫·林德撒尔奖。2022年7月,中国最大跨度多功能斜拉桥——红莲大桥成功合龙,该桥全长1772m,采用双塔双索面混合梁斜拉桥型,塔高180m,采用钢箱梁结构的主跨达580m,同时搭载多回路高压电缆、燃气、通信和输水等过江市政管道,是目前我国同类型多功能斜拉桥的最大跨度。2012年建成的泰州长江公路大桥,主桥采用三塔双跨(2×1080m)钢箱梁悬索桥,是世界上该种桥型的最大跨径。2018年建成的大渡河大桥,为钢桁梁悬索桥,全长1411m,主跨1100m,荣获古斯塔夫·林德撒尔奖。2019年建成通车的南沙大桥,主桥采用钢箱梁悬索桥,主跨达1688m,为世界第三大跨度。2019年建成通车的武汉杨泗港长江大桥,采用钢桁梁悬索结构,主跨长1700m,为世界第二大跨度。2020年投入使用的五峰山长江大桥,为公铁两用钢桁梁双塔悬索桥,主桥长1428m,采用84m+84m+1092m+84m+84m跨径布置,该桥是高速铁路桥梁首次采用悬索桥结构体系,填补了世界高速铁路悬索桥、中国公铁两用悬索桥和中国铁路悬索桥三项空白,并在国际上率先建立起中国高速铁路悬索桥的设计方法、计算理论和相关技术标准。2019年9月27日通车运营的秭归长江大桥,为中承式钢桁架拱桥,全长883.2m,采用2×35m+531.2m+9×30m的跨径布置,2020年获古斯塔夫·林德撒尔奖。2021建成通车的国道G320线贵州花鱼洞大桥,该桥将原主跨150m预应力混凝土桁式组合拱桥拆除重建为主跨180m中承式钢管混凝土提篮拱桥,新建桥梁全长269.6m,采取"利用新拱拆旧桥"的办法,实现了"水源零污染、景区零干扰、废料再利用、景观新地标",2022年获古斯塔夫·林德撒尔奖,凸显了该桥的技术含量、环保价值和美学价值,标志着我国桥梁在"小而精"建设方面达到世界认可的全新高度。

2018年建成的港珠澳大桥,是世界第一跨海大桥,全长55km,由桥、岛、隧三部分组成,连接粤港澳三地,三座通航桥采用斜拉桥。港珠澳大桥被称为桥梁界"珠穆朗玛峰",创下世界上里程最长、沉管隧道最长、寿命最长、钢结构最大、施工难度最大、技术含量最高、科学专利和投资金额最多等多项世界纪录,获"2020年国际桥梁大会(IBC)超级工程奖"。习近平总书记对该项目给予了高度评价:港珠澳大桥的建设创下多项世界之最,非常了不起,体现了一个国家逢山开路、遇水架桥的奋斗精神,体现了我国综合国力、自主创新能力,体现了勇创世界一流的民族志气。这是一座圆梦桥、同心桥、自信桥、复兴桥。大桥的建成通车,进一步坚定了我们对中国特色社会主义的道路自信、理论自信、制度自信、文化自信,充分说明社会主义是干出来的,新时代也是干出来的!

目前在建的常泰长江大桥,全长 10.03km,主航道桥为主跨 1176m 钢桁梁斜拉桥,建成后将成为世界最大跨度斜拉桥。南京仙新路过江通道悬索桥(主跨 1760m,钢箱梁悬索桥)、六横公路大桥(主跨 1768m 钢箱梁悬索桥)、深中通道伶仃洋大桥(主跨 1666m 钢箱梁悬索桥)、龙潭长江大桥(主跨 1560m 钢箱梁悬索桥)等一批大跨度悬索桥正在建设中。

总体来讲,进入新时代,我国钢结构桥梁在保持大跨度优势的同时,更加注重技术与材料创新、工程与周边环境的协调,从我国近年屡获国际桥梁协会大奖可充分证明,我国桥梁建设水平在国际上处于领先地位,得到了全世界的认可。

房屋建筑方面,同样发展迅速。2019 年建成北京大兴国际机场航站楼,最大跨度 180m,总用钢量约 6 万 t。2020 年投入使用的国家速滑馆,采用单层双向正交马鞍形索网屋面(198m×124m),用钢量仅为传统屋面的 1/4。2020 年竣工的陕西奥体中心体育馆,屋盖采用双层经纬式网架结构,最大跨度达 136.6m,入选"2020 年度全球最佳体育场"。2021 年建成的国家会展中心(天津)一期工程,16 个展厅均采用 84m 跨度的钢桁架结构,总建筑面积 48 万 m^2,总用钢量 12.8 万 t,入围国际"杰出建筑结构奖"。超高层建筑越来越多、越建越高。2015 年封顶武汉中心大厦(438m),2016 年建成上海中心大厦(632m),2017 年建成广州周大福金融中心(530m),2017 年建成深圳平安大厦(599m),2018 年建成深圳华润总部大厦(392.5m),2018 年建成长沙国金中心(452m),2018 年建成北京中信大厦(528m),2019 年建成天津周大福金融中心(530m),均位居世界高楼排行榜前列。截至 2022 年,据不完全统计,国内建成 300m 以上高度的超高层建筑 100 多座、200m 以上的 1100 多座,超高层建筑占全球总数超过 60%。另外,在建的武汉绿地中心(设计高度 636m)、济南山东国金中心(设计高度 428m)、重庆陆海国际中心(458m)等均已封顶,贵阳国际金融中心(401m)、苏州中南中心(设计高度 499m)、南京绿地金茂国际金融中心(499.8m)、南京河西鱼嘴金融中心(498.8m)、武汉周大福金融中心(475m)、昆明绿地东南亚中心(428m)等正在建设中。

"建筑高度的背后,是一个城市的梦想"。超高层建筑一方面具有集约化利用土地、提升日常工作效率、强化城市地标意象、推动建筑科技进步等优点,同时也产生了诸多现实问题,如大量空置、环境污染、城市热岛、碳排放量高、建设运营成本高、安全隐患大等,为贯彻落实新发展理念,统筹发展和安全,科学规划建设管理超高层建筑,促进城市高质量发展,住房和城乡建设部、应急管理部于 2021 年 10 月联合印发《关于加强超高层建筑规划建设管理的通知》,对超高层建筑建设进行限制。2022 年,国家发展改革委在《"十四五"新型城镇化实施方案》中明确要求"严格限制新建超高层建筑,不得新建 500 米以上建筑,严格限制新建 250 米以上建筑"。"落实适用、经济、绿色、美观的新时期建筑方针,治理'贪大、媚洋、求怪'等建筑乱象"。至此,在未来较长时间内,我国超高层建筑将不会再有明显增长。

与超高层建筑限制使用对应,国家积极推进装配式建筑发展,钢结构作为装配式建筑的典型结构形式之一,在推动装配式建筑大潮中得到快速发展。

进入新时代,国家牢固树立和贯彻落实创新、协调、绿色、开放、共享的新发展理念,按照适用、经济、安全、绿色、美观的要求,推动建造方式创新,大力发展装配式混凝土建筑和钢结构建筑,近年出台了一系列相关政策文件,支持鼓励作为装配式建筑重要内容的钢结构发展。

2016 年 2 月,《中共中央　国务院关于进一步加强城市规划建设管理工作的若干意见》明确指出,"发展新型建造方式。大力推广装配式建筑,减少建筑垃圾和扬尘污染,缩短建造工期,提升工程质量"。"加大政策支持力度,力争用 10 年左右时间,使装配式建筑占新建建筑的比例达到 30%。积极稳妥推广钢结构建筑"。

2016 年 9 月,发布了《国务院办公厅关于大力发展装配式建筑的指导意见》,指出:"发展装配式建筑是建造方式的重大变革,是推进供给侧结构性改革和新型城镇化发展的重要举措,有利于节约资源能源、减少施工污染、提升劳动生产率和质量安全水平,有利于促进建筑业与信息化、工业化深度融合、培育新产业新动能、推动化解过剩产能。近年来,我国积极探索发展装配式建筑,但建造方式大多仍以现场浇筑为主,装配式建筑比例和规模化程度较低,与发展绿色建筑的有关要求以及先进建造方式相比还有很大差距"。"因地制宜发展装配式混凝土结构、钢结构和现代木结构等装配式建筑。力争用 10 年左右的时间,使装配式建筑占新建建筑面积的比例达到 30%"。

2017 年 3 月,住房和城乡建设部印发《"十三五"装配式建筑行动方案》,提出"到 2020 年,全国装配式建筑占新建建筑的比例达到 15% 以上,其中重点推进地区达到 20% 以上,积极推进地区达到 15% 以上,鼓励推进地区达到 10% 以上"。

2019 年 10 月,国家发展改革委印发《绿色生活创建行动总体方案》,按此要求,2020 年 7 月,住房和城乡建设部、国家发展改革委、教育部、工业和信息化部等七部委联合发布《绿色建筑创建行动方案的通知》,明确要求:"推广装配化建造方式。大力发展钢结构等装配式建筑,新建公共建筑原则上采用钢结构。编制钢结构装配式住宅常用构件尺寸指南,强化设计要求,规范构件选型,提高装配式建筑构配件标准化水平。推动装配式装修。打造装配式建筑产业基地,提升建造水平。"

2021 年 6 月,住房和城乡建设部发布《关于加强县城绿色低碳建设的意见》,指出:"发展装配式钢结构等新型建造方式。全面推行绿色施工。"

2021 年 10 月,中共中央办公厅、国务院办公厅印发《关于推动城乡建设绿色发展的意见》,文件中明确:"大力发展装配式建筑,重点推动钢结构装配式住宅建设,不断提升构件标准化水平,推动形成完整产业链,推动智能建造和建筑工业化协同发展。"文件强调必须坚持以人民为中心,坚持生态优先、节约优先、保护优先,坚持系统观念,统筹发展和安全。

2021 年 10 月,国务院印发《2030 年前碳达峰行动方案》,对碳达峰阶段的工作进行总体部署,确定了 2030 年前碳达峰"十大重点行动"。其中在城乡建设领域碳达峰方案中明确:"加快推进新型建筑工业化,大力发展装配式建筑,推广钢结构住宅,推动建材循环利用,强化绿色设计和绿色施工管理"。在"双碳"目标背景下,开启我国钢结构建筑应用新篇章,必须打通型钢生产、钢结构制作安装、工程承包和房地产全产业链联合协作、配套集成环节,突破推广瓶颈、培育产业化力量,不断提高钢结构建筑质量、品质,合理降低工程造价,充分体现钢结构建筑优势。

2022 年 5 月由中共中央、国务院出台的《关于推进以县城为重要载体的城镇化建设的意见》提出要大力发展绿色建筑,推广装配式建筑、节能门窗、绿色建材、绿色照明,全面推行绿色施工。

2022 年 6 月,《中华人民共和国国民经济和社会发展第十四个五年规划和 2035 年远景目标纲要》明确要求,推进新型城市建设,要"推广绿色建材、装配式建筑和钢结构住宅,建设低碳城市"。

我国建筑钢结构应用经过近 10 年的快速发展,已经进入一个新的发展阶段,这个阶段将以绿色低碳发展理念,推动产业升级和节能减排为重要特征。

受益于政策的大力支持,我国钢结构已经步入一个快速发展期。2015—2020 年,全国钢结构产量由 5100 万 t 增加至 8900 万 t,钢结构产值占建筑业总产值的比例总体呈上升趋势,2020 年达到 3.07%。2021 年,全国钢结构产量达到 9700 万 t,2022 年达 10180 万 t,钢结构占比建筑业总产值稳步上升,但这仍远远落后于国外 30% 的比例,未来发展潜力巨大。《钢结构行业“十四五”规划及 2035 年远景目标》提出钢结构行业“十四五”期间发展目标:到 2025 年年底,全国钢结构用量达到 1.4 亿 t 左右,占全国粗钢产量比例 15% 以上,钢结构建筑占新建建筑面积比例达到 15% 以上。到 2035 年年底,我国钢结构建筑应用达到中等发达国家水平,钢结构用量达到每年 2.0 亿 t 以上,占粗钢产量 25% 以上,钢结构建筑占新建建筑面积比例逐步达到 40%,基本实现钢结构智能建造。

2022 年召开的党的二十大,在报告中明确指出,要加快构建新发展格局,着力推动高质量发展,并强调“高质量发展是全面建设社会主义现代化国家的首要任务”,“要坚持以推动高质量发展为主题”。作为国民经济重要支柱的建筑产业,正经历着深刻、复杂而全面的变革,作为碳排放大户的建筑业绿色化、低碳化势在必行,责任重大。大力推广钢结构不仅对生态文明建设、绿色发展具有重要意义,并且对于供给侧结构性改革、促进工业化转型具有积极作用。因此,准确把握党的二十大报告提出的数字化、“双碳”、绿色发展、智能化等方面新思想,按照国家关于“双碳”工作的部署和要求,从根本上改变当前城乡建设领域存在的“大量建设、大量消耗、大量排放”的突出问题,推动建筑行业的高质量发展是大势所趋!

钢结构凸显的绿色低碳特征,将作为中国工业产业和循环经济的代表之一,引领“创造绿色城市生活”的建筑方向,推动低碳经济健康发展。

钢结构未来可期!

1.4 补充阅读:中国杰出的爱国工程师——詹天佑

我国科学技术界和广大人民,以景仰和自豪的心情,纪念 19 世纪末 20 世纪初我国最杰出的爱国工程师詹天佑一百周年诞辰;纪念他建成了第一条完全由中国工程技术人员设计、施工的铁路干线——京张铁路,在我国铁路建设史上写下了光辉的一页;纪念他为我国铁路工程技术的发展,作出的卓越贡献;更纪念他蔑视帝国主义,发奋图强、自力更生的爱国主义精神,以及踏实钻研、同工人结合的作风。

1861 年 4 月 26 日詹天佑出生在广东省南海县。他祖父原来开设一家茶行,在鸦片战争中,被英国的军舰大炮轰垮了,他父亲只好过着穷苦的生活。詹天佑幼小时,就常听到“平英团”“升平社学”“佛山团练局”等人民抗英武装斗争的故事,从小就种下了爱国主义思想的种子。

詹天佑 11 岁时(1872 年),被清政府第一批派遣出国留学。他在美国学习了近代的科学技术知识,接触了资本主义的“物质文明”,同时也看到了美国社会存在着的许多不平等现象,尤其是对华工的种种虐待歧视。他中学毕业后,曾报考美国陆海军学校,美国国务院的回答是:“这里没有地方可以容纳中国学生”,就这样极端轻蔑无礼地拒绝了他的要求。詹天佑深深感到祖国地位的低下和中国人民受到的耻辱。他努力寻找祖国贫弱的原因和挽救祖国的出路,在具有资产阶级改良主义思想的老师容闳等人的影响下,他认为只有通过修筑铁路,建造工厂,开发矿藏,发展科学技术,才能使祖国富强起来。因此,他决心学习科学技术,为祖国服务。1878年,他考入美国耶鲁大学土木工程专科。他学习非常努力,成绩优异,入学第一年数学考试成绩就得全校第一名,他的毕业论文《码头起重机的研究》得到很高评价。1881年,他以出色的成绩毕业,同年秋天和同学们一起回国。

1888年,天津铁路公司总经理伍廷芳聘请詹天佑为工程司,参加修筑芦台到天津的铁路(这条铁路以后延长为关内外铁路,即现在的京沈铁路)。他是第一个担任铁路工程师的中国人。从此,他终生都为了中国的铁路建设事业而奋斗。他参加修筑铁路后,在实践中积累了丰富的经验和本领。他参加了当时最艰巨的滦河大桥等的修建工程,并显示出他已经是一个优秀的工程师了。1894年,英国土木工程学会推选詹天佑为会员,这是外国人第一次吸收中国人参加具有较大代表性的学术团体。

我国的铁路一开始就被帝国主义所控制,用作对我国进行经济、政治、军事、文化侵略的工具。尤其是1894年中日战争后,西方资本主义国家已进入帝国主义阶段,加紧了对殖民地的分割,当时的我国成了列强争夺的最后一块"大肥肉"。各个帝国主义国家开始了对中国铁路建筑让与权的疯狂争夺,争先恐后地在我国抢占修建铁路的权利,铁路沿线成了帝国主义的"势力范围",我国面临被帝国主义瓜分的危险。当时,具有爱国主义思想的我国人民提出了"中国铁路应修自中国人"的爱国口号。詹天佑在铁路工地上亲眼看到帝国主义分子侵略我国的暴行和我国人民的反抗斗争,他下定决心:一定要为祖国修建完全由我国人民自己来修的铁路,不让帝国主义霸占掳夺。

1900年,我国人民发动了伟大的反帝爱国斗争——"义和团运动",帝国主义为了镇压中国人民革命斗争,派遣侵略军队占领了关内外铁路,利用它来运输军队屠杀中国人民。1901年,詹天佑毅然离开被"八国联军"占领的关内外铁路,到长江以南的萍醴铁路工作。1902年,"八国联军"在强迫清政府签订卖国投降的《辛丑条约》,抢夺了许多权利后,将关内外铁路"归还"中国。詹天佑被派参加接收关内外铁路的工作。他日夜忙碌,披风沥雨,恢复了饱受帝国主义蹂躏的关内外铁路,并继续展筑,不久,这条铁路就全线竣工。

"戊戌变法"和"义和团运动"失败后,新兴的民族资产阶级开始了独立的政治和经济运动,在经济方面,全国出现了"拒借洋债、拒用洋匠、收回权利、自办铁路"的群众运动。全国各省几乎都成立了商办铁路公司,要求修筑铁路。1905年,在人民的压力和帝国主义国家自相矛盾的情况下,清政府决定派詹天佑为总工程师,负责修建京张铁路。这个消息一传出,马上轰动了全国。

京张铁路长约二百公里,经过内外长城间的燕山山脉。这条铁路是连接华北和西北必经的交通要道,也是古来军事上兵家必争之地,它具有重大的经济、政治、军事意义。英国等帝国主义国家早就垂涎欲滴,想夺取这条铁路,控制我国北部。英国工程师金达曾秘密勘测过这条线路,他发现这条铁路工程巨大,尤其是从南口到岔道城一带,叫作"关沟段"的地方,要在悬崖绝壁之上修起一条险险的铁路,穿过古称"天险"的长城要塞居庸关、八达岭。铁路要通过八达岭,按照欧美的设计,必须开凿一条长达六千余尺的隧道,工程的艰险当时在世界上是少见的。帝国主义分子认为我国人根本不可能担负这样艰巨的工程。他们到处发表诬蔑中国人民的谬论,说什么"会修铁路通过关沟段的中国工程师还没有出世!""中国人想不靠外国人自己修铁路,就算不是梦想,至少也要过五十年才能实现!"这群帝国主义分子都等待着詹天佑的失败,好出面夺取京张铁路。

詹天佑知道修筑这条铁路有很大困难，但他决心要用中国人民自己的力量修成京张铁路，来驳斥帝国主义者的谰言。他先后勘测了好几条路线，根据经费、工期和地形等条件，认真比较，最后选定了现在的线路。对全线最困难的八达岭隧道，他在现场进行了反复勘测，和我国工程师、工人、当地居民共同研究，大胆推翻了外国工程师的设计。按照他们的设计，铁路在爬山时，每升高一尺，要有至少一百尺长的线路，因而上升很慢，山腰隧道很低，需要很长的隧道。詹天佑为了要缩短隧道长度，就把隧道抬高，但这就要求非常陡峻的铁路"坡度"，因此他采用了两个办法，一是把升高一尺所需的铁路长度，从一百尺减至三十三尺，准备将来行车时，用两个火车头牵引列车，来克服上下陡坡的困难；二是在青龙桥车站附近，修筑一条"人"字形铁路，也用很陡的坡度，使火车先往西走一段，升高一层，然后"折返"，再往东又走一段，再上升一层，因而在原有有限回旋余地的半山中，就把铁路大大抬高，也就是把隧道抬高，来减少隧道的长度。这样，八达岭隧道的长度就降低到外国工程师设计的一半。他还取消了鹞儿梁、九里桥等地的隧道，大大节省了工款，缩短了工期。

为了争取早日修成京张铁路，詹天佑运用了分段勘测、设计、施工和分段通车的方法。在这里，他对我国铁路的技术标准，又树立了一个良好模范。那时，帝国主义者为了推销他们的铁路器材，想使我国铁路的技术标准都跟着他们走，如"轨距"一项，就有英美制、比法制、日本制、俄国制等，纷然杂陈，非常混乱。詹天佑坚持采用适合我国情况的一点四三五米的标准轨距，树立先声，以便将来全国铁路都可"车同轨"，畅通无阻。1905年10月，丰台到南口的第一段工程开始动工，同时继续进行第二、三段的勘测设计。不到一年，第一段工程完工，丰台到南口就先行通车。这时，第二、三段也已完成勘测设计，不久就陆续开工。

京张铁路的第二段就是有名的"关沟段"，共有四座隧道，这是全线工程的关键。开工后，詹天佑一直住在工地上亲自指导施工，注意吸取工人建议，研究改进施工方法和劳动组织。八达岭隧道太长，如按一般方法仅从两端施工，工期势必太久。因而他采用了中部"凿井法"，从山顶打下两口直井，到了路基后再分两头向洞口开凿，加上两端洞口，一共有6个工作面同时施工，把一座长隧道变成了三座短隧道，使工期大大缩短了。他工作认真细致，测量打线都要一再复核，尽力避免错误，八达岭隧道接通时，尺寸和原设计完全相符。在八达岭隧道的施工过程中，他们曾遇到缺乏经验、没有机器设备、石质坚硬、通风不畅、洞顶漏水等许多困难。詹天佑以对祖国荣誉负责的态度来对待这些困难的考验。他经常和工人在一起商量问题，有一次他对计算一种土石方的工作量感到困难，就请教一位工人，那位工人就用算盘把它解决了，他非常高兴。他在工程中，总用最简单而最有效的方法来克服困难。他对工程检查最为认真，时常拿一根铁签和一桶水，在混凝土表层打一小洞，灌进水，看透水情况来察看质量，这个方法为工人们采用，直到现在。他藐视困难，艰苦朴素的作风，对群众产生了很大影响。他说："我国地大物博，而于一路之工，必须借重外人，引以为耻。"（《京张铁路工程纪略叙》）参加修筑京张铁路的全体中国职工，"上自工程师，下至工人，莫不发愤自雄，专心致意，以求达其工竣之目的"（《旅汉同学会新年大会演说词》）。就在这种高度爱国主义精神的鼓舞下，他们团结一心，努力工作，终于克服了重重艰难险阻，出色地完成了这项空前巨大复杂的工程，仅用了十八个月就把八达岭隧道打通了，工期缩短一半。

詹天佑注意学习我国民族建筑的传统。他采用我国自造的水泥和当地开采的石料，修筑了许多民族形式的拱桥，这些拱桥质量坚固，形式美观，而且节省了大量钢材。

詹天佑在勘测线路时，发现铁路附近有煤矿，就亲自去进行勘查。他在勘测报告中提出开发这些煤矿的建议,指出这样做有许多好处,比如就地供应铁路用煤,降低运输成本;增加铁路运输量;增加人民谋生机会等。后来他修建了煤矿支线,适应开矿运输的需要。他在施工中时刻注意保护农业生产,少占耕地民房,尽量不使农民遭受损失,因而受到了群众的欢迎和支持。

在施工中,詹天佑很注意培养训练我国的工程技术人员。京张铁路开始勘测时,只有两个学生跟他一起工作,后来他还把其中的一个调给另一条急需工程师的我国自办铁路。詹天佑知道我国迫切需要自己的技术人才,就大胆地运用在实践中培养人才的办法,招收了一批青年做练习生,边学边做,边做边学,迅速地培养出一批土生土长的技术力量,不但担任了京张铁路的技术工作,还为我国自建铁路培养了人才。他们在我国铁路建设事业中起了很大作用。

1909年9月京张铁路全线竣工。它的全部工程都是由我国自己修建的,施工期不满四年,比原计划提前两年完成,共用工款六百多万两白银,这是当时我国修筑的成本最低的铁路干线。京张铁路完工后,国内外许多人都来参观。他们看到我国自力修建这样艰巨的工程,都啧啧称赞,连那些原来嘲笑詹天佑"狂妄自大""不自量力"的帝国主义分子,也不得不承认詹天佑和我国职工工作得"十分完善"。1909年10月2日,在南口举行了盛大的通车庆祝会,会上各地来宾热烈祝贺这项伟大的成就。来宾朱淇激动地说:"詹天佑和我国职工修成京张铁路,给我国争了口气。既然铁路可以我国自己修,那么将来一切矿山工厂也都可以由我国人民自己办。今天我国人为京张铁路庆祝,也就是为全中国的矿山工厂庆祝。"这段话代表了当时全国广大群众的共同心情。

京张铁路的修成,极大地鼓舞了中国人民的民族自信心,推动了广大群众"收回利权",自办铁路的爱国运动。他曾亲自到京汉线的黄河大桥进行勘察,并担任了沪嘉、洛潼铁路的顾问总工程司。京张铁路通车后,詹天佑一面开始展筑张家口到绥远的铁路,一面应四川、湖北人民要求担任川汉铁路总工程司兼会办。1910年,商办粤汉铁路公司选举詹天佑为总理兼总工程司。他热情地支持商办铁路,用中国技术人员代替原来盘踞在粤汉铁路的外国工程师,使工程大有起色。但是,清政府在"宁赠友邦,不予家奴"的卖国政策指导下,把商办的汉粤川铁路出卖给英美法德四国。这个卖国行为激起了全国人民强烈的反抗。1911年,以反对清政府出卖中国铁路的"保路运动"为导火线,爆发了伟大的辛亥革命,推翻了君主专制制度。詹天佑欢迎辛亥革命,觉得这是拯救中国的希望。他组织粤汉铁路公司的同人,欢迎回到广州的孙中山先生。孙中山先生也十分器重他,希望他帮助实现修建十万英里铁路的计划。

1912年,辛亥革命后不久,詹天佑发起组织了"中华工程师会"(后改名为"中华工程师学会"),并被选为会长。他希望能把全中国的工程技术人员团结和组织起来,为建设富强的祖国而共同努力。他积极主持"中华工程师学会"的工作,开展各种学术活动,出版学报,还亲自编撰出版了《京张铁路工程记略》和《华英工学字汇》两部著作。前一部记述了修筑京张铁路的经验,后一部是中国第一部工程技术的词典,这两部著作对我国技术界起了很大作用。他还举办了科学征文悬奖以鼓励科学技术著作,并组织捐款在北京买了一所房子,作为"中华工程师学会"的会所。

由于资产阶级的软弱,辛亥革命中途流产。北洋军阀窃取政权后,把中国铁路的许多权利出卖给帝国主义,詹天佑的理想破灭了。

　　1919 年 1 月，詹天佑被派出席协约国"中东铁路监管委员会"，担任技术部中国代表。他这时有病，但仍日夜工作，对帝国主义占领中东铁路的侵略行动坚决斗争。并致电"巴黎和会"，反对帝国主义掳夺全中国铁路的毒计；揭露所谓"万国共管中国铁路计划"的阴谋。最后，他因操劳过度，病势转重，于 1919 年 4 月 24 日在汉口逝世，享年五十八岁。

　　詹天佑终生为祖国的富强而奋斗。但是，在帝国主义、封建主义和官僚资本主义统治下的旧中国，他的愿望根本不可能实现。只有在中国共产党和毛主席的领导下，经过长期的艰苦奋斗，中国人民才会取得民主革命、社会主义革命和社会主义建设的伟大胜利，祖国的面貌发生了翻天覆地的变化。

　　詹天佑对祖国科学技术和铁路建设的卓越贡献，他的爱国主义思想和科学精神，都是永远值得我们纪念的。

　　（注：作者：茅以升，原文载于《人民日报》1961 年 4 月 27 日，并刊发于《建筑学报》）

习题

1-1　钢结构与其他材料的结构相比，具有哪些特点？

1-2　钢结构采用什么设计方法？其原则是什么？

1-3　结构的极限状态指的是什么？其内容有哪些？

1-4　钢结构的应用范围有哪些？

第2章

钢结构的材料

2.1 钢结构对钢材的要求

钢是以铁和碳为主要成分的合金,其中铁是最基本的元素,碳和其他元素所占比例甚少,但却左右着钢材的物理和化学性能。

国民经济各部门几乎都需要钢材,但由于各自用途的不同,钢材的性能各异。如有的机器零件需要钢材有较高的强度、耐磨性和中等的韧性;有的石油化工设备需要钢材具有耐高温性能;机械加工的切削工具,需要钢材有很高的强度和硬度等。因此,虽然碳素钢有100多种,合金钢有300多种,适用于钢结构性能要求的钢材只是其中的一小部分。《钢结构设计标准》(GB 50017—2017)及《钢结构通用规范》(GB 55006—2021)推荐使用的钢材包括普通碳素结构钢 Q235,低合金钢 Q355、Q390、Q420、Q460 和建筑结构用钢板 Q345GJ 等。对于钢结构中用到的更高强度钢材的要求,详见《高强钢结构设计标准》(JGJ/T 483—2020)。

用作钢结构的钢材必须具有下列性能:

1) 较高的强度

即抗拉强度 f_u 和屈服强度 f_y 比较高。屈服强度 f_y 是衡量钢材承载能力的指标,在相同条件下,f_y 高可以减小截面,从而减轻自重,节约钢材,降低造价。抗拉强度 f_u 代表钢材的极限抗拉能力,它直接反映钢材内部组织的优劣,同时,抗拉强度 f_u 高,可以增加结构的安全储备。

2) 足够的变形能力

即塑性和韧性性能好。塑性好,则结构破坏前变形比较明显,从而可减少脆性破坏的危险性,并且塑性变形还能调整局部高峰应力,使之趋于平缓。韧性越好,则发生脆性断裂的可能性越小。对采用塑性设计的结构和地震区的结构而言,钢材变形能力的大小具有特别重要的意义。

3) 良好的加工性能

即适合冷、热加工,同时具有良好的可焊性,不因这些加工而对强度、塑性及韧性带来较大的不利影响。

此外,根据结构的具体工作条件,必要时还应该具有适应低温、高温和有害介质侵蚀(包括大气锈蚀)以及重复荷载作用等性能。

2.2 钢材的主要性能

2.2.1 钢材单向拉伸时的工作性能

1. 钢材单向拉伸的应力-应变关系

钢材在常温、静载条件下一次拉伸所表现的性能具有代表性,拉伸试验也比较容易进行,并且便于规定标准的试验方法和多项性能指标。所以,钢材的主要强度指标和变形性能一般通过标准试件拉伸试验确定。钢材的强度性能可以用几个有代表性的强度指标来表达,包括材料的比例极限 f_p、弹性极限 f_e、屈服点 f_y 及抗拉强度 f_u。试验按照《金属材料拉伸试验 第1部分:室温试验方法》(GB/T 228.1—2021)的有关要求在标准条件下、室温20℃左右,按规定的加载速度在拉力试验机上进行。低碳钢和低合金钢(含碳量与低碳钢相同)一次拉伸时的应力-应变曲线如图2-1(a)所示,简化的光滑曲线如图2-1(b)所示。各受力阶段的特征叙述如下:

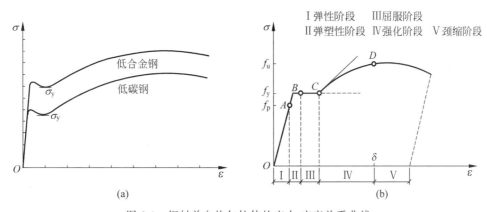

图 2-1　钢材单向均匀拉伸的应力-应变关系曲线
(a) 低碳钢和低合金钢拉伸时应力-应变关系曲线;(b) 低碳钢简化后应力-应变关系曲线

1)弹性阶段

即图2-1(b)中 OA 段。试验表明,当应力 σ 小于比例极限 f_p(A 点)时,σ 与 ε 呈线性关系,称该直线的斜率 E 为钢材的弹性模量。在《钢结构设计标准》(GB 50017—2017)中,对所有钢材统一取 $E = 2.06 \times 10^6 \, \text{N/mm}^2$。当应力 σ 不超过某一应力值 f_e 时,卸除荷载后试件的变形将完全恢复,钢材的这种性质称为弹性,称 f_e 为弹性极限。在 σ 达到 f_e 之前钢材处于弹性变形阶段,简称弹性阶段。f_e 略高于 f_p,二者极其接近,因而通常取比例极限 f_p 和弹性极限 f_e 值相同,并用比例极限 f_p 表示。

2)弹塑性阶段

即图2-1(b)中 AB 段。在 AB 段,变形由弹性变形和塑性变形组成,其中弹性变形在卸载后恢复为零,而塑性变形则不能恢复,成为残余变形,称此阶段为弹塑性变形阶段,简称弹塑性阶段。在此阶段,σ 与 ε 呈非线性关系,称 $E_t = \mathrm{d}\sigma/\mathrm{d}\varepsilon$ 为切线模量。E_t 随应力增大而减小,当 σ 达到 f_y 时,E_t 为零。

3）屈服阶段

即图 2-1(b)中 BC 段。当 σ 达到 f_y 后,应力保持不变而应变持续发展,形成水平线段,即屈服平台 BC。这时犹如钢材屈服于所施加的荷载,故称为屈服阶段。实际上,由于加载速度及试件状况等试验条件的不同,屈服开始时总是形成曲线上下波动,波动最高点称上屈服点,最低点称下屈服点。下屈服点的数值对试验条件不敏感,所以计算时取下屈服点作为钢材的屈服强度 f_y。对碳含量较高的钢或高强度钢,常没有明显的屈服点,这时规定取对应于残余应变 $\varepsilon_y = 0.2\%$ 时的应力 $\sigma_{0.2}$ 作为钢材的屈服点,常称为条件屈服点或屈服强度。为简单划一,钢结构设计中常不区分钢材的屈服点或条件屈服点,而统一称作屈服强度 f_y。考虑 σ 达到 f_y 后钢材暂时不能承受更大的荷载,且伴随产生很大的变形,因此,钢结构设计取 f_y 作为钢材强度确定的依据。

4）强化阶段

即图 2-1(b)中 CD 段。钢材经历了屈服阶段较大的塑性变形后,金属内部结构得到调整,产生了继续承受增长荷载的能力,应力-应变曲线又开始上升,一直到 D 点,称为钢材的强化阶段,称试件能承受的最大拉应力 f_u 为钢材的抗拉强度。在这个阶段的变形模量称为强化模量,它比弹性模量低很多。当取 f_y 作为强度限值时,抗拉强度 f_u 就成为材料的强度储备。

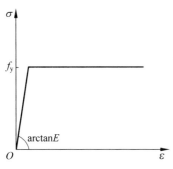

图 2-2　理想弹塑性体应力-
应变关系曲线

对于没有缺陷和残余应力影响的试件,f_p 与 f_y 比较接近,且屈服点前的应变很小。在应力达到 f_y 之前,钢材近于理想弹性体,在应力达到 f_y 之后,塑性应变范围很大而应力保持不增长,接近理想塑性体。因此,可把钢材视为理想弹塑性体,其应力-应变曲线如图 2-2 所示。钢结构塑性设计是以材料为理想弹塑性体的假设为依据的,虽然忽略了强化阶段的有利因素,但却对屈强比 f_y/f_u 进行限制,要求屈强比不应大于 0.85,从而保证塑性设计应有的储备能力。

5）颈缩阶段

即图 2-1(b)中 D 点以后区段。当应力达到 f_u 后,在承载能力最弱的截面处,横截面急剧收缩,塑性变形显著增大,且荷载下降直至拉断破坏。颈缩的出现及其大小,以及断裂点对应的塑性变形是反映钢材塑性性能的重要指标。

钢材在单向受压(短试件)时,受力性能基本上与单向受拉相同。

2. 钢材的塑性性能

钢材的塑性是指应力超过屈服点后,能产生显著的残余变形(塑性变形)而不立即断裂的性质。衡量钢材塑性的指标一般采用伸长率 δ 与断面收缩率 ψ。δ 与 ψ 值越大,表明钢材的塑性越好。

1）伸长率 δ

伸长率 δ 是衡量钢材断裂前所具有的塑性变形能力的指标,以试件破坏后在标定长度内的残余应变表示。取圆试件直径的 5 倍或 10 倍为标定长度,其相应伸长率分别用 δ_5 或 δ_{10} 表示,其基本计算公式如下:

$$\delta = \frac{L_1 - L_0}{L_0} \times 100\% \qquad (2\text{-}1)$$

式中，L_0——试件原标距长度；

　　L_1——试件拉断后标距长度。

2）断面收缩率 ψ

断面收缩率 ψ 是试样拉断后，颈缩处横断面面积的最大缩减量与原始横断面面积的百分比，也是单调拉伸试验提供的一个塑性指标。ψ 越大，塑性越好。断面收缩率 ψ 计算公式如下：

$$\psi = \frac{A_0 - A_1}{A_0} \times 100\% \qquad (2\text{-}2)$$

式中，A_0——试件原横断面面积；

　　A_1——试件拉断后横断面面积。

由单调拉伸试验还可以看出钢材的韧性好坏。韧性可以用材料破坏过程中单位体积吸收的总能量来衡量，包括弹性能和非弹性能两部分，其数值等于应力-应变曲线（图 2-1(a)）下的总面积。当钢材有脆性破坏的趋势时，裂纹扩展释放出来的弹性能往往成为裂纹继续扩展的驱动力，而扩展前所消耗的非弹性能则属于裂纹扩展的阻力。因此，上述的静力韧性中非弹性能所占的比例越大，材料抵抗脆性破坏的能力越高。

3. 钢板厚度方向性能

在焊接承重结构中，当钢板或型钢的厚度较厚时，在焊接过程中或在厚度方向受拉力作用时，在厚度中部常会产生与厚度方向垂直的裂纹，这种现象称为层状撕裂。

采用焊接连接的钢结构中，当钢板厚度 $\geqslant 40\text{mm}$ 且承受沿板厚度方向的拉力时，为避免焊接时产生层状撕裂，需采用抗层状撕裂的钢材（通常简称为"Z 向钢"）。

现行国家标准《厚度方向性能钢板》（GB/T 5313—2023）中，用沿厚度方向的标准拉伸试件的断面收缩率 ψ_Z 来定义 Z 向钢的种类，分为 Z15、Z25、Z35 三个级别，Z 字后面的数字为断面收缩率的指标（%）。这种钢板严格控制硫含量和断面收缩率，具体要求如表 2-1、表 2-2 所示。

表 2-1　Z 向钢的硫含量

厚度方向性能级别	Z15	Z25	Z35
硫含量/%	$\leqslant 0.010$	$\leqslant 0.007$	$\leqslant 0.005$

表 2-2　厚度方向性能级别及断面收缩率值

厚度方向性能级别	断面收缩率 ψ_Z/%	
	三个试样最小平均值	单个试样最小值
Z15	15	10
Z25	25	15
Z35	35	25

钢材的屈服强度 f_y、抗拉强度 f_u 和伸长率 δ 是结构钢最重要的三项基本力学性能指标。承重结构钢材应满足相应国家标准对上述力学性能指标的要求,详见附表 1-1 和附表 1-5。

2.2.2   钢材在单轴反复应力作用下的工作性能

钢材在单轴反复应力作用下的工作性能可用应力-应变试验曲线表示。试验表明,当钢材反复应力 $|\sigma| \leqslant f_y$,即材料处于弹性阶段时,由于弹性变形是可以恢复的,因此,反复应力作用下钢材的材料性能无变化,也不存在残余变形。当钢材反复应力 $|\sigma| > f_y$,即材料处于弹塑性阶段时,重复应力和反复应力引起塑性变形的增长,如图 2-3 所示。

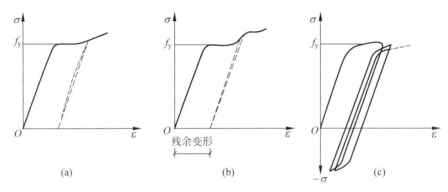

图 2-3   重复或反复加载时钢材的 σ-ε 曲线

图 2-3(a)表示 σ 超过 f_y 卸载后马上加载的情况。图 2-3(b)表示 σ 超过 f_y 卸载后,重新加载前有一定的间歇时间(室内温度下大于 5d)后的应力-应变关系,屈服点提高的同时,塑性性能降低,并且极限强度也稍有提高,这种现象称为钢材的时效。图 2-3(c)表示钢材受拉之后的抗压性能有所退化,这种现象称为包辛格效应。

图 2-4 所示为 Q235 钢材在 $\sigma = \pm 366\text{N/mm}^2$,$\varepsilon = -0.017524 \sim 0.017476$,循环次数 $N = 684$ 时的应力-应变滞回曲线。这种滞回曲线丰满而稳定,表明 Q235 钢材具有很好的耗能能力。

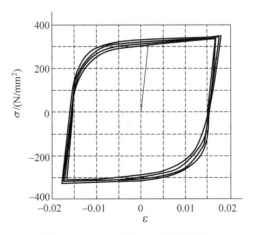

图 2-4   Q235 钢材 σ-ε 滞回曲线

2.2.3 钢材在复杂应力作用下的工作性能

如前所述,钢材单向拉伸,当应力达到屈服点 f_y 时,钢材进入塑性状态。试验得到的屈服点是钢材在单向应力作用下的屈服条件。但在实际结构中,钢材常常受到平面或三向应力作用,钢材是否进入塑性状态,就不能按其中一项应力是否达到屈服点来衡量,而应该取一个综合指标来判别。对于接近理想弹塑性材料的钢材,根据形状改变比能理论(或称剪应变能量理论),钢材在复杂应力作用下由弹性过渡到塑性的条件,可以用折算应力 σ_{eq}(也称"Mises 应力")和钢材在单向拉伸时的屈服点 f_y 相比较来判断。

$$\sigma_{eq}=\sqrt{\sigma_x^2+\sigma_y^2+\sigma_z^2-(\sigma_x\sigma_y+\sigma_y\sigma_z+\sigma_z\sigma_x)+3(\tau_{xy}^2+\tau_{yz}^2+\tau_{zx}^2)} \quad (2\text{-}3)$$

或以主应力的形式表示:

$$\sigma_{eq}=\sqrt{\frac{1}{2}\left[(\sigma_1-\sigma_2)^2+(\sigma_2-\sigma_3)^2+(\sigma_3-\sigma_1)^2\right]} \quad (2\text{-}4)$$

当 $\sigma_{eq}\geqslant f_y$ 时,钢材处于塑性状态;$\sigma_{eq}<f_y$ 时,钢材处于弹性状态。其应力状态如图 2-5 所示。

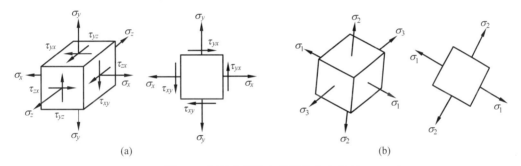

图 2-5 钢材单元体上的复杂应力状态
(a) 一般应力分量状态;(b) 主应力状态

由式(2-4)可以明显看出,当 σ_1、σ_2、σ_3 为同号压应力且数值接近时,即使它们各自都远大于 f_y,折算应力 σ_{eq} 仍小于 f_y,说明钢材很难进入塑性状态。当钢材作用三向拉应力时,直到破坏也没有明显的塑性变形产生,破坏表现为脆性。这是因为钢材的塑性变形主要是铁素体沿剪切面滑动产生的,同号应力场剪应力很小,钢材转变为脆性。相反,在异号应力场下,剪应变增大,钢材会较早地进入塑性状态,提高了钢材的塑性性能。

在平面应力状态下(如钢材厚度较薄时,厚度方向应力很小,常可忽略不计),式(2-3)成为:

$$\sigma_{eq}=\sqrt{\sigma_x^2+\sigma_y^2-\sigma_x\sigma_y+3\tau_{xy}^2} \quad (2\text{-}5)$$

当只有正应力和剪应力时,为

$$\sigma_{eq}=\sqrt{\sigma^2+3\tau^2} \quad (2\text{-}6)$$

当承受纯剪时,则有:$\sigma_{eq}=\sqrt{3\tau^2}\leqslant f_y$,$\tau\leqslant f_y/\sqrt{3}=0.58f_y$,由此可得钢材的剪切屈服强度:

$$\tau_y=f_y/\sqrt{3}=0.58f_y \quad (2\text{-}7)$$

式中,τ_y——钢材的剪切屈服强度。

附表 1-1 中钢材抗剪强度的取值是基于式(2-7),即取钢材的抗剪设计强度为抗拉设计强度的 58%。

2.2.4 钢材的抗冲击性能及冷弯性能

1. 钢材的抗冲击性能

土木工程设计中,常遇到汽车、火车、厂房吊车等荷载,这些荷载一般属于动力(冲击)荷载。钢材的强度和塑性指标是由静力拉伸试验得到的,用于承受动力荷载时,显然具有很大局限性。衡量钢材抗冲击性能的指标是钢材的韧性。韧性表示材料在塑性变形和破裂过程中吸收能量的能力,它与钢材的塑性有关而又不同于塑性,是强度与塑性的综合表现。韧性越好,则发生脆性断裂的可能性越小。

韧性指标一般由冲击韧性试验获得,用 A_{KV} 表示。

冲击韧性试验通常采用带有夏比 V 形缺口的标准试件(尺寸为 $10\mathrm{mm}\times10\mathrm{mm}\times55\mathrm{mm}$)在一种专门的夏比试验机上进行,如图 2-6 所示。当摆锤在一定高度落下试件被冲断后,以击断试件所消耗的冲击功为冲击韧性 A_{KV},单位为 J($1\mathrm{J}=1\mathrm{N}\times1\mathrm{m}$,即 1 焦耳 = 1 牛顿·米)。

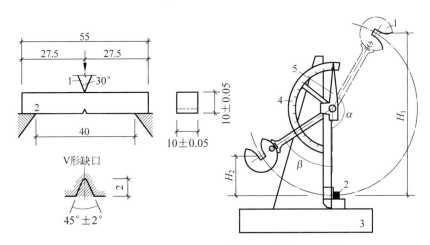

1—摆锤;2—试件;3—试验机台座;4—刻度盘;5—指针。

图 2-6 夏比 V 形缺口冲击试验和标准试件

α:摆锤释放时的角度(°);β:摆锤下落的升角(°);H_1:摆锤释放时的高度(mm);H_2:摆锤下落后升起的高度(mm)。

冲击韧性 A_{KV} 值越大,说明试件所代表的钢材断裂前吸收的能量越大,韧性越好,强度和塑性的综合性能越强。

冲击韧性 A_{KV} 与环境温度有关。试验表明,钢材的冲击韧性随温度的降低而降低,但不同牌号和质量等级钢材的降低规律又有很大不同。因此,在寒冷地区建造的结构不但要求钢材具有常温(20℃)冲击韧性指标,还要求具有负温(0℃、−20℃或−40℃)冲击韧性指标,以保证结构具有足够的抗脆性破坏能力。

需要指出的是,钢材的韧性虽然是由冲击试验获得的,但是韧性不足的钢材并非只在动荷载(或冲击荷载)下才产生破坏。在静载、低温等情况下,都有可能发生脆性破坏,特别是应力集中比较严重的厚钢板脆性破坏倾向很严重,工程中需要特别注意。

2.钢材的冷弯性能

钢材的冷弯性能是塑性指标之一,同时也是衡量钢材质量的一个综合性指标。冷弯性能由冷弯试验确定,如图 2-7 所示。试验时,根据钢材牌号和不同板厚,按国家相关标准规定的弯心直径,在试验机上把试件弯曲 $180°$,以试件表面和侧面不出现裂纹和分层为合格。通过冷弯试验不仅能检验材料承受规定的弯曲变形能力的大小,还可以检查钢材颗粒组织、结晶情况和非金属夹杂物分布等缺陷,在一定程度上也是鉴定焊接性能的一个指标。结构在制作、安装过程中要进行冷加工,尤其是焊接结构焊后变形的调直等工序,都需要钢材有较好的冷弯性能。而非焊接的重要结构(如吊车梁、吊车桁架、有振动设备或有大吨位吊车厂房的屋架、托架,大跨度重型桁架等)以及需要弯曲成型的构件等,亦都要求具有冷弯试验合格的保证。

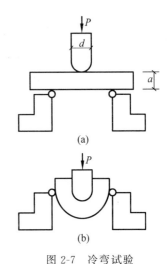

图 2-7　冷弯试验

(a) 试验前;(b) 试验后

P:施加压力;d:弯心直径;a:钢材厚度。

2.2.5　钢材的可焊性

焊接连接是钢结构最常用的连接形式,钢材焊接后在焊缝附近将产生热影响区,使钢材组织发生变化和产生很大的焊接应力。可焊性好是指焊接安全、可靠、不发生焊接裂缝。焊接接头和焊缝的冲击韧性以及热影响区的延伸性(塑性)等力学性能都不低于母材。

钢材的可焊性与钢材的化学成分及含量有关。

钢结构工程焊接难度可按表 2-3 分为 A、B、C、D 四个等级。其中,钢材碳当量(CEV)应采用式(2-8)计算。

$$\mathrm{CEV}(\%)=\mathrm{C}+\frac{\mathrm{Mn}}{6}+\left(\frac{\mathrm{Cr}+\mathrm{Mo}+\mathrm{V}}{5}\right)+\left(\frac{\mathrm{Ni}+\mathrm{Cu}}{15}\right)(\%) \tag{2-8}$$

表 2-3　钢结构工程焊接难度等级

焊接难度等级	影响因素[①]			
	板厚 t/mm	钢材分类[②]	受力状态	钢材碳当量 CEV/%
A(易)	$t\leqslant30$	I	一般静载拉、压	CEV$\leqslant$0.38
B(一般)	$30<t\leqslant60$	II	静载且板厚方向受拉或间接动载	$0.38<$CEV$\leqslant$0.45
C(较难)	$60<t\leqslant100$	III	直接动载、抗震设计烈度=7 度	$0.45<$CEV$\leqslant$0.50
D(难)	$t>100$	IV	直接动载、抗震设计烈度$\geqslant$8 度	CEV$>$0.50

注:①根据表中影响因素所处最难等级确定整体焊接难度;②详见《钢结构焊接规范》(GB 50661—2011)。

2.2.6　钢材的耐腐蚀性能

钢材的耐腐蚀性较差是钢结构的一大弱点。据统计,全世界每年有年产量 $30\%\sim40\%$

的钢铁因腐蚀而失效。因此,防腐蚀对节约钢材有重大意义。

钢材如果暴露在自然环境中不加防护,将和周围一些物质成分发生作用,形成腐蚀物。腐蚀作用一般分为两类:一类是金属和非金属元素的直接结合,称为"干腐蚀";另一类是在水分多的环境中,同周围非金属物质成分结合形成腐蚀物,称为"湿腐蚀"。钢材在大气中腐蚀可能是干腐蚀,也可能是湿腐蚀或两者兼有。

防止钢材腐蚀的主要措施是依靠涂料来加以保护。近年来研制出一些耐大气腐蚀的钢材,称为耐候钢,它是在冶炼时加入磷、铜、铬、镍等微量元素后,使钢材表面形成致密和附着性很强的保护膜,阻碍锈蚀往里扩散和发展,保护锈层下面的基体,以减缓其腐蚀速度。耐候性为普碳钢的 2~8 倍,涂装性为普碳钢的 1.5~10 倍。

2.3　钢材的疲劳

钢材有两种完全不同性质的破坏形式,即塑性破坏和脆性破坏。

塑性破坏的主要特征是,破坏前具有较大的塑性变形,常在钢材表面出现明显的相互垂直交错的锈迹剥落线。只有当构件中的应力达到抗拉强度后才会发生破坏,破坏后的断口呈纤维状,色泽发暗。由于塑性破坏前总有较大的塑性变形发生,且变形持续时间较长,很容易被发现而采取有效措施予以补救,不致引起严重后果。另外,钢材塑性破坏前的较大塑性变形能力,可以实现构件和结构中的内力重分布,使结构中原先受力不等的部分应力趋于均匀,提高结构的承载能力,钢结构的塑性设计就是建立在这种足够的塑性变形能力上。

脆性破坏的主要特征是,破坏前塑性变形很小,或根本没有塑性变形,而突然迅速断裂。破坏后的断口平直,呈有光泽的晶粒状或有人字纹。由于破坏前没有任何预兆,破坏速度又极快,无法察觉和补救,而且一旦发生常引发整个结构的破坏,后果非常严重。因此,在钢结构的设计、施工和使用过程中,要特别注意防止发生脆性破坏。

钢结构所用的钢材在正常使用条件下,具有较高的塑性和韧性,一般为塑性破坏,但在某些条件下,仍然存在发生脆性破坏的可能性。

疲劳破坏是钢材在循环荷载作用下,由于材料的损伤累积而突然发生的脆性断裂。

在实际工程中,材料的缺陷在反复荷载作用下,先在其缺陷等处发生塑性变形和硬化而生成一些极小的裂纹,此后这种微观裂纹逐渐发展成宏观裂纹,试件表面削弱,并在裂纹根部出现应力集中,使材料处于三向应力状态,塑性变形受到限制;当循环荷载达到一定的循环次数时,材料突然断裂破坏。因此,钢材的疲劳断裂是微观裂纹在连续循环荷载作用下不断扩展直至断裂的脆性破坏。

出现疲劳断裂时,截面上的应力低于材料的抗拉强度,甚至低于屈服强度,塑性变形也极小。观察表明,钢材疲劳破坏后的构件断口上,一般具有光滑和粗糙两个区域,光滑部分表现出裂纹的扩张和闭合过程是由裂纹逐渐发展引起的,说明疲劳破坏也经历一个缓慢的转变过程;而粗糙部分表明,钢材的最终断裂具有脆性破坏的性质,与拉伸试验的断口颇为相似,破坏是突然的,因而比较危险。因此,疲劳断裂的过程可分为裂纹的形成、裂纹的缓慢扩展与最后迅速断裂三个阶段。

通常,钢结构的疲劳破坏属于高周疲劳,应变幅值小,破坏前荷载循环次数多。钢材的疲劳强度与反复荷载引起的应力种类(拉应力、压应力、剪应力和复杂应力等)、应力循环形式、应力循环次数、应力集中程度和残余应力等有直接关系。

根据应力循环中应力幅是否发生变化,将疲劳问题分为常幅疲劳和变幅疲劳两种,对应的应力分别为常幅循环应力、变幅应力,如图 2-8 所示。转动的机械零件常发生常幅疲劳破坏,吊车梁、钢桥等则主要是变幅疲劳破坏。

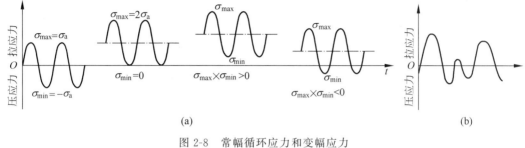

图 2-8　常幅循环应力和变幅应力
(a) 常幅循环应力;(b) 变幅应力

连续重复荷载下应力往复变化一周叫作一次循环。应力循环特征常用应力比 $\rho = \sigma_{min} / \sigma_{max}$ 来表示,以拉应力为正,压应力为负。当 $\rho = -1$ 时称为完全对称循环,$\rho = +1$ 时相当于静荷载作用,$\rho = 0$ 时称脉冲循环。ρ 也可以是 $+1$ 与 -1 之间的值,如图 2-8 所示。

2.3.1　常幅疲劳

1. 非焊接结构的疲劳

大量的试验研究表明,疲劳强度除与主体金属和连接类型有关外,还与循环应力的应力比(循环特征)ρ 和循环次数 n 有关。当以 $n = 2 \times 10^6$ 次为疲劳寿命时,20 世纪 70 年代的《钢结构设计规范》(TJ 17—74)曾根据试验得到的简化疲劳曲线,给出以拉应力为主的疲劳计算公式如下:

$$\sigma_{max} \leqslant [\sigma^p] \tag{2-9}$$

$$[\sigma^p] = \frac{[\sigma_0^p]}{1 - k\rho} \tag{2-10}$$

式中,σ_{max}——交变荷载作用下,需验算部位的最大拉应力;

$[\sigma^p]$——与构造形式有关的以拉应力为主的疲劳容许强度;

$[\sigma_0^p]$——当 $\rho = 0$ 时的相应构造形式疲劳容许强度,由试验确定;

k——与构造形式有关的系数,由试验确定。

2. 焊接结构的疲劳

随着焊接结构的不断发展和应用,发现上述以应力为准则的疲劳验算方法不适用于焊接结构。对大量试验数据进行统计分析表明:控制焊接结构疲劳寿命最主要的因素是构件和连接的构造类型与应力幅 $\Delta\sigma$,而与应力比无关。应力幅 $\Delta\sigma = \sigma_{max} - \sigma_{min}$,是最大拉应力与最小拉应力或压应力的代数差,即当 σ_{min} 为压应力时,应取负值。

焊接结构与非焊接结构的根本差别在于焊接残余应力。在焊接结构中,焊缝部位的残余拉应力通常达到钢材的屈服点 f_y,该处是萌生和发展疲劳裂纹最敏感的区域。以图 2-9 中的焊接板件承受纵向拉压循环荷载为例,当名义循环应力为拉时,因焊缝附近的残余拉应力已达屈服点不再增加,实际拉应力保持 f_y 不变;当名义循环应力减小到最小时,焊缝附近的实际应力将降至 $f_y - \Delta\sigma = f_y - (\sigma_{max} - \sigma_{min})$。显然,焊缝附近的真实应力比为 $\rho = \dfrac{f_y - \Delta\sigma}{f_y}$,而不是名义应力比 $\rho = \dfrac{\sigma_{min}}{\sigma_{max}}$。只要应力幅 $\Delta\sigma = \sigma_{max} - \sigma_{min}$ 为常数,不管循环荷载下的名义应力比为何值,焊缝附近的真实应力比也为常数。由此可见,焊缝部位的疲劳寿命主要与 $\Delta\sigma$ 有关。

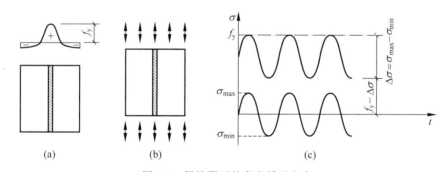

图 2-9　焊缝附近的真实循环应力

(a) 残余应力分布;(b) 拉压循环荷载;(c) 应力变化曲线

国内外的大量疲劳试验证明,构件或连接的应力幅 $\Delta\sigma$ 与疲劳寿命 N 之间呈指数为负数的幂函数关系,如图 2-10(a)所示。对应某一循环寿命(也称疲劳寿命)n_1,就有一个应力幅 $\Delta\sigma_1$ 与之相应,说明在该应力幅值下循环 n_1 次,构件或连接就会发生疲劳破坏。为方便分析,可对该曲线关系取对数,则 $\lg\Delta\sigma$ 和 $\lg N$ 之间在双对数坐标系中呈直线关系,如图 2-10(b)所示。考虑到 $\Delta\sigma$ 与 N 之间的关系曲线系试验回归方程,反映了平均值之间的关系,同时考虑到试验数据的离散性,取平均值减去 $2\lg N$ 的标准差($2s$)作为疲劳强度的下限值,如图 2-10(b)中的虚线所示。如果 $\lg N$ 符合正态分布,则构件或连接的疲劳强度的保证率为 97.7%,称该虚线上的应力幅为对应某疲劳寿命的容许应力幅$[\Delta\sigma]$。

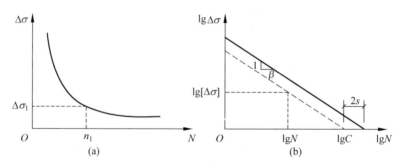

图 2-10　应力幅与循环寿命的关系

将图 2-10(b)中的虚线延长与横坐标交于 $\lg C$ 点,设该线对纵坐标的斜率为 $-1/\beta$,则对应疲劳寿命 N 的容许应力幅可由两个相似三角形的关系求出:

$$\frac{1}{\beta} = \frac{\lg[\Delta\sigma]}{\lg C - \lg N} = \frac{\lg[\Delta\sigma]}{\lg\dfrac{C}{N}} \tag{2-11}$$

或

$$N[\Delta\sigma]^{\beta} = C \tag{2-12}$$

可求得容许应力幅的表达式为

$$[\Delta\sigma] = \left(\frac{C}{N}\right)^{1/\beta} \tag{2-13}$$

式中：C、β 均为不同构件和连接类别的试验参数。

3. 常幅疲劳计算

对不同的构件和连接类型，由于试验数据回归的直线方程各异，其斜率也不尽相同。为了设计方便，《钢结构设计标准》(GB 50017—2017)将各类型的构件和连接，按连接方式、受力特点和疲劳强度，并适当照顾 S-N 曲线（即应力幅值与该应力幅下发生疲劳破坏时所经历的应力循环次数的关系曲线）族的等间隔设置，将正应力作用下的构件和连接归纳划分为 14 类，各类别 S-N 曲线如图 2-11 所示，对应的疲劳计算参数见表 2-4。针对剪应力幅疲劳计算，分为 3 个类别，各类别 S-N 曲线如图 2-12 所示，对应的疲劳计算参数见表 2-5。

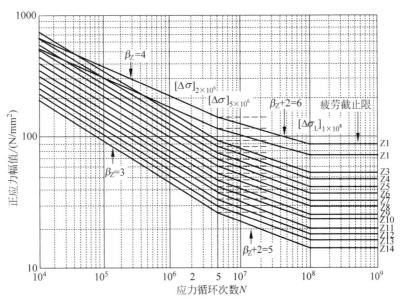

图 2-11 关于正应力幅的疲劳强度 S-N 曲线

表 2-4 正应力幅的疲劳计算参数

构件与连接类别	构件与连接相关系数		循环次数 n 为 2×10^6 的容许正应力幅	循环次数 n 为 5×10^6 的容许正应力幅	疲劳截止限
	C_Z	β_Z	$[\Delta\sigma]_{2\times10^6}/(\text{N/mm}^2)$	$[\Delta\sigma]_{5\times10^6}/(\text{N/mm}^2)$	$[\Delta\sigma_L]_{1\times10^8}/(\text{N/mm}^2)$
Z1	1920×10^{12}	4	176	140	85
Z2	861×10^{12}	4	144	115	70

构件与连接类别	构件与连接相关系数		循环次数 n 为 2×10^6 的容许正应力幅 $[\Delta\sigma]_{2\times10^6}/(\text{N/mm}^2)$	循环次数 n 为 5×10^6 的容许正应力幅 $[\Delta\sigma]_{5\times10^6}/(\text{N/mm}^2)$	疲劳截止限 $[\Delta\sigma_L]_{1\times10^8}/(\text{N/mm}^2)$
	C_Z	β_Z			
Z3	3.91×10^{12}	3	125	92	51
Z4	2.81×10^{12}	3	112	83	46
Z5	2.00×10^{12}	3	100	74	41
Z6	1.46×10^{12}	3	90	66	36
Z7	1.02×10^{12}	3	80	59	32
Z8	0.72×10^{12}	3	71	52	29
Z9	0.50×10^{12}	3	63	46	25
Z10	0.35×10^{12}	3	56	41	23
Z11	0.25×10^{12}	3	50	37	20
Z12	0.18×10^{12}	3	45	33	18
Z13	0.13×10^{12}	3	40	29	16
Z14	0.09×10^{12}	3	36	26	14

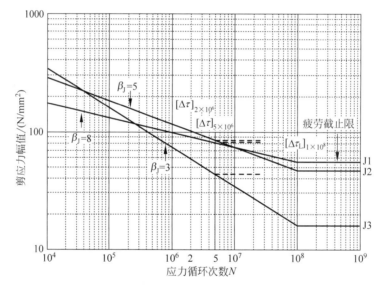

图 2-12　关于剪应力幅的疲劳强度 $S\text{-}N$ 曲线

表 2-5　剪应力幅的疲劳计算参数

构件与连接类别	构件与连接相关系数		循环次数 n 为 2×10^6 的容许剪应力幅 $[\Delta\tau]_{2\times10^6}/(\text{N/mm}^2)$	疲劳截止限 $[\Delta\tau_L]_{1\times10^8}/(\text{N/mm}^2)$
	C_J	β_J		
J1	4.10×10^{11}	3	59	16
J2	2.00×10^{16}	5	100	46
J3	8.61×10^{21}	8	90	55

研究表明,低应力幅在高周循环阶段的疲劳损伤程度有所降低,且存在一个不会疲劳损伤的截止限。对于正应力幅疲劳强度问题,当应力循环次数 n 在 5×10^6 之内的容许正应力

幅计算，S-N 曲线的斜率为 β_Z；当应力循环次数 n 在 5×10^6 与 1×10^8 之间的容许正应力幅计算，S-N 曲线的斜率采用 $\beta_Z + 2$。取 $N = 1 \times 10^8$ 对应的正应力幅为疲劳截止限 $[\Delta\sigma_L]_{1 \times 10^8}$。

对于剪应力幅疲劳强度问题，当应力循环次数 n 在 1×10^8 之内的容许剪应力幅计算，S-N 曲线的斜率采用 β_J。取 $N = 1 \times 10^8$ 对应的剪应力幅为疲劳截止限 $[\Delta\tau_L]_{1 \times 10^8}$。

疲劳破坏可能由反复作用的正应力幅引起，对于侧面角焊缝、受剪螺栓和剪力栓钉等，也可能由反复作用的剪应力幅引起，因此，《钢结构设计标准》(GB 50017—2017)规定疲劳强度须按正应力幅和剪应力幅分别计算。

疲劳计算要求如下：

(1) 在结构使用寿命期间，当常幅疲劳或变幅疲劳的最大应力幅符合下列公式时，则疲劳强度满足要求。

① 正应力幅的疲劳计算：

$$\Delta\sigma < \gamma_t [\Delta\sigma_L]_{1 \times 10^8} \tag{2-14}$$

式中，$\Delta\sigma$——构件或连接计算部位的正应力幅（N/mm²）。

对焊接部分：$\Delta\sigma = \sigma_{max} - \sigma_{min}$，对非焊接部分：$\Delta\sigma = \sigma_{max} - 0.7\sigma_{min}$，其中，$\sigma_{max}$ 为计算部位应力循环中的最大拉应力（取正值）（N/mm²）；σ_{min} 为计算部位应力循环中的最小拉应力或压应力（N/mm²），拉应力取正值，压应力取负值。

γ_t——板厚或直径修正系数。

$[\Delta\sigma_L]_{1 \times 10^8}$——正应力幅的疲劳截止限，按表 2-4 采用（N/mm²）。

② 剪应力幅的疲劳计算：

$$\Delta\tau < [\Delta\tau_L]_{1 \times 10^8} \tag{2-15}$$

式中，$\Delta\tau$——构件或连接计算部位的剪应力幅（N/mm²）。

对焊接部分：$\Delta\tau = \tau_{max} - \tau_{min}$，对非焊接部分：$\Delta\tau = \tau_{max} - 0.7\tau_{min}$，其中，$\tau_{max}$ 为计算部位应力循环中的最大剪应力（N/mm²）；τ_{min} 为计算部位应力循环中的最小剪应力（N/mm²）。

$[\Delta\tau_L]_{1 \times 10^8}$——剪应力幅的疲劳截止限，按表 2-5 采用（N/mm²）。

③ 板厚或直径修正系数 γ_t 应按下列规定采用：

对于横向角焊缝连接和对接焊缝连接，当连接板厚 t 超过 25mm 时，应按式（2-16）计算：

$$\gamma_t = \left(\frac{25}{t}\right)^{0.25} \tag{2-16}$$

对于螺栓轴向受拉连接，当螺栓的公称直径 d 大于 30mm 时，应按式（2-17）计算：

$$\gamma_t = \left(\frac{30}{d}\right)^{0.25} \tag{2-17}$$

其余情况取 $\gamma_t = 1.0$。

(2) 当常幅疲劳计算不能满足式（2-14）或式（2-15）要求时，应按下列规定进行计算。

① 正应力幅的疲劳计算应符合下列规定：

$$\Delta\sigma < \gamma_t [\Delta\sigma] \tag{2-18}$$

当 $n \leqslant 5 \times 10^6$ 时：

$$[\Delta\sigma] = \left(\frac{C_Z}{n}\right)^{1/\beta_Z} \tag{2-19}$$

当 $5\times10^6 < n \leqslant 1\times10^8$ 时：

$$[\Delta\sigma] = \left[([\Delta\sigma]_{5\times10^6})\frac{C_Z}{n}\right]^{1/(\beta_Z+2)} \tag{2-20}$$

当 $n > 1\times10^8$ 时：

$$[\Delta\sigma] = [\Delta\sigma_L]_{1\times10^8} \tag{2-21}$$

② 剪应力幅的疲劳计算应符合下列规定：

$$\Delta\tau < [\Delta\tau] \tag{2-22}$$

当 $n \leqslant 1\times10^8$ 时：

$$[\Delta\tau] = \left(\frac{C_J}{n}\right)^{1/\beta_J} \tag{2-23}$$

当 $n > 1\times10^8$ 时：

$$[\Delta\tau] = [\Delta\tau_L]_{1\times10^8} \tag{2-24}$$

式中，$[\Delta\sigma]$——常幅疲劳的容许正应力幅（N/mm²）；

$\quad n$——应力循环次数；

$\quad C_Z$、β_Z——分别为构件和连接的相关参数，按表 2-4 采用；

$\quad C_J$、β_J——分别为构件和连接的相关参数，按表 2-5 采用；

$\quad [\Delta\tau]$——常幅疲劳的容许剪应力幅（N/mm²）。

其余符号意义同前。

2.3.2 变幅疲劳

1. 变幅疲劳的一般计算公式

前面的分析皆属于常幅疲劳的情况，实际结构中作用的交变荷载一般不是常幅循环荷载，而是变幅随机荷载，如吊车梁和桥梁的荷载。显然变幅疲劳的计算比常幅疲劳的计算复杂得多。如果能够预测出结构在使用寿命期间各级应力幅水平所占频次百分比以及预期寿命（总频次）$\sum n_i$ 所构成的设计应力谱，则可根据 Miner 线性累积损伤准则，将变幅应力幅折算为常幅等效应力幅 $\Delta\sigma_e$，然后按常幅疲劳进行校核。计算公式为

$$\Delta\sigma_e \leqslant [\Delta\sigma] \tag{2-25}$$

式中，$[\Delta\sigma]$ 仍然根据构件或连接的类别，按前述取用，但循环次数 n 应以应力循环次数表示的结构预期寿命 $\sum n_i$ 代替。

设某个构件或连接的设计应力谱由若干个不同应力幅水平 $\Delta\sigma_i$ 的常幅循环应力组成，各应力幅水平 $\Delta\sigma_i$ 所对应的循环次数为 n_i，相对的疲劳寿命为 N_i，Miner 的线性累积损伤准则为

$$\sum\frac{n_i}{N_i} = \frac{n_1}{N_1} + \frac{n_2}{N_2} + \cdots \frac{n_i}{N_i} + \cdots = 1 \tag{2-26}$$

式(2-26)可这样理解：当某一水平的应力幅 $\Delta\sigma_i$ 循环一次时，将引起 $1/N_i$ 的损伤，n_i

次循环后的损伤为 n_i/N_i;其他应力幅水平的常幅循环应力也有各自的损伤份额,当这些损伤份额之和等于 1 时,将发生疲劳破坏。

假设构件或连接类别相同的变幅疲劳和常幅疲劳具有相同的疲劳曲线,如图 2-13 所示,该图给出了具有三个应力幅水平的变幅疲劳的例子。与常幅疲劳相同,每一个应力幅水平均可列出与式(2-12)、式(2-13)相同的公式:

$$N_i \left[\Delta\sigma_i \right]^\beta = C \quad 或 \quad N_i = \frac{C}{(\Delta\sigma_i)^\beta} \tag{2-27}$$

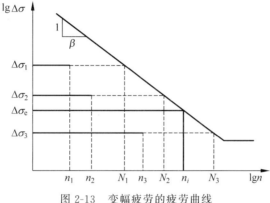

图 2-13 变幅疲劳的疲劳曲线

设想另有一等效常幅疲劳应力幅 $\Delta\sigma_e$(图 2-13),循环 $\sum n_i$ 次后,也使该类别的部件产生疲劳破坏,则有:

$$\sum n_i \cdot (\Delta\sigma_e)^\beta = C \quad 或 \quad \sum n_i = \frac{C}{(\Delta\sigma_e)^\beta} \tag{2-28}$$

按照图 2-11、图 2-12 及 Miner 损伤定律,可将变幅疲劳问题换算成循环总次数为 2×10^6 的等效常幅疲劳进行计算。以变幅疲劳的等效正应力幅为例(图 2-11),推导过程如下:

设有一变幅疲劳,其应力谱由 $(\Delta\sigma_i, n_i)$、$(\Delta\sigma_j, n_j)$ 两部分组成,总应力循环 $\sum n_i + \sum n_j$ 次后发生疲劳破坏,则按照 S-N 曲线的方程,分别对 i 级的应力幅 $\Delta\sigma_i$、频次 n_i 和 j 级的应力幅 $\Delta\sigma_j$、频次 n_j 有

$$N_i = \frac{C_Z}{(\Delta\sigma_i)^{\beta_Z}} \tag{2-29}$$

$$N_j = \frac{C_Z'}{(\Delta\sigma_j)^{\beta_Z+2}} \tag{2-30}$$

$$\sum \frac{n_i}{N_i} + \sum \frac{n_j}{N_j} = 1 \tag{2-31}$$

式中,C_Z、C_Z'——分别为斜率 β_Z 和 β_Z+2 的 S-N 曲线参数。

由于 β_Z 和 β_Z+2 的 S-N 曲线在 $N=5\times10^6$ 处交汇,则满足式(2-32):

$$C_Z' = \frac{(\Delta\sigma_{5\times10^6})^{\beta_Z+2}}{(\Delta\sigma_{5\times10^6})^{\beta_Z}} C_Z = (\Delta\sigma_{5\times10^6})^2 C_Z \tag{2-32}$$

设想上述的变幅疲劳破坏与一常幅疲劳(应力幅为 $\Delta\sigma_e$,循环 2×10^6 次)的疲劳破坏具有等效的疲劳损伤效应,则:

$$C_Z = 2\times10^6(\Delta\sigma_e)^{\beta_Z} \tag{2-33}$$

将式(2-29)、式(2-30)和式(2-32)、式(2-33)代入式(2-31),可得到常幅疲劳的等效应力幅表达式:

$$\Delta\sigma_e = \left[\frac{\sum n_i(\Delta\sigma_i)^{\beta_Z} + ([\Delta\sigma]_{5\times10^6})^{-2}\sum n_j(\Delta\sigma_j)^{\beta_Z+2}}{2\times10^6}\right]^{\frac{1}{\beta_Z}} \tag{2-34}$$

线性累积损伤准则假定疲劳破坏与不同水平的应力幅出现的先后次序无关,虽与实际有所不同,但可简化计算,且能保证安全。据此,可按工程方法如水库计数法(也称"泄水池法")等由设计应力谱找出不同水平的应力幅 $\Delta\sigma_i$ 和与其相应的频次 n_i。图 2-14 给出了水库计数法的分析示意图。该法的计算流程为:首先在设计应力谱中找出波峰应力所在点,在该点切断曲线,并将该点之前的曲线段平移至尾端,形成两端高的"水库",最大水深即为 $\Delta\sigma_1$;在水库的最深处排水后,形成的新水面内相应最大水深为 $\Delta\sigma_2$;重复上一步,直到把水排空,依次找到其他应力幅 $\Delta\sigma_i$,比较大小,并计算出频次 n_i。

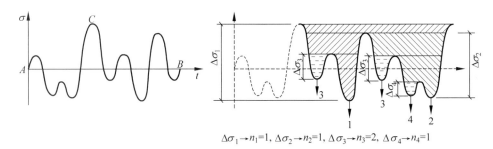

$\Delta\sigma_1\rightarrow n_1=1,\ \Delta\sigma_2\rightarrow n_2=1,\ \Delta\sigma_3\rightarrow n_3=2,\ \Delta\sigma_4\rightarrow n_4=1$

图 2-14　水库计数法的分析示意图

对于剪应力变幅疲劳,根据图 2-12,采用类似的方法经推导,可得到常幅疲劳 2×10^6 次的等效剪应力幅表达式:

$$\Delta\tau_e = \left[\frac{\sum n_i(\Delta\tau_i)^{\beta_J}}{2\times10^6}\right]^{\frac{1}{\beta_J}} \tag{2-35}$$

算得变幅疲劳的等效正应力幅和等效剪应力幅后,可分别按式(2-36)、式(2-37)进行疲劳计算:

$$\Delta\sigma_e \leqslant \gamma_t[\Delta\sigma]_{2\times10^6} \tag{2-36}$$

$$\Delta\tau_e \leqslant [\Delta\tau]_{2\times10^6} \tag{2-37}$$

2. 吊车梁的疲劳验算

众所周知,吊车梁是钢结构中处于变幅疲劳工作环境的典型构件。经过多年工程实践和现场测试分析,已获得一些有代表性的车间的重级工作制吊车梁和重级、中级工作制吊车桁架的设计应力谱。由于不同车间内的吊车梁在 50 年设计基准期内的应力循环次数并不相同,为便于比较,统一按 2×10^6 循环次数计算出相应的等效应力幅 $\Delta\sigma_e$。将变幅应力谱中的最大应力幅 $\Delta\sigma_1$ 看成满负荷工作的常幅设计应力幅 $\Delta\sigma$,则实际工作的吊车梁的欠载效

应的等效系数为

$$\alpha_f = \frac{\Delta\sigma_e}{\Delta\sigma} \tag{2-38}$$

于是重级工作制吊车梁和重级、中级工作制吊车桁架的变幅疲劳可取应力循环中的最大应力幅并按下列公式计算。

(1) 正应力幅的疲劳计算应符合式(2-39)要求：

$$\alpha_f \cdot \Delta\sigma \leqslant \gamma_t [\Delta\sigma]_{2\times10^6} \tag{2-39}$$

(2) 剪应力幅的疲劳计算应符合式(2-40)要求：

$$\alpha_f \cdot \Delta\tau \leqslant [\Delta\tau]_{2\times10^6} \tag{2-40}$$

式中，α_f——欠载效应的等效系数，取值见表 2-6；

$\Delta\sigma$——吊车标准轮压下的最大应力幅。

表 2-6　吊车梁和吊车桁架欠载效应的等效系数 α_f

吊 车 类 型	α_f
A6、A7 工作级别（重级）的硬钩吊车	1.0
A6、A7 工作级别（重级）的软钩吊车	0.8
A4、A5 工作级别（中级）吊车	0.5

3. 疲劳验算中应注意的问题

(1) 疲劳验算仍采用容许应力设计方法，而不采用以概率理论为基础的设计方法。也就是说，采用标准荷载进行弹性分析求内力（并不采用任何动力系数），用容许应力幅作为疲劳强度。《钢结构设计标准》(GB 50017—2017)规定，直接承受动力荷载重复作用的钢结构构件及其连接，当应力变化的循环次数 $n \geqslant 5\times10^4$ 次时，应进行疲劳计算。

(2)《钢结构设计标准》(GB 50017—2017)中提出的疲劳强度以试验为依据，包含了外形变化和内在缺陷引起的应力集中，以及连接方式不同引起的内应力的不利影响。当遇到规范规定以外的连接构造时，应进行专门研究，再决定是考虑相近的连接类别予以套用，还是通过相应的疲劳试验确定疲劳强度。基于同样原因，凡是能改变原有应力状态的措施和环境，如高温环境下（构件表面温度＞150℃）、处于海水腐蚀环境、焊后经热处理消除残余应力以及构件处于低周高应变疲劳状态等条件下的结构构件及其连接的疲劳问题，均不能采用该方法。

(3) 对非焊接的构件和连接，其应力循环中不出现拉应力的部位可不计算疲劳强度。焊接部位由于存在较大的残余拉应力，造成名义上受压应力的部位仍旧会疲劳开裂，只是裂纹扩展的速度比较缓慢，裂纹扩展的长度有限，当裂纹扩展到残余拉应力释放后便会停止。考虑到疲劳破坏通常发生在焊接部位，而钢结构连接节点的重要性和受力的复杂性，一般不容许开裂，因此《钢结构设计标准》(GB 50017—2017)要求，完全压应力循环下的焊接部位仍需考虑疲劳计算。

(4) 不同钢种的不同静力强度对焊接构件和连接的疲劳强度无显著影响。试验证明，钢材静力强度不同，对大多数焊接连接类别的疲劳强度并无显著区别，仅在少数连接类别（如轧制钢材的主体金属、经切割加工的钢材和对接焊缝经严密检验和细致的表面加工时）

的疲劳强度有随钢材强度提高稍微增加的趋势,而这些连接类别一般不在构件疲劳计算中起控制作用。因此,为简化表达式,可认为所有类别的容许应力幅都与钢材的静力强度无关,即疲劳强度所控制的构件采用强度较高的钢材是不经济的。

2.4 影响钢材性能的因素

2.4.1 化学成分的影响

钢是含碳量小于 2% 的铁碳合金,含碳量大于 2% 时则为铸铁。制造钢结构所用的材料主要有碳素结构钢中的低碳钢及低合金结构钢。

碳素结构钢由纯铁、碳及杂质元素组成,其中纯铁约占 99%,碳及杂质元素约占 1%,这些杂质元素包括硅(Si)、锰(Mn)、硫(S)、磷(P)、氮(N)、氧(O)等。低合金结构钢中,除上述元素外还加入总量通常不超过 3% 的合金元素,如铜(Cu)、钒(V)、钛(Ti)、铌(Nb)、铬(Cr)、镍(Ni)等。碳及其他元素虽然所占比重不大,但对钢材性能却有重要影响。

1. 碳(C)

碳是形成钢材强度的主要成分。材料中大部分空间内为柔软的纯铁体,而化合物渗碳体(Fe_3C)及渗碳体与纯铁体的混合物——珠光体则十分坚硬,它们形成网络夹杂于纯铁体之间。钢的强度来自渗碳体与珠光体。碳含量提高,则钢材强度提高,但同时钢材的塑性、韧性、冷弯性能、可焊性及抗锈蚀能力下降。按碳的含量区分,小于 0.25% 的为低碳钢,大于 0.25% 而小于 0.6% 的为中碳钢,大于 0.6% 的为高碳钢。含碳量超过 0.3% 时,钢材的抗拉强度很高,但却没有明显的屈服点,且塑性很小。含碳量超过 0.2% 时,钢材的焊接性能将开始恶化。因此,钢结构中一般不用含碳量高的钢材。规范推荐的钢材,含碳量均不超过 0.22%,用作焊接结构的钢材一般应控制在 0.12%~0.2%。建筑钢结构用的钢材基本上都是低碳钢,只有高强度螺栓用的 40B 和 35VB 钢及组成预应力钢索的高强钢丝,含碳量高于 0.25%。

2. 锰(Mn)

锰是有益元素,它能显著提高钢材强度但不过多降低塑性和冲击韧性。锰有脱氧作用,是弱脱氧剂。锰还能消除硫对钢的热脆影响,改善钢的冷脆倾向。碳素钢中锰是有益的杂质,在低合金钢中它是合金元素。我国低合金钢中锰的含量在 1.0%~1.7%。但锰可使钢材的可焊性降低,故含量应限制。

3. 硅(Si)

硅是有益元素,有更强的脱氧作用,是强脱氧剂。硅能使钢材的粒度变细,控制适量时可提高强度而不显著影响塑性、韧性、冷弯性能及可焊性。硅的含量在碳素镇静钢中不超过 0.35%,在低合金钢中不超过 0.60%,过量时则会恶化可焊性及抗锈蚀性。

4. 钒(V)、铌(Nb)、钛(Ti)

钒、铌、钛都能使钢材晶粒细化。我国的低合金钢都含有这三种元素,作为锰以外的合金元素,既可以提高钢材强度,又可以保持良好的塑性、韧性。

5. 铝(Al)、铬(Cr)、镍(Ni)

铝是强脱氧剂,用铝进行补充脱氧,不仅能进一步减少钢中的有害氧化物,而且能细化晶粒。低合金钢的C、D及E级都规定铝含量不低于0.015%,以保证必要的低温韧性。铬和镍是提高钢材强度的合金元素,用于Q390及以上牌号的钢材中,但其含量应受限制,以免影响钢材的其他性能。

6. 硫(S)

硫是有害元素,属于杂质,能生成易于熔化的硫化铁,当热加工及焊接使温度达 $800\sim 1000℃$ 时,可能出现裂纹,称为热脆。硫还能降低钢的冲击韧性,同时影响疲劳性能与抗锈蚀性能。因此,对硫的含量必须严加控制,一般不得超过 $0.030\%\sim0.035\%$,质量等级为D、E级的钢则要求更严,Q355E的硫含量不应超过0.020%。近年来发展的抗层间断裂的钢(厚度方向性能的钢板),含硫量要求控制在0.01%以下。

7. 磷(P)

磷既是有害元素也是能利用的合金元素。磷是碳素钢中的杂质,它在低温下使钢变脆,这种现象称为冷脆。在高温时磷也能使钢减少塑性,其含量应限制在0.05%以内,质量等级C、D、E级的钢则含量更少。但磷能提高钢的强度和抗锈蚀能力。经过合适的冶金工艺也能作为合金元素来制造含磷的低合金钢,此时其含量可达 $0.12\%\sim0.13\%$。

8. 氧(O)、氮(N)

氧和氮也是有害杂质,在金属熔化状态下可以从空气中进入。氧能使钢热脆,其作用比硫剧烈,氮能使钢冷脆,与磷相似。故其含量必须严加控制。钢在浇铸过程中,应根据需要进行不同程度的脱氧处理。碳素结构钢的氧含量不应大于0.008%。但氮有时却作为合金元素存在于钢之中,来提高低合金钢的强度和抗腐蚀性,如在九江长江大桥中已成功使用的15MnVN钢,就是Q420中的一种含氮钢,氮含量控制在 $0.010\%\sim0.020\%$。

2.4.2　成材过程的影响

1. 冶炼

钢材的冶炼方法主要有平炉炼钢、氧气顶吹转炉炼钢、碱性侧吹转炉炼钢及电炉炼钢。其中平炉炼钢生产效率低,碱性侧吹转炉炼钢生产的钢材质量较差,目前已被淘汰。而电炉冶炼的钢材一般不在建筑结构中使用。因此,在建筑钢结构中,主要使用氧气顶吹转炉生产的钢材。目前氧气顶吹转炉钢的质量,由于生产技术的提高,已不低于平炉钢的质量。同时,氧气顶吹转炉钢具有投资少、生产效率高、原料适应性大等特点,目前已成为主流炼钢方法。

冶炼这一冶金过程形成钢的化学成分与含量、钢的金相组织结构,不可避免地存在冶金缺陷,从而确定不同的钢种、钢号及其相应的力学性能。

2．浇铸

钢液出炉后，先放在盛钢液的钢罐内，再铸成钢锭或钢坯。把熔炼好的钢水浇铸成钢锭或钢坯有两种方法，一种是浇入铸模做成钢锭，另一种是浇入连续浇铸机做成钢坯。前者是传统方法，所得钢锭需要经过初轧才成为钢坯。后者是近年来迅速发展的新技术，浇铸和脱氧同时进行。铸锭过程中因脱氧程度不同，最终成为镇静钢、半镇静钢与沸腾钢。镇静钢因浇铸时加入强脱氧剂，如硅，有时还加铝或钛，保温时间得以加长，氧气杂质少且晶粒较细，偏析等缺陷不严重，所以钢材性能比沸腾钢好，但传统的浇铸方法因存在缩孔而成材率较低。

连续浇铸可以产出镇静钢而没有缩孔，并且化学成分分布比较均匀，只有轻微的偏析现象。采用这种连续浇铸技术既提高产品质量，又降低成本。

钢在冶炼及浇铸过程中会不可避免地产生冶金缺陷。常见的冶金缺陷有偏析、非金属夹杂、气孔及裂纹等。偏析是指金属结晶后化学成分分布不匀；非金属夹杂是指钢中含有如硫化物等杂质；气泡是指浇铸时由 FeO 与 C 作用所生成的 CO 气体不能充分逸出而滞留在钢锭内形成的微小空洞。这些缺陷都将影响钢的力学性能。

随着冶炼技术的不断发展，用连铸连轧的工艺和设备已逐渐取代了笨重而复杂的铸锭—开坯—初轧的工艺流程和设备。连铸法的特点是：钢液由钢包经过中间包连续注入被水冷却的铜制铸模中，冷却后的坯材被切割成半成品。连铸法的机械化、自动化程度高，可采用电磁感应搅拌装置等先进设施提高产品质量，生产的钢坯整体质量均匀，这时已不再有沸腾钢。

3．轧制

冶炼后的钢材往往是以钢锭或钢坯的形式存在，还不能直接用于结构构件中，需要经过热加工这一工艺过程。将钢坯加热至塑性状态，依靠外力改变其形状，产生出各种厚度的钢板和型钢，称为热加工。热加工常采用轧制和锻压两种方法。钢材的轧制一般在 1150～1300℃通过一系列轧辊，使钢坯逐渐轧成所需厚度的钢板或型钢，图 2-15 是宽翼缘 H 型钢

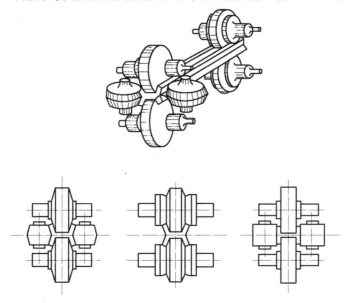

图 2-15　宽翼缘 H 型钢轧制示意

的轧制示意。钢材的锻压是将加热的钢坯用锤击或模压的方法加工成所需的形状,钢结构中的某些连接零件常采用此种方法制造。

热加工可破坏钢锭的铸造组织,使金属的晶粒变细,还可在高温和压力下压合钢坯中的气孔、裂纹等缺陷,改善钢材的力学性能。热轧薄板和壁厚较薄的热轧型钢,因辊轧次数较多,轧制的压缩比大,钢材的性能改善明显,其强度、塑性、韧性和焊接性能均优于厚板和厚壁型钢。钢材的强度按板厚分组就是这个缘故。

热加工使金属晶粒沿变形方向形成纤维组织,使钢材沿轧制方向(纵向)的性能优于垂直轧制方向(横向)的性能,即使其各向异性增大。因此,对于钢板部件应沿其横向切取试件进行拉伸和冷弯试验。

4. 热处理

一般钢材以热轧状态交货,某些高强度钢材则在轧制后经过热处理才出厂。热处理的目的在于取得高强度的同时能够保持良好的塑性和韧性。国家标准《低合金高强度结构钢》(GB/T 1591—2018)规定:钢一般应以热轧、正火、正火轧制或热机械轧制(TMCP)状态交货。

正火属于最简单的热处理:把钢材加热至850~900℃并保持一段时间后在空气中自然冷却,即为正火。如果钢材在终止轧制时温度正好控制在上述温度范围,可得到正火的效果,称为正火轧制(或控制轧制)。热机械轧制是钢材的最终变形在一定温度范围内进行的轧制工艺,从而保证钢材获得仅通过热处理无法获得的性能。热机械轧制可以包括回火或无回火状态下冷却速率提高的过程,回火包括自回火但不包括直接淬火及淬火加回火。回火是将钢材重新加热至650℃并保温一段时间,然后在空气中自然冷却。淬火加回火也称调质处理,淬火是把钢材加热至900℃以上,保温一段时间,然后放入水或油中快速冷却。强度很高的钢材,包括高强度螺栓的材料都要经过调质处理。还有一种去应力退火,又称低温退火,主要用来消除铸件、热轧件、锻件、焊接件和冷加工件中的残余应力。去应力退火的操作是将钢件随炉缓慢加热至500~600℃,经一段时间后,随炉缓慢冷却至200~300℃以下出炉。钢在去应力退火过程中并无组织变化,残余应力是在加热、保温和冷却过程中消除的。

2.4.3 钢材的硬化

钢材的硬化有三种情况,即时效硬化、冷作硬化(或应变硬化)和应变时效硬化。

高温时溶于铁中的少量氮和碳,随着时间的增长逐渐由固溶体中析出,生成氮化物和碳化物,散存在铁素体晶粒的滑动界面上,对晶粒的塑性滑移起到遏制作用,从而使钢材的强度提高,塑性和韧性下降(图 2-16(a))。这种现象称为时效硬化(也称"老化")。产生时效硬化的过程一般较长,但在振动荷载、反复荷载及温度变化等情况下,会加速发展。

在常温下加工叫冷加工,如冷拉、冷弯、冲孔、机械剪切等。在冷加工(或一次加载)使钢材产生较大的塑性变形的情况下,卸荷后再重新加载,钢材的屈服点提高,塑性和韧性降低的现象(图 2-16(a))称为冷作硬化(或"应变硬化")。

在钢材产生一定数量的塑性变形后,铁素体晶体中的固溶氮和碳将更容易析出,从而使已经冷作硬化的钢材又发生时效硬化现象,称为应变时效硬化(图 2-16(b))。这种硬化在高温作用下会快速发展,人工时效就是据此提出来的,方法是:先使钢材产生10%左右的塑性变形,卸载后再加热至250℃,保温1h后在空气中冷却。用人工时效后的钢材进行冲击韧性试验,可以判断钢材的应变时效硬化倾向,确保结构具有足够的抗脆性破坏能力。

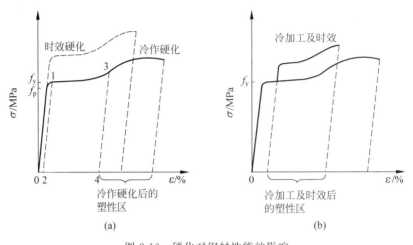

图 2-16　硬化对钢材性能的影响
(a) 时效硬化及冷作硬化;(b) 应变时效硬化

由于硬化的结果总是要降低钢材的塑性和韧性,因此,在普通钢结构中,不利用硬化所提高的强度。对于比较重要的钢结构,要尽量避免局部冷作硬化现象的发生。如钢材的剪切和冲孔,会使切口和孔壁发生分离式的塑性破坏,在剪断的边缘和冲出的孔壁处产生严重的冷作硬化,甚至出现微细的裂纹,促使钢材局部变脆。此时,可将剪切处刨边;冲孔用较小的冲头,冲完后再通过扩钻或完全改为钻孔的方法来除掉硬化部分或根本不发生硬化。

2.4.4　温度的影响

钢材对温度相当敏感,温度升高和降低都使钢材性能发生变化。图 2-17 给出了低碳钢

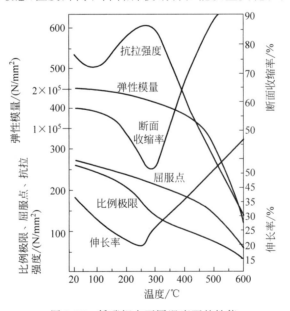

图 2-17　低碳钢在不同温度下的性能

在不同正温下的单调拉伸试验结果。由图 2-17 可以看出,在 150℃ 以内,钢材的强度、弹性模量和塑性均与常温相近,变化不大。但在 250℃ 左右,抗拉强度有局部提高,伸长率和断面收缩率均降至最低,出现了所谓的蓝脆现象(钢材表面氧化膜呈蓝色)。显然钢材的热加工应避开这一温度区段。在 300℃ 以后,强度和弹性模量均开始显著下降,塑性显著上升,达到 600℃ 时,强度几乎为零,塑性急剧上升,钢材处于热塑性状态。

由上述可以看出,钢材具有一定的抗热性能,但不耐火,一旦钢结构的温度达 600℃ 及以上时,会在瞬间因热塑而倒塌。因此,受高温作用的钢结构,应根据不同情况采取防护措施:当结构可能受到炽热熔化金属的侵害时,应采用砖或耐热材料做成的隔热层加以保护;当结构表面长期受辐射热达 150℃ 以上或在短时间内可能受到火焰作用时,应采取有效的防护措施(如加隔热层或水套等)。防火是钢结构设计中应考虑的一个重要问题,通常按国家有关防火的规范或标准,根据建筑物的防火等级对不同构件所要求的耐火极限进行设计,选择合适的防火保护层(包括防火涂料等的种类、涂层或防火层的厚度及质量要求等)。

当温度低于常温时,随着温度的降低,钢材的强度提高,而塑性和韧性降低,逐渐变脆,称为钢材的低温冷脆。钢材的冲击韧性对温度十分敏感,图 2-18 给出了冲击韧性与温度的关系。图中实线为冲击功随温度的变化曲线,虚线为试件断口中晶粒状区所占面积随温度的变化曲线,温度 T_1 也称为 NDT(nil ductility temperature),为脆性转变温度或零塑性转变温度,在该温度以下,冲击试件断口由 100% 晶粒状组成,表现为完全的脆性破坏。温度 T_2 也称 FTP(fracture transition plastic),为全塑性转变温度,在该温度以上,冲击试件的断口由 100% 纤维状组成,表现为完全的塑性破坏。温度由 T_2 向 T_1 降低的过程中,钢材的冲击功急剧下降,试件的破坏性质也从韧性变为脆性,故称该温度区间为脆性转变温度区。冲击功曲线的反弯点(或最陡点)对应的温度 T_0 称为转变温度。不同牌号和等级的钢材具有不同的转变温度区和转变温度,均应通过试验来确定。

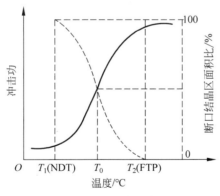

图 2-18　冲击韧性与温度的关系

在直接承受动力作用的钢结构设计中,为防止脆性破坏,结构的工作温度应大于 T_1 接近 T_0,可小于 T_2。但是 T_1、T_2 和 T_0 的测量是非常复杂的,对每一炉钢材,都要在不同的温度下做大量的冲击试验并进行统计分析才能得到。为了工程实用,根据大量的使用经验和试验资料的统计分析,我国有关标准对不同牌号和等级的钢材,规定了在不同温度下的冲击韧性指标,例如对 Q235 钢,除 A 级不要求外,其他各级钢种冲击吸收功均取 $C_V = 27J$;对低合金高强度钢,除 A 级不要求外,厚度为 12～150mm 时 Q355、Q390、Q420、Q460 牌号钢材冲击吸收功不小于 $C_V=34J$，Q500、Q550、Q620、Q690 牌号钢材 0℃、−20℃、−40℃时冲击吸收功分别不小于 55J、47J、31J。详细要求可参考《低合金高强度结构钢》（GB/T 1591—2018）。

2.4.5 应力集中的影响

由单调拉伸试验所获得的钢材性能，只能反映钢材在标准试验条件下的性能，即应力均匀分布且是单向的。实际结构中不可避免地存在孔洞、槽口、截面突然改变以及钢材内部缺陷等，此时截面中的应力分布不再保持均匀，由于主应力线在绕过孔口等缺陷时发生弯转，不仅在孔口边缘处会产生沿力作用方向的应力高峰，而且会在孔口附近产生垂直于力作用方向的横向应力，甚至会产生三向拉应力（图 2-19），而且厚度越厚的钢板，在其缺口中心部位的三向拉应力越大，这是因为在轴向拉力作用下，缺口中心沿板厚方向的收缩变形受到较大的限制，形成所谓平面应变状态。这种在缺陷或截面变化处附近，应力线曲折、密集、出现高峰应力的现象称为应力集中。应力集中的严重程度用应力集中系数衡量，缺口边缘沿受力方向的最大应力 σ_{max} 与按净截面的平均应力 σ_0（$\sigma_0=N/A_n$，A_n 为净截面面积）之比称为应力集中系数，即 $K=\sigma_{max}/\sigma_0$。图 2-19 中的 σ_a 是按毛截面计算的平均应力。

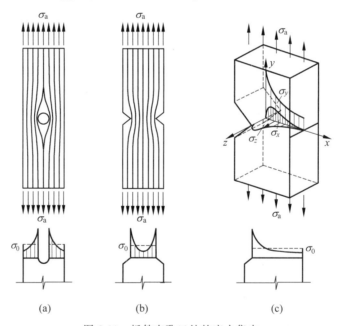

图 2-19 板件在孔口处的应力集中

（a）薄板圆孔处的应力分布；（b）薄板缺口处的应力分布；（c）厚板缺口处的应力分布

由式（2-3）或式（2-4）可知，当出现同号力场或同号三向力场时，钢材将变脆，而且应力集中越严重，出现的同号三向力场的应力水平越接近，钢材越趋于脆性。具有不同缺口形状的钢材拉伸试验结果表明（图 2-20，其中试件 1 为标准试件，试件 2、3、4 为不同应力集中水平的对比试件），截面改变的尖锐程度越大的试件，其应力集中现象越严重，引起钢材脆性破坏的危险性就越大。试件 4 已无明显屈服点，表现出高强钢的脆性破坏特征。

应力集中现象还可能由内应力产生。内应力的特点是力系在钢材内自相平衡，而与外力无关,其在浇注、轧制和焊接加工过程中,因不同部位钢材的冷却速度不同,或因不均匀加热和冷却而产生。其中焊接残余应力的量值往往很高,在焊缝附近的残余拉应力常达到屈服点,而且在焊缝交叉处经常出现双向,甚至三向残余拉应力场,使钢材局部变脆。当外力引起的应力与内应力处于不利组合时,会引发脆性破坏。

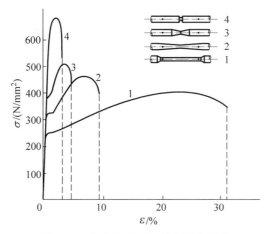

图 2-20　应力集中对钢材性能的影响

因此,进行钢结构设计时,应尽量使构件和连接节点的形状和构造合理,防止截面突然改变。在进行钢结构的焊接构造设计和施工时,应尽量减少焊接残余应力。

2.4.6　荷载类型的影响

荷载可分为静力和动力两大类。静力荷载中的永久荷载属于一次加载,活荷载可看作重复加载。动力荷载中的冲击荷载属于一次快速加载,吊车梁所受的吊车荷载以及建筑结构所承受的地震作用则属于连续交变荷载,或称循环荷载。

1. 加载速度的影响

在冲击荷载作用下,加载速度很高,由于钢材的塑性滑移在加载瞬间跟不上应变速率,因而反映出屈服点提高的倾向。但是,试验研究表明,在 20℃ 左右的室温环境下,虽然钢材的屈服点和抗拉强度随应变速率的增加而提高,塑性变形能力却没有下降,反而有所提高,即处于常温下的钢材在冲击荷载作用下仍保持良好的强度和塑性变形能力。

应变速率在温度较低时对钢材性能的影响要比常温下大得多。图 2-21 给出了三条不同应变速率下的缺口韧性试验结果与温度的关系曲线,图中中等加载速率相当于应变速率 $\dot{\varepsilon} = 10^{-3} \mathrm{s}^{-1}$,即每秒施加应变 $\varepsilon = 0.1\%$,若以 100mm 为标定长度,其加载速度相当于 0.1mm/s。由图 2-21 可以看出,随着加载速率的减小,曲线向温度较低侧移动。在温度较高和较低两侧,三条曲线趋于接近,应变速率的影响变得不十分明显,但在常用温度范围内其对应变速率的影响十分敏感,即在此温度范围内,加载速率越高,缺口试件断裂时吸收的能量越低,变得越脆。因此,在钢结构防止低温脆性破坏设计中,应考虑加载速率的影响。

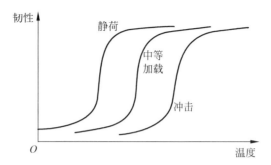

图 2-21   不同应变速率下钢材断裂吸收能量随温度的变化

2. 循环荷载的影响

前已述及,钢材在循环荷载作用下,会逐渐累积损伤、产生裂纹及裂纹逐渐扩展,直到最后破坏,这种现象称为疲劳。

按照断裂寿命和应力高低的不同,疲劳可分为高周疲劳和低周疲劳两类。高周疲劳的断裂寿命较长,断裂前的应力循环次数 $n \geqslant 5 \times 10^4$,断裂应力水平较低,$\sigma < f_y$,因此,也称低应力疲劳或疲劳,一般常见的疲劳多属于这类。低周疲劳的断裂寿命较短,破坏前的循环次数 $n = 1 \times 10^2 \sim 5 \times 10^4$,断裂应力水平较高,$\sigma \geqslant f_y$,伴有塑性应变发生,因此,也称为应变疲劳或高应力疲劳。高周疲劳的内容已在 2.3 节中叙述,本节重点介绍低周疲劳的基本概念。

试验研究发现,当钢材承受拉力至产生塑性变形,卸载后,再使其受拉,其受拉的屈服强度将提高至卸载点(冷作硬化现象);而当卸载后使其受压,其受压的屈服强度将低于一次受压时所获得的值。这种经预拉后抗拉强度提高,抗压强度降低的现象称为包辛格效应,如图 2-22(a)所示。在交变荷载作用下,随着应变幅值的增加,钢材的应力应变曲线将形成滞回曲线(滞回环),如图 2-22(b)所示。低碳钢的滞回曲线丰满而稳定,滞回曲线所围的面积代表荷载循环一次单位体积的钢材所吸收的能量,在多次循环荷载下,将吸收大量的能量,十分有利于抗震。

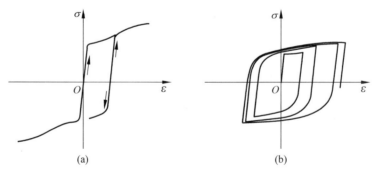

图 2-22   钢材的包辛格效应和滞回曲线

在循环应变幅值作用下,钢材的性能一般仍用由单调拉伸试验引申出的理想应力应变曲线(图 2-23(a))表示,这将会带来较大的误差,此时采用双线型和三线型曲线(图 2-23(b)、(c))模拟钢材性能将更为合理。钢构件和节点在循环应变幅值作用下的滞回性能要比钢材的复杂得多,受很多因素的影响,应通过试验研究或较精确的模拟分析获得。钢结构在地震荷载作用下的低周疲劳破坏,大部分是由于构件或节点的应力集中区域产生了宏观的塑性变形,由循环塑性应变累积损伤到一定程度后发生的。其疲劳寿命取决于塑性应变幅值的大小,塑性应变幅值大的疲劳寿命就低。由于问题的复杂性,有关低周疲劳问题的研究还在进一步完善过程中。

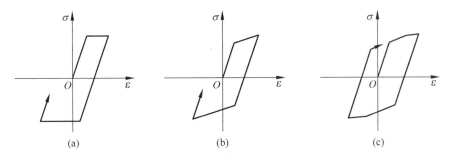

图 2-23　钢材在滞回应变荷载作用下应力应变简化模型

2.5　建筑用钢的规格及选用

2.5.1　建筑用钢的种类

我国的建筑用钢主要有碳素结构钢、低合金高强度结构钢和建筑结构用钢板。优质碳素结构钢在冷拔碳素钢丝和连接用紧固件中也有应用。另外,厚度方向性能钢板、焊接结构用耐候钢、铸钢等在某些情况下也有应用。

1. 碳素结构钢

按国家标准《碳素结构钢》(GB/T 700—2006)生产的钢材共有 Q195,Q215A 及 B,Q235A、B、C 及 D,Q275A、B、C 及 D,板材厚度不大于 16mm 的相应牌号钢材的屈服点分别为 195N/mm²、215N/mm²、235N/mm² 和 275N/mm²。碳素结构钢的拉伸试验和冲击试验结果见表 2-7。其中,Q195、Q215 的强度比较低,Q275 的含碳量超出低碳钢的范围,而 Q235 含碳量在 0.22% 以下,属于低碳钢,钢材的强度适中,塑性、韧性较好,所以,建筑结构在碳素结构钢这一钢种中主要应用 Q235 这一钢号。该钢号钢材又根据化学成分和冲击韧性的不同划分为 A、B、C、D 共 4 个质量等级,按字母顺序由 A 到 D,表示质量等级由低到高。除 A 级外,其他三个级别的含碳量均在 0.20% 以下,焊接性能也很好。

碳素结构钢的钢号由代表屈服点的字母 Q、屈服点数值(N/mm²)、质量等级符号、脱氧方法符号等 4 个部分按顺序组成。脱氧符号"F"代表沸腾钢,符号"Z"和"TZ"分别代表镇静钢和特殊镇静钢。在具体标注时"Z"和"TZ"可以省略,其中 Q235C、Q275C 只能是镇静钢,Q235D、Q275D 只能是特殊镇静钢。例如,Q235B 代表屈服点为 235N/mm² 的 B 级镇静钢。

《钢结构设计标准》(GB 50017—2017)推荐使用的碳素结构钢是 Q235。

表 2-7 碳素结构钢的拉伸试验和冲击试验结果要求

牌号	等级	拉伸试验												冲击试验	
		屈服强度 R_{eH}/(N/mm²)						抗拉强度 R_m/(N/mm²)	断后伸长率 A/%					温度/℃	V形冲击功(纵向)/J
		钢板厚度(或直径)/mm							钢板厚度(或直径)/mm						
		≤16	>16~40	>40~60	>60~100	>100~150	>150~200		≤40	>40~60	>60~100	>100~150	>150~200		
Q195	—	195	185	—	—	—	—	315~430	33	—	—	—	—	—	
Q215	A	215	205	195	185	175	165	335~450	31	30	29	27	26	—	
	B													+20	27
Q235	A	235	225	215	215	195	185	370~500	26	25	24	22	21	—	
	B													20	27
	C													0	
	D													−20	
Q275	A	275	265	255	245	225	215	410~540	22	21	20	18	17	—	
	B													20	27
	C													0	
	D													−20	

2. 低合金高强度结构钢

低合金高强度结构钢是在钢的冶炼过程中添加少量几种合金元素(合金元素的总量低于 5%),使钢的强度明显提高。按国家标准《低合金高强度结构钢》(GB/T 1591—2018)的规定,低合金高强度结构钢材有 Q355、Q390、Q420、Q460、Q500、Q550、Q620 和 Q690 等牌号,板材厚度不大于 16mm 的相应牌号钢材的屈服点分别为 355N/mm²、390N/mm²、420N/mm²、460N/mm²、500N/mm²、550N/mm²、620N/mm² 和 690N/mm²。这些钢的含碳量均≤0.22%,强度的提高主要依靠添加合金元素来达到。按化学成分和冲击韧性,低合金高强度结构钢划分为不同的质量等级。其中 Q355 有 B、C、D、E、F 共 5 个质量等级;Q390 和 Q420 有 B、C、D、E 共 4 个质量等级;Q460、Q500、Q550、Q620 和 Q690 有 C、D、E 共 3 个质量等级。字母顺序越靠后的钢材质量越高。

低合金高强度结构钢的牌号由代表屈服强度的字母 Q、规定的最小上屈服强度数值、交货状态代号、质量等级符号(B、C、D、E、F)4 个部分组成。交货状态为热轧时,交货状态代号 AR 或 WAR 可省略;交货状态为正火或正火轧制状态时,交货状态代号均用 N 表示。Q+规定的最小屈服强度数值+交货状态代号,简称为"钢级"。例如,Q355ND 表示最小上屈服强度为 355MPa,交货状态为正火或正火轧制,质量等级为 D 级。当对钢板厚度方向性能有要求时,则在上述规定的牌号后加上代表厚度方向(Z 向)性能级别的符号,如 Q355NDZ25。

《钢结构设计标准》(GB 50017—2017)推荐使用的低合金高强度结构钢是 Q355、Q390、Q420、Q460。

3. 建筑结构用钢板

按现行国家标准《建筑结构用钢板》(GB/T 19879—2023)生产的钢材共有 Q235GJ、Q345GJ、Q390GJ、Q420GJ、Q460GJ 以及 Q500GJ、Q550GJ、Q620GJ、Q690GJ 等牌号。各强度级别又分为 Z 向和非 Z 向钢，Z 向钢有 Z15、Z25、Z35 三个等级，Z 后面的数字为截面收缩率的指标(%)。各牌号又按不同冲击试验要求分为不同质量等级。这种钢材的牌号由屈服点、高性能、建筑的汉语拼音字母、屈服点数值、质量级别符号组成。对于有厚度方向性能要求的钢板，在质量等级符号后加上 Z 向钢级别。例如，Q345GJCZ15，其中，Q、G、J 分别为屈服点、高性能、建筑的首个汉语拼音字母；345 为屈服点数值(注意，此处为下屈服点，不同规范要求不同，尚未统一)，单位为 N/mm^2；C 为对应于 0℃冲击试验温度要求的质量等级，Z15 为厚度方向性能级别。

该种钢板纯净度高(有害的 S、P 元素含量少)，轧制过程严格，具有强度高、强度波动小、强度厚度效应小、塑性、韧性、焊接性能好等优点，是一种高性能的钢材，特别适用于地震区高层大跨等重大钢结构工程。

《钢结构设计标准》(GB 50017—2017)推荐使用的建筑结构用钢板是 Q345GJ。

4. 优质碳素结构钢

优质碳素结构钢与碳素结构钢的主要区别在于钢中含杂质元素较少，磷、硫等有害元素的含量均不大于 0.035%，其他缺陷的限制也较严格，具有较好的综合性能。按照国家标准《优质碳素结构钢》(GB/T 699—2015)生产的钢材共有两大类，一类为普通含锰量的钢，另一类为较高含锰量的钢，两类的钢号均用两位数字表示，它表示钢中的平均含碳量的万分数，前者数字后不加 Mn，后者数字后加 Mn，如 45 号钢，表示平均含碳为 0.45%的优质碳素钢；45Mn 号钢，则表示同样含碳量、但锰的含量也较高的优质碳素钢。

由于价格较高，钢结构中使用较少，仅用于经热处理的优质碳素结构钢冷拔高强钢丝或制作高强螺栓、自攻螺钉等。

5. 其他建筑用钢

在某些情况下，要采用一些有别于上述牌号的钢材时，其材质应符合国家的相关标准。例如，当焊接承重结构为防止钢材的层状撕裂而采用 Z 向钢时，应符合《厚度方向性能钢板》(GB/T 5313—2023)的规定；处于外露环境对耐腐蚀有特殊要求或在腐蚀性气、固态介质作用下的承重结构采用耐火耐候钢时，应满足《耐候结构钢》(GB/T 4171—2008)、《耐火耐候结构钢》(GB/T 41324—2022)等规定；当在钢结构中采用铸钢件时，应满足《一般工程用铸造碳钢件》(GB/T 11352—2009)的规定等。

2.5.2　钢材规格

钢结构所用钢材主要为热轧成型的钢板和型钢，以及冷加工成型的冷轧薄钢板和冷弯薄壁型钢等。为了减少制作工作量，降低造价，钢结构的设计和制作者应对钢材的规格有全面的了解。

1. 钢板

钢板有厚钢板、薄钢板、扁钢(或带钢)之分。厚钢板常用作大型梁、柱等实腹式构件的翼缘和腹板,以及节点板等;薄钢板主要用来制造冷弯薄壁型钢;扁钢可用作焊接组合梁、柱的翼缘板、各种连接板、加劲肋等,钢板截面的表示方法为在符号"—"后加"厚度×宽度×长度",单位为 mm,如—12×450×1200 等。

钢板的供应规格如下:

厚钢板:厚度 4.5~60mm,宽度 600~3000mm,长度 4~12m;

薄钢板:厚度 0.35~4mm,宽度 500~1500mm,长度 0.5~4m;

扁钢:厚度 4~60mm,宽度 12~200mm,长度 3~9m。

2. 热轧型钢

热轧型钢常用的有角钢、工字钢、槽钢等,见图 2-24。

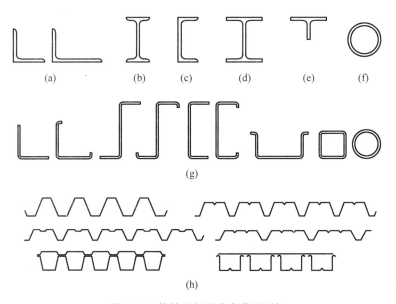

图 2-24 热轧型钢及冷弯薄壁型钢

(a) 角钢;(b) 工字钢;(c) 槽钢;(d) H 型钢;(e) T 型钢;(f) 钢管;(g) 冷弯薄壁型钢;(h) 压型钢板

1) 角钢

角钢分为等边(也叫等肢)和不等边(也叫不等肢)两种,主要用来制作桁架等格构式结构的杆件和支撑等连接杆件。不等边角钢的表示方法为在符号"∟"后加"长边宽×短边宽×厚度",如∟100×80×8;等边角钢则以"边宽×厚度"表示,如∟100×8,单位皆为 mm。目前我国生产的角钢最大边长为 250mm,角钢的供应长度一般为 4~19m。

2) 工字钢

工字钢有普通工字钢、轻型工字钢两种。普通工字钢和轻型工字钢的两个主轴方向的惯性矩相差较大,不宜单独用作受压构件,而宜用作腹板平面内受弯构件,或由工字钢和其他型钢组成的组合构件或格构式构件。

普通工字钢的型号用符号"I"后加截面高度的厘米数来表示,20 号以上的工字钢,又按腹板的厚度不同,分为 a、b 或 a、b、c 等类别,例如 I20a 表示高度为 200mm,腹板厚度为 a 类的工字钢。a 类腹板较薄,用作受弯构件较为经济,c 类腹板较厚。轻型工字钢的翼缘和腹板均比普通工字钢薄,因而在相同质量下其截面系数和回转半径均较大。普通工字钢的型号为 10～63 号,轻型工字钢为 10～70 号,供应长度均为 5～19m。

3）H 型钢

H 型钢与普通工字钢相比,其翼缘板的内外表面平行,便于与其他构件连接。H 型钢的基本类型可分为宽翼缘(HW)、中翼缘(HM)及窄翼缘(HN)三类。还可剖分成 T 型钢供应,代号分别为 TW、TM、TN。H 型钢和相应的 T 型钢的型号分别为代号后加"高度 $H \times$ 宽度 $B \times$ 腹板厚度 $t_1 \times$ 翼缘厚度 t_2",例如 HW400×400×13×21 和 TW200×400×13×21 等,单位均为 mm。宽翼缘和中翼缘 H 型钢可用于钢柱等受压构件,窄翼缘 H 型钢则适用于钢梁等受弯构件。目前,国内生产的最大型号 H 型钢为 HN700×300×13×24。供货长度可与生产厂家协商,长度大于 24m 的 H 型钢不成捆交货。

4）槽钢

槽钢有普通槽钢和轻型槽钢两种。适于作檩条等双向受弯的构件,也可用其组成组合或格构式构件。槽钢的型号与工字钢相似,例如 [32a 指截面高度 320mm,腹板较薄的槽钢。目前国内生产的最大型号为 [40c,供货长度为 5～19m。

5）钢管

钢管有无缝钢管和焊接钢管两种。由于回转半径较大,常用作桁架、网架、网壳等平面和空间格构式结构的杆件,在钢管混凝土柱中也有广泛应用。钢管有圆钢管和方钢管。

圆钢管的型号可用代号"D"后加"外径 $d \times$ 壁厚 t"表示,如 D180×8 等。国产热轧无缝钢管的最大外径可达 630mm。供货长度为 3～12m。焊接钢管的外径可以做得更大,一般由施工单位卷制。

方钢管有焊接方钢管和冷弯方钢管。方钢管可用"□"后面加上长×宽×厚来表示,单位为 mm,如□120×80×4、□100×3。

3. 冷弯薄壁型钢

采用 1.5～6mm 厚的钢板经冷弯和辊压成型的型材(图 2-24(g)),以及采用 0.4～1.6mm 的薄钢板经辊压成型的压型钢板(图 2-24(h)),其截面形式和尺寸均可按受力特点合理设计,能充分利用钢材的强度,节约钢材,在国内外轻钢建筑结构中广泛应用。近年来,冷弯高频焊接圆管和方、矩形管的生产与应用在国内有了很大进展,冷弯型钢的壁厚已达 12.5mm(部分生产厂的可达 22mm,国外为 25.4mm)。

2.5.3 钢材的选择

为保证承重结构的承载能力,防止在一定条件下出现脆性破坏,做到安全可靠和经济合理,应根据下列因素综合考虑,选择合适的钢材牌号和质量等级的钢材。

1. 结构的类型及重要性

按照《建筑结构可靠性设计统一标准》(GB 50068—2018)、《工程结构通用规范》(GB

55001—2021)的规定,依据结构破坏可能产生的后果(危及人的生命、造成经济损失、对社会或环境产生影响等)的严重性,把结构安全等级分为三级,一级对应重要结构、二级对应一般结构和三级对应次要结构。安全等级不同,要求钢材的质量也不同。对重要的结构,如重型厂房结构、大跨度结构、重级工作制吊车梁、高层或超高层的民用建筑结构或构筑物,应考虑选用质量好的钢材;对一般工业与民用建筑结构,如普通厂房的屋架和柱等可按工作性质分别选用普通质量的钢材。

2. 荷载的性质

荷载可分为静态荷载和动态荷载两种。直接承受动态荷载的结构和强烈地震区的结构,应选用综合性能好的钢材;一般承受静态荷载的结构则可选用价格较低的 Q235 钢。

3. 连接方法

钢结构的连接方法有焊接和非焊接两种。焊接过程中的不均匀加热和冷却会产生焊接变形、焊接应力以及其他焊接缺陷,会导致结构产生裂纹或脆性断裂。因此,焊接结构钢材的材质要求应高于同样情况的非焊接结构钢材。例如,在化学成分方面,焊接结构必须严格控制碳、硫、磷的极限含量;而非焊接结构对碳含量可降低要求。

4. 结构的工作环境

结构所处的工作环境和工作条件,如室内、室外、温度变化、湿度变化、腐蚀作用情况等对钢材的影响很大。钢材的塑性和韧性随温度的降低而降低,处于低温时容易冷脆,因此,在低温条件下工作的结构,尤其是焊接结构,应选用具有良好抗低温脆断性能的镇静钢。处于外露环境,且对耐腐蚀有特殊要求或处于侵蚀性介质环境中的承重结构,可采用 Q235NH、Q355NH 和 Q415NH 牌号的耐候结构钢。

5. 钢材的厚度

薄钢材辊轧次数多,轧制的压缩比大,厚度大的钢材压缩比小。所以,厚度大的钢材不但强度较低,而且塑性、冲击韧性和焊接性能也较差。因此,厚度大的焊接结构应采用材质较好的钢材。

综合考虑上述因素,《钢结构设计标准》(GB 50017—2017)及《钢结构通用规范》(GB 55006—2021)要求:钢材宜采用 Q235、Q355、Q390、Q420、Q460、Q345GJ 等。

结构钢材的选用应遵循技术可靠、经济合理的原则,综合考虑结构的重要性、荷载特征、结构形式、应力状态、连接方法、工作环境、钢材厚度和价格等因素,选用合适的钢材牌号和材料性能保证项目。

钢结构承重构件所用的钢材应具有屈服强度、抗拉强度、断后伸长率以及硫、磷含量的合格保证,在低温使用环境下尚应具有冲击韧性的合格保证;对焊接结构尚应具有碳当量的合格保证。铸钢件和要求抗层状撕裂(Z 向)性能的钢材尚应具有断面收缩率的合格保证。焊接承重结构以及重要的非焊接承重结构所用的钢材,应具有弯曲试验的合格保证;对直接承受动力荷载或需进行疲劳验算的构件,其所用钢材尚应具有冲击韧性的合格保证。

需验算疲劳的非焊接结构,其钢材质量等级要求可较焊接结构降低一级但不应低于

B级。吊车起重量≥50t 的中级工作制吊车梁,其质量等级要求应与需要验算疲劳的构件相同。钢材质量等级的选用具体要求见表 2-8。

表 2-8 钢材质量等级的选用

结 构 类 别		工作温度/℃			
		$T>0$	$-20<T\leqslant0$	$-40<T\leqslant-20$	
不需验算疲劳	非焊接结构	B(允许使用 A)	B	B	受拉构件及承重结构的受拉板件: ① 板厚或直径小于 40mm:C; ② 板厚或直径不小于 40mm:D; ③ 重要承重结构的受拉板材宜选建筑结构用钢板
	焊接结构	B	B	B	
需验算疲劳	非焊接结构	B	Q235B、Q390C Q345GJC Q420C Q355B、Q460C	Q235C、Q390D Q345GJC Q420D Q355C、Q460D	
	焊接结构	B	Q235C、Q390D Q345GJC Q420D Q355C、Q460D	Q235D、Q390E Q345GJD Q420E Q355D、Q460E	

为了简化订货,选择钢材时要尽量统一规格,减少钢材牌号和型材的种类,还要考虑市场的供应情况和制造厂的工艺可能性。对于某些拼接组合结构(如焊接组合梁、桁架等)可以选用两种不同牌号的钢材,受力大、由强度控制的部分(如组合梁的翼缘、桁架的弦杆等)可以选用强度高的钢材;受力小、由稳定控制的部分(如组合梁的腹板、桁架的腹杆等)可以选用强度低的钢材,以达到经济合理的目的。

2.6 补充阅读:我国钢铁工业百年发展的伟大成就和主要经验分析(节选)

中国共产党成立百年来,我国钢铁工业发展取得了从小到大、从弱渐强、从世界钢铁工业微不足道的配角发展到跃居世界钢铁工业主角的伟大历史成就。成就的取得,关键在于始终不渝地坚持党的领导,坚持改革开放,充分发挥科学技术的引领带动作用。

1. 钢铁工业百年发展的伟大成就

经过百年的披荆斩棘和艰苦奋斗,我国钢铁工业实现了产业规模由小到大、产业技术水平由低到高、产业竞争力由弱到强、产业绿色低碳化发展水平由低到高的历史性大跨越。

1) 产业规模不断壮大

1921 年以来的一百多年,我国生铁产量从 22.9 万 t 增长到 88752 万 t,增长了 3875 倍;粗钢产量从 7.68 万 t 增长到 106477 万 t,增长了 13863 倍。如果以新中国成立的 1949 年为基数,1949—2020 年,我国钢铁工业的主要产品中,生铁产量从 25 万 t 增加到 88752 万 t,增长了 3349.1 倍;粗钢产量从 15.8 万 t 增加到 106477 万 t,增长了 6738 倍;钢材产量从 14 万 t 增加到 132489 万 t,增长了 9462.5 倍。

与此同时,我国钢铁工业在世界钢铁工业的地位明显上升。自 1996 年钢产量超过日本跃居世界第一以来,我国钢铁产量占世界钢铁产量的比重持续攀升。2020年,我国钢铁产量占世界的比重已上升至57.1%,比1996年上升43.2个百分点,比1978年上升52.3个百分点,比1949年上升57.0个百分点。目前,在世界钢铁工业中,我国钢铁工业的产业链最完备、产业规模最大、产品品种系列最丰富。

2) 装备与技术水平明显提升

100年前,我国钢铁工业技术装备十分落后。即使到了1949年,我国最大的高炉,容积仅690m³;最大的平炉,公称吨位只有150t;最大的电炉,容量只有5t;最大的转炉,容量仅4t,而且是酸性侧吹;轧钢设备也十分陈旧落后;许多生产过程靠手工操作。新中国成立以来特别是改革开放以来,通过技术设备引进和自主创新的双管齐下,我国钢铁工业的技术装备日趋大型化、高效化、自动化、连续化、紧凑化、长寿化。截至2018年年底,我国大中型钢铁企业拥有的130m²以上烧结机311台,生产能力88858万t,占大中型钢铁企业烧结机产能的87.3%;1000m³以上转炉322座,生产能力52245万t,占大中型钢铁企业高炉产能的78.8%;100t以上的转炉342座,生产能力51747万t,占大中型钢铁企业转炉产能的75.7%;100t以上的电弧炉21座,生产能力2172万t,占大中型钢铁企业电弧炉产能的43.9%。

同时,我国钢铁工业技术水平也明显提高。100年来特别是20世纪90年代以来,连铸、高炉长寿、高炉喷煤、转炉溅渣护炉、型线材连轧和综合节能等关键共性技术在全国钢铁企业中得到推广普及。进入21世纪以来,一批先进工艺技术得到快速应用,首钢京唐高炉高比例球团冶炼工艺技术、中国宝武一体化智能管控平台技术、300t转炉"一键炼钢+全自动出钢"智慧炼钢技术、绿色洁净电炉炼钢技术、连铸凝固末端重压下技术、电渣重熔关键技术、热轧板在线热处理技术、无头轧制技术、棒线材免加热直接轧制技术、无酸酸洗技术等代表世界钢铁先进水平的工艺技术得到推广应用。由于技术进步迅速,"十三五"期间,我国钢铁工业累计获得国家科技进步奖一等奖3项、二等奖28项,一大批高质量关键产品自主研发成功,如高速列车轮轴及转向架材料、超薄不锈钢精密带、高强热成型汽车板、新能源汽车电机用高性能硅钢、航母球扁钢等已达到国际先进水平。

3) 产业绿色化取得长足进步

100年来特别是改革开放40多年来,我国钢铁工业不断提升"三废"(废水、废气、废渣)排放标准,推行清洁生产,采用节能环保技术,节能降耗、资源综合利用取得了明显进步。数据显示,我国重点大中型钢铁企业吨钢综合能耗从1949年的3t标准煤左右下降到2020年545kg标准煤,高炉利用系数从1952年的1.02t/(m³·d)提高到2020年的2.63t/(m³·d)。我国早已全面淘汰了落后的平炉炼钢工艺,而且转炉炼钢实现了负能炼钢。

同时,我国钢铁企业通过引进开发、推广应用"三废"综合治理及利用技术,废气处理率和处理废气达标率不断提高,吨钢外排大气污染物大幅减少,水的重复利用率大大提高,外排废水中污染物总量大幅度降低。数据显示,"十三五"期间,我国钢铁工业累计减排粉尘颗粒物85万t,二氧化硫194万t,减排各类废水5亿m³,节约新水22亿m³。2020年,全国大中型钢铁企业外排废水总量比2019年减少3.85%,二氧化硫排放降低14.38%,烟尘排放降低17.68%,工业粉尘降低10.54%,吨钢耗新水降低4.34%。一大批花园式工厂、清洁生产环境友好型钢铁工厂相继涌现,宝钢湛江钢铁、河钢邯郸钢铁、安阳钢铁、青岛特殊钢、内蒙古包钢钢联股份等14家钢铁企业跻身"清洁生产环境友好企业",德龙、安钢、三钢等一大批厂区已建设成为4A、3A级景区。

4）产业竞争力持续提高

100 年前，我国钢铁工业技术落后，市场竞争力十分低下。经济建设和人们生活中与钢铁相关的物品大都离不开一个"洋"字，如洋枪、洋炮、洋铁、洋钉。中国共产党领导人民建立新中国以来，随着钢铁工业技术装备水平的提高、工艺流程的优化、产品质量的提高和品种的增多，我国钢铁工业的竞争力不断提高。

在国内市场上，目前我国经济建设和国防发展所需的主要钢材品种已完全可以立足国内生产，绝大多数钢铁产品的国内市场占有率和满足率都已达到 100%。我国经济和国防建设中所有重大项目和重点工程，都得到了国内钢铁企业的强力支持。例如，为国家重点建设工程乌东德水电站发电机提供磁轭钢，为国内首个控制性工程——黑河至长岭段天然气管道工程提供世界上口径最大、管壁最厚、钢级最高的管线钢，为亚洲最大自航绞吸挖泥船——"天鲲号"提供 BMS1400 耐磨蚀钢，为海洋工程领域世界首制的 VOC（挥发性有机物）系统模块提供锰碳低温钢，为国产航母"山东号"提供对称球扁钢，等等。

在国际市场上，我国钢铁产品的国际竞争力越来越强。1950 年，我国出口生铁 12.6 万 t、钢材 400t，实现了新中国钢铁产品出口零的突破。1982 年，我国出口钢材突破 100 万 t；1995 年，出口钢材突破 500 万 t；2007 年，出口钢材突破 5000 万 t；2015 年，出口钢材突破 1 亿 t。近年来，由于国家钢铁发展战略的调整与国际市场环境的变化，我国钢材出口数量有所回落，产业国际竞争力仍在继续提高。2020 年，我国出口钢材 5367 万 t，比 2019 年下降 16.5%；进口钢材 2023 万 t，比上年增长 64.4%；钢材产品出口均价达到 847.2 美元/t，比 2019 年上涨 1.3%；而进口均价下降至 831.6 美元/t，比 2019 年下降 27.5%；进出口钢材产品的价格差已从 2019 年的 83.0 美元/t 变为 2020 年的 -15.6 美元/t。可以看到，钢材产品的进口均价高于出口均价的历史已经过去。

2. 钢铁工业百年发展的主要经验

中国共产党成立百年来特别是新中国成立以来，我国钢铁工业发展之所以取得了举世瞩目的巨大成就，是因为在我国钢铁工业的发展进程中，我们始终不渝地坚持党的领导，坚持改革开放，与时俱进，不断调整完善钢铁工业的管理体制，充分利用国内国外两种资源、两个市场，充分发挥科学技术的引领带动作用。

1）将党的领导始终贯穿钢铁工业发展的进程之中

坚持党的集中统一领导，是我国工业化和经济建设顺利发展的基本经验，也是我国钢铁工业铸就辉煌的根本保障。在我国钢铁工业百年发展史上特别是新中国成立以来的各个时期，我们党始终是推动钢铁工业向前发展的领路人和定海神针。

在新中国成立初期，正是党中央及时采取了建立中央一级和各大行政区领导工业的机构，加强对钢铁工业复产工作的组织领导，派遣大批有领导经验的干部到各企业担任厂矿领导，具体领导厂矿企业的复产工作，号召全体工人、技术人员发扬主人翁精神，全力投入恢复生产、重建工厂和矿山工作，才使得被战争破坏的钢铁厂矿企业迅速复产稳产增产。

在社会主义建设时期，正是我们党带领全国人民自力更生，艰苦创业，重点建设了 3 个大型钢铁厂、5 个中型钢铁厂和 18 家小型钢铁厂，新建攀枝花钢铁基地，极大地改善我国钢铁工业的产业体系和产业布局体系，奠定了我国钢铁工业走向强大的基础。

改革开放以来，正是我们党按照中国特色社会主义本质要求，不断推动钢铁工业的结构调整、技术创新、管理机制变革,才使得我国钢铁工业不断走向强大。

钢铁工业的百年发展历程充分说明,坚持党的正确领导,是我国钢铁工业大起来、强起来的基石。在建设世界钢铁强国的过程中,我们必须始终坚持党的领导。

2) 与时俱进,不断改革调整钢铁工业的管理体制和资源配置方式

与时俱进,不断改进经济体制和社会资源的配置方式以适应生产力的发展,是我国社会主义经济建设取得巨大成就的重要经验,也是我国钢铁工业顺利发展的成功经验。

为了迅速改变钢铁工业底子薄、基础差的落后局面,我国在钢铁工业领域曾实行高度集中统一的计划管理体制,通过国家指令性计划统一调配钢铁生产的原材料供应,统一组织钢铁产品生产和销售,统一钢铁企业的利润分配和固定资产投资。这种高度集中的计划管理体制和资源配置方式,在当时背景下发挥了计划体制"集中力量办大事"的优越性,迅速建立起铁矿石开采—炼铁—炼钢—轧钢—钢材深加工的完整产业体系,奠定了我国现代钢铁工业发展的基础。

1978年党的十一届三中全会后,钢铁工业与时俱进,不断通过经济体制改革来改变传统计划体制下政企不分、政资不分、政事不分、政府统得过多过死、激励机制缺失等弊端,实行市场化改革,充分发挥市场合理配置资源的积极作用,充分发挥市场机制激励和约束功能,建立以现代产权制度为核心的现代企业制度,充分调动企业和职工的主动性、积极性和创造性,极大地解放和培植了我国钢铁工业生产力,促推世界第一钢铁大国在东方诞生。

3) 坚持对外开放,充分利用国外资源、技术和市场

通过对外开放,引进来,走出去,充分利用国外资源、资金、技术和市场,是我国钢铁工业百年间取得赶超跨越式发展的成功做法。

新中国成立之初,我国充分利用与苏联友好的有利条件,在苏联的设备、资金和技术的全方位帮助下,改建了鞍山钢铁公司、本溪钢铁公司,新建了武汉钢铁公司、包头钢铁公司、富拉尔基特钢厂、吉林铁合金厂、热河钒钛矿,极大改善了我国工业化和经济发展过程中缺钢少铁的局面。20世纪70年代初,武钢从国外引进一米七轧机,极大地提高了我国钢铁工业的技术装备和工艺水平,极大地改变了钢铁工业板、管稀缺,薄板严重依赖进口的局面,改善了钢铁工业的产品结构。改革开放后,我国引进日本的技术装备和先进管理经验,开工建设了宝钢项目,使我国钢铁工业与世界先进水平的差距缩短20多年。

党的十八大以来,利用共建"一带一路"有利机遇,我国钢铁企业一方面积极"走出去"获取国外矿产资源,另一方面积极开展跨国经营和产业布局,河钢收购塞钢、敬业集团收购英钢、建龙重工收购马来西亚东钢等。这既极大地缓解了我国国内铁矿石资源不足和钢铁产能过剩的困境,又为我国钢铁工业培育出一批具有全球资源配置能力和经营能力的跨国钢铁企业,可谓一举两得。

4) 坚持技术创新,加强自主创新能力建设

钢铁工业百年发展光辉历程表明,坚持技术创新,加强自主创新能力建设,是我国钢铁由小到大、由弱渐强的重要驱动力。改革开放以来特别是党的十八大以来,我国钢铁工业之所以开发的钢铁新品种不断增多,产品质量不断提高,能源资源消耗强度不断降低,一个重要原因就是坚持走科技创新发展之路,加大了产业研发投入,加强了产业自主创新能力建设。

以高强度汽车钢的自主研发为例,为了打破国外钢铁企业对高强度汽车钢的垄断,满足

我国迅速发展的汽车工业对高强度汽车钢的市场需求,在国家有关部门支持下,宝钢自 2002 年连续投入巨资研制开发超高强钢。2009 年,宝钢投产了我国首条超高强钢专用生产线。截至目前,宝钢已成功开发多种先进高强钢品种以及生产工艺技术,其重点开发的第三代高强钢 Q&P 钢已实现批量供货,宝钢也因此成为目前世界上唯一一家可以同时工业化生产第一代、第二代和第三代全系列超高强钢的钢铁企业。

（注：原文作者：周维富,中国社会科学院工业经济研究所）

习题

2-1　什么是碳素结构钢、低合金高强度结构钢？生产和加工过程对其工作性能有何影响？

2-2　钢材中常见的冶金缺陷有哪些？

2-3　钢材有哪两种主要破坏形式？与其化学成分有何关系？

2-4　影响钢材性能的主要化学成分有哪些？碳、硫、磷对钢材性能有何影响？

2-5　什么是钢材的可焊性？影响钢材可焊性的化学元素有哪些？

2-6　随着温度的变化,钢材的力学性能有何变化？为何钢材不耐火？

2-7　钢材的力学性能为何要按厚度分类？

2-8　建筑钢结构对钢材有哪些要求？选择钢材时要考虑哪些因素？

2-9　什么情况下会产生应力集中,应力集中对材料性能有何影响？

2-10　什么是疲劳断裂？它的特点如何？

第3章

钢结构的连接

3.1　连接的基本知识

钢结构是由钢板、型钢通过连接组成基本构件(如梁、柱、桁架等),各构件再通过一定的安装连接而形成整体结构(如厂房、桥梁等)。在钢结构中,连接占有很重要的地位,设计任何钢结构都会遇到连接问题。连接的加工和安装比较复杂、费工,连接合理与否对结构的造价、安全和寿命均有很大的影响。

3.1.1　钢结构对连接的要求及连接方法

连接部位应有足够的强度、刚度及延性,被连接构件间应保持正确的相互位置,以满足传力和使用要求。设计时,应注意以下几点:

(1) 连接的设计应与结构内力分析时的假定一致;

(2) 结构的荷载内力组合应能提供连接的最不利受力工况;

(3) 连接的构造应传力直接,各零件受力明确,并尽可能避免严重的应力集中;

(4) 连接的计算模型应能考虑刚度不同的零件间的变形协调;

(5) 构件相互连接的节点应尽可能避免偏心,不能完全避免时应考虑偏心的影响;

(6) 避免在结构内产生过大的残余应力,尤其是约束造成的残余应力,避免焊缝过度密集;

(7) 厚钢板沿厚度方向受力容易出现层间撕裂,节点设计时应予以充分重视;

(8) 连接的构造应便于制作、安装,综合造价低。

钢结构的连接方法主要有焊接、铆接、螺栓连接和轻型钢结构用的紧固件连接,如图 3-1 所示。

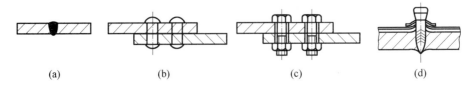

图 3-1　钢结构的连接方法

(a) 焊缝连接;(b) 铆钉连接;(c) 螺栓连接;(d) 紧固件连接

3.1.2　焊缝连接

焊缝连接(简称"焊接")是现代钢结构最主要的连接方法,它不仅是钢板或型钢组成各种钢结构构件的基本连接方法,也是各种钢结构构件间连接的一种重要方法。因此,焊接在整个钢结构的制造和安装作业中的工作量都占有很大比重,对钢结构工程的建造工期和工程成本有着重大影响,焊接质量的好坏直接关系着工程可靠性。

1. 钢结构常用的焊接方法

焊接是通过加热或加压,或两者并用,并且用或不用填充材料,使工件达到结合的一种方法。

根据焊接过程中金属所处状态的不同,焊接方法一般可分为熔化焊(熔焊)、压力焊(压焊)和钎焊。

熔焊是焊接过程中,将焊件接头加热至熔化状态,不加压完成焊接的方法。在加热的条件下增强了金属的原子动能,促进原子间的相互扩散,当被焊金属加热至熔化状态形成液体熔池时,原子之间可以充分扩散和紧密接触,因此冷却凝固后,即形成牢固的焊接接头。常见的气焊、电弧焊、电渣焊、气体保护焊等都属于熔焊的方法。

压焊是在加压条件下,使两工件在固态下实现原子间结合,又称固态焊接。常用的压焊工艺是电阻对焊,当电流通过两工件的连接端时,该处因电阻很大而温度上升,当加热至塑性状态时,在轴向压力作用下连接成为一体,如锻焊、接触焊、摩擦焊、气压焊、冷压焊、爆炸焊等(主要用于复合钢板)。

钎焊是使用比工件熔点低的金属材料作钎料,将工件和钎料加热到高于钎料熔点、低于工件熔点的温度,利用液态钎料润湿工件,填充接口间隙并与工件实现原子间的相互扩散,从而实现焊接的方法。钎焊不适于一般钢结构和重载、动载机件的焊接。

焊接时形成的连接两个被连接体的接缝称为焊缝。焊缝的两侧在焊接时会受到焊接热作用而发生组织和性能变化,这一区域被称为热影响区。

钢结构常用的焊接方法有电弧焊、埋弧焊(自动或半自动)、电渣焊、气体保护焊和电阻焊等。

1) 电弧焊

电弧焊是应用最广泛的一种焊接方法。该方法将被焊接的金属作为一极,焊条作为另一极,两极接近时产生电弧,利用电弧放电(俗称"电弧燃烧")所产生的热量将焊条与工件互相熔化并在冷凝后形成焊缝,从而获得牢固接头的焊接过程。

电弧焊分为手工电弧焊和自动或半自动电弧焊。

手工电弧焊是最常用的一种焊接方法,如图 3-2 所示。通电后,在涂有焊药的焊条与焊件间产生电弧,由电弧提供热源,使焊条中的焊丝熔化,滴落在焊件上被电弧所吹成的小凹槽熔池中,并与焊件熔化部分结成焊缝,焊缝金属冷却后把被连接件连成一体。由焊条药皮形成的熔渣和气体覆盖熔池,防止空气中的氧、氮等气体与熔化的液体金属接触,避免形成脆性易裂的化合物。

手工电弧焊设备简单,操作灵活方便,适于任意空间位置的焊接,特别适于焊接短焊缝。但生产效率低,劳动强度大,焊接质量与焊工的技术水平和精神状态有很大的关系。

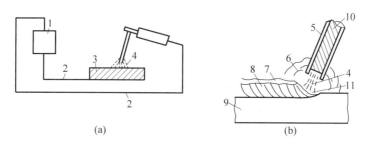

1—电焊机；2—导线；3—焊件；4—电弧；5—药皮；6—起保护作用的气体；
7—熔渣；8—焊缝金属；9—主体金属；10—焊丝；11—熔池。

图 3-2　手工电弧焊

(a) 电路；(b) 施焊过程

手工电弧焊所用焊条应与焊件钢材（或称主体金属）相适应。例如，对 Q235 钢采用 E43 型焊条（E4300~E4328）；对 Q355 钢采用 E50 型焊条（E5000~E5048）；对 Q390 钢和 Q420 钢采用 E55 型焊条（E5500~E5518）。焊条型号中字母 E 表示焊条（elecfrodes），前两位数字为熔敷金属的最小抗拉强度（单位为 N/mm²），第三、四位数字表示适用焊接位置、电流以及药皮类型等。不同钢种的钢材焊接时，宜采用低组配方案，即宜采用与低强度钢材相适应的焊条。

2）埋弧焊（自动或半自动）

埋弧焊是电弧在焊剂层下燃烧的一种电弧焊方法。焊丝送进和焊接方向的移动有专门机构控制的称埋弧自动电弧焊，如图 3-3 所示；焊丝送进由专门机构控制，而焊接方向的移动靠工人操作的称为埋弧半自动电弧焊。电弧焊的焊丝不涂药皮，但施焊端靠由焊剂漏斗自动流下的颗粒状焊剂所覆盖，电弧完全被埋在焊剂之内，电弧热量集中，熔深大，适于厚板的焊接，具有很高的生产效率。由于采用自动或半自动化操作，焊接时的工艺条件稳定，焊缝的化学成分均匀，故焊成的焊缝质量好，焊件变形小。同时，高焊速成也减小了热影响区的范围。但埋弧焊对焊件边缘的装配精度（如间隙）要求比手工焊高，而且焊接位置受到限制，一般用于平焊和横焊。埋弧焊主要用于自动焊、长焊缝、中等以上厚度板的焊接，对于半自动焊和短焊缝，设备移动不如气体保护焊方便。在小电流下电弧的稳定性较差，所以不适合焊接薄板。

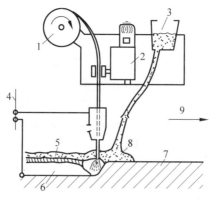

1—焊丝转盘；2—转动焊丝的电动机；3—焊剂漏斗；4—电源；5—熔化的焊剂；
6—焊缝金属；7—焊件；8—焊剂；9—移动方向。

图 3-3　埋弧自动电弧焊

埋弧焊所用焊丝和焊剂应与主体金属的力学性能相适应,并应符合现行国家标准的规定。

3)电渣焊

电渣焊是利用电流通过熔渣所产生的电阻热作为热源进行焊接的一种方法。高温的熔渣把热量传递给电极和焊件,使电极和焊件与熔池接触的部位熔化,熔化的液态金属在熔池中因密度较熔渣大,下沉到底部形成金属熔池,而熔渣始终轻浮于金属熔池上部。随着焊接过程的连续进行,温度逐渐降低的金属熔池在冷却滑块的作用下强迫形成焊缝。电渣焊一般分熔嘴电渣焊和非熔嘴电渣焊。

非熔嘴电渣焊是熔嘴电渣焊的改进技术,其导电嘴外表不涂药皮,焊接时不断上升,自身并不熔化。由于非熔嘴电渣焊所用的电流密度高,焊接速度大,所以不但生产效率高,而且焊接质量好。

为了保证高层建筑的箱形柱具有足够的刚性和抗扭能力,通常在柱内设置隔板。其中,隔板与腹板之间的焊接通常采用电渣焊。

4)气体保护焊

气体保护焊是利用 CO_2 气体或其他惰性气体作为保护介质的一种电弧熔焊方法。它直接依靠保护气体在电弧周围形成局部的保护层,以防止有害气体侵入并保证了焊接过程的稳定性。

气体保护焊的焊缝熔化区没有熔渣,焊工能够清楚地看到焊缝成型的过程;由于保护气体是喷射的,有助于熔滴的过渡;又由于热量集中,焊接速度快,焊件熔深大,故所形成的焊缝强度比手工电弧焊高,塑性和抗腐蚀性好,适用于全位置焊接。但不适用于在风较大的地方施焊。

5)电阻焊

电阻焊是利用电流通过焊件接触点表面电阻所产生的热来熔化金属,再通过加压使其焊合。与其他连接方法相比,具有连接头质量高、辅助工序少、无须添加焊接材料等优点,易于机械化、自动化。

在一般钢结构中,电阻焊只适用于板叠厚度≤12mm 的焊接。对冷弯薄壁型钢构件,电阻焊可用来缀合壁厚不超过 3.5mm 的构件,如将两个冷弯槽钢或 C 型钢组合成 I 形截面构件等。

2. 焊缝连接形式

焊缝连接形式可按构件相对位置、构造和施焊位置来划分。

1)按构件的相对位置划分

焊缝连接形式按被连接构件间的相对位置分为对接、搭接、T 形连接和角部连接四种,如图 3-4 所示。

2)按构造划分

焊缝连接形式按构造可分为对接焊缝和角焊缝两种形式。图 3-4(a)为典型的对接焊缝,图 3-4(b)、(c)、(d)均为典型的角焊缝。

对接连接主要用于厚度相同或接近相同的两构件的相互连接。图 3-4(a)所示为采用对接焊缝的对接连接,由于相互连接的两构件在同一平面内,因而传力均匀平缓,没有明显的

应力集中,且用料经济,但是焊件边缘需要加工,被连接两板的间隙和坡口尺寸有严格的
要求。

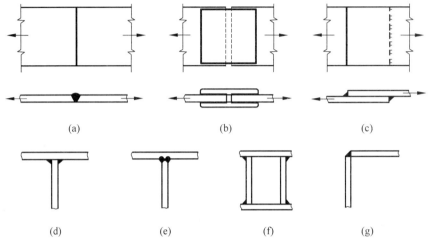

图 3-4   焊缝连接的形式

(a)对接连接;(b)用拼接盖板的对接连接;(c)搭接连接;(d)、(e) T 形连接;(f)、(g)角部连接

图 3-4(b)所示为用双层拼接盖板和角焊缝的对接连接,这种连接传力不均匀、费料,但
施工简便,所连接两板的间隙大小无须严格控制。

图 3-4(c)所示为用角焊缝的搭接连接。这种连接传力不均匀,较费材料,但构造简单,
施工方便,特别适用于不同厚度构件的连接。

T 形连接省工省料,常用于制作组合截面。当采用角焊缝连接时(图 3-4(d)),焊件间
存在缝隙,截面突变,应力集中现象严重,疲劳强度较低,可用于不直接承受动力荷载结构的
连接中。对于直接承受动荷载的结构,如重级工作制吊车梁,其上翼缘与腹板的连接应采用
图 3-4(e)所示焊透的 T 形对接与角接组合焊缝进行连接。

角部连接(图 3-4(f)、(g))主要用于制作箱形截面。

对接焊缝按作用力的方向分为正对接焊缝和斜对接焊缝,如图 3-5(a)、(b)所示。

角焊缝按作用力与焊缝长度方向的关系可分为正面角焊缝、侧面角焊缝、斜焊缝和它们
组合的围焊缝。焊缝长度方向垂直于作用力方向的称为正面角焊缝,焊缝长度方向平行于
力作用方向的称为侧面角焊缝,与力的作用方向斜交的称为斜焊缝,如图 3-5(c)所示。

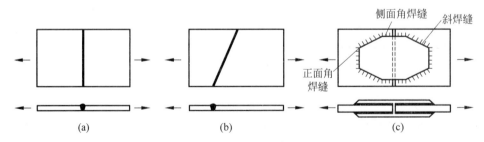

图 3-5   焊缝形式

(a)正对接焊缝;(b)斜对接焊缝;(c)角焊缝

角焊缝沿长度方向的布置分为连续角焊缝和间断角焊缝两种,如图 3-6 所示。连续角焊缝的受力性能较好,为主要的角焊缝形式。间断角焊缝的起、灭弧处容易引起应力集中,重要结构应避免采用,只能用于一些次要构件的连接或受力很小的连接中。间断角焊缝的间断距离 l 不宜过长,以免连接不紧密、潮气侵入引起构件锈蚀。一般在受压构件中应满足 $l \leqslant 15t$;在受拉构件中 $l \leqslant 30t$,t 为较薄焊件的厚度。

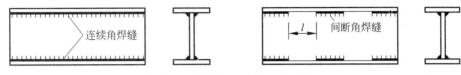

图 3-6　连续角焊缝和间断角焊缝

3)按施焊位置划分

焊缝按施焊位置分为平焊、横焊、立焊及仰焊,如图 3-7 所示。平焊(又称俯焊)施焊方便。立焊和横焊对焊工的操作水平要求较高,质量及生产效率比平焊差。仰焊的操作条件最差,焊缝质量不易保证,因此,应尽量避免采用。

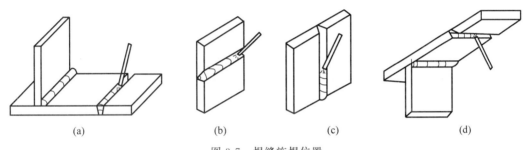

(a)　　　　　　(b)　　　　　　(c)　　　　　　(d)

图 3-7　焊缝施焊位置

(a)平焊;(b)横焊;(c)立焊;(d)仰焊

3. 焊缝连接的优缺点

1)焊缝连接的优点

焊缝连接与螺栓连接、铆钉连接比较,有下列优点:

(1)不需要在钢材上打孔钻眼,既省工又不减损钢材截面,使材料可以充分利用;

(2)任何形状的构件都可以直接相连,不需要辅助零件,构造简单,传力路线短,适用面广;

(3)焊缝连接的密封性好,结构刚度大,结构的整体性较好。

2)焊缝连接的缺点

(1)由于施焊时的高温作用,形成焊缝附近的热影响区,使钢材的金属组织和机械性能发生变化,材质变脆;

(2)焊接的残余应力使焊接结构发生脆性破坏的可能性增大,残余变形使其尺寸和形状发生变化,矫正费工;

(3)焊接结构对整体性不利的一面是,局部裂缝一经发生便容易扩展到整体。

由于以上原因,焊接结构的低温冷脆问题比较突出。设计焊接结构时,应经常考虑焊接连接的上述特点,要扬长避短。遇到重要的焊接结构,结构设计与焊接工艺要密切配合,选择一个最佳的设计和施工方案。

4. 焊缝缺陷及焊缝质量检验

1）焊缝缺陷

焊缝缺陷指焊接过程中产生于焊缝金属及附近热影响区钢材表面或内部的缺陷。常见的缺陷有裂纹、焊瘤、烧穿、弧坑、气孔、夹渣、咬边、未熔合、未焊透等（图 3-8），以及焊缝尺寸不符合要求、焊缝成形不良等。裂纹是焊缝连接中最危险的缺陷。产生裂纹的原因很多，如钢材的化学成分不当；焊接工艺条件（如电流、电压、焊速、施焊次序等）选择不合适；焊件表面油污未清除干净等。

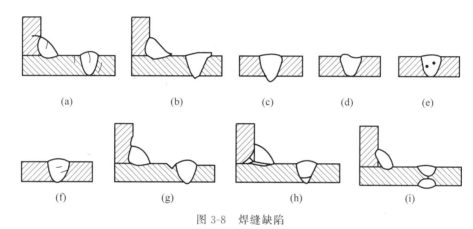

图 3-8　焊缝缺陷

（a）裂纹；（b）焊瘤；（c）烧穿；（d）弧坑；（e）气孔；（f）夹渣；（g）咬边；（h）未熔合；（i）未焊透

这些缺陷的存在削弱了焊缝的截面面积，不同程度地降低了焊缝强度，在缺陷处容易形成应力集中，对结构和构件产生不利影响，成为连接破坏的隐患和根源，因此，施工时应引起足够重视。

2）焊缝质量检验

为避免或减少上述焊缝缺陷的不利影响，保证焊缝连接的可靠性，除了采用合理的焊接工艺和措施，对焊缝进行质量检验也非常重要。

焊缝质量检验一般可用外观检查及内部无损检验，前者检查外观缺陷和几何尺寸，后者检查内部缺陷。内部缺陷的检测一般可用超声波探伤和射线探伤。射线探伤具有直观性、一致性好的优点，但是射线探伤成本高、操作程序复杂、检测周期长，尤其是钢结构中大多为T 形接头和角接头，射线探伤检测的效果差，且射线探伤对裂纹、未熔合等危害性缺陷的检出率低。超声波探伤则正好相反，操作程序简单、快速，对各种接头形式的适应性好，对裂纹、未熔合的检测灵敏度高，因此，对钢结构内部质量的控制采用超声波探伤，一般已不采用射线探伤。除非不能采用超声波探伤或对超声波探伤检测结果有疑义时，可采用射线探伤检测进行补充或验证。

《钢结构工程施工质量验收标准》（GB 50205—2020）规定焊缝按其检验方法和质量要求分为一级、二级和三级。三级焊缝只要求对全部焊缝作外观检查且符合三级质量标准；设计要求全焊透的一级、二级焊缝则除外观检查外，还要求用超声波探伤进行内部缺陷的检验，超声波探伤不能对缺陷做出判断时，应采用射线探伤检验，并应符合国家相应质量标准要求。

《钢结构通用规范》(GB 55006—2021)、《钢结构工程施工质量验收标准》(GB 50205—2020)、《钢结构焊接规范》(GB 50661—2011)等均明确规定：全部焊缝应进行外观检查。要求全焊透的一级、二级焊缝应进行内部缺陷无损检测，一级焊缝探伤比例应为100%，二级焊缝探伤比例应不低于20%。

3）焊缝质量等级选用

《钢结构设计标准》(GB 50017—2017)规定，焊缝的质量等级应根据结构的重要性、荷载特性、焊缝形式、工作环境以及应力状态等情况，按下列原则选用：

（1）在承受动荷载且需要进行疲劳验算的构件中，凡要求与母材等强连接的焊缝应焊透，其质量等级应符合下列规定：

① 作用力垂直于焊缝长度方向的横向对接焊缝或 T 形对接与角接组合焊缝，受拉时应为一级，受压时不应低于二级；

② 作用力平行于焊缝长度方向的纵向对接焊缝不应低于二级；

③ 重级工作制(A6～A8)和起重量 Q≥50t 的中级工作制(A4、A5)吊车梁的腹板与上翼缘之间以及吊车桁架上弦杆与节点板之间的 T 形连接部位焊缝应焊透，焊缝形式宜为对接与角接的组合焊缝，其质量等级不应低于二级。

（2）在工作温度小于或等于−20℃的地区，构件对接焊缝的质量不得低于二级。

（3）不需要疲劳验算的构件中，凡要求与母材等强的对接焊缝宜焊透，其质量等级受拉时不应低于二级，受压时不宜低于二级。

（4）部分焊透的对接焊缝、采用角焊缝或部分焊透的对接与角接组合焊缝的 T 形连接部位，以及搭接连接角焊缝，其质量等级应符合下列规定：

① 直接承受动荷载且需要疲劳验算的结构和吊车起重量大于或等于 50t 的中级工作制吊车梁以及梁柱、牛腿等重要节点不应低于二级；

② 其他结构可为三级。

3.1.3 铆钉和螺栓连接

1. 铆钉连接

铆钉连接(riveted connections)的制造有热铆和冷铆两种方法。热铆是将烧红的钉坯插入构件的钉孔中，由铆钉枪或压铆机铆合而成。冷铆是在常温下铆合而成。在建筑结构中一般都采用热铆。

铆钉的材料应具有良好的塑性，通常采用 BL2 和 BL3 号专用钢材制成。

铆钉连接的质量和受力性能与钉孔的制法有很大关系。钉孔的制法分为 Ⅰ、Ⅱ 两类。Ⅰ类孔是用钻模钻成，或先冲成较小的孔，装配时再扩钻而成，质量较好；Ⅱ类孔是冲成或不用钻模钻成，虽然制法简单，但构件拼装时钉孔不易对齐，故质量较差。重要的结构应该采用 Ⅰ 类孔。

铆钉打好后，钉杆由高温逐渐冷却而发生收缩，但被钉头之间的钢板阻止，所以钉杆中产生了收缩拉应力，对钢板则产生压缩系紧力。这种系紧力使连接十分紧密。当构件受剪力作用时，钢板接触面上产生很大的摩擦力，因而能大大提高连接的工作性能。

铆钉连接由于构造复杂,费钢费工,现已很少采用。但是铆钉连接的塑性和韧性较好,传力可靠,质量易于检查,在一些重型和直接承受动力荷载的结构中以及旧结构的修复工程中,仍有采用。

2. 螺栓连接

螺栓连接分普通螺栓连接(bolted connections)和高强度螺栓连接(high-strength bolted connections)两种。

1) 普通螺栓连接

普通螺栓分为 A、B、C 三级。A 级与 B 级为精制螺栓,C 级为粗制螺栓。钢结构中,C 级螺栓材料性能等级有 4.6 级和 4.8 级。小数点前的数字表示螺栓成品的抗拉强度不小于 $400N/mm^2$,小数点及小数点以后数字".6"或".8"分别表示其屈强比(屈服点与抗拉强度之比)为 0.6 或 0.8。钢结构中,A 级和 B 级螺栓材料性能等级有 5.6 级和 8.8 级,其抗拉强度分别不小于 $500N/mm^2$ 和 $800N/mm^2$,屈强比分别为 0.6 和 0.8。

A、B 级螺栓栓杆需机械加工,尺寸准确,被连接构件要求制成 I 类孔,螺栓直径与孔径相差 0.2~0.5mm,A、B 级螺栓间的区别只是尺寸不同,其中 A 级为螺杆直径 $d \leqslant 24mm$ 且螺杆长度 $l \leqslant 150mm$ 的螺栓,B 级为螺杆直径 $d > 24mm$ 或螺杆长度 $l > 150mm$ 的螺栓。A、B 级螺栓的受力性能较好,受剪工作时变形小,但制造和安装复杂、价格较高,在工程中已经很少使用。

C 级螺栓由未经加工的圆钢压制而成。由于螺栓表面粗糙,一般采用在单个零件上一次冲成或不用钻模钻成的孔(Ⅱ类孔)。螺栓孔的直径 d_0 比螺杆 d 的直径大 1.0~1.5mm。对于采用 C 级螺栓的连接,由于螺杆与栓孔之间有较大的间隙,受剪力作用时,将会产生较大的剪切滑移,连接的变形大。但安装方便,且能有效地传递拉力,故一般可用于沿螺杆轴受拉的连接中,以及次要结构的抗剪连接或安装时的临时固定。

2) 高强度螺栓连接

高强度螺栓一般采用 45 号钢、40B 钢和 20MnTiB 钢等加工制作,经热处理后,螺栓抗拉强度应分别不低于 $800N/mm^2$ 和 $1000N/mm^2$,且屈强比分别为 0.8 和 0.9。因此,其性能等级分别称为 8.8 级和 10.9 级。

高强度螺栓分大六角头型和扭剪型两种,如图 3-9 所示。安装时通过特别的扳手,以较大的扭矩 T 上紧螺母,使螺杆产生很大的预拉力。高强度螺栓的预拉力把被连接的部件夹

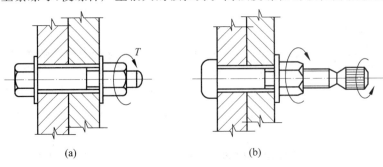

图 3-9 高强度螺栓

(a) 大六角头型;(b) 扭剪型

紧,使部件的接触面间产生很大的摩擦力,外力通过摩擦力来传递,这种连接称为高强度螺栓摩擦型连接。它的优点是施工方便,对构件的削弱较小,可拆换,能承受动力荷载,耐疲劳,韧性和塑性好,包含了普通螺栓和铆钉连接的各自优点,目前,已成为代替铆接的优良连接形式。另外,高强度螺栓也同普通螺栓一样,允许接触面滑移,依靠螺杆和螺栓孔之间的承压来传力,这种连接称为高强度螺栓承压型连接。

摩擦型连接的栓孔直径 d_0 比螺杆的公称直径 d 大 $1.5\sim2.0$mm;承压型连接的栓孔直径 d_0 比螺杆的公称直径 d 大 $1.0\sim1.5$mm。摩擦型连接的剪切变形小,弹性性能好,特别适用于承受动荷载的结构。承压型连接的承载力高于摩擦型,连接紧凑,但剪切变形大,不适用于承受动力荷载的结构。

3.1.4　轻钢结构的紧固件连接

在冷弯薄壁型钢结构中经常采用自攻螺钉(self drilling screws)、钢拉铆钉(steel blind rivets)、射钉(powder-actuated fasteners)等机械式紧固件连接方式(图 3-10),主要用于压型钢板之间和压型钢板与冷弯型钢等支承构件之间的连接。

自攻螺钉有两种类型,一类为一般的自攻螺钉(图 3-10(a)),需先行在被连板件和构件上钻一定大小的孔后,再用电动扳手或扭力扳手将其拧入连接板的孔中;另一类为自钻自攻螺钉(图 3-10(b)),无须预先钻孔,可直接用电动扳手自行钻孔和攻入被连板件。

钢拉铆钉(图 3-10(c))有铝材和钢材制作两类,为防止电化学反应,轻钢结构均采用钢制拉铆钉。

射钉(图 3-10(d))由带锥杆和固定帽的杆身与下部活动帽组成,靠射钉枪的动力将射钉穿过被连板件打入母材基体中。射钉只用于薄板与支承构件(如檩条、墙梁等)的连接。

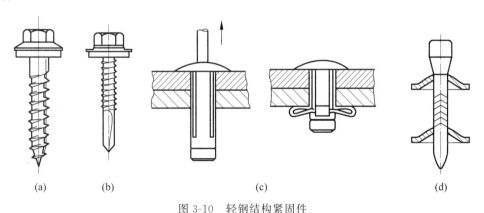

(a)　　　(b)　　　(c)　　　(d)

图 3-10　轻钢结构紧固件

3.1.5　焊缝代号和螺栓图例

《焊缝符号表示法》(GB/T 324—2008)规定:焊缝代号由引出线、图形符号和辅助符号三部分组成。引出线由横线和带箭头的斜线组成。箭头指到图形上的相应焊缝处,横线的上面和下面用来标注图形符号和焊缝尺寸。当引出线的箭头指向焊缝所在的一面时,应将图形符号和焊缝尺寸等标注在水平横线的上面；当箭头指向对应焊缝所在的另一面时,则应将图形符号和焊缝尺寸标注在水平横线的下面。必要时,可在水平横线的末端加一尾部作为其他说明之用。图形符号表示焊缝的基本形式,如用△表示角焊缝,用 V 表示 V 形坡口的对接焊缝。辅助符号表示辅助要求,如用▶表示现场安装焊缝等。表 3-1 列出了一些常用焊缝代号,可供设计时参考。

表 3-1   焊缝代号

	角焊缝				对接焊缝	塞焊缝	三面围焊
	单面焊缝	双面焊缝	安装焊缝	相同焊缝			
形式					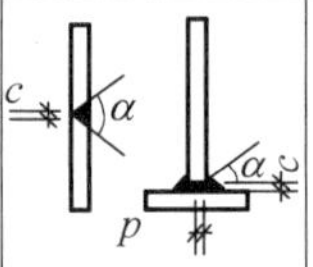		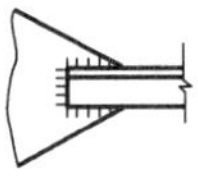
标注方法	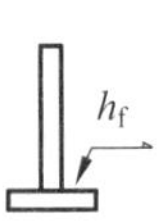	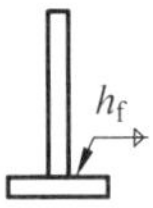	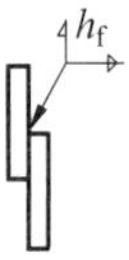	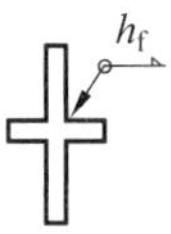	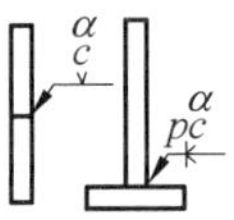		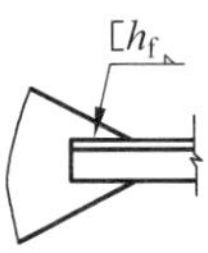

当焊缝分布比较复杂或用上述标注方法不能表达清楚时,在标注焊缝代号的同时,可在图形上加栅线表示(图 3-11)。

图 3-11   用栅线表示焊缝

(a) 正面焊缝；(b) 背面焊缝；(c) 安装焊缝

螺栓及其孔眼图例见表 3-2,在钢结构施工图上需要将螺栓及其孔眼的施工要求用图形表示清楚,以免引起混淆。

表 3-2   螺栓及其孔眼图例

名称	永久螺栓	高强度螺栓	安装螺栓	圆形螺栓孔	长圆形螺栓孔
图例					

3.2   对接焊缝的构造和计算

对接焊缝包括焊透的对接焊缝和 T 形对接与角接组合焊缝(简称"对接焊缝"),以及部分焊透的对接焊缝和 T 形对接与角接组合焊缝。由于部分焊透的对接焊缝的受力与角焊缝相似,将在下节中介绍。

3.2.1　对接焊缝的构造

对接焊缝(butt welds)的焊件常需做成坡口,以保证较厚的焊件能够焊透,故又叫坡口焊缝(groove welds)。按坡口形式分为 I 形缝、V 形缝、带钝边单边 V 形缝、带钝边 V 形缝(也叫"Y 形缝")、带钝边 U 形缝、带钝边双单边 V 形缝和双 Y 形缝等,后二者过去分别称为 K 形缝和 X 形缝,如图 3-12 所示。

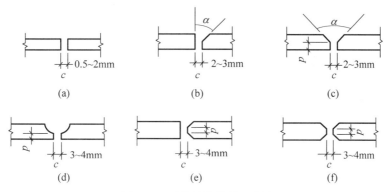

图 3-12　对接焊缝的坡口形式

(a) I 形缝；(b) 单边 V 形坡口；(c) V 形坡口；(d) U 形坡口；(e) K 形坡口；(f) X 形坡口

坡口形式与焊件厚度有关。当焊件厚度很小(手工焊 6mm,埋弧焊 10mm)时,可用不切口的 I 形缝。对于一般厚度的焊件可采用具有斜坡口的单边 V 形或 V 形焊缝,以便斜坡口和根部间隙 c 共同组成一个焊条能够运转的施焊空间,使焊缝易于焊透；钝边 p 有托住熔化金属的作用。对于较厚的焊件($t>20$mm),则采用 U 形、K 形和 X 形坡口。对于 V 形缝和 U 形缝需对焊缝根部进行补焊。对于没有条件补焊者,要事先在根部加垫板,以保证焊透。

在对接焊缝的拼接处,当焊件的宽度不同或厚度相差 4mm 以上时,应分别在宽度方向或厚度方向从一侧或两侧做成坡度不大于 1:2.5 的斜角(图 3-13),以使截面过渡缓和,减小应力集中。考虑到改变厚度对钢板的切削很费事,故一般不宜改变厚度。

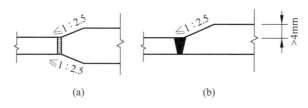

图 3-13　钢板拼接

(a) 不同宽度；(b) 不同厚度

在焊缝的起落弧处,常因不能熔透而出现焊口,形成类裂纹和应力集中,这些缺陷对承载力影响极大,为消除这种影响,焊接时可将焊缝的起点和终点延伸至引弧(出)板(图 3-14),焊后将它割除,并用砂轮将表面磨平。对受静力荷载的结构设置引弧(出)板有困难时,允许不设置引弧(出)板,此时,可令焊缝计算长度等于实际长度减 $2t$(此处 t 为较薄焊件厚度)。

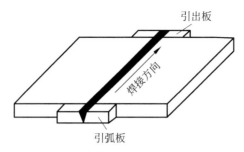

图 3-14   用引弧板和引出板焊接

3.2.2   焊透对接焊缝的计算

对接焊缝的强度与所用钢材的牌号、焊条型号及焊缝质量的检验标准等因素有关。

如果焊缝中不存在任何缺陷,焊缝金属的强度是高于母材的。但由于焊接技术问题,焊缝中可能有气孔、夹渣、咬边、未焊透等缺陷。尤其是三级检验的焊缝,允许存在的缺陷较多,对强度影响较大,而一、二级检验的焊缝强度可认为与母材强度相等。因此,对于按一、二级标准检验焊缝质量的重要构件不必计算强度,只对按三级检验的焊缝进行强度计算。

由于焊透的对接焊缝已经成为焊件截面的组成部分,所以,焊透的对接焊缝中的应力分布情况基本与焊件原来的情况相同,故计算方法与构件的强度计算一样。

1. 轴心受力的对接焊缝

轴心受力的对接焊缝是指作用力 N 通过焊件截面形心,且垂直焊缝长度方向,如图 3-15 所示。在对接接头和 T 形接头中,轴心受力对接焊缝的强度应按式(3-1)计算:

$$\sigma = \frac{N}{l_w h_e} \leqslant f_t^w \quad \text{或} \quad f_c^w \tag{3-1}$$

式中,l_w——焊缝计算长度(mm),当采用引弧板和引出板时,取焊缝实际长度,即 $l_w = l$,其中 l 表示焊缝实际长度;当未采用引弧板和引出板时,每条焊缝取实际长度减去 $2t$,即 $l_w = l - 2t$;t 为对接连接节点中连接件的较小厚度;

h_e——对接焊缝的计算厚度(mm),在对接连接节点中取连接件的较小厚度,在 T 形连接节点中取腹板的厚度;

f_t^w、f_c^w——分别为对接焊缝的抗拉、抗压强度设计值(N/mm^2),可由附表 1-4 查得。

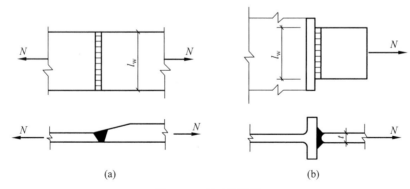

(a)   (b)

图 3-15   直对接焊缝

当直焊缝不能满足强度要求时,可采用斜对接焊缝。图 3-16 所示的轴心受拉斜焊缝,可按下列公式计算:

$$\sigma = \frac{N \cdot \sin\theta}{l_{\mathrm{w}} t} \leqslant f_{\mathrm{t}}^{\mathrm{w}} \qquad (3\text{-}2)$$

$$\tau = \frac{N \cdot \cos\theta}{l_{\mathrm{w}} t} \leqslant f_{\mathrm{v}}^{\mathrm{w}} \qquad (3\text{-}3)$$

式中,l_{w}——焊缝的计算长度(mm),加引弧板时,$l_{\mathrm{w}} = b/\sin\theta$;不加引弧板时,$l_{\mathrm{w}} = b/\sin\theta - 2t$,其中,$b$ 为板宽(mm),θ 为焊缝与作用力的夹角(°);

$\qquad f_{\mathrm{v}}^{\mathrm{w}}$——对接焊缝抗剪强度设计值(N/mm²),取值见附表 1-4。

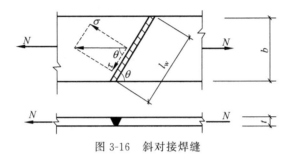

图 3-16　斜对接焊缝

《钢结构设计标准》(GB 50017—2017)规定,当承受轴心力的板件用斜焊缝对接,焊缝与作用力的夹角 θ 符合 $\tan\theta \leqslant 1.5$(即 $\theta \leqslant 56.3°$)时,其强度可不计算。

斜对接焊缝在 20 世纪 50 年代用得较多,由于消耗材料多,施工不方便,已逐渐摒弃不用,而代之以直对接焊缝。直缝一般加引弧板施焊,若抗拉强度仍不满足要求,可采用二级检验标准,或将接头位置挪至内力较小处。

【例 3-1】　试验算图 3-17 所示钢板的对接焊缝的强度。图中板宽 $a = 600\mathrm{mm}$,板厚 $t = 8\mathrm{mm}$,轴心拉力的设计值为 $N = 1030\mathrm{kN}$。钢材为 Q235,手工焊,焊条为 E43 型,三级检验标准的焊缝,施焊时加引弧板。

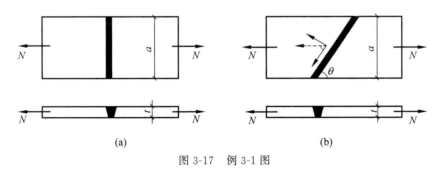

(a) (b)

图 3-17　例 3-1 图

【解】

直缝连接,施工时加引弧板,故其计算长度 $l_{\mathrm{w}} = a = 600\mathrm{mm}$。$h_{\mathrm{e}} = t = 8\mathrm{mm}$。

焊缝正应力为:$\sigma = \dfrac{N}{l_{\mathrm{w}} h_{\mathrm{e}}} = \dfrac{1030 \times 10^{3}}{600 \times 8}\mathrm{N/mm^2} = 214.6\mathrm{N/mm^2} > f_{\mathrm{t}}^{\mathrm{w}} = 185\mathrm{N/mm^2}$,不满足要求。

改用斜对接焊缝,取截割斜度为 1.5∶1,即 $\theta = 56.3°$。

焊缝长度 $l_w = \dfrac{a}{\sin\theta} = \dfrac{600}{\sin56.3°}mm = 721.2mm$，此时焊缝的正应力为

$$\sigma = \frac{N\sin\theta}{l_w t} = \frac{1030\times10^3\times\sin56.3°}{721.2\times8}N/mm^2 = 148.5N/mm^2 < f_t^w = 185N/mm^2，满足$$

要求。

剪应力为

$$\tau = \frac{N\cos\theta}{l_w t} = \frac{1030\times10^3\times\cos56.3°}{721.2\times8}N/mm^2 = 99.1N/mm^2 < f_v^w = 125N/mm^2，满足要求。$$

这也说明当 $\tan\theta \leqslant 1.5$ 时，焊缝强度能够保证，可不必验算。

2. 弯矩和剪力联合作用的对接焊缝

图 3-18(a)所示对接接头受弯矩和剪力的联合作用，由于焊缝截面是矩形，正应力与剪应力图形分别为三角形与抛物线形，其最大值应分别满足下列强度条件：

$$\sigma_{max} = \frac{M}{W_w} = \frac{6M}{l_w^2 t} \leqslant f_t^w \tag{3-4}$$

$$\tau_{max} = \frac{VS_w}{I_w t} = \frac{3}{2}\cdot\frac{V}{l_w t} \leqslant f_v^w \tag{3-5}$$

式中，W_w——焊缝截面模量（mm^3）；

S_w——焊缝截面在计算剪应力处以上部分或以下部分对中和轴的面积矩（mm^3）；

I_w——焊缝截面对其中和轴的惯性矩（mm^4）。

图 3-18(b)所示是工字形截面梁的接头，采用对接焊缝，除应分别验算最大正应力和剪应力外，对于同时受较大正应力和较大剪应力处，如腹板与翼缘的交接点处，还应按式(3-6)验算折算应力：

$$\sqrt{\sigma_1^2 + 3\tau_1^2} \leqslant 1.1f_t^w \tag{3-6}$$

式中，σ_1、τ_1——分别为验算点处的焊缝正应力和剪应力（N/mm^2）；

1.1——考虑到最大折算应力只在局部出现，而将强度设计值适当提高的系数。

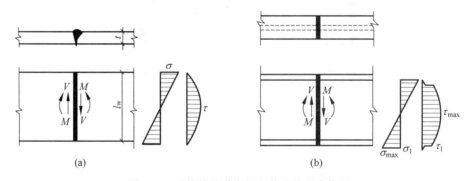

图 3-18 对接焊缝受弯矩和剪力的联合作用

【**例 3-2**】 如图 3-19 所示的钢柱和牛腿的连接，承受的集中力设计值 $F = 400kN$，偏心距 $e = 500mm$。钢材为 Q235，焊条为 E43 型，手工焊，三级焊缝，上下翼缘加引弧板施焊。计算工字形截面牛腿与钢柱连接的对接焊缝强度是否满足要求。

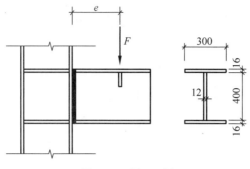

图 3-19　例 3-2 图

【解】

因有引弧板，对接焊缝的计算截面与牛腿的截面相同，因而截面特性计算如下：

$$I_x = \left[\frac{1}{12} \times 300 \times (400 + 2 \times 16)^3 - \frac{1}{12} \times (300 - 12) \times 400^3 \right] \text{mm}^4 = 4.795 \times 10^8 \, \text{mm}^4$$

$$S_x = (300 \times 16 \times 208 + 200 \times 12 \times 200 \div 2) \text{mm}^3 = 1.238 \times 10^6 \, \text{mm}^3$$

$$S_{x1} = (300 \times 16 \times 208) \text{mm}^3 = 9.98 \times 10^5 \, \text{mm}^3$$

剪力与弯矩计算：

$$V = F = 400 \text{kN}, \quad M = F \cdot e = 400 \times 0.5 \text{kN} \cdot \text{m} = 200 \text{kN} \cdot \text{m}$$

牛腿最大正应力和剪应力分别为

$$\sigma_{\max} = \frac{M \frac{h}{2}}{I_x} = \left(\frac{200 \times 10^6 \times \frac{432}{2}}{4.795 \times 10^8} \right) \text{N/mm}^2 = 90.09 \text{N/mm}^2 < f_t^w = 185 \text{N/mm}^2$$

$$\tau_{\max} = \frac{V S_x}{I_x t} = \left(\frac{400 \times 10^3 \times 1.238 \times 10^6}{4.795 \times 10^8 \times 12} \right) \text{N/mm}^2 = 86.06 \text{N/mm}^2 < f_v^w = 125 \text{N/mm}^2$$

腹板和翼缘交接处的正应力为

$$\sigma_1 = \sigma_{\max} \times \frac{200}{216} = 83.42 \text{N/mm}^2$$

腹板和翼缘交接处的剪应力为

$$\tau_1 = \frac{V S_{x1}}{I_x t} = \left(\frac{400 \times 10^3 \times 9.98 \times 10^5}{4.795 \times 10^8 \times 12} \right) \text{N/mm}^2 = 69.38 \text{N/mm}^2$$

腹板和翼缘的折算应力为

$$\sqrt{\sigma_1^2 + 3\tau_1^2} = \sqrt{83.42^2 + 3 \times 69.38^2} \, \text{N/mm}^2 = 146.29 \text{N/mm}^2 < 1.1 f_t^w$$
$$= 1.1 \times 185 \text{N/mm}^2 = 204 \text{N/mm}^2$$

均满足要求。

3. 轴力、弯矩和剪力联合作用的对接焊缝

当轴力与弯矩、剪力联合作用时（图 3-20），轴力和弯矩在焊缝中引起的正应力应进行叠加，剪应力仍按式(3-5)验算。对工字形、箱形截面，还要计算腹板与翼缘交界处的折算应力，折算应力仍按式(3-6)验算，但应注意正应力应该叠加轴力产生的部分。

$$\sigma_{\max} = \sigma_N + \sigma_M = \frac{N}{A_w} + \frac{M}{W_w} \leqslant f_t^w \tag{3-7}$$

$$\tau_{\max} = \frac{V_{\max} S_w}{I_w t} \leqslant f_v^w \tag{3-8}$$

$$\sqrt{\sigma_1^2 + 3\tau_1^2} \leqslant 1.1 f_t^w \tag{3-9}$$

式中,A_w——焊缝计算面积(mm^2),$A_w = l_w t$; $\sigma_1 = \frac{N}{A_w} + \frac{M_{y_1}}{I_w}$; $\tau_1 = \frac{V S_{x1}}{I_x t}$。

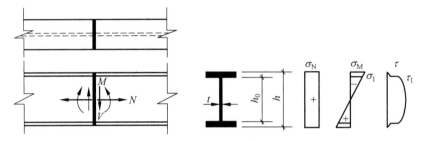

图 3-20　对接焊缝受轴力、弯矩和剪力联合作用

3.3　角焊缝的构造和计算

3.3.1　角焊缝的构造

1. 角焊缝的形式和强度

角焊缝(fillet welds)是最常用的焊缝。角焊缝按其与作用力的关系可分为:焊缝长度方向与作用力垂直的正面角焊缝;焊缝长度方向与作用力平行的侧面角焊缝以及焊缝长度方向与作用力方向斜交的斜焊缝(图 3-5)。按其截面形式可分为直角角焊缝(图 3-21)和斜角角焊缝(图 3-22)。

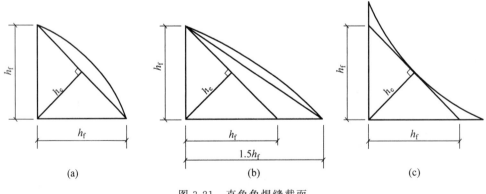

图 3-21　直角角焊缝截面

两焊脚边夹角为直角的角焊缝称为直角角焊缝,通常做成表面微凸的等腰直角三角形截面(图 3-21(a))。在直接承受动力荷载的结构中,正面角焊缝的截面常采用图 3-21(b)所

示的形式,侧面角焊缝的截面则做成凹面式(图 3-21(c))。图中的 h_f 为焊角尺寸,h_e 为焊缝有效厚度。

两焊脚边的夹角 $\alpha > 90°$ 或 $\alpha < 90°$ 的角焊缝称为斜角角焊缝(图 3-22)。斜角角焊缝常用于钢漏斗和钢管结构中。对于夹角 $\alpha > 135°$ 或 $\alpha < 60°$ 的斜角角焊缝,除钢管结构外,不宜用作受力焊缝。

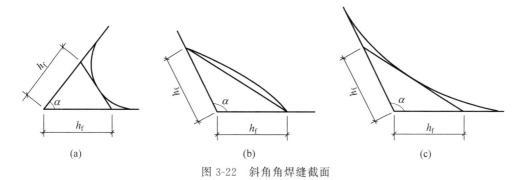

图 3-22　斜角角焊缝截面

大量试验结果表明,侧面角焊缝(图 3-23(a))主要承受剪应力。塑性较好,弹性模量低($E = 7 \times 10^4 \text{N/mm}^2$),强度也较低。传力线通过侧面角焊缝时产生弯折,应力沿焊缝长度方向的分布不均匀,呈两端大而中间小的状态。焊缝越长,应力分布越不均匀,但在进入塑性工作阶段时产生应力重分布,可使应力分布的不均匀现象渐趋缓和。

正面角焊缝(图 3-23(b))受力较复杂,截面的各面均存在正应力和剪应力,焊根处有很大的应力集中。这一方面由于力线的弯折,另一方面焊根处正好是两焊件接触间隙的端部,相当于裂缝的尖端。经试验,正面角焊缝的静力强度高于侧面角焊缝。国内外试验结果表明,相当于 Q235 钢和 E43 型焊条焊成的正面角焊缝的平均破坏强度比侧面角焊缝至少要高出 35%(图 3-24)。低合金钢的试验结果也有类似情况。由图 3-24 看出,斜焊缝的受力性能和强度介于正面角焊缝和侧面角焊缝之间。

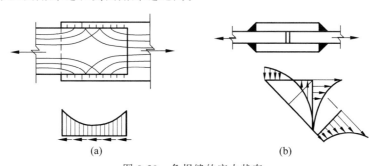

图 3-23　角焊缝的应力状态

2. 角焊缝的构造要求

角焊缝的主要尺寸为焊脚尺寸 h_f 和焊缝计算长度 l_w。考虑施焊时起弧和收弧的影响,每条焊缝的计算长度 l_w 取其实际长度减去 $2h_f$。

1)焊脚尺寸

角焊缝的焊脚尺寸 h_f 不宜太小,以保证焊缝的最小承载能力,并防止焊缝因冷却过快而产生裂纹。焊脚尺寸也不宜太大,焊脚尺寸 h_f 如果太大,则焊缝收缩时将产生较大的焊接变形,且热影响区扩大,容易产生脆裂,较薄焊件容易烧穿。《钢结构设计标准》(GB 50017—2017)对此做出了明确规定:

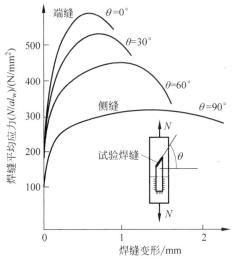

图 3-24   角焊缝荷载与变形关系

(1)角焊缝最小焊脚尺寸宜按表 3-3 取值,承受动荷载时角焊缝焊脚尺寸不宜小于 5mm;

表 3-3   角焊缝最小焊脚尺寸   单位:mm

母材厚度 t	角焊缝最小焊脚尺寸 h_f
$t \leqslant 6$	3
$6 < t \leqslant 12$	5
$12 < t \leqslant 20$	6
$t > 20$	8

注:① 采用不预热的非低氢焊接方法进行焊接时,t 等于焊接连接部位中较厚件厚度,宜采用单道焊缝;采用预热的非低氢焊接方法或低氢焊接方法进行焊接时,t 等于焊接连接部位中较薄件厚度;

② 焊缝尺寸 h_f 不要求超过焊接连接部位中较薄件厚度的情况除外。

(2)搭接角焊缝沿母材棱边的最大焊脚尺寸,当板厚≤6mm 时,应为母材厚度;当板厚>6mm 时,应为母材厚度减去 1~2mm(图 3-25)。

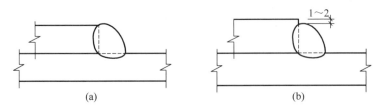

图 3-25   搭接角焊缝沿母材棱边的最大焊脚尺寸
(a) 母材厚度≤6mm;(b) 母材厚度>6mm

2)角焊缝的最小计算长度

角焊缝的最小计算长度应为其焊脚尺寸 h_f 的 8 倍,且不应小于 40mm;焊缝计算长度应为扣除引弧、收弧长度后的焊缝长度。

角焊缝的焊脚尺寸大而长度较小时,焊件局部加热严重,且起落弧坑相距太近,以及焊缝中可能产生的其他缺陷,使焊缝不够可靠。对搭接连接的侧面角焊缝而言,如果焊缝长度过小,由于力线弯折大,也会造成严重应力集中。因此,为了使焊缝能够有一定的承载能力,根据使用经验,做出上述规定。

3) 角焊缝的最大计算长度

角焊缝的搭接焊缝连接中,当焊缝计算长度 l_f 超过 $60h_f$ 时,焊缝的承载力设计值应乘以折减系数 α_f,$\alpha_f = 1.5 - l_w/(120h_f)$,且不小于 0.5。即便如此,有效焊缝计算长度 l_w 也不应超过 $180h_f$。

规定角焊缝的最大计算长度主要是因为,侧面角焊缝应力沿长度分布不均匀,两端较中间大,且焊缝越长差别越大。当焊缝太长时,虽然仍有因塑性变形产生的内力重分布,但两端应力可首先达到强度极限而导致焊缝破坏,此时焊缝中部还未充分发挥其承载力。若内力沿侧面角焊缝全长分布时,如焊接工字梁翼缘板与腹板的连接焊缝,计算长度可不受上述限制。

4) 搭接连接的构造要求

当板件端部仅有两条侧面角焊缝连接时(图 3-26),试验结果表明,连接的承载力与 b/l_w 有关。b 为两侧面角焊缝的距离,l_w 为侧面角焊缝长度。当 $b/l_w > 1$ 时,连接的承载力随着 b/l_w 比值的增大而明显下降。这主要是因为应力传递的过分弯折使构件中应力分布不均匀造成的。为使连接强度不致过分降低,减少因焊缝横向收缩引起板件发生拱曲,《钢结构设计标准》(GB 50017—2017)中对此明确规定:只采用纵向角焊缝连接型钢杆件端部时,型钢杆件的宽度不应大于 200mm,当宽度大于 200mm 时,应加横向角焊缝或中间塞焊;型钢杆件每一侧纵向角焊缝的长度不应小于型钢杆件的宽度,即 $b/l_w \leqslant 1$,$b \leqslant 200$mm。

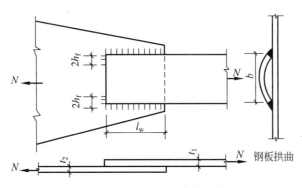

图 3-26　焊缝长度及两侧焊缝间距

传递轴向力的部件,其搭接连接最小搭接长度应为较薄件厚度的 5 倍,且不应小于 25mm(图 3-27),并应施焊纵向或横向双角焊缝,以免焊缝受偏心弯矩影响太大而导致破坏。

杆件端部搭接采用三面围焊时,在转角处截面突变,会产生应力集中,如在此处起落弧,可能出现弧坑或咬肉等缺陷,从而加大应力集中的影响。故型钢杆件搭接连接采用围焊时,在转角处应连续施焊。杆件端部搭接角焊缝作绕焊时,绕焊长度不应

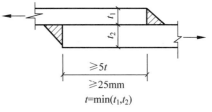

图 3-27　搭接连接双角焊缝

小于焊脚尺寸的 2 倍,并应连续施焊(图 3-26)。

杆件与节点板的连接焊缝宜采用两面侧焊,也可用三面围焊,对角钢杆件可采用 L 形围焊(图 3-28),所有围焊的转角处也必须连续施焊。

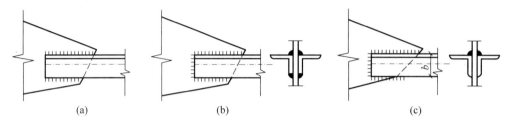

图 3-28　杆件与节点板的焊缝连接

(a)两面侧焊;(b)三面围焊;(c)L 形围焊

5)断续角焊缝

在次要构件或将要焊接连接中,可采用断续角焊缝。断续角焊缝焊段的长度不得小于 $10h_f$ 或 50mm,其净距不应大于 $15t$(对受压构件)或 $30t$(对受拉构件),t 为较薄焊件厚度。腐蚀环境中板件间需要密闭,因而不宜采用断续角焊缝。承受动荷载时,严禁采用断续坡口焊缝和断续角焊缝。

3.3.2　直角角焊缝的基本计算公式

当角焊缝的两焊脚边夹角为 90°时,称为直角角焊缝,即一般所指的角焊缝。

角焊缝的有效截面为焊缝有效厚度(喉部尺寸)与计算长度的乘积,而有效厚度 $h_e=0.7h_f$ 为焊缝横截面的内接等腰三角形的最短距离,即不考虑熔深和凸度(图 3-29)。

试验表明,直角角焊缝的破坏常发生在喉部,故长期以来对角焊缝的研究均着重于这一部位。通常认为直角角焊缝是以 45°方向的最小截面(即有效厚度也称计算厚度与焊缝计算长度的乘积)作为有效计算截面。作用于焊缝有效截面上的应力如图 3-30 所示,这些应力包括:垂直于焊缝有效截面的正应力 $\sigma_\perp$,垂直于焊缝长度方向的剪应力 $\tau_\perp$,以及沿焊缝长度方向的剪应力 $\tau_{//}$。

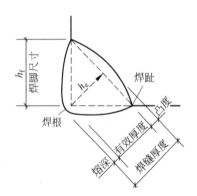

图 3-29　直角角焊缝的有效截面

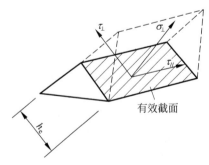

图 3-30　角焊缝有效截面上的应力

试验证明,角焊缝在复杂应力作用下的强度条件和母材一样,可用式(3-10)表示:

$$\sqrt{\sigma_{\perp}^2 + 3(\tau_{\perp}^2 + \tau_{/\!/}^2)} \leqslant \sqrt{3} f_f^w \tag{3-10}$$

式中,f_f^w——规范规定的角焊缝强度设计值(N/mm^2)。由于 f_f^w 是由角焊缝的抗剪条件确

定的,所以 $\sqrt{3} f_f^w$ 相当于角焊缝的抗拉强度设计值。

采用式(3-10)进行计算,即使是在简单外力作用下,都要花费时间去求有效截面上的应力分量 $\sigma_{\perp}$、$\tau_{\perp}$、$\tau_{/\!/}$,太过烦琐。我国规范采用了下述方法进行了简化。

如图 3-31(a)所示的角焊缝连接,在三向轴力作用下,角焊缝受力如图 3-31(b)所示。在有效截面 $BDEF$ 上,正应力 $\sigma_{\perp}$ 和剪应力 $\tau_{\perp}$ 改用两个垂直于焊脚 CB 和 BA 并在有效截面上分布的应力 σ_{fx} 和 σ_{fy} 表示(注意,这两项应力既不是正应力也不是剪应力),同时剪应力 $\tau_{/\!/}$ 的符号改用 τ_{fz} 表示。计算时不考虑诸力的偏心作用,而且认为有效截面上的诸应力都是均匀分布的,有效截面的面积为 A_e。在图 3-31(b)和(c)中,$V_{fx} = \sigma_{fx} A_e$,$V_{fy} = \sigma_{fy} A_e$,$V_{fz} = \sigma_{fz} A_e$。根据力的平衡条件有

$$\sigma_{\perp} A_e = V_{fx}/\sqrt{2} + V_{fy}/\sqrt{2} = \sigma_{fx} A_e/\sqrt{2} + \sigma_{fy} A_e/\sqrt{2}$$

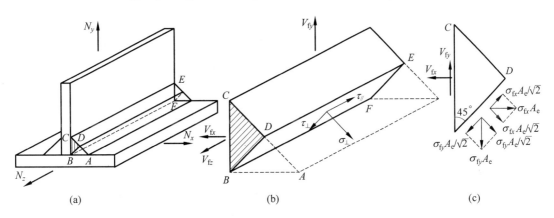

图 3-31　直角角焊缝的计算

这样,$\sigma_{\perp} = \sigma_{fx}/\sqrt{2} + \sigma_{fy}/\sqrt{2}$。

而 $\tau_{\perp} = \sigma_{fy}/\sqrt{2} - \sigma_{fx}/\sqrt{2}$,$\tau_{/\!/} = \tau_{fz}$,把 $\sigma_{\perp}$、$\tau_{\perp}$ 和 $\tau_{/\!/}$ 代入式(3-10)可以得到

$$\sqrt{(\sigma_{fx}/\sqrt{2} + \sigma_{fy}/\sqrt{2})^2 + 3[(\sigma_{fy}/\sqrt{2} - \sigma_{fx}/\sqrt{2})^2 + \tau_{fz}^2]} \leqslant \sqrt{3} f_f^w$$

化简得

$$\sqrt{\frac{2}{3}(\sigma_{fx}^2 + \sigma_{fy}^2 - \sigma_{fx}\sigma_{fy}) + \tau_{fz}^2} \leqslant f_f^w \tag{3-11}$$

式(3-11)为三向轴力作用下角焊缝计算的基本公式,当某项轴力为零时,式(3-11)会有不同的形式,下面分别讨论。

1) 侧面角焊缝(作用力平行于焊缝长度方向)

当 $\sigma_{fx} = \sigma_{fy} = 0$ 时,即只有平行于焊缝长度方向的轴心力作用,为侧面角焊缝受力情况,去掉轴角标 z,其设计公式为

$$\tau_f = N / (h_e \sum l_w) \leqslant f_f^w \tag{3-12}$$

2）正面角焊缝（作用力垂直于焊缝长度方向）

当 σ_{fy}（或 σ_{fx}）$=\tau_{fz}=0$ 时，即只有垂直于焊缝长度方向的轴心力作用，为正面角焊缝受力情况，去掉轴角标 x（或 y），其设计公式为

$$\sigma_f = N\Big/\Big(h_e \sum l_w\Big) \leqslant 1.22 f_f^w \tag{3-13}$$

3）各种力综合作用下（σ_f 和 τ_f 共同作用）

当 σ_{fy}（或 σ_{fx}）$=0$ 时，即具有平行和垂直于焊缝长度方向的轴心力同时作用于焊缝的情况，同理，去掉轴角标 x（或 y）、z，其设计公式为

$$\sqrt{(\sigma_f/1.22)^2 + \tau_f^2} \leqslant f_f^w \tag{3-14}$$

若用 β_f 代替 1.22，则式（3-13）、式（3-14）分别为

$$\sigma_f = N\Big/\Big(h_e \sum l_w\Big) \leqslant \beta_f f_f^w \tag{3-15}$$

$$\sqrt{(\sigma_f/\beta_f)^2 + \tau_f^2} \leqslant f_f^w \tag{3-16}$$

式（3-12）、式（3-15）和式（3-16）就是角焊缝的基本设计公式，其中，各符号的意义分别如下：

β_f——正面角焊缝的强度设计值增大系数。对承受静力荷载和间接承受动力荷载的直角角焊缝取 $\beta_f = 1.22$；对直接承受动力荷载的直角角焊缝，$\beta_f = 1.0$；

h_e——直角角焊缝的有效厚度（mm），当两焊件间隙 $b \leqslant 1.5$mm 时，$h_e = 0.7 h_f$；1.5mm$<b\leqslant 5$mm 时，$h_e = 0.7(h_f - b)$，h_f 为焊脚尺寸；

σ_f——按焊缝有效截面（$h_e l_w$）计算，垂直于焊缝长度方向的应力（N/mm^2）；

τ_f——按焊缝有效截面计算，沿焊缝长度方向的剪应力（N/mm^2）；

l_w——角焊缝的计算长度（mm），对每条焊缝取其实际长度减去 $2h_f$；

f_f^w——角焊缝强度设计值（N/mm^2），按附表 1-4 取值。

3.3.3　常用连接方式的角焊缝计算

1. 承受轴心力作用时角焊缝连接的计算

1）用盖板的对接连接

当焊件受轴心力，且轴心力通过连接焊缝中心时，可认为焊缝应力是均匀分布的。图 3-32 用盖板的对接连接中，当只有侧面角焊缝时，按式（3-12）计算；当只有正面角焊缝时，按式（3-13）计算；当采用三面围焊时，可先按式（3-15）计算正面角焊缝承担的内力 $N' = \beta_f f_f^w \sum h_e l_w$，然后再由力 $N - N'$ 计算侧面角焊缝的强度：

$$\tau_f = \frac{N - N'}{h_e \sum l_w} \leqslant f_f^w \tag{3-17}$$

式中，$\sum l_w$——连接一侧的侧面角焊缝计算长度的总和（mm）。

为使传力线平缓过渡，减小矩形拼接盖板转角处的应力集中，可改用菱形拼接盖板，如图 3-32(b)所示。菱形拼接盖板正面角焊缝长度较小，为简化计算，可忽略正面角焊缝及斜焊缝的 β_f 增大系数，无论动荷载还是静荷载均按式（3-18）计算。

$$\frac{N}{h_e \sum l_w} \leqslant f_f^w \tag{3-18}$$

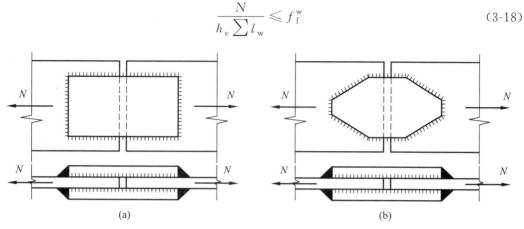

图 3-32 轴心力作用下盖板角焊缝连接

（a）矩形拼接盖板；（b）菱形拼接盖板

2）角钢端部连接

在钢桁架中,角钢腹杆与节点板的连接焊缝一般采用两面侧焊,也可采用三面围焊,特殊情况也允许采用 L 形围焊,如图 3-33 所示。腹杆受轴心力作用,为避免焊缝偏心受力,焊缝所传递的合力作用线应与角钢杆件的轴线重合。

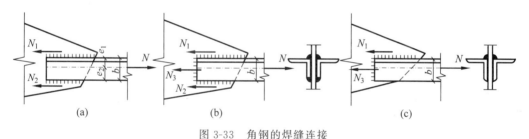

图 3-33 角钢的焊缝连接

（a）两面侧焊；（b）三面围焊；（c）L 形围焊

（1）当用侧面角焊缝连接角钢时,虽然轴心力通过角钢截面形心,但肢背焊缝和肢尖焊缝到形心的距离 $e_1 \neq e_2$（图 3-33（a））,受力大小不等。设肢背焊缝受力为 N_1,肢尖受力为 N_2,由平衡条件得

$$N_1 = \frac{e_2}{e_1 + e_2} N = k_1 N \tag{3-19}$$

$$N_2 = \frac{e_1}{e_1 + e_2} N = k_2 N \tag{3-20}$$

式中,k_1、k_2——分别为角钢肢背、肢尖焊缝内力分配系数,按表 3-4 取用。

表 3-4 角钢角焊缝内力分配系数

连接情况	连接形式	分配系数	
		k_1	k_2
等肢角钢一肢连接		0.7	0.3

续表

连　接　情　况	连　接　形　式	分配系数	
		k_1	k_2
不等肢角钢短肢连接		0.75	0.25
不等肢角钢长肢连接		0.65	0.35

在 N_1、N_2 作用下,侧焊缝的直角角焊缝计算公式为

$$\frac{N_1}{0.7h_{f1}\sum l_{w1}} \leqslant f_f^w \tag{3-21}$$

$$\frac{N_2}{0.7h_{f2}\sum l_{w2}} \leqslant f_f^w \tag{3-22}$$

式中,h_{f1}、h_{f2}——分别为肢背、肢尖的焊脚尺寸(mm);

$\sum l_{w1}$、$\sum l_{w2}$——分别为肢背、肢尖的焊缝计算长度之和(mm)。

(2) 当采用三面围焊时,如图 3-33(b)所示,计算时先选定正面角焊缝的焊脚尺寸 h_{f3},并计算它所能承受的内力,即

$$N_3 = 0.7h_{f3}\sum l_{w3}\beta_f f_f^w \tag{3-23}$$

式中,h_{f3}——正面脚焊缝的焊脚尺寸(mm);

$\sum l_{w3}$——正面角焊缝的焊缝计算长度之和,$l_{w3}=b$(b 为角钢的肢宽)。

再通过平衡关系得到肢背和肢尖侧焊缝受力为

$$N_1 = k_1N - N_3/2 \tag{3-24}$$

$$N_2 = k_2N - N_3/2 \tag{3-25}$$

(3) 对于 L 形的角焊缝,如图 3-33(c)所示,同理先按式(3-23)求得 N_3 后,可得

$$N_1 = N - N_3 \tag{3-26}$$

根据上述方法求得 N_1、N_2 后,再按式(3-12)计算侧面角焊缝。

【例 3-3】　图 3-34 所示采用拼接盖板的对接连接,被连接板截面为 -12×350,拼接盖板宽度 $b=300\text{mm}$,厚度 $t_2=8\text{mm}$。承受轴心力设计值 $N=930\text{kN}$(静力荷载),钢材为 Q235,采用 E43 系列焊条,焊条电弧焊,采用三面围焊。试设计此连接。

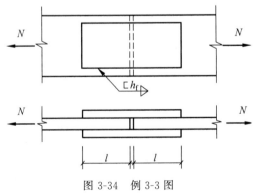

图 3-34　例 3-3 图

【解】

根据钢板和拼接盖板的厚度,角焊缝的焊脚尺寸可由 3.3.1 节中内容确定:

$h_{f\max} = t_2 - (1\sim2)\mathrm{mm} = [8-(1\sim2)]\mathrm{mm} = 7\mathrm{mm}$ 或 $6\mathrm{mm}$; $h_{f\min} = 6\mathrm{mm}$, 取 $h_f = 6\mathrm{mm}$。

由附表 1-4 查得 $f_f^w = 160\mathrm{N/mm}^2$。

拼接盖板面积 $A_2 = (2\times300\times8)\mathrm{mm}^2 = 4800\mathrm{mm}^2 > A_1 = (350\times12)\mathrm{mm}^2 = 4200\mathrm{mm}^2$, 故拼接盖板满足要求。

采用三面围焊,正面角焊缝的长度为拼接盖板的宽度,即 $\sum l_w = 2\times300\mathrm{mm} = 600\mathrm{mm}$, 所承受的内力 N' 为

$$N' = \beta_f f_f^w \sum h_e l_w = 1.22\times160\times0.7\times6\times600\mathrm{N} = 491904\mathrm{N}$$

所需侧焊缝的总计算长度为

$$\sum l_w = \frac{N-N'}{h_e f_f^w} = \frac{930000-491904}{0.7\times6\times160}\mathrm{mm} = 652\mathrm{mm}$$

1 条焊缝的实际长度

$$l = \frac{\sum l_w}{4} + h_f = \left(\frac{652}{4}+6\right)\mathrm{mm} = 169\mathrm{mm}, 取\ 170\mathrm{mm}$$

拼接盖板的长度为

$$L = 2l+10\mathrm{mm} = (2\times170+10)\mathrm{mm} = 350\mathrm{mm}$$

【例 3-4】　计算三面围焊的角钢连接。如图 3-35 所示,角钢为 $2\llcorner140\times90\times10$,连接板厚度 $t=12\mathrm{mm}$,承受轴心力设计值 $N=1000\mathrm{kN}$(静力荷载),钢材为 Q235,采用 E43 系列焊条,焊条电弧焊。焊脚尺寸 $h_f=8\mathrm{mm}$,采用三面围焊。求角钢所需焊缝长度。

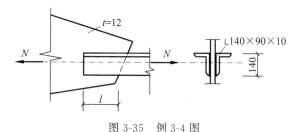

图 3-35　例 3-4 图

【解】

由附表 1-4 查得 $f_f^w = 160\mathrm{N/mm}^2$。

首先计算正面角焊缝所能承受的内力:

$$N_3 = 0.7h_{f3}\sum l_{w3}\beta_f f_f^w = 0.7\times8\times2\times140\times1.22\times160\mathrm{N} = 306073.6\mathrm{N}$$

肢背和肢尖侧焊缝受力(k_1、k_2 根据表 3-4 取值):

$$N_1 = k_1 N - N_3/2 = (0.65\times1000000-306073.6/2)\mathrm{N} = 496963.2\mathrm{N}$$

$$N_2 = k_2 N - N_3/2 = (0.35\times1000000-306073.6/2)\mathrm{N} = 196963.2\mathrm{N}$$

肢背和肢尖所需焊缝长度:

$$l_{w1} = \frac{N_1}{2\times0.7h_f f_f^w} = \frac{496963.2}{2\times0.7\times8\times160}\mathrm{mm} = 277\mathrm{mm}$$

$$l_{w2} = \frac{N_2}{2 \times 0.7 h_f f_f^w} = \frac{196963.2}{2 \times 0.7 \times 8 \times 160} \text{mm} = 110 \text{mm}$$

侧焊缝的实际长度为

$l_1 = l_{w1} + 8\text{mm} = (277 + 8)\text{mm} = 285\text{mm}$，取 290mm；

$l_2 = l_{w2} + 8\text{mm} = (110 + 8)\text{mm} = 118\text{mm}$，取 120mm。

2. 弯矩作用时角焊缝连接的计算

在弯矩 M 单独作用下(图 3-36)，角焊缝有效截面上的应力呈三角形分布，其边缘纤维最大弯曲应力的计算公式为

$$\sigma_f = \frac{M}{W_w} \leqslant \beta_f f_f^w \tag{3-27}$$

式中，W_w——角焊缝有效截面的截面模量(mm^3)。

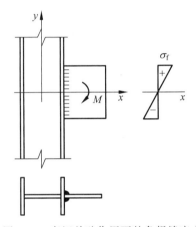

图 3-36　弯矩单独作用下的角焊缝应力

3. 扭矩作用时角焊缝连接的计算

在扭矩 T 单独作用下(图 3-37)，通常假定：①被连接件是绝对刚性的，它有绕焊缝形心 O 旋转的趋势，而角焊缝本身是弹性的；②角焊缝上任一点的应力垂直于该点与形心 O 的连线，且应力的大小与其距离 r 成正比。因此，扭矩单独作用下角焊缝的应力计算公式为

$$\tau_A = \frac{T \cdot r}{I_p} = \frac{T \cdot r}{I_x + I_y} \tag{3-28}$$

式中，I_p——有效焊缝截面对其形心的极惯性矩(mm^4)，$I_p = I_x + I_y$，I_x、I_y 分别为有效焊缝截面对 x 轴、y 轴的惯性矩。

4. 复杂受力时角焊缝连接的计算

当焊缝非轴心受力时，可以将外力的作用分解为轴力、弯矩、扭矩、剪力等简单受力情况，分别求出各自单独作用的焊缝应力，然后利用叠加原理，求出焊缝中应力最大的点，利用式(3-16)进行验算。

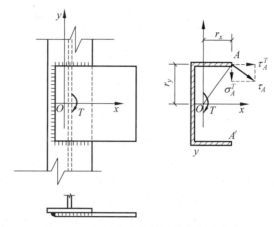

图 3-37　扭矩单独作用下的角焊缝应力

1）轴力、弯矩、剪力联合作用时角焊缝的计算

图 3-38 所示的双面角焊缝连接承受偏心斜拉力 N 作用，计算时，可将作用力 N 分解为 N_x 和 N_y 两个分力。角焊缝同时承受轴心力 N_x、剪力 N_y 和弯矩 $M = N_x \cdot e$ 的共同作用（e 为偏心矩）。焊缝计算截面上的应力分布如图 3-38（b）所示，图中 A 点应力最大，为控制设计点。此处垂直于焊缝长度方向的应力由两部分组成，即由轴心拉力 N_x 产生的应力和弯矩 $M = N_x \cdot e$ 产生的应力，它们的值分别为

$$\sigma_{\mathrm{N}} = \frac{N_x}{A_{\mathrm{e}}} = \frac{N_x}{2h_{\mathrm{e}}l_{\mathrm{w}}} \tag{3-29}$$

$$\sigma_{\mathrm{M}} = \frac{M}{W_{\mathrm{e}}} = \frac{6M}{2h_{\mathrm{e}}l_{\mathrm{w}}^2} \tag{3-30}$$

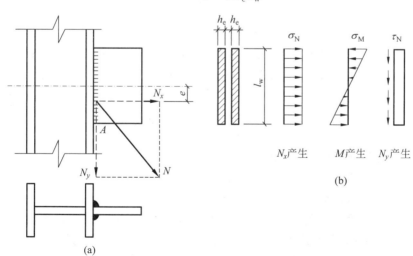

图 3-38　承受偏心斜拉力的角焊缝

（a）角焊缝连接及作用力；（b）角焊缝上的应力分布

这两部分应力在 A 点处的方向相同，可直接叠加，故 A 点垂直于焊缝长度方向的应力为

$$\sigma_{\mathrm{f}} = \sigma_{\mathrm{N}} + \sigma_{\mathrm{M}} = \frac{N_x}{2h_e l_w} + \frac{6M}{2h_e l_w^2} \tag{3-31}$$

剪力 N_y 在 A 点处产生平行于焊缝长度方向的应力为

$$\tau_{\mathrm{f}} = \frac{N_y}{A_e} = \frac{N_y}{2h_e l_w} \tag{3-32}$$

将式(3-31)、式(3-32)求得的应力代入焊缝的强度计算式(3-16),可得计算公式:

$$\sqrt{\left(\frac{\sigma_{\mathrm{N}} + \sigma_{\mathrm{M}}}{\beta_{\mathrm{f}}}\right)^2 + \tau_{\mathrm{f}}^2} \leqslant f_{\mathrm{f}}^{\mathrm{w}} \tag{3-33}$$

对于工字梁(或牛腿)与钢柱翼缘的角焊缝连接(图 3-39),通常只承受弯矩 M 和剪力 V 的联合作用。由于翼缘的竖向刚度较差,在剪力作用下,如果没有腹板焊缝存在,将发生明显挠曲。这说明,翼缘板的抗剪能力极差。因此,计算时通常假设腹板焊缝承受全部剪力,而弯矩则由全部焊缝承受。

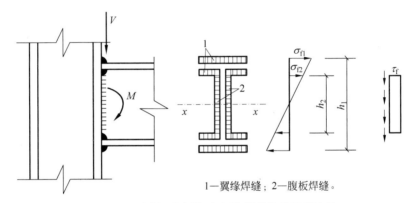

1—翼缘焊缝；2—腹板焊缝。

图 3-39　工字梁(或牛腿)与钢柱翼缘的角焊缝连接

为了焊缝分布合理,宜在每个翼缘的上下两侧均匀布置焊缝,弯曲应力沿梁高度呈三角形分布,最大应力发生在翼缘焊缝的最外纤维处,由于翼缘焊缝只承受垂直于焊缝长度方向的弯曲应力,为保证此焊缝的正常工作,应使翼缘焊缝最外纤维处的应力满足角焊缝的强度条件,即

$$\sigma_{\mathrm{f1}} = \frac{M}{I_{\mathrm{w}}} \cdot \frac{h_1}{2} \leqslant \beta_{\mathrm{f}} f_{\mathrm{f}}^{\mathrm{w}} \tag{3-34}$$

式中,M——全部焊缝所承受的弯矩;

I_{w}——全部焊缝有效截面对中性轴的惯性矩;

h_1——上下翼缘焊缝有效截面最外纤维之间的距离。

腹板焊缝承受两种应力的联合作用,即垂直于焊缝长度方向且沿梁高度呈三角形分布的弯曲应力,以及平行于焊缝长度方向且沿焊缝截面均匀分布的剪应力的作用,设计控制点为翼缘焊 1 与腹板焊缝 2 的交点处,此处的弯曲应力和剪应力分别按式(3-35)和式(3-36)计算:

$$\sigma_{\mathrm{f2}} = \frac{M}{I_{\mathrm{w}}} \cdot \frac{h_2}{2} \tag{3-35}$$

$$\tau_{\mathrm{f}} = \frac{V}{\sum (h_{e2} l_{w2})} \tag{3-36}$$

式中，$\sum(h_{e2}l_{w2})$——腹板焊缝有效截面面积之和；

h_2——腹板焊缝的实际长度。

则腹板焊缝 2 的端点应按式(3-37)验算强度：

$$\sqrt{\left(\frac{\sigma_{f2}}{\beta_f}\right)^2 + \tau_f^2} \leqslant f_f^w \tag{3-37}$$

工字梁(或牛腿)与钢柱翼缘角焊缝的连接也可采用另一种计算方法。假设焊缝传递应力近似与母材所承受应力相协调，即假设腹板焊缝只承受剪力；翼缘焊缝承担全部弯矩，并将弯矩化为一对水平力 $H = M/h$，h 为上、下翼缘焊缝截面形心的距离。则按下面公式进行验算：

翼缘焊缝的强度计算式为

$$\sigma_f = \frac{H}{\sum(h_{e1}l_{w1})} \leqslant \beta_f f_f^w \tag{3-38}$$

腹板焊缝的强度计算式为

$$\tau_f = \frac{V}{2h_{e2}l_{w2}} \leqslant f_f^w \tag{3-39}$$

式中，$\sum(h_{e1}l_{w1})$——一个翼缘上角焊缝的有效截面面积之和；

$2h_{e2}l_{w2}$——两条腹板焊缝的有效截面面积。

【例 3-5】　试验算图 3-40 所示牛腿与钢柱连接角焊缝的强度。钢材为 Q235，采用 E43 系列焊条，手工焊。荷载设计值 $N = 365\text{kN}$，偏心距 $e = 350\text{mm}$，焊脚尺寸 $h_{f1} = 8\text{mm}$，$h_{f2} = 6\text{mm}$。图 3-40(b)为焊缝有效截面。

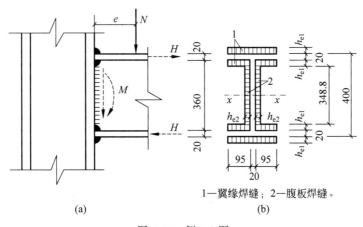

1—翼缘焊缝；2—腹板焊缝。

图 3-40　例 3-5 图

(a) 牛腿与钢柱连接侧立面；(b) 焊缝有效截面

【解】

力 N 在角焊缝形心处的剪力 $V = N = 365\text{kN}$ 和弯矩 $M = N \cdot e = 365 \times 350 \times 10^{-3}\text{kN} \cdot \text{m} = 127.75\text{kN} \cdot \text{m}$。

(1) 考虑腹板焊缝参加传递弯矩的计算方法。

全部焊缝有效截面对中和轴的惯性矩为

$$I_w = \left(2 \times \frac{0.7 \times 0.6 \times 34.88^3}{12} + 2 \times 21 \times 0.7 \times 0.8 \times 20.28^2 + 4 \times 9.5 \times 0.7 \times 0.8 \times 17.72^2\right) \mathrm{cm}^4$$

$$= 19326 \mathrm{cm}^4$$

翼缘焊缝的最大应力:

$$\sigma_{f1} = \frac{M}{I_w} \cdot \frac{h_1}{2} = \frac{127.75 \times 10^6}{19326 \times 10^4} \times \frac{(400 + 2 \times 0.7 \times 8)}{2} \mathrm{N/mm}^2$$

$$= 135.9 \mathrm{N/mm}^2 < \beta_f f_f^w = 1.22 \times 160 \mathrm{N/mm}^2 = 195.2 \mathrm{N/mm}^2$$

腹板焊缝中由弯矩 M 引起的最大应力:

$$\sigma_{f2} = \frac{M}{I_w} \cdot \frac{h_2}{2} = \frac{127.75 \times 10^6}{19326 \times 10^4} \times \frac{348.8}{2} \mathrm{N/mm}^2 = 115.3 \mathrm{N/mm}^2$$

腹板焊缝中由剪力 V 产生的平均剪应力:

$$\tau_f = \frac{V}{\sum (h_{e2} l_{w2})} = \frac{365 \times 10^3}{2 \times 0.7 \times 6 \times 348.8} \mathrm{N/mm}^2 = 124.6 \mathrm{N/mm}^2$$

则腹板焊缝的强度为

$$\sqrt{\left(\frac{\sigma_{f2}}{\beta_f}\right)^2 + \tau_f^2} = \sqrt{\left(\frac{115.3}{1.22}\right)^2 + 124.6^2} \mathrm{N/mm}^2 = 156.4 \mathrm{N/mm}^2 < f_f^w = 160 \mathrm{N/mm}^2$$

故均满足强度要求。

(2) 不考虑腹板焊缝参加传递弯矩的计算方法。

翼缘焊缝所承受的水平力:

$$H = \frac{M}{h} = \frac{127.75 \times 10^6}{380} \mathrm{N} = 336.2 \mathrm{kN}$$

翼缘焊缝的强度:

$$\sigma_f = \frac{H}{\sum (h_{e1} l_{w1})} = \frac{336.2 \times 10^3}{0.7 \times 8 \times (210 + 2 \times 95)} \mathrm{N/mm}^2$$

$$= 150.1 \mathrm{N/mm}^2 < \beta_f f_f^w = 195.2 \mathrm{N/mm}^2$$

腹板焊缝的强度:

$$\tau_f = \frac{V}{2h_{e2} l_{w2}} = \frac{365 \times 10^3}{2 \times 0.7 \times 6 \times 348.8} \mathrm{N/mm}^2 = 124.6 \mathrm{N/mm}^2 < f_f^w = 160 \mathrm{N/mm}^2$$

故均满足强度要求。

2) 承受扭矩、剪力、轴力联合作用时角焊缝的计算

图 3-41 所示为三面围焊承受偏心力 V、轴力 N 作用的搭接连接。将此偏心力 V 向围焊缝的形心 O 简化,可得到剪力 V 和扭矩 $T = V \cdot (a+e)$。

求出扭矩 T、剪力 V 和轴力 N 单独作用下的焊缝应力,然后利用叠加原理求出最不利位置的应力,进行验算。

图 3-41 中 A 点与 A' 点距形心 O 点最远,故 A 点和 A' 点由扭矩 T 引起的剪应力 τ_T 最大,焊缝群其他各处由扭矩 T 引起的剪应力 τ_T 均小于 A 点和 A' 点的剪应力,故 A 点和 A' 点为设计控制点。在扭矩 T 作用下,A 点(或 A' 点)的应力可按式(3-28)求得,即 $\tau_A = T \cdot r / (I_x + I_y)$。

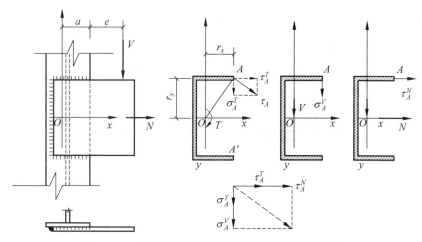

图 3-41 受扭矩、剪力、轴力共同作用的角焊缝连接

式(3-28)所得出的应力与焊缝的长度方向成斜角,将其沿 x 轴和 y 轴分解得:

侧面角焊缝受力性质:

$$\tau_A^T = \frac{T \cdot r_y}{I_p} = \frac{T \cdot r_y}{I_x + I_y} \quad (\rightarrow) \tag{3-40}$$

正面角焊缝受力性质:

$$\sigma_A^T = \frac{T \cdot r_x}{I_p} = \frac{T \cdot r_x}{I_x + I_y} \quad (\downarrow) \tag{3-41}$$

由剪力 V 引起的应力均匀分布,A 点处垂直于焊缝长度方向,属于正面角焊缝受力性质,可按式(3-42)计算:

$$\sigma_A^V = \frac{V}{h_e \sum l_w} \quad (\downarrow) \tag{3-42}$$

由轴力 N 引起的应力也均匀分布,A 点处平行于焊缝长度方向,属于侧面角焊缝受力性质,可按式(3-43)计算:

$$\tau_A^N = \frac{N}{h_e \sum l_w} \quad (\rightarrow) \tag{3-43}$$

计算出 T、V 和 N 单独作用下危险点 A 的应力后,可代入式(3-16)进行验算,即

$$\sqrt{\left(\frac{\sigma_A^T + \sigma_A^V}{\beta_f}\right)^2 + (\tau_A^T + \tau_A^N)^2} \leqslant f_f^w \tag{3-44}$$

【例 3-6】 图 3-42 所示牛腿连接,采用三面围焊直角角焊缝。钢材采用 Q235,焊条采用 E43 系列,焊条电弧焊,焊脚尺寸 $h_f = 8\text{mm}$,试求按角焊缝连接所确定的牛腿的最大承载力。

【解】

(1) 计算角焊缝有效截面的几何特性。

焊缝的形心位置:

$$x_1 = \frac{2 \times 0.7 \times 8 \times (200 - 8) \times [(200 - 8)/2 + 5.6] + (300 + 2 \times 5.6) \times 5.6 \times 5.6/2}{0.7 \times 8 \times [2 \times (200 - 8) + 300 + 2 \times 5.6]} \text{mm}$$

$$= 57.4\text{mm}$$

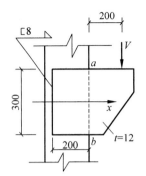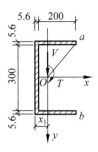

图 3-42 例 3-6 图

围焊缝的截面二次矩为

$$I_x = 0.7 \times 8 \times \left[\frac{1}{12} \times (300+5.6\times2)^3 + 2\times(200-8)\times(300/2+5.6/2)^2\right] \mathrm{mm}^4$$

$$= 6.427 \times 10^7 \, \mathrm{mm}^4$$

$$I_y = 5.6\times300\times(57.4-2.8)^2 + 2\times\frac{5.6}{12}\times(200+5.6-8)^3 +$$

$$2\times5.6\times(200+5.6-8)[(200+5.6-8)/2-57.4]^2\,\mathrm{mm}^4 = 1.6\times10^7\,\mathrm{mm}^4$$

$$I_p = I_x + I_y = (6.427+1.6)\times10^7\,\mathrm{mm}^4 = 8.027\times10^7\,\mathrm{mm}^4$$

（2）将力 V 向焊缝形心简化，得

$$T = V \cdot (200+200+5.6-57.4)\mathrm{kN\cdot mm} = 348.2V \quad (\mathrm{kN\cdot mm})$$

（3）计算角焊缝有效截面上 a 点各应力的分量。

r_y 为 a 点到形心轴 x 的距离，mm；

$$r_y = (300/2+5.6/2)\mathrm{mm} = 152.8\mathrm{mm}$$

$$\tau_a^T = \frac{T\cdot r_y}{I_p} = \frac{348.2V\times10^3\times152.8}{8.027\times10^7}\mathrm{N/mm}^2 \approx 0.663V \quad (\mathrm{N/mm}^2)$$

$$\sigma_a^T = \frac{T\cdot r_x}{I_p} = \frac{348.2V\times10^3\times(200+5.6-57.4)}{8.027\times10^7}\mathrm{N/mm}^2 \approx 0.643V \quad (\mathrm{N/mm}^2)$$

$$\sigma_a^V = \frac{V}{h_e\sum l_w} = \frac{V\times10^3}{[2\times(200+5.6-8)+300]\times0.7\times8}\mathrm{N/mm}^2 \approx 0.257V \quad (\mathrm{N/mm}^2)$$

（4）求最大承载力。

根据角焊缝基本计算公式，a 点的合应力应小于或等于 f_f^w，即

$$\sqrt{\left(\frac{\sigma_a^T+\sigma_a^V}{\beta_f}\right)^2 + (\tau_a^T)^2} \leqslant f_f^w$$

把上述各值代入，则

$$\sqrt{\left(\frac{0.643V+0.257V}{1.22}\right)^2+(0.663V)^2} \leqslant f_f^w = 160\mathrm{N/mm}^2，解得 V \leqslant 163.5\mathrm{kN}，故 V_{\max} =$$

163.5kN。

3.3.4 部分焊透的对接焊缝和斜角角焊缝的计算

1. 部分焊透的对接焊缝

在钢结构设计中,有时遇到板件较厚,而板件间连接受力较小时,可以采用部分焊透的对接焊缝和 T 形对接与角接组合焊缝(图 3-43)。在此情况下,用焊透的坡口焊缝并非必要,而采用角焊缝外形不能平整,都不如采用部分焊透的坡口焊缝。

坡口形式有 V 形(全 V 形和半 V 形)、U 形和 J 形三种。在转角处采用半 V 形和 J 形坡口时,宜在板厚度上开坡口(图 3-43(b)、(e)),这样可避免焊缝收缩时在板厚度方向产生裂纹。

当垂直于焊缝长度方向受力时,因部分焊透处的应力集中带来不利的影响,对于直接承受动力荷载的连接不宜采用;但当平行于焊缝长度方向受力时,其影响较小可以采用。

部分焊透的对接焊缝,由于它们未焊透,只起类似于角焊缝的作用,因此,设计中应按角焊缝的计算公式(3-12)、式(3-13)和式(3-16)进行,但在计算中应注意:

(1) 取 $\beta_f = 1.0$,仅在垂直于焊缝长度的压力作用下可取 $\beta_f = 1.22$。

(2) 有效厚度应取为

对 V 形坡口(图 3-43(a)):当 $\alpha \geqslant 60°$ 时,$h_e = s$;

当 $\alpha < 60°$ 时,$h_e = 0.75s$。

对单边 V 形和 K 形坡口(图 3-43(b)、(c)):当 $\alpha = 45° \pm 5°$ 时,$h_e = s - 3$。

对 U 形、J 形坡口(图 3-43(d)、(e)):$h_e = s$。

式中,s——坡口深度,即根部至焊缝表面(不考虑余高)的最短距离;

α——V 形坡口的夹角。

(3) 当熔合线处截面边长等于或接近最短距离 s 时(图 3-43(b)、(e)),其抗剪强度设计值应按角焊缝的强度设计值乘以 0.9 采用。

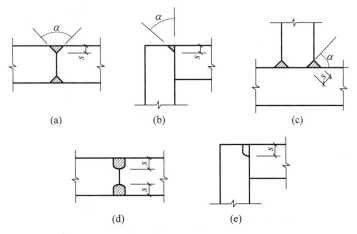

图 3-43 部分焊透的对接焊缝

(a) V 形坡口;(b) 单边 V 形坡口;(c) 单边 K 形坡口;(d) U 形坡口;(e) J 形坡口

2. 斜角角焊缝的计算

两焊脚边的夹角不是 90°的角焊缝为斜角角焊缝,如图 3-22 所示。这种焊缝往往用于料仓壁板、管形构件等的端部 T 形接头连接中。

斜角角焊缝的计算方法与直角角焊缝相同,应按式(3-12)、式(3-13)和式(3-16)计算,但应注意以下问题:

(1) 不考虑应力方向,任何情况都取 $\beta_f=1.0$。这是因为以前对角焊缝的试验研究一般都是针对直角角焊缝进行的,对斜角角焊缝研究很少。而且,我国采用的计算公式也是根据直角角焊缝简化而成,不能直接用于斜角角焊缝。

(2) 在确定斜角角焊缝的有效厚度时(图 3-44),假定焊缝在其所成夹角的最小斜面上发生破坏。因此,规范规定:

当两焊角边夹角 60°≤α≤135°时,且根部间隙(b、b_1、b_2)不大于 1.5mm 时,取焊缝有效厚度为

$$h_e = h_f \cos\frac{\alpha}{2} \tag{3-45}$$

当根部间隙(b、b_1、b_2)大于 1.5mm 但小于 5mm 时,焊缝有效厚度为

$$h_e = \left[h_f - \frac{b(\text{或}\ b_1、b_2)}{\sin\alpha}\right]\cos\frac{\alpha}{2} \tag{3-46}$$

任何根部间隙不得大于 5mm。当图 3-44(a)中的 $b_1>5$mm 时,可将板端切割成图 3-44(b)的形式。

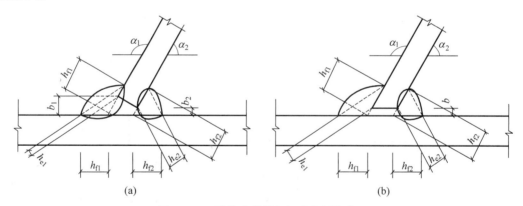

图 3-44　T 形接头的根部间隙和焊缝截面

当两焊角边夹角 30°≤α≤60°或 α<30°时,斜角角焊缝计算厚度 h_e 应按现行国家标准《钢结构焊接规范》(GB 50661—2011)的有关规定计算取值。

3.4　焊接残余应力和焊接残余变形

3.4.1　焊接残余应力的分类和产生的原因

钢结构在焊接过程中,局部区域受到高温作用,引起不均匀的加热和冷却,使构件产生

焊接变形。由于冷却时,焊缝和焊缝附近的钢材不能自由收缩,受到约束而产生焊接残余应力。焊接残余变形和焊接残余应力是焊接结构的主要问题之一,它将影响结构的实际工作。焊接残余应力有纵向、横向和沿厚度方向之分。纵向焊接残余应力指沿焊缝长度方向的应力;横向焊接残余应力是垂直于焊缝长度方向且平行于构件表面的应力;厚度方向焊接残余应力则是垂直于焊缝长度方向且垂直于构件表面的应力。这 3 种焊接残余应力均是由收缩变形引起的。

1. 纵向焊接残余应力

焊接过程是一个不均匀加热和冷却的过程。施焊时,焊件上产生不均匀的温度场,焊缝及附近温度最高,达 1600℃以上,其邻近区域则温度急剧下降(图 3-45)。不均匀的温度场产生不均匀的膨胀。高温处的钢材膨胀最大,由于受到两侧温度较低、膨胀较小的钢材的限制,产生了热状态塑性压缩。焊缝冷却时,被塑性压缩的焊缝区缩得比原始长度稍短,这种缩短变形受到两侧钢材的限制,使焊缝区产生纵向拉应力。在低碳钢和低合金钢中,这种拉应力经常达到钢材的屈服强度。焊接残余应力是一种没有荷载作用下的内应力,因此会在焊件内部自相平衡,这就必然在距焊缝稍远区段内产生压应力(图 3-45(c))。

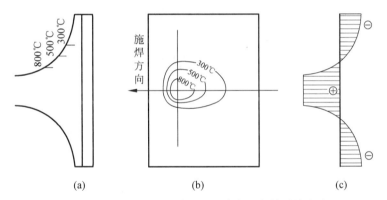

图 3-45　施焊时焊缝及附近的温度场和焊接残余应力

(a)、(b) 施焊时焊缝及附近的温度场;(c) 钢板上的纵向焊接应力

2. 横向焊接残余应力

横向焊接残余应力产生的原因有:①由于焊缝纵向收缩,使两块钢板形成反方向的弯曲变形,但实际上焊缝将两块钢板连成整体,不能分开,于是两块板的中间产生横向拉应力,而在两端则产生横向压应力(图 3-46(b))。②焊缝在施焊过程中,先后冷却的时间不同,先焊的焊缝已经凝固,且具有一定强度,会阻止后焊焊缝横向自由膨胀,使其发生横向的塑性压缩变形。当焊缝冷却时,后焊焊缝的收缩受到已凝固的焊缝限制而产生横向拉应力,而先焊部分则产生横向压应力,在最后施焊的末端焊缝中必然产生拉应力(图 3-46(c))。焊缝的横向应力是上述两种应力合成的结果(图 3-46(d))。

3. 厚度方向焊接残余应力

在厚钢板的焊接中,焊缝需要多层施焊。因此,除有纵向和横向焊接应力 σ_x、σ_y 外,还存在沿钢板厚度方向的焊接应力 σ_z(图 3-47)。在最后冷却的焊缝中部,这 3 种应力形成三向拉应力,将大大降低连接的塑性。

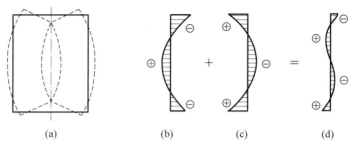

(a)　　　　　(b)　　　(c)　　　　(d)

图 3-46　焊缝的横向焊接残余应力

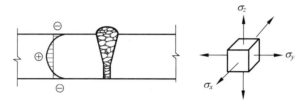

图 3-47　厚板中的焊接残余应力

3.4.2　焊接残余应力对钢结构的影响

1. 对结构静力强度的影响

对在常温下工作并具有一定塑性的钢材,在静荷载作用下,焊接残余应力不影响结构的承载能力,因为焊接应力加上外力引起的应力达到屈服点后,应力不再增大,外力由两侧弹性区承担,直到全截面达到屈服点为止。

这一点可由图 3-48 简要说明。假定轴心受拉构件符合理想弹塑性假定,当构件无残余应力时,其承载力为 Btf_y;若构件在受荷前($N=0$)截面上就存在纵向焊接应力,并假设其分布如图 3-48(a)所示。在轴心力 N 作用下,截面 bt 部分的焊接拉应力已达屈服点 f_y,应力不再增加,如果钢材具有一定的塑性,拉力 N 就仅由受压的弹性区承担。两侧受压区应力由原来受压逐渐变为受拉,最后应力也达到屈服点 f_y,这时全截面应力都达到 f_y(图 3-48(b))。

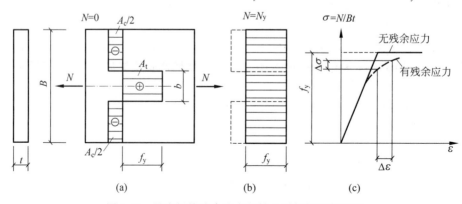

(a)　　　　　　　　(b)　　　　　(c)

图 3-48　具有焊接残余应力的轴心受拉杆受荷过程

由于焊接应力自相平衡,故受拉区应力面积 A_t(总残余拉应力)必然和受压区应力面积 A_c(总残余压应力)相等,即 $A_t = A_c = btf_y$。则构件全截面达到屈服点 f_y 时所承受的外力 $N = A_c + (B-b)tf_y = Btf_y$。而 Btf_y 即是无焊接应力且无应力集中现象的轴心受拉构件,当全截面上的应力达到 f_y 时所承受的外力。由此可知,有焊接应力构件的承载能力和无焊接应力者完全相同,即焊接应力不影响结构的静力强度。

2. 对结构刚度的影响

构件上的焊接残余应力会降低结构的刚度。仍以图 3-48 为例,由于截面 bt 部分的拉应力已达 f_y,这部分的刚度为 0,则具有图 3-48(a)所示残余应力的拉杆抗拉刚度为 $(B-b)tE$,而无残余应力的相同截面的拉杆的抗拉刚度为 BtE,显然 $BtE > (B-b)tE$,即有焊接残余应力的杆件的抗拉刚度降低了,在外力作用下其变形将会较无残余应力的大,对结构工作不利。残余应力的存在将较大地影响压杆的稳定性,有关内容将在后续章节中介绍。

3. 对低温冷脆的影响

焊接残余应力对低温冷脆的影响经常是决定性的,必须引起足够的重视。在厚板和具有严重缺陷的焊缝中,以及在交叉焊缝(图 3-49)的情况下,产生了阻碍塑性变形的三轴拉应力,使裂纹更容易发生和发展,加速了构件脆性破坏的倾向。

4. 对疲劳强度的影响

在焊缝及其附近的主体金属残余拉应力通常达到钢材屈服点,此部位正是形成和发展疲劳裂纹最为敏感的区域。因此,焊接残余应力对结构的疲劳强度有明显不利影响。

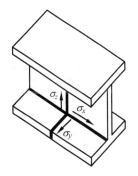

图 3-49　三向交叉焊缝的残余应力

3.4.3　焊接残余变形

施焊时由于焊缝的纵向和横向受到热态塑性压缩,使构件产生一些残余变形,如纵向缩短、横向缩短、弯曲变形、角变形、扭曲变形和波浪变形等(图 3-50)。这些变形如果超出《钢结构工程施工质量验收标准》(GB 50205—2020)的规定,必须加以矫正,使其不致影响构件的使用和承载能力。

焊接残余变形是焊接结构中经常出现的问题。焊接构件出现了变形,就需要花大量工时去矫正。比较复杂的变形,矫正的工作量可能比焊接的工作量还要大。有时变形太大,甚至无法矫正,变成废品。

焊接残余变形不但影响结构的尺寸和外形美观,而且有可能降低结构的承载能力,引起事故。

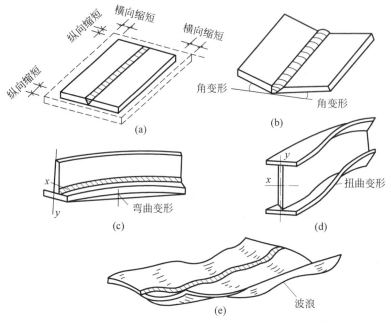

图 3-50　焊接残余变形

(a) 纵向和横向收缩；(b) 角变形；(c) 弯曲变形；(d) 扭曲变形；(e) 波浪变形

3.4.4　减少焊接残余应力和焊接残余变形的方法

可通过合理的焊缝设计和焊接工艺措施来控制焊接结构焊接残余应力和变形。

1. 合理的焊缝设计

(1) 合理的选择焊缝的尺寸和形式,在保证结构承载能力的条件下,设计时应尽量采用较小的焊缝尺寸。因为焊缝尺寸大,不但焊接量大,而且焊缝的焊接残余变形和焊接残余应力也大。

(2) 尽可能减少不必要的焊缝。设计焊接结构时,常采用加劲肋来提高板结构的稳定性和刚度。但是为了减轻自重采用薄板,不适当地大量采用加劲肋,反而不经济。因为这样做不但增加了装配和焊接的工作量,而且易引起较大的焊接变形,增加校正工时。

(3) 合理地安排焊缝的位置。安排焊缝时尽可能对称于截面中性轴,或者使焊缝接近中性轴(图 3-51(a)、(c)),这对减少梁、柱等构件的焊接变形有良好的效果。而图 3-51 中的(b)和(d)的焊缝布置易引起焊接残余变形。

(4) 尽量避免焊缝的过分集中和交叉。如几块钢板交会一处进行连接时,应采用图 3-51(e)的方式,避免采用图 3-51(f)的方式,以免热量集中,引起过大的焊接残余变形和残余应力,恶化母材的组织构造。又如图 3-51(g)中,为让腹板与翼缘的纵向连接焊缝连续通过,加劲肋进行切角,其与翼缘和腹板的连接焊缝均在切角处中断,避免了 3 条焊缝的交叉。

(5) 尽量避免在母材厚度方向的收缩应力。如图 3-51(i)的构造措施是正确的,而图 3-51(j)的构造常引起厚板的层状撕裂(由约束收缩焊接残余应力引起的)。

2. 合理的焊接工艺措施

(1) 采用合理的焊接顺序和方向。尽量使焊缝能自由收缩,先焊工作时受力较大的焊

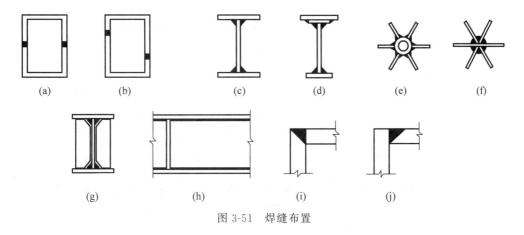

图 3-51 焊缝布置

缝或收缩量较大的焊缝。例如,钢板对接时采用分段退焊,厚焊缝采用分层焊,工字形截面按对角跳焊等(图 3-52)。

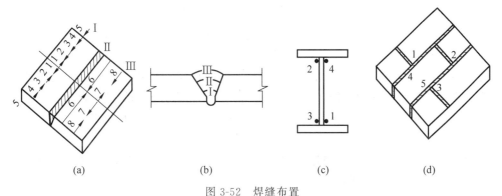

图 3-52 焊缝布置

(a) 分段退焊;(b) 沿厚度分层焊;(c) 对角跳焊;(d) 钢板分块拼接

注:图中数字表示焊接次序。

(2)采用反变形法减小焊接残余变形或焊接残余应力。事先估计好结构变形的大小和方向。然后在装配时给予一个相反方向的变形与焊接残余变形相抵消,使焊后的构件保持设计要求。

(3)锤击或辗压焊缝,使焊缝得到延伸,从而降低焊接残余应力。锤击或辗压焊缝均应在刚焊完时进行。锤击应保持均匀、适度,避免锤击过分产生裂纹。

(4)对于小尺寸焊件,焊前预热,或焊后回火加热至 600℃ 左右,然后缓慢冷却,可以消除焊接残余应力和焊接残余变形。也可采用刚性固定法将构件加以固定来限制焊接残余变形,但增加了焊接残余应力。

3.5 螺栓连接的构造

3.5.1 螺栓的排列

螺栓的排列应简单整齐、统一紧凑,使构造合理,安装方便。螺栓在构件上的排列可以并列或错列(图 3-53)。并列简单整齐,连接板尺寸较小,但对构件截面削弱较大;而错列对截面削弱较小,但螺栓排列没有并列紧凑,连接板尺寸较大。

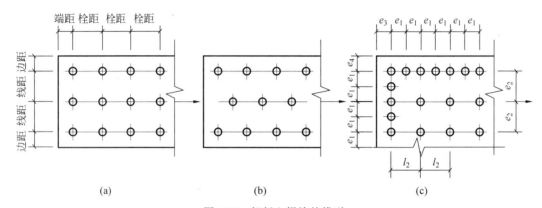

图 3-53　钢板上螺栓的排列
(a) 并列;(b) 错列;(c) 允许距离

无论哪一种排列,螺栓的端距、栓距、边距和线距都应满足受力、构造和施工要求:

(1) 受力要求

在受力方向,螺栓的端距过小时,钢板有被剪断的可能。当各排螺栓距和线距过小时,构件有沿直线或折线破坏的可能。对受压构件,当沿作用力方向的螺栓距过大时,在被连接的板件间易发生张口或鼓曲现象。因此,从受力的角度规定了最大和最小的允许间距。

(2) 构造要求

当螺栓栓距及线距过大时,被连接构件接触面不够紧密,潮气易侵入缝隙而产生腐蚀,所以规定了螺栓的最大允许间距。

(3) 施工要求

为保证一定的施工空间,便于转动螺栓扳手,规定了螺栓的最小允许间距。

根据上述要求,钢板上螺栓的允许间距见表 3-5。型钢上螺栓的排列如图 3-54 所示,型钢的螺栓允许间距见表 3-6~表 3-8。

表 3-5　钢板上的螺栓允许间距

名　称	位置和方向			最大允许间距 (取两者的较小值)	最小允许间距
中心间距	外排(垂直内力方向或顺内力方向)			$8d_0$ 或 $12t$	3d_0
	中间排	垂直内力方向		$16d_0$ 或 $24t$	
		顺内力方向	构件受压力	$12d_0$ 或 $18t$	
			构件受拉力	$16d_0$ 或 $24t$	
	沿对角线方向			—	
中心至构件 边缘的距离	顺内力方向			4d_0 或 $8t$	2d_0
	垂直内力方向	剪切边或手工切割边			1.5d_0
		轧制边、自动 气割或锯割边	高强度螺栓		
			其他螺栓或铆钉		1.2d_0

注:① d_0 为螺栓或铆钉的孔径,对槽孔为短向尺寸,t 为外层较薄板件的厚度;
　　② 钢板边缘与刚性构件(如角钢、槽钢等)相连的高强度螺栓的最大间距,可按中间排的数值采用;
　　③ 计算螺栓孔引起的截面削弱时可取 $d+4$mm 和 d_0 的较大者。

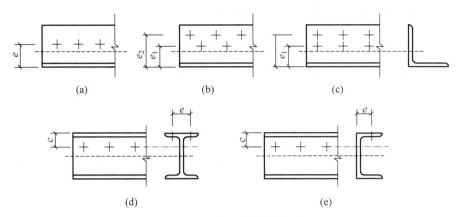

图 3-54　型钢上的螺栓排列

（a）角钢单排螺栓；（b）角钢双排错列螺栓；（c）角钢双排并列螺栓；（d）工字钢螺栓排列；（e）槽钢螺栓排列

表 3-6　角钢上螺栓允许最小间距　　　　　单位：mm

肢宽		40	45	50	56	63	70	75	80	90	100	110	125	140	160	180	200
单行	e	25	25	30	30	35	40	40	45	50	55	60	70				
	d_0	12	13	14	15.5	17.5	20	21.5	21.5	23.5	23.5	26	26				
双行 错列	e_1												55	60	70	70	80
	e_2												90	100	120	140	160
	d_0												23.5	23.5	26	26	26
双行 并列	e_1													60	70	80	
	e_2													130	140	160	
	d_0													23.5	23.5	26	

表 3-7　工字钢和槽钢腹板上的螺栓允许间距　　　　　单位：mm

工字钢型号	12	14	16	18	20	22	25	28	32	36	40	45	50	56	63
线距 e_{min}	40	45	45	45	50	50	55	60	60	65	70	75	75	75	75
槽钢型号	12	14	16	18	20	22	25	28	32	36	40				
线距 e_{min}	40	45	50	50	55	55	55	60	65	70	75				

表 3-8　工字钢和槽钢翼缘上的螺栓允许间距　　　　　单位：mm

工字钢型号	12	14	16	18	20	22	25	28	32	36	40	45	50	56	63
线距 e_{min}	40	40	50	55	60	65	65	70	75	80	80	85	90	95	95
槽钢型号	12	14	16	18	20	22	25	28	32	36	40				
线距 e_{min}	30	35	35	40	40	45	45	45	50	56	60				

3.5.2　螺栓连接的其他构造要求

螺栓连接除满足螺栓排列的允许距离外，还应满足下列构造要求：

（1）螺栓连接或拼接节点中，每一杆件一端的永久性螺栓数不宜少于 2 个；对组合构件的缀条，其端部连接可采用 1 个螺栓。

（2）B级普通螺栓的孔径 d_0 较螺栓公称直径 d 大 $0.2\sim0.5$mm，C级普通螺栓的孔径 d_0 较螺栓公称直径 d 大 $1.0\sim1.5$mm；摩擦型连接的高强度螺栓的孔径 d_0 比螺栓公称直径 d 大 $1.5\sim2$mm；承压型连接的高强度螺栓的孔径 d_0 比螺栓公称直径 d 大 $1\sim1.5$mm。

（3）高强度螺栓承压型连接采用标准圆孔时，其孔径 d_0 可按表3-9采用。高强度螺栓摩擦型连接可采用标准孔、大圆孔和槽孔，孔型尺寸可按表3-9采用；采用扩大孔连接时，同一连接面只能在盖板和芯板其中之一的板上采用大圆孔或槽孔，其余仍采用标准孔。

表 3-9   高强度螺栓连接的孔径匹配   单位：mm

螺栓公称直径			M12	M16	M20	M22	M24	M27	M30
孔型	标准孔	直径	13.5	17.5	22	24	26	30	33
	大圆孔	直径	16	20	24	28	30	35	38
	槽孔	短向	13.5	17.5	22	24	26	30	33
		长向	22	30	37	40	45	50	55

（4）高强度螺栓摩擦型连接盖板按大圆孔、槽孔制孔时，应增大垫圈厚度或采用连续型垫板，其孔径与标准垫圈相同，对M24及以下的螺栓，厚度不宜小于8mm；对M24以上的螺栓，厚度不宜小于10mm。

（5）直接承受动力荷载构件的螺栓连接，抗剪连接时应采用摩擦型高强度螺栓；普通螺栓受拉连接应采用双螺母或其他能防止螺母松动的有效措施。高强度螺栓承压型连接不应用于直接承受动力荷载的结构，抗剪承压型连接在正常使用极限状态下应符合摩擦型连接的设计要求。

（6）当型钢构件拼接采用高强度螺栓连接时，其拼接件宜采用钢板。

（7）当高强度螺栓连接的环境温度为 $100\sim150$℃时，其承载力应降低10%。

（8）C级普通螺栓宜用沿其杆轴方向受拉的连接，在下列情况下可用于受剪连接：①承受静力荷载或间接承受动力荷载结构中的次要连接；②承受静力荷载的可拆卸结构的连接；③临时固定构件用的安装连接。

（9）沉头和半沉头铆钉不得用于沿其杆轴方向受拉的连接。

3.6   普通螺栓连接的工作性能和计算

3.6.1   普通螺栓连接的工作性能

C级普通螺栓连接按螺栓传力方式可以分为抗剪螺栓和抗拉螺栓。当外力垂直于螺杆时，该螺栓为抗剪螺栓，当外力平行于螺杆时，该螺栓为抗拉螺栓，如图3-55所示。在图3-55(a)中，螺栓为抗剪螺栓，依靠螺杆的承压和抗剪来传力；在图3-55(b)中，如果下面设有支托，螺栓为抗拉螺栓，如果不设支托，则螺栓兼承拉力和剪力。

1. 抗剪螺栓连接的工作性能

抗剪螺栓连接在受力以后，当外力不大时，首先由构件间的摩擦力传递外力。当外力继续增大并超过极限摩擦力后，构件之间出现相对滑移，螺杆开始接触螺栓孔壁而使螺杆受

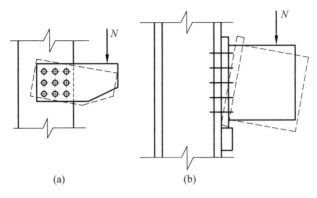

图 3-55　抗剪螺栓和抗拉螺栓

（a）抗剪螺栓；（b）抗拉螺栓

剪,孔壁则受压。

抗剪螺栓连接可能出现 5 种破坏形式:

① 当螺杆直径较小而板件较厚时,螺杆可能先被剪断,发生螺杆剪切破坏(图 3-56(a));

② 当螺杆直径较大而板件较薄时,板件可能先被挤坏,发生孔壁挤压破坏(图 3-56(b));

③ 板件本身由于截面开孔削弱过多,板件可能被拉断(图 3-56(c));

④ 当螺栓排列的端距太小,端距范围内的板件可能被螺杆冲剪破坏(图 3-56(d));

⑤ 由于板件太厚,螺杆直径太小,螺杆可能发生弯曲破坏(图 3-56(e))。

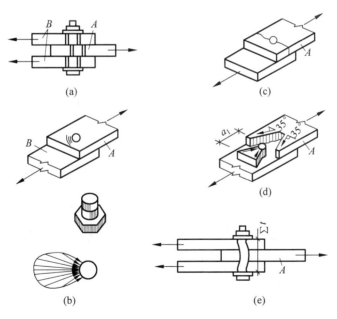

图 3-56　受剪螺栓的破坏情况

上述 5 种破坏形式中,前 3 种需要通过计算加以防止,其中螺杆被剪断和孔壁挤压破坏通过计算单个螺栓承载力来控制,板件被拉断则由验算构件净截面强度来控制。后两种通过构造措施加以防止,即限制端距 $e_3 \geqslant 2d_0$ 和板叠厚度不超过 $5d$(d 为螺栓直径)。

单个普通螺栓的承载力设计值按下列两式计算:

抗剪承载力设计值：

$$N_v^b = n_v \frac{\pi d^2}{4} f_v^b \tag{3-47}$$

承压承载力设计值：

$$N_c^b = d \sum t f_c^b \tag{3-48}$$

式中，n_v——单个螺栓的受剪面数，单剪（图 3-57(a)）$n_v=1$，双剪（图 3-57(b)）$n_v=2$，四剪（图 3-57(c)）$n_v=4$ 等；

d——螺杆直径（铆钉连接取孔径 d_0）（mm）（图 3-57(a)）；

$\sum t$——在同一受力方向的承压构件的较小总厚度（mm），如图 3-57(c) 中，对于四剪面，$\sum t$ 取 $(a+c+e)$ 和 $(b+d)$ 的较小值；

f_v^b、f_c^b——分别为 C 级普通螺栓的抗剪、承压强度设计值（N/mm^2）（见附表 1-6）。

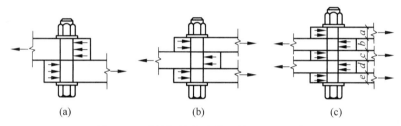

图 3-57　受剪螺栓的受剪面数和承压厚度

单个螺栓的承载力设计值应取 N_v^b 和 N_c^b 的较小值，即

$$N_{min}^b = \min(N_c^b, N_v^b) \tag{3-49}$$

2. 抗拉螺栓连接的工作性能

在抗拉螺栓连接中，螺栓受到沿杆轴方向的作用，构件的接触面有脱开的趋势，螺栓受拉时的破坏形式表现为螺杆被拉断，其部位多在被螺纹削弱的截面处，所以应按螺栓的有效截面计算抗拉承载力设计值。单个螺栓的抗拉承载力设计值为

$$N_t^b = \frac{\pi d_e^2}{4} f_t^b \tag{3-50}$$

式中，d_e——普通螺栓或锚栓螺纹处的有效直径（mm），其取值见附表 2-1，对铆钉连接取孔径 d_0；

f_t^b——普通螺栓的抗拉强度设计值（N/mm^2），对铆钉取 f_t^r，取值见附表 1-6、附表 1-7。

在采用螺栓的 T 形连接中，必须借助附件（角钢）才能实现（图 3-58(a)）。通常角钢的刚度不大，受拉后，垂直于拉力作用方向的角钢肢会发生较大的弯曲变形，并起杠杆作用，在该肢外侧端部产生撬力 Q。因此，螺栓实际所受拉力为

$$P_f = N + Q \tag{3-51}$$

撬力 Q 的大小与板件厚度、螺杆直径、螺栓位置、连接总厚度等因素有关，准确求值非常困难，在计算中，对于普通螺栓连接一般不计 Q 力，而采用降低螺栓强度设计值的方法解决，规范规定的普通螺栓抗拉强度设计值 f_t^b 是取同样钢号钢材抗拉强度设计值 f 的 0.8 倍（即 $f_t^b = 0.8f$）以考虑撬力 Q 的影响。

如果在构造上采取一些措施加强角钢刚度,可使其不致产生 Q 力,或产生 Q 力甚小,例如,在角钢两肢间设置加劲肋(图 3-58(b))或增加角钢厚度等方法增大刚度。

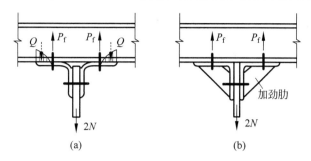

图 3-58　抗拉螺栓连接

3.6.2　普通螺栓群的计算

螺栓群的计算是在单个螺栓计算的基础上进行的。

1. 螺栓群在轴向力作用下的抗剪计算

试验证明,螺栓群的受剪连接承受轴心力时,与侧焊缝的受力相似,在长度方向各螺栓受力是不均匀的(图 3-59),两端受力大,而中间受力小。当连接长度 $l_1 \leqslant 15d_0$(d_0 为螺孔直径)时,由于连接工作进入弹塑性阶段后,内力发生重分布,螺栓群中各螺栓受力逐渐接近,最后趋于相等直到破坏。因此,计算时可假定所有螺栓受力相等,并用式(3-52)算出所需要的螺栓数目:

$$n = \frac{N}{N_{\min}^{b}} \tag{3-52}$$

式中,N——连接件中的轴心力设计值(kN)。

$N_{\min}^{b}$——1 个螺栓受剪承载力与承压承载力的较小值(kN)。

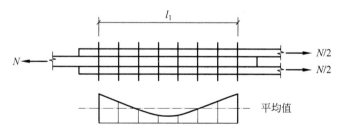

图 3-59　长接头螺栓的内力分布

当 $l_1 > 15d_0$ 时,连接进入弹塑性阶段后,各螺杆所受内力仍不易均匀,端部螺栓首先达到极限强度而破坏,随后由外向里依次破坏。《钢结构设计标准》(GB 50017—2017)规定,当 $l_1 > 15d_0$ 时,应将螺栓(包括普通螺栓和高强度螺栓)的承载力设计值乘以折减系数 $\eta = 1.1 - l_1/(150d_0)$,当 $l_1 > 60d_0$ 时,折减系数取为定值 0.7,即

$$\eta = 1.1 - \frac{l_1}{150d_0} \geqslant 0.7 \tag{3-53}$$

因此,对长连接,所需抗剪螺栓数为

$$n = \frac{N}{\eta N_{\min}^{b}} \tag{3-54}$$

在螺栓连接中(图 3-60(a)),左边板件所承担的内力 N 通过左边的螺栓传给 2 块拼接板,再由 2 块拼接板通过右边螺栓传至右边板件,这样左右板件内力平衡。在力的传递过程中,各部分承力情况如图 3-60(c)所示,板件在截面 1—1 处承受全部内力 N,在截面 1—1、2—2 之间则只承受 $2/3N$,因为 $1/3N$ 已经通过第 1 列螺栓传给拼接板。

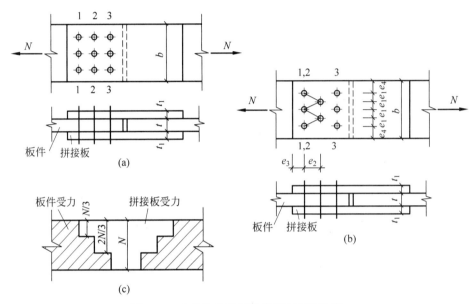

图 3-60   力的传递过程及净截面面积计算

由于螺栓孔削弱了板件的截面,为防止板件在净截面上被拉断,需验算板件净截面强度。《钢结构设计标准》(GB 50017—2017)中规定:轴心受拉构件,当端部连接及中部拼接处组成截面的各板件都由连接件直接传力时,其截面强度计算应符合下列规定:

毛截面屈服:

$$\sigma = \frac{N}{A} \leqslant f \tag{3-55}$$

净截面断裂:

$$\sigma = \frac{N}{A_n} \leqslant 0.7 f_u \tag{3-56}$$

当构件为沿全长都有排列较密螺栓的组合构件时,其截面强度应按式(3-57)计算:

$$\sigma = \frac{N}{A_n} \leqslant f \tag{3-57}$$

式中,A_n——板件或连接盖板净截面面积(mm^2),其计算方法分析如下。

图 3-60(a)所示的并列螺栓排列,以左半部分来看:截面 1—1、2—2、3—3 的净截面面积均相同。但对于板件来说,根据传力情况,截面 1—1 受力为 N,截面 2—2 受力为 $N - \frac{n_1}{n}N$,截

面 3—3 受力为 $N - \dfrac{n_1 + n_2}{n} N$，以截面 1—1 受力最大。截面 1—1 的净截面面积为

$$A_\mathrm{n} = t(b - n_1 d_0) \tag{3-58}$$

对于拼接板来说，以截面 3—3 受力最大，其净截面面积为

$$A_\mathrm{n} = 2t_1(b - n_3 d_0) \tag{3-59}$$

式中，n——左半部分螺栓总数；

n_1、n_2、n_3——分别为截面 1—1、2—2、3—3 上螺栓数；

d_0——螺栓孔径（mm）。

图 3-60(b)所示的错列螺栓排列，对于板件不仅需要考虑沿截面 1—1（正交截面）破坏的可能，此时按式(3-58)计算净截面面积，还需考虑沿截面 2—2（折线截面）破坏的可能，此时：

$$A_\mathrm{n} = t\left[2e_4 + (n_2 - 1)\sqrt{e_1^2 + e_2^2} - n_2 d_0\right] \tag{3-60}$$

式中，n_2——折线截面 2—2 上的螺栓数。

计算拼接板的净截面面积时，其方法相同。不过，计算的部位应在拼接板受力最大处。

2. 螺栓群在扭矩作用下的抗剪计算

螺栓群在扭矩作用下，每个螺栓实际受剪，计算时假定：①被连接构件是绝对刚性的，螺栓则是弹性的；②各螺栓都绕螺栓群的形心 O 旋转，其受力大小与到螺栓群形心的距离成正比，方向与螺栓到形心的连线垂直，如图 3-61 所示。

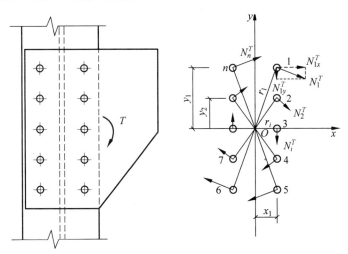

图 3-61 扭矩作用下受剪螺栓群的受力情况

设螺栓群 $1, 2, \cdots, n$ 到螺栓群形心 O 点的距离分别为 $r_1, r_2, \cdots, r_n$，各螺栓承受的力分别为 $N_1^T, N_2^T, \cdots, N_n^T$。根据平衡条件可得：

$$T = N_1^T r_1 + N_2^T r_2 + \cdots + N_n^T r_n \tag{3-61}$$

螺栓受力大小与其距形心的距离成正比，即

$$\frac{N_1^T}{r_1} = \frac{N_2^T}{r_2} = \cdots = \frac{N_n^T}{r_n} \tag{3-62}$$

将式(3-62)代入式(3-61)得

$$T = \frac{N_1^T}{r_1}(r_1^2 + r_2^2 + \cdots + r_n^2) = \frac{N_1^T}{r_1} \sum_{i=1}^{n} r_i^2 \tag{3-63}$$

$$N_1^T = \frac{Tr_1}{\sum\limits_{i=1}^{n} r_i^2} = \frac{Tr_1}{\left(\sum\limits_{i=1}^{n} x_i^2 + \sum\limits_{i=1}^{n} y_i^2 \right)} \tag{3-64}$$

当螺栓群布置在一个狭长带时,若 $y_1 > 3x_1$,r_1 趋近于 y_1,$\sum\limits_{i=1}^{n} x_i^2$ 可忽略不计,则式(3-64)可写成

$$N_1^T = \frac{Tr_1}{\sum\limits_{i=1}^{n} y_i^2} \tag{3-65}$$

受力最大螺栓所承受的剪力应不大于螺栓的抗剪承载力设计值,即

$$N_1^T \leqslant N_{\min}^b \tag{3-66}$$

3. 螺栓群在扭矩、剪力和轴力联合作用时的抗剪计算

螺栓群在通过其形心的剪力 V 和轴向力 N 作用下(图 3-62),假定螺栓受力均匀,每个螺栓受力为

$$N_{1y}^V = \frac{V}{n}(\downarrow) \tag{3-67}$$

$$N_{1x}^N = \frac{N}{n}(\rightarrow) \tag{3-68}$$

在扭矩 T 作用下,螺栓 1 受力最大,将 N_1^T 分解为水平和竖直方向的分力,则

$$N_{1x}^T = N_1^T \frac{y_1}{r_1} = \frac{Ty_1}{\left(\sum x_i^2 + \sum y_i^2 \right)} \tag{3-69}$$

$$N_{1y}^T = N_1^T \frac{x_1}{r_1} = \frac{Tx_1}{\left(\sum x_i^2 + \sum y_i^2 \right)} \tag{3-70}$$

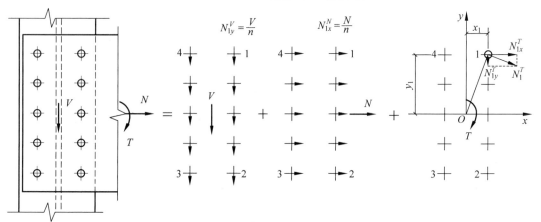

图 3-62　扭矩、剪力和轴力共同作用下受剪螺栓群的受力情况

因此,在扭矩、剪力和轴向力共同作用下,螺栓群中受力最大的一个螺栓所承受的合力及强度条件为

$$N_1 = \sqrt{(N_{1x}^T + N_{1x}^N)^2 + (N_{1y}^T + N_{1y}^V)^2} \leqslant N_{\min}^b \tag{3-71}$$

4. 螺栓群在轴向拉力作用下的抗拉计算

当外力通过螺栓群形心,假定所有受拉螺栓受力相等,则所需的螺栓数目为

$$n = \frac{N}{N_t^b} \tag{3-72}$$

式中,N——螺栓群承受的轴向力(kN);

　　　N_t^b——单个抗拉螺栓的承载力设计值(kN),按式(3-50)取值。

5. 螺栓群在弯矩作用下的抗拉计算

图 3-63 所示为螺栓群在弯矩作用下的受拉,图中的剪力 V 通过承托板传递。按弹性设计法,在弯矩作用下,离中和轴越远的螺栓所受拉力越大,而压力则由部分受压的端板承受,设中和轴至端板受压边缘的距离为 c(图 3-63(a))。这种连接的受力特点是:受拉螺栓截面只是孤立的几个螺栓点;而端板受压区则是宽度较大的实体矩形截面(图 3-63(b)、(c))。当形心位置作为中和轴时,所求得的端板受压区高度 c 总是很小,中和轴通常在受压一侧最外排螺栓附近的某个位置。因此,实际计算时可近似取中和轴位于最下排螺栓 O 处,即认为连接变形为绕 O 处水平轴转动,螺栓拉力与 O 点算起的纵坐标 y 成正比。在对 O 点水平轴列弯矩平衡方程时,偏安全地忽略了力臂很小的端板受压区部分的力矩。

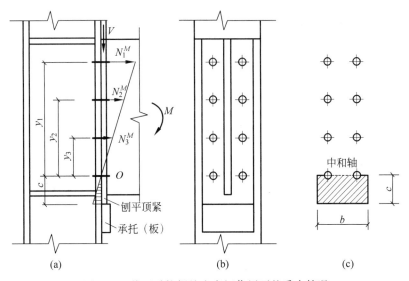

图 3-63　普通受拉螺栓在弯矩作用下的受力情况

因为

$$\frac{N_1^M}{y_1} = \frac{N_2^M}{y_2} = \cdots = \frac{N_n^M}{y_n} \tag{3-73}$$

所以

$$M = m(N_1^M y_1 + N_2^M y_2 + \cdots + N_i^M y_i + \cdots + N_n^M y_n)$$
$$= m\left(\frac{N_1^M}{y_1}y_1^2 + \frac{N_2^M}{y_2}y_2^2 + \cdots + \frac{N_i^M}{y_i}y_i^2 + \cdots + \frac{N_n^M}{y_n}y_n^2\right)$$

即

$$M = m\frac{N_i^M}{y_i}\sum_{i=1}^{n}y_i^2 \tag{3-74}$$

式中，m——螺栓排列的列数，图 3-63 中 $m=2$。

由式(3-74)可得任意螺栓 i 的拉力为

$$N_i^M = \frac{My_i}{m\sum\limits_{i=1}^{n}y_i^2} \tag{3-75}$$

设计时要求受力最大的最外排螺栓 1 的拉力不超过单个螺栓的抗拉承载力设计值，即

$$N_1^M = \frac{My_1}{m\sum\limits_{i=1}^{n}y_i^2} \leqslant N_t^b \tag{3-76}$$

6. 螺栓群在偏心拉力作用下的抗拉计算

螺栓群受偏心拉力作用相当于连接承受轴心拉力 N 和弯矩 $M = Ne$ 的联合作用。按弹性设计法，根据偏心距的大小判断可能出现小偏心受拉和大偏心受拉两种情况。

1) 小偏心受拉

当偏心较小时，所有螺栓均承受拉力作用，端板与柱翼缘有分离趋势，故在计算时轴心拉力 N 由各螺栓均匀承受；弯矩 M 则引起以螺栓群形心 O 为中和轴的三角形内力分布（图 3-64(b)），使上部螺栓受拉，下部螺栓受压；叠加后全部螺栓均受拉。可推出最大、最小受力螺栓的拉力和满足设计要求的公式如下（y_i 均自 O 算起）：

$$N_{\max} = \frac{N}{n} + \frac{Ney_1}{m\sum\limits_{i=1}^{n}y_i^2} \leqslant N_t^b \tag{3-77}$$

$$N_{\min} = \frac{N}{n} - \frac{Ney_1}{m\sum\limits_{i=1}^{n}y_i^2} \geqslant 0 \tag{3-78}$$

式(3-78)为公式使用条件，由此式可得 $N_{\min} \geqslant 0$ 时的偏心距 $e = \dfrac{m\sum\limits_{i=1}^{n}y_i^2}{ny_1}$。令 $\rho = \dfrac{W_e}{nA_e} = \dfrac{m\sum\limits_{i=1}^{n}y_i^2}{ny_1}$ 为螺栓有效截面组成的核心距，则当 $e \leqslant \rho$ 时为小偏心受拉。

2) 大偏心受拉

当偏心距 e 较大时，即 $e > \rho = \dfrac{m\sum\limits_{i=1}^{n}y_i^2}{ny_1}$ 时$\left(\text{此时 } N_{\min} = \dfrac{N}{n} - \dfrac{Ney_1}{m\sum\limits_{i=1}^{n}y_i^2} < 0\right)$，在端板底

部将出现受压区（图 3-64(c)），称为大偏心受拉。

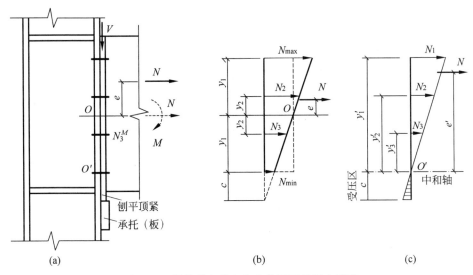

图 3-64　螺栓群在偏心拉力作用下的受力情况

仿式(3-76)的推导，近似并偏安全取中和轴位于最下排螺栓 O' 处，按相似步骤列对 O' 点的弯矩平衡方程，可得（e' 和 y' 自 O' 点算起，最上排螺栓 1 的拉力最大）：

$$\frac{N_1^M}{y_1'} = \frac{N_2^M}{y_2'} = \cdots = \frac{N_n^M}{y_n'} \tag{3-79}$$

$$Ne' = m(N_1^M y_1' + N_2^M y_2' + \cdots + N_n^M y_n') = m\left(\frac{N_1^M}{y_1'}y_1'^2 + \frac{N_2^M}{y_2'}y_2'^2 + \cdots + \frac{N_n^M}{y_n}y_n'^2\right)$$

$$= m\frac{N_i^M}{y_i'}\sum_{i=1}^{n} y_i'^2 \tag{3-80}$$

由式(3-80)可得

$$N_i^M = \frac{Ne'y_i'}{m\sum\limits_{i=1}^{n} y_i'^2} \tag{3-81}$$

$$N_1^M = \frac{Ne'y_1'}{m\sum\limits_{i=1}^{n} y_i'^2} \leqslant N_t^b \tag{3-82}$$

7. 同时承受剪力和拉力的螺栓群的计算

如图 3-65 所示的连接，将作用力 V 移至螺栓群形心时，螺栓群承受剪力 V 和弯矩 $M = Ve$ 的共同作用，这种连接可以有两种计算方法。

1）承托不承受剪力

假定承托只在安装时起临时支撑作用，剪力 V 不通过承托传递。此时螺栓承受弯矩 $M = Ve$ 和剪力 V 共同作用。

在弯矩作用下，按式(3-76)求得

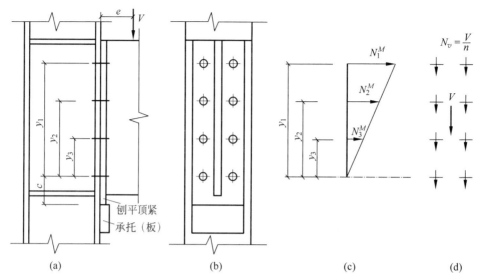

图 3-65　螺栓群在剪力和拉力同时作用下的受力情况

$$N_t = N_1^M = \frac{My_1}{m \sum\limits_{i=1}^{n} y_i^2} \quad (\rightarrow) \tag{3-83}$$

在剪力作用下,螺栓受力为

$$N_v = \frac{V}{n} \quad (\downarrow) \tag{3-84}$$

螺栓在拉力和剪力共同作用下,应满足相关公式:

$$\sqrt{\left(\frac{N_v}{N_v^b}\right)^2 + \left(\frac{N_t}{N_t^b}\right)^2} \leqslant 1 \tag{3-85}$$

满足式(3-85)时,说明螺栓不会因受拉和受剪破坏,但当板较薄时,可能发生承压破坏,故还要满足式(3-86):

$$N_v \leqslant N_c^b \tag{3-86}$$

式中,N_v、N_t——分别为 1 个螺栓所承受的剪力和拉力(kN);

N_v^b、N_t^b、N_c^b——分别为 1 个螺栓的抗剪、抗拉和承压承载力设计值(kN)。

2) 承托承受剪力

粗制螺栓一般不宜受剪(承受静力荷载的次要连接或临时安装连接除外)。此时可设置焊接在柱上的承托,由承托承受剪力,螺栓只承受拉力作用。

假定剪力 V 由承托承受,弯矩 $M=Ve$ 由螺栓承受,并按式(3-76)计算。承托和柱翼缘的连接用角焊缝连接,并按式(3-87)计算:

$$\tau_f = \frac{\alpha V}{h_e \sum l_w} \leqslant f_f^w \tag{3-87}$$

式中,α——考虑剪力 V 对焊缝的偏心影响,其值取 1.25～1.35。

【例 3-7】 如图 3-66 所示,两钢板截面为—18×400,钢材为 Q235,承受轴心力 1150kN(设计值),采用 M20 普通粗制螺栓拼接,孔径 $d_0 = 21.5$mm,试设计此连接。

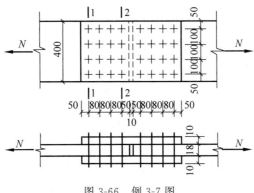

图 3-66 例 3-7 图

【解】

钢材的设计强度 f、f_u 查附表 1-1，螺栓连接的强度 f_v^b、f_c^b 查附表 1-6。

（1）确定连接盖板截面尺寸

采用双盖板拼接，截面尺寸选一 10×400，与被连接钢板截面面积接近且稍大，钢材亦为 Q235。

（2）计算需要的螺栓数目和布置螺栓

单个螺栓抗剪承载力设计值为

$$N_v^b = n_v \frac{\pi d^2}{4} f_v^b = 2 \times \frac{\pi \times 20^2}{4} \times 140 \text{N} = 87.9 \text{kN}$$

单个螺栓承压承载力设计值为

$$N_c^b = d \sum t f_c^b = 20 \times 18 \times 305 \text{N} = 109.8 \text{kN}$$

$$N_{min}^b = \min(N_c^b, N_v^b) = 87.9 \text{kN}$$

连接所需要的螺栓数目为

$$n \geqslant \frac{N}{N_{min}^b} = \frac{1150}{87.9} = 13.1$$

取 $n = 16$ 个，采用并列布置，如图 3-66 所示。连接盖板尺寸为一 $10 \times 400 \times 690$。中距、端距、边距均符合构造要求。

（3）验算被连接钢板的强度

被连接钢板 1—1 截面受力最大，连接盖板则是 2—2 截面受力最大，但后者截面面积稍大且抗拉强度设计值稍高（板厚不同），故只验算被连接钢板即可。

$$A_n = A - n_1 d_0 t = 400 \times 18 - 4 \times 21.5 \times 18 = 5652 \text{mm}^2$$

净截面断裂：$\sigma = \dfrac{N}{A_n} = \dfrac{1150 \times 10^3}{5652} \text{N/mm}^2 = 203.5 \text{N/mm}^2 < 0.7 f_u = 0.7 \times 370 \text{N/mm}^2 = 259 \text{N/mm}^2$

毛截面屈服：$\sigma = \dfrac{N}{A} = \dfrac{1150 \times 10^3}{18 \times 400} = 159.7 \text{N/mm}^2 \leqslant f = 205 \text{N/mm}^2$

均符合要求。

【例 3-8】 试计算图 3-67 所示螺栓拼接两钢板能承受的最大轴力设计值。螺栓为

M20C 级螺栓,钢材为 Q235,螺栓的孔径 $d_0 = 22\text{mm}$,$b = 250$。

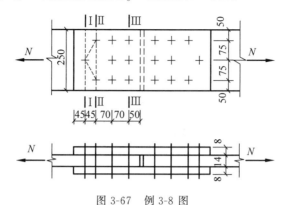

图 3-67　例 3-8 图

【解】　钢材的设计强度 f、f_u 查附表 1-1,螺栓连接的强度 f_v^b、f_c^b 查附表 1-6。

（1）螺栓所能承受的最大轴心力设计值

单个抗剪螺栓承载力设计值：

$$N_v^b = n_v \frac{\pi d^2}{4} f_v^b = 2 \times \frac{\pi \times 20^2}{4} \times 140\text{N} = 87.96\text{kN}$$

$$N_c^b = d \sum t f_c^b = 20 \times 14 \times 305\text{N} = 85.4\text{kN}$$

$$N_{min}^b = \min(N_c^b, N_v^b) = 85.4\text{kN}$$

螺栓群连接所能承受的最大轴心力设计值：

$$N = n N_{min}^b = 9 \times 85.4\text{kN} = 768.6\text{kN}$$

（2）构件所能承受的最大轴心力设计值

Ⅰ—Ⅰ净截面面积为

$$A_n^{\text{I}} = (b - n_1 d_0)t = (250 - 1 \times 22) \times 14\text{mm}^2 = 3192\text{mm}^2$$

Ⅱ—Ⅱ净截面面积为

$$A_n^{\text{II}} = [2e_4 + (n_2 - 1)\sqrt{e_1^2 + e_2^2} - n_2 d_0]t$$

$$= [2 \times 50 + (3-1)\sqrt{45^2 + 75^2} - 3 \times 22] \times 14\text{mm}^2 = 2925\text{mm}^2$$

Ⅰ—Ⅰ截面承载力：

$$N_{\text{I}} = A_n^{\text{I}} \times 0.7 f_u = 3192 \times 0.7 \times 370\text{N} = 826.7\text{kN}$$

$$N_{\text{I}} = Af = 250 \times 14 \times 215\text{N} = 752.5\text{kN}$$

Ⅱ—Ⅱ截面承载力：

$$N_{\text{II}} = A_n^{\text{II}} \times 0.7 f_u = 2925 \times 0.7 \times 370\text{N} = 757.6\text{kN}$$

$$N_{\text{II}} = Af = 250 \times 14 \times 215\text{N} = 752.5\text{kN}$$

综合比较,连接所能承受的最大轴心力设计值为：$N_{min} = 752.5\text{kN}$。

【例 3-9】　如图 3-68 所示,采用普通螺栓连接,钢材为 Q235,$F = 60\text{kN}$,采用 M20 普通螺栓（C 级）,孔径 $d_0 = 21.5\text{mm}$,试验算此连接是否满足要求。

【解】

将偏心力 F 向螺栓群形心简化得：

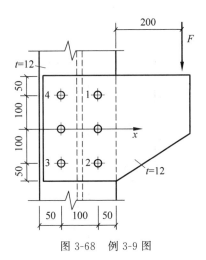

图 3-68 例 3-9 图

$T = Fe = 60 \times (200 + 50 + 100/2)\text{kN} \cdot \text{mm} = 1.8 \times 10^4 \text{kN} \cdot \text{mm}, \quad V = F = 60\text{kN}$

查附表 1-6 得，$f_v^b = 140\text{N/mm}^2, f_c^b = 305\text{N/mm}^2$。

单个螺栓的抗剪承载力设计值为：

$$N_v^b = n_v \frac{\pi d^2}{4} f_v^b = 1 \times \frac{\pi \times 20^2}{4} \times 140\text{kN} = 43.98\text{kN}$$

单个螺栓的承压承载力设计值为

$$N_c^b = d \sum t f_c^b = 20 \times 12 \times 305\text{N} = 73.2\text{kN}$$

在 T 和 V 作用下，1 号螺栓所受剪力最大，则：

$$N_{1x}^T = N_1^T \frac{y_1}{r_1} = \frac{Ty_1}{\left(\sum x_i^2 + \sum y_i^2\right)} = \frac{18000 \times 100}{6 \times 50^2 + 4 \times 100^2}\text{kN} = 32.73\text{kN}$$

$$N_{1y}^T = N_1^T \frac{x_1}{r_1} = \frac{Tx_1}{\left(\sum x_i^2 + \sum y_i^2\right)} = \frac{18000 \times 50}{6 \times 50^2 + 4 \times 100^2}\text{kN} = 16.36\text{kN}$$

$$N_{1y}^V = V/n = 60/6\text{kN} = 10\text{kN}$$

$$N_1 = \sqrt{(N_{1x}^T)^2 + (N_{1y}^T + N_{1y}^V)^2} = \sqrt{(32.73)^2 + (16.36 + 10)^2}\text{kN}$$

$$= 42.03\text{kN} < N_{min}^b = 43.98\text{kN}$$

故此连接满足要求。

【例 3-10】 如图 3-69 所示梁用普通螺栓与柱翼缘相连，承受 $F = 200\text{kN}$（设计值），$e = 150\text{mm}$，梁端竖板下有承托。钢材采用 Q235，螺栓为 M20 普通螺栓（C 级），孔径 $d_0 = 21.5\text{mm}$，试按承托承受剪力和不承受剪力两种情况分别验算此连接是否满足要求。

【解】

(1) 承托承受全部剪力

将外力 F 向螺栓群形心简化，得

$$V = F = 200\text{kN}, \quad M = Fe = 200 \times 150\text{kN} \cdot \text{mm} = 3 \times 10^4 \text{kN} \cdot \text{mm}$$

剪力 V 全部由承托承受，螺栓群只承受弯矩 M，假设螺栓群绕最下一排螺栓旋转。

单个螺栓抗拉承载力设计值为（A_e 查附表 2-1 得到，f_t^b 查附表 1-6 得到）：

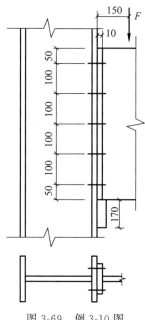

图 3-69 例 3-10 图

$$N_t^b = \frac{\pi d_e^2}{4} f_t^b = A_e f_t^b = 244.8 \times 170 \text{N} = 41.62 \text{kN}$$

作用于单个螺栓的最大拉力为

$$N_1^M = \frac{M y_1}{m \sum y_i^2} = \frac{30000 \times 400}{2 \times (100^2 + 200^2 + 300^2 + 400^2)} \text{kN} = 20 \text{kN} < N_t^b = 41.62 \text{kN}$$

承托与柱翼缘的连接焊缝计算:

采用侧面角焊缝(假定焊缝有绕角),焊脚尺寸 $h_f = 8 \text{mm}$,焊缝长度 $l_w = 170 \text{mm}$,则由式(3-87):

$$\tau_f = \frac{\alpha V}{h_e \sum l_w} = \frac{1.35 \times 200000}{0.7 \times 8 \times 2 \times 170} \text{N/mm}^2 = 141.8 \text{N/mm}^2 < f_f^w = 160 \text{N/mm}^2 \text{(此处由}$$

式(3-87)说明偏安全地取 $\alpha = 1.35$。)

所以,此连接满足要求。

(2) 承托不承受剪力

此时,螺栓群同时承受剪力 V 和弯矩 M 作用,螺栓群受拉力和剪力联合作用。

单个螺栓的抗剪承载力设计值为(螺栓强度设计值 f_v^b、f_c^b 由附表 1-6 查得):

$$N_v^b = n_v \frac{\pi d^2}{4} f_v^b = 1 \times \frac{\pi \times 20^2}{4} \times 140 \text{N} = 43.98 \text{kN}$$

$$N_c^b = d \sum t f_c^b = 20 \times 10 \times 305 \text{N} = 61 \text{kN}$$

$$N_{min}^b = \min(N_c^b, N_v^b) = 43.98 \text{kN}$$

单个螺栓的抗拉承载力设计值为(螺栓强度设计值 f_t^b 由附表 1-6 查得):

$$N_t^b = \frac{\pi d_e^2}{4} f_t^b = A_e f_t^b = 244.8 \times 170 \text{N} = 41.62 \text{kN}$$

单个螺栓的最大拉力为

$$N_1^M = \frac{My_1}{m\sum y_i^2} = \frac{30000 \times 400}{2 \times (100^2 + 200^2 + 300^2 + 400^2)} = 20\text{kN}$$

单个螺栓的最大剪力为

$$N_v = \frac{V}{n} = \frac{200}{10}\text{kN} = 20\text{kN} < N_c^b = 61\text{kN}, 满足式(3-86)。$$

螺栓在拉力和剪力联合作用下，$N_v = 20\text{kN}$，$N_t = N_1^M = 20\text{kN}$，代入式(3-85)

$$\sqrt{\left(\frac{N_v}{N_v^b}\right)^2 + \left(\frac{N_t}{N_t^b}\right)^2} = \sqrt{\left(\frac{20}{43.98}\right)^2 + \left(\frac{20}{41.62}\right)^2} = 0.66 < 1, 满足式(3-85)。$$

此连接满足要求。

【例 3-11】　钢柱与牛腿连接如图 3-70 所示。用 4.6 级粗制螺栓连接在钢柱上，牛腿下设置一托板以承受剪力。螺栓为 M20（$d_e = 17.66\text{mm}$），钢材为 Q235。$V = 100\text{kN}$，$N = 120\text{kN}$。试验算该连接强度是否符合要求。若改为 5.6 级精制螺栓，不考虑托板承受剪力，此时该牛腿连接是否安全。

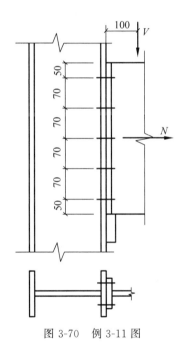

图 3-70　例 3-11 图

【解】

(1) 4.6 级粗制螺栓承载力验算

剪力 V 完全由托板来承受。

单个螺栓的承载力设计值（螺栓强度设计值 f_t^b 由附表 1-6 查得）：

$$N_t^b = \frac{\pi d_e^2}{4} f_t^b = \frac{\pi \times 17.66^2}{4} \times 170\text{N} = 41641\text{N}$$

假定牛腿绕螺栓群形心转动，最外排螺栓的拉力 $N_{\min}$：

$$N_{\min} = \frac{N}{n} - \frac{My_2}{\sum\limits_{i=1}^{n} y_i^2} = \left[\frac{120 \times 10^3}{10} - \frac{100 \times 10^3 \times 100 \times 140}{4 \times (70^2 + 140^2)} \right] \mathrm{N} = -2285.7\mathrm{N} < 0$$

所以牛腿螺栓绕底排螺栓转动,顶排螺栓受力为最大 $N_{\max}$:

$$N_{\max} = \frac{(M + Ne)y_1'}{\sum\limits_{i=1}^{n} y_i'^2} = \frac{(100 \times 10^3 \times 100 + 120 \times 10^3 \times 140) \times 280}{2 \times (70^2 + 140^2 + 210^2 + 280^2)} \mathrm{N} = 25524\mathrm{N} < 41641\mathrm{N}$$

该连接安全。

(2) 5.6 级精制螺栓承载力验算

不考虑托板承受剪力,螺栓承受拉力、剪力。

抗拉强度设计值:

$$N_t^b = \frac{\pi d_e^2}{4} f_t^b = \frac{\pi \times 17.66^2}{4} \times 210\mathrm{N} = 51439\mathrm{N}$$

单个螺栓受剪承载力(螺栓强度设计值 f_v^b、f_c^b 由附表 1-6 查得):

$$N_v^b = n_v \frac{\pi d^2}{4} f_v^b = 1 \times \frac{\pi \times 20^2}{4} \times 190\mathrm{N} = 59690\mathrm{N},$$

$$N_c^b = d \sum t f_c^b = 20 \times 10 \times 405\mathrm{N} = 81000\mathrm{N}$$

$$N_{\min}^b = \min(N_c^b, N_v^b) = 59690\mathrm{N}$$

每个螺栓所受的剪力为

$$N_v = \frac{V}{n} = \frac{100 \times 10^3}{10}\mathrm{N} = 10000\mathrm{N} < N_c^b = 81000\mathrm{N}, 满足式(3-86)。$$

$$N_t = N_{\max} = 25524\mathrm{N}$$

$$\sqrt{\left(\frac{N_v}{N_v^b}\right)^2 + \left(\frac{N_t}{N_t^b}\right)^2} = \sqrt{\left(\frac{10000}{59690}\right)^2 + \left(\frac{25524}{51439}\right)^2} = 0.524 < 1, 满足式(3-85)。$$

该连接安全。

3.7 高强度螺栓连接的工作性能和计算

3.7.1 高强度螺栓连接的抗剪工作性能

高强度螺栓的螺杆、螺母和垫圈均采用高强度钢材制作。高强度螺栓的性能等级分为 10.9 级和 8.8 级,8.8 级采用 35 号钢、45 号钢、40B 钢;10.9 级采用 20MnTiB 钢和 35VB 钢。高强度螺栓级别划分的小数点前数字是螺栓热处理后的最低抗拉强度,小数点后数字是屈强比(屈服强度与抗拉强度的比值)。

前已述及,承受剪力的高强度螺栓连接有高强度螺栓摩擦型连接、高强度螺栓承压型连接之分。

抗剪设计时,高强度螺栓摩擦型连接单纯依靠被连接构件间的摩擦阻力传递剪力,安装时将螺栓拧紧,使螺杆产生预拉力压紧构件接触面,靠接触面的摩擦力阻止其相互滑移,以达到传递外力的目的。当剪力等于摩擦力时,即为连接的承载力极限状态。高强度螺栓摩擦型连接与普通螺栓连接的重要区别是完全不靠螺杆的抗剪和孔壁的承压来传递外力,而是靠钢板间接触面的摩擦力来传力。

高强度螺栓承压型连接的传力特征是当剪力超过摩擦力时,构件间产生相对滑移,螺杆与孔壁接触,使螺杆受剪和孔壁受压,破坏形式与普通螺栓相同。以螺杆被剪坏或孔壁承压破坏为其承载力极限状态。承压型连接承载力高于摩擦型连接,但变形较大,仅适用于承受静力荷载或间接承受动力荷载的结构,不适用于直接承受动力荷载的结构。

较高温度下的高强螺栓易产生松弛使摩擦力减少,故当其环境温度为 100～150℃ 时,承载力应降低 10%。

高强度螺栓的构造和排列要求与普通螺栓的构造及排列要求相同。

高强度螺栓的预拉力、连接表面的抗滑移系数和钢材种类直接影响到高强度螺栓连接的承载力,下面分别予以介绍。

1. 高强度螺栓的预拉力

高强度螺栓的预拉力是通过专用扳手扭紧螺母实现的。一般采用扭矩法、转角法或扭剪法控制预拉力。

1) 扭矩法

采用可直接显示扭矩的特制扳手,根据事先测定的扭矩和螺栓拉力之间的关系式(3-88)施加扭矩,并计入必要的超张拉值,使之达到预定的预拉力。此法往往由于螺纹条件、螺母下的表面情况以及润滑情况等因素的变化,使扭矩和拉力间的关系变化幅度较大,实测的预拉力值误差大且分散。施工所需要的扭矩 T 可用式(3-88)求得

$$T = KdP \tag{3-88}$$

式中,K——扭矩系数,事先由试验测定;

d——螺栓直径(mm);

P——设计时规定的单个高强度螺栓预拉力设计值(kN)。

2) 转角法

转角法是利用高强度螺栓的旋转角度与螺栓的预拉力成正比关系确定预拉力的一种方法。分初拧和终拧两步。初拧是先用普通扳手使被连接构件紧密贴合,终拧是以初拧的贴紧位置为起点,根据按螺栓直径和板叠厚度所确定的终拧角度,用强有力的扳手旋转螺母,拧至预定角度值时,螺栓的拉力即达到了所需要的预拉力数值。

3) 扭剪法

扭剪法用于扭剪型高强度螺栓(图 3-71),此螺栓受力特征与一般高强度螺栓相同,但有一个特制的尾部。紧固时,用专用扳手套住螺栓和螺栓尾部,一个套筒正转,另一个套筒

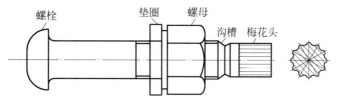

图 3-71　扭剪型高强度螺栓

反转,在螺母拧紧到一定程度时,螺栓尾部拧断。由于螺栓尾部的槽口深度是按拧断扭矩和预紧拉力之间的关系确定的,所以拧断时就达到相应的预拉力值。这种螺栓施加预拉力简单、准确。

高强度螺栓的设计预拉力由材料强度和有效截面确定,并且考虑了如下因素:

(1)扭紧螺栓时,扭矩使螺栓产生的剪力将降低螺栓的抗拉承载力,故对材料抗拉强度除以系数 1.2;

(2)施加预拉力时,为补偿预拉力的松弛损失而对螺栓超张拉 $5\%\sim10\%$,故乘以系数 0.9;

(3)材料抗力的变异等影响,乘以系数 0.9;

(4)由于以抗拉强度为准,再引进一个附加安全系数 0.9。

基于以上几方面,规范规定预拉力设计值 P 按式(3-89)确定:

$$P = 0.9 \times 0.9 \times 0.9 f_u A_e / 1.2 = 0.608 f_u A_e \tag{3-89}$$

式中,f_u——高强度螺栓的抗拉强度(N/mm^2),10.9 级取 $1040N/mm^2$,8.8 级取 $830N/mm^2$;

A_e——高强度螺栓的有效截面面积(mm^2),取值见附表 2-1。

根据热处理后螺栓的最低抗拉强度值 f_u,按式(3-89)计算预拉力值 P,并且取 5kN 倍数,可得单个高强度螺栓的预拉力设计值 P,见表 3-10。

表 3-10 单个高强度螺栓的预拉力设计值 P 单位:kN

螺栓强度等级	螺栓公称直径/mm					
	M16	M20	M22	M24	M27	M30
8.8 级	80	125	150	175	230	280
10.9 级	100	155	190	225	290	355

2. 高强度螺栓连接的摩擦面抗滑移系数

高强度螺栓摩擦型连接完全依靠被连接构件间的摩擦阻力传力,而摩擦阻力的大小与被连接构件材料及其接触面的表面处理方法所确定的摩擦面抗滑移系数 μ 有关,常用的处理方法及规范规定的摩擦面抗滑移系数 μ 值见表 3-11。承压型连接的板件接触面只要求清除油污与浮锈。接触面涂红丹防锈漆或在潮湿、淋雨状态下进行拼装时摩擦面抗滑移系数 μ 将严重降低,故应严格避免,并应采取措施保证连接处表面干燥。

表 3-11 摩擦面的抗滑移系数 μ

在连接处构件表面的处理方法	构件的钢号		
	Q235 钢	Q355 钢或 Q390 钢	Q420 钢或 Q460 钢
喷硬质石英砂或铸钢棱角砂	0.45	0.45	0.45
抛丸(喷砂)	0.40	0.40	0.40
钢丝刷清除浮锈或未经处理的干净轧制表面	0.30	0.35	—

3.7.2 高强度螺栓连接的抗剪计算

1. 高强度螺栓摩擦型连接的抗剪承载力设计值

高强度螺栓摩擦型连接承受剪力时的设计准则是外力不超过摩擦力。每个螺栓的摩擦阻力大小与摩擦面抗滑移系数 μ、螺栓预拉力 P 及摩擦面数目 n_f 成正比,故一个摩擦型高强螺栓的最大承载力为 $n_f \mu P$ 除以抗力分项系数,即单个高强度螺栓的抗剪承载力设计值为

$$N_v^b = 0.9 k n_f \mu P \tag{3-90}$$

式中,k——孔型系数,标准孔取 1.0,大圆孔取 0.85,内力与槽孔长向垂直时取 0.7;内力与槽孔长向平行时取 0.6。

n_f——单个螺栓的传力摩擦面数目。

μ——摩擦面抗滑移系数,按表 3-11 采用。

P——高强度螺栓预拉力设计值(kN),按表 3-10 采用。

0.9——抗力分项系数 1.111 的倒数,即 $1/\gamma_R = 1/1.111 = 0.9$。

2. 高强度螺栓承压型连接的抗剪承载力设计值

高强度螺栓承压型连接受剪时,为充分利用高强度螺栓的潜力,高强度螺栓承压型连接的极限承载力由杆身和孔壁承压决定,摩擦力只起延缓滑动的作用,其最后的破坏与普通螺栓相同,因此,在抗剪连接中,每个高强度螺栓承压型连接的抗剪承载力设计值的计算方法与普通螺栓的相同,承载力设计值仍按式(3-47)、式(3-48)计算,只是式中的 f_v^b、f_c^b 用承压型高强度螺栓的强度设计值,按附表 1-6 取用。但当计算剪切面在螺纹处时,其受剪承载力设计值应按螺纹处的有效截面面积进行计算,即

$$N_v^b = n_v \frac{\pi d_e^2}{4} f_v^b \tag{3-91}$$

3. 高强度螺栓群连接的抗剪计算

1) 轴力作用下的抗剪计算

轴力 N 通过螺栓群形心,高强度螺栓连接所需螺栓数目应由式(3-92)确定

$$n \geqslant \frac{N}{N_{min}^b} \tag{3-92}$$

式中,N_{min}^b——相应连接类型的单个高强度螺栓的抗剪承载力的最小值(kN),应按相应连接类型由式(3-90)或式(3-47)、式(3-48)计算。

高强度螺栓摩擦型连接中的构件净截面强度计算与普通螺栓连接不同,要考虑由于摩擦阻力作用,一部分剪切力已由孔前摩擦面传递,所以净截面上的拉力 $N' \leqslant N$。根据试验结果,孔前传力系数可取 0.5,即第一排高强度螺栓所分担的内力,已有 50% 在孔前摩擦面中传递,则净截面所传内力为:

$$N' = N \left(1 - \frac{0.5 n_1}{n} \right) \tag{3-93}$$

式中,n_1——所计算截面(最外列螺栓处)上螺栓数;

n——连接一侧的螺栓总数。

然后将式(3-93)代入式(3-56)验算净截面强度(断裂),即

$$\sigma = \frac{N'}{A_n} = \left(1 - \frac{0.5 n_1}{n} \right) \frac{N}{A_n} \leqslant 0.7 f_u \tag{3-94}$$

同时,还要验算毛截面强度(屈服),即

$$\sigma = \frac{N}{A} \leqslant f \tag{3-95}$$

高强度螺栓承压型连接,构件净截面强度验算方法和普通螺栓连接相同。

2) 在扭矩作用下及扭矩、剪力和轴力共同作用下的抗剪计算

抗剪计算方法与普通螺栓一样,单个螺栓所受的剪力设计值应不大于高强度螺栓的承载力设计值。

【例 3-12】 采用 8.8 级 M20 摩擦型高强度螺栓,钢材为 Q235,接触面采用喷砂处理,螺栓排列如图 3-72 所示,标准孔。试求此连接能承受的最大轴向力。

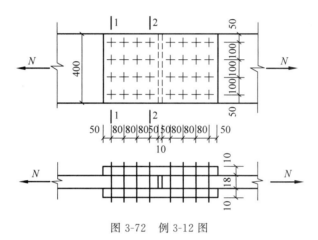

图 3-72 例 3-12 图

【解】

(1) 确定摩擦型高强度螺栓所能承受的最大轴心力设计值

根据已知条件,查表 3-10、表 3-11 得:$P = 125\text{kN}, \mu = 0.45$。

$l_1 = 240\text{mm} < 15d_0 = 323\text{mm}$,故取 $\beta = 1.0$。

单个螺栓的抗剪承载力设计值为

$$N_v^b = 0.9kn_f\mu P = 0.9 \times 1.0 \times 2 \times 0.45 \times 125\text{kN} = 101.25\text{kN}$$

由式(3-90)说明及图 3-72 可知,$n_f = 2, k = 1.0$。

所以,一侧螺栓所能承担的轴心力为

$$N = nN_v^b = 16 \times 101.25\text{kN} = 1620\text{kN}$$

(2) 截面 1—1 所能承受的最大轴心力

$$A_n = (400 \times 18 - 4 \times 21.5 \times 18)\text{mm}^2 = 5652\text{mm}^2$$

$$N' = N\left(1 - \frac{0.5n_1}{n}\right) = \left(1 - \frac{0.5 \times 4}{16}\right)N = 0.875N$$

由式(3-94)可知,$\dfrac{N'}{A_n} = \dfrac{0.875N}{A_n} \leqslant 0.7f_u = 0.7 \times 370\text{N/mm}^2$($f_u$ 取值见附表 1-1。),得

$$N \leqslant A_n \times 0.7 \times \frac{f_u}{0.875} = 5652 \times \frac{0.7 \times 370}{0.875}\text{N} = 1673\text{kN}$$

故此连接所能承受的最大轴心力设计值为:$N_{\text{max}} = \min(1620\text{kN}, 1673\text{kN}) = 1620\text{kN}$。

【例 3-13】　如图 3-73 所示，双盖板连接构造，采用 Q355 钢承受轴心拉力 N 作用，采用高强度螺栓连接，摩擦面采用喷砂处理，螺栓强度等级为 8.8 级，M20（直径 $d=20\text{mm}$，孔径 $d_0=21.5\text{mm}$），标准孔。当采用高强度螺栓摩擦型连接时，该连接承受的最大轴心拉力设计值为多少？若采用高强度螺栓承压型连接时，承受的最大轴心拉力设计值为多少？

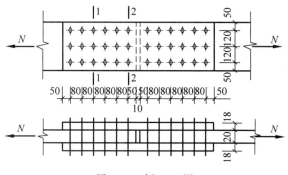

图 3-73　例 3-13 图

【解】

（1）摩擦型连接

螺栓连接长度 $l_1=5\times80\text{mm}=400\text{mm}>15d_0=15\times21.5\text{mm}=322.5\text{mm}$。根据式（3-53），需要考虑承载力的折减。超长折减系数：

$$\eta=1.1-\frac{l_1}{150d_0}=1.1-\frac{400}{150\times21.5}=0.976>0.7,\quad \text{取 } \eta=0.976$$

根据已知条件，查表 3-10、表 3-11 得：$P=125\text{kN}$，$\mu=0.40$。

单个螺栓承载力为

$$N_v^b=0.9kn_f\mu P=0.9\times1.0\times2\times0.40\times125\text{kN}=90\text{kN}$$

由式（3-90）说明及图 3-73 可知，$n_f=2$，$k=1.0$。

螺栓总的承载力为

$$N_1=18\times\eta N_v^b=18\times0.976\times90\text{kN}=1581.1\text{kN}$$

毛截面承载力计算，由式（3-95）：

$$N_2=Af=340\times20\times295\text{N}=2006\text{kN}\quad（f\text{ 取值见附表 1-1}）$$

净截面强度承载力计算，由式（3-94）：

$$N_3\leqslant\frac{0.7f_uA_n}{1-0.5n_1/n}=\frac{0.7\times470\times(340-3\times21.5)\times20}{1-0.5\times3/18}\text{N}=1977.6\text{kN}\quad（f_u\text{ 取值见附表 1-1}）$$

所以，连接能承受的最大轴心拉力设计值为：$N_{\max}=\min(N_1,N_1,N_3)=1581.1\text{kN}$。

（2）承压型连接

螺栓连接长度 $l_1=5\times80\text{mm}=400\text{mm}>15d_0=15\times21.5\text{mm}=322.5\text{mm}$。根据式（3-53），需要考虑承载力的折减。超长折减系数：

$$\eta=1.1-\frac{l_1}{150d_0}=1.1-\frac{400}{150\times21.5}=0.976>0.7$$

单个螺栓承载力设计值（螺栓强度设计值 f_v^b、f_c^b 由附表 1-6 查得）：

$$N_v^b=\eta n\frac{\pi d^2}{4}f_v^b=0.976\times2\times\frac{\pi\times20^2}{4}\times250\text{N}=153.23\text{kN}$$

$$N_{c}^{b} = \eta d \sum t f_{c}^{b} = 0.976 \times 20 \times 20 \times 590\text{N} = 230.34\text{kN}$$

取 $N_{min}^{b} = \min(N_{v}^{b}, N_{c}^{b}) = 153.23\text{kN}$

螺栓总的承载力为

$$N_{1} = 18 \times N_{v}^{b} = 18 \times 153.23\text{kN} = 2758.14\text{kN}$$

毛截面承载力设计值为

$$N_{2} = Af = 340 \times 20 \times 295\text{N} = 2006\text{kN}$$

净截面承载力设计值为

$$N_{3} = 0.7 f_{u} A_{n} = 0.7 \times 470 \times (340 - 3 \times 21.5) \times 20\text{N} = 1812.8\text{kN}$$

所以,连接能承受的最大轴心拉力设计值为

$$N_{max} = \min(N_{1}, N_{1}, N_{3}) = 1812.8\text{kN}。$$

3.7.3　高强度螺栓连接的抗拉工作性能

高强度螺栓连接由于预拉力作用,构件间在承受外力作用前已经有较大的挤压力,高强度螺栓受到外拉力作用时,首先要抵消这种挤压力,在克服挤压力之前,螺杆的预拉力基本不变。

如图 3-74 所示,高强度螺栓在外力作用之前,螺杆受预拉力 P,钢板接触面上产生挤压力 C,因钢板刚度很大,挤压应力分布均匀,挤压力 C 与预拉力 P 相平衡,即:

$$C = P \tag{3-96}$$

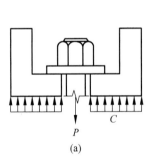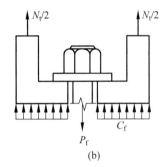

图 3-74　高强度螺栓受拉

(a) 外力作用前; (b) 外力 N_t 作用时

在外力 N_{t} 作用下,螺栓由拉力 P 增至 P_{f},钢板接触面上挤压力由 C 降至 C_{f},由平衡条件得:

$$P_{f} = C_{f} + N_{t} \tag{3-97}$$

在外力作用下,根据变形协调,螺杆的伸长量应等于构件压缩的恢复量。设螺杆截面面积为 A_{b},钢板厚度为 t,钢板挤压面积为 A_{p},由变形关系可得螺栓在 t 长度内的伸长量等于钢板在 t 长度内的恢复量,即

$$\frac{(P_{f} - P)t}{EA_{b}} = \frac{(C - C_{f})t}{EA_{p}} \tag{3-98}$$

将式(3-96)、式(3-97)代入式(3-98)得:

$$P_{f} = P + \frac{N_{t}}{1 + A_{p}/A_{b}} \tag{3-99}$$

通常,螺栓孔周围的挤压面积比螺杆截面面积大得多,取 $A_{p}/A_{b} = 10$,当构件刚好被拉

开时，$P_f = N_t$。代入式(3-99)得：

$$P_f = 1.1P \tag{3-100}$$

可见，当外力 N_t 把连接构件拉开时，螺栓杆的拉力增量最多为其预拉力的 10%。所以，外拉力基本只能使板层间压力减少，而对螺杆预拉力没有大的影响。当外拉力过大时，螺栓将发生松弛现象，这样就丧失了摩擦型连接高强螺栓的优越性。为了避免当外力大于螺栓预拉力时，卸荷后松弛现象产生，应使板件接触面间始终被挤压很紧，因此，《钢结构设计标准》(GB 50017—2017)规定：

每个摩擦型高强度螺栓的抗拉设计承载力不得大于 $0.8P$，即：

$$N_t^b = 0.8P \tag{3-101}$$

每个承压型高强度螺栓的受拉承载力设计值的计算方法与普通螺栓的相同，即：

$$N_t^b = \frac{\pi d_e^2}{4} f_t^b \tag{3-102}$$

式中，f_t^b——锚栓的抗拉强度设计值(N/mm^2)，取值见附表 1-6。

3.7.4 高强度螺栓连接的抗拉计算

1. 轴心拉力作用下高强度螺栓的计算

在外拉力 N(设计值)作用下，高强度螺栓受拉。在摩擦型连接中，一个抗拉高强度螺栓的承载力设计值用式(3-101)计算；在承压型连接中，用式(3-102)计算。

连接所需螺栓数目：

$$n = \frac{N}{N_t^b} \tag{3-103}$$

式中，n——高强度螺栓数。

2. 弯矩作用下高强度螺栓的计算

如图 3-75 所示连接，高强度螺栓(摩擦型和承压型)的外拉力总是小于预拉力 P，在连接受弯矩 M 作用而使螺栓沿螺杆方向受力时，被连接构件的接触面一直保持紧密贴合。因

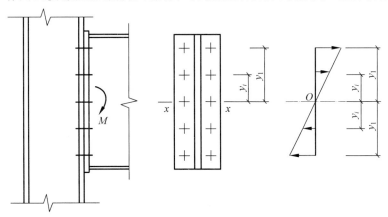

图 3-75 高强度螺栓受弯连接

此,可认为螺栓群的中和轴位于螺栓群的形心轴上,最外排螺栓受力最大。最大拉力及其验算公式为

$$N_1^M = \frac{My_1}{m\sum y_i^2} \leqslant N_t^b \qquad (3\text{-}104)$$

式中,y_1——螺栓群形心轴到螺栓的最远距离。

3. 同时承受拉力和剪力作用的高强度螺栓连接的计算

高强度螺栓摩擦型连接,随着外力的增大,构件接触面挤压力由 P 变为 $P-N_t$,每个螺栓的抗剪承载力也随之减小,同时摩擦系数也下降。考虑到这些影响,《钢结构设计标准》(GB 50017—2017)规定:

(1)当高强度螺栓摩擦型连接同时承受摩擦面间的剪力和螺杆方向的外拉力时,其承载力按式(3-105)计算:

$$\frac{N_v}{N_v^b} + \frac{N_t}{N_t^b} \leqslant 1 \qquad (3\text{-}105)$$

(2)对高强度螺栓承压型连接同时承受剪力和螺杆方向拉力时,其承载力应按式(3-106)计算:

$$\sqrt{\left(\frac{N_v}{N_v^b}\right)^2 + \left(\frac{N_t}{N_t^b}\right)^2} \leqslant 1 \qquad (3\text{-}106)$$

$$N_v \leqslant N_c^b/1.2 \qquad (3\text{-}107)$$

式中,N_v、N_t——分别为单个高强度螺栓所承受的剪力和拉力;

N_v^b、N_t^b、N_c^b——分别为单个高强度螺栓的抗剪、抗拉和承压承载力设计值;

1.2——折减系数。

高强度螺栓承压型连接在加预拉力后,板的孔前有较高的三向应力,使板的局部挤压强度大大提高,因 N_c^b 比普通螺栓的高,但当施加外拉力后,板件间的挤压力却随外力增大而减小,螺栓的 N_c^b 也随之降低,且随外力而变化。为计算简便,取用固定值 1.2,以考虑其影响。

式(3-107)是保证连接板件不致因承压强度不足而破坏。由于只承受剪力的连接中,高强度螺栓对板叠有强大的压紧作用,使承压的板件孔前区形成三向压应力场,因而其承压强度设计值比普通螺栓的要高得多。但对受有杆轴方向拉力的高强度螺栓,板叠之间的压紧作用随外拉力的增加而减小,因而承压强度设计值也随之降低。承压型高强度螺栓的承压强度设计值是随外拉力的变化而变化的。为计算方便,标准规定只要有外拉力作用,就将承压强度设计值除以 1.2 予以降低。计算 N_c^b 时,仍采用普通螺栓承压强度设计值计算公式。

【例 3-14】 如图 3-76 所示高强度螺栓摩擦型连接,被连接钢材 Q235,8.8 级 M20 的高强度螺栓,标准孔,接触面抛丸。试验算此连接是否满足设计要求?

【解】

由表 3-10、表 3-11 可知,8.8 级 M20 的高强度螺栓,预拉力 $P=125\text{kN}$,抗滑移系数 $\mu=0.40$。

将力 F 向螺栓的截面形心简化可得:

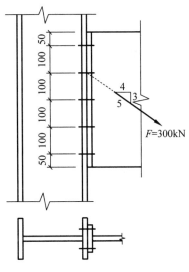

图 3-76　例 3-14 图

$$N = \frac{4}{5}F = \frac{4}{5} \times 300\text{kN} = 240\text{kN}$$

$$V = \frac{3}{5}F = \frac{3}{5} \times 300\text{kN} = 180\text{kN}$$

$$M = N \cdot e = 240 \times 100\text{kN} \cdot \text{mm} = 24000\text{kN} \cdot \text{mm}$$

每个高强度螺栓的承载力设计值：

$$N_t^b = 0.8P = 0.8 \times 125\text{kN} = 100\text{kN}$$

$$N_v^b = 0.9kn_f\mu P = 0.9 \times 1.0 \times 1 \times 0.40 \times 125\text{kN} = 45\text{kN}$$

最上排单个螺栓所承受的剪力和拉力分别为：

$$N_v = \frac{V}{n} = \frac{180}{10}\text{kN} = 18\text{kN}$$

$$N_t = \frac{N}{n} + \frac{My_1}{m\sum y_i^2} = \left[\frac{240}{10} + \frac{24000 \times 200}{2 \times 2 \times (100^2 + 200^2)}\right]\text{kN} = 48\text{kN}$$

由式(3-105)可得：

$$\frac{N_v}{N_v^b} + \frac{N_t}{N_t^b} = \frac{18}{45} + \frac{48}{100} = 0.88 < 1$$

故此连接安全。

【例 3-15】　如图 3-77 所示，牛腿和柱用高强度螺栓连接，摩擦面用喷砂处理，钢材为 Q235，集中力设计值 $F = 350\text{kN}$，偏心距 $e = 200\text{mm}$，承托可以承受剪力。若用 8.8 级高强度螺栓摩擦型连接，试选用高强度螺栓。若改为 8.8 级高强度螺栓承压型连接，此时应如何选用高强度螺栓？

【解】

(1) 8.8 级高强度螺栓摩擦型连接

在弯矩作用下，绕高强度螺栓群形心轴转动，最顶排螺栓受拉力最大。

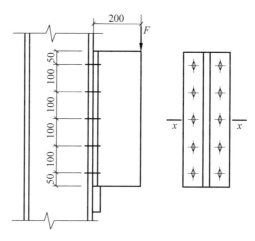

图 3-77　例 3-15 图

$$N_t = \frac{Fey_1}{m \sum y_i^2} = \frac{350 \times 200 \times 200}{4 \times (100^2 + 200^2)} kN = 70.0 kN \leqslant N_t^b = 0.8P$$

$P \geqslant \dfrac{N_t}{0.8} = 87.5 kN$，查表 3-10，选用 M20 高强度螺栓，$P = 125 kN$，$N_t^b = 100 kN$。

（2）8.8 级高强度螺栓承压型连接

在弯矩作用下，绕高强度螺栓群形心轴转动，最顶排螺栓受拉力最大。

$$N_t = \frac{Fey_1}{m \sum y_i^2} = \frac{350 \times 200 \times 200}{4 \times (100^2 + 200^2)} kN = 70.0 kN \leqslant N_t^b = \frac{\pi d_e^2}{4} \times f_t^b$$

$d_e \geqslant \sqrt{\dfrac{4N_t}{\pi f_t^b}} = \sqrt{\dfrac{4 \times 70 \times 10^3}{3.14 \times 400}} mm = 14.93 mm$，查附表 2-1，选用 M18 螺栓（$d_e = 15.64 mm$）。

3.8　补充阅读：茅以升——立强国之志 建强国之桥

　　茅以升（1896 年 1 月—1989 年 11 月），桥梁工程专家，中国科学院院士。我国土力学的开拓者，也是杰出的科普工作者。20 世纪 30 年代打破外国人的垄断，在自然条件比较复杂的钱塘江上主持设计、修建了钱塘江大桥，成为中国桥梁史上的里程碑。在工程教育中，始创启发式教育方法，致力教育改革，培养了一批杰出的桥梁工程专业人才。主持中国铁道科学研究院 30 余年，为铁道科学技术进步作出了卓越贡献。入选"庆祝中华人民共和国成立 70 周年大型成就展"1980—1989 年英雄模范人物。

　　20 世纪 30 年代，抗日战争爆发之前，茅以升临危受命主持修建钱塘江大桥。为了建桥，他不顾个人安危。面对"没有工艺、没有设备、没有经验，天上还有日本人的飞机"等诸多困难，茅以升和他的工友废寝忘食，甚至不惜冒着生命危险，解决了建桥中的一个个技术难题，最终打破了国外专家的断言，建成了中国人自己设计并建造的第一座现代化大型桥梁，结束了中国近代大桥设计和建造由外国人包揽的尴尬历史，为中国现代桥梁史翻开了崭新的一页。钱塘江大桥是一座凝结着民族精神的爱国之桥。

立志造桥　归国为民

众所周知，茅以升声名鹊起是从设计修建钱塘江大桥开始的，而其建桥的志向早在儿时就已经形成了。幼年经历的一次桥梁挤塌事故，对茅以升产生了深远影响，从此他的人生便与桥结下了不解之缘。那是 1905 年的端午节，位于秦淮河夫子庙的文德桥同往年一样热闹非凡，桥上挤满了观看龙舟比赛的大人和孩子。由于年久失修，文德桥一侧的栏杆突然倒塌，桥身随即倾覆，数百人落水，多人溺水而亡。那时年仅 9 岁的茅以升正在南京求学，他的一个小伙伴不幸在这次事故中丧生。得知噩耗的茅以升赶到河边，面对惨状痛心不已，在断裂的文德桥边，他说："我长大后一定要做一个造桥的人，造的大桥结结实实，永远不会倒塌。"长大了一定要造结实的大桥，少年时立下的宏伟誓言成为茅以升一生的座右铭。

为了实现自己的桥梁梦，大学期间，茅以升学习极为勤奋，仅他整理的笔记就多达 200 余本，近千万字，这些笔记摞起来有一人多高，正是这种超越常人的勤奋，使得他在校期间一直保持全班第一的优异成绩。

20 世纪初，新民主主义革命风起云涌，此时的茅以升正值热血沸腾的年华。经历过中国革命热潮的洗礼，尤其是在亲耳聆听了孙中山先生"今日之世界，非铁道无以立国"演说之后，青年茅以升对于"国家"二字有了更深的领悟，也更加坚定了"铁路救国"的思想，从此他便在科学救国的道路上一路笃行，再也没有回头。

在国内求学期间，茅以升并不是两耳不闻窗外事，对于身处内忧外患的祖国，他的内心时刻涌动着惊涛骇浪。他在后来的一篇文章中写道："一千多年前造的中国石拱桥至今蜚声全球，可是到了铁路运输产生后却远远落后了。国内仅有的几座像点样的铁路大桥都是外国人修的，这是我们学工程的人的最大耻辱。"

20 世纪初，青年茅以升以优异成绩被保送至美国康奈尔大学留学。在那里，他用超凡实力打破了教授对他的质疑，仅用一年时间就以优异的成绩取得了硕士学位。可是，他依然没有满足。为了尽快掌握造桥的实际本领，进一步学习桥梁力学等方面的理论知识，茅以升甚至想出了半工半读的主意，白天在桥梁公司实习，晚上去夜校攻读博士学位，星期天则去图书馆埋头苦读。有一次，茅以升在图书馆的一角看书入了神，闭馆钟声响了他都没有听见，也没被人发现，竟被管理员锁在了图书馆里。

1919 年 11 月，依靠超乎常人的毅力和争分夺秒的勤奋，茅以升以优异的成绩完成了博士论文答辩，成为卡内基理工学院第一个工科博士。由于在论文《框架结构的次应力》中提出了独特的创新，茅以升获得了康奈尔大学颁发的"斐蒂士"金质奖章。该奖章全校每年只发一枚，奖给康奈尔大学研究生中的最优秀者。2006 年，卡内基梅隆大学在校园里专门塑造了茅以升雕像，这是该校建校百余年历史上第一尊人物纪念雕像，可见该校对这位华人杰出校友的尊崇。

毕业后，面对几所著名大学和几家桥梁公司的争相邀请，茅以升经过深思熟虑，最终决定重返祖国。"纵然科学没有国界，科学家是有祖国的。我是中国人，我的祖国更需要我！"茅以升决心要为贫弱的祖国奉献自己全部的知识和才能，实现儿时的造桥理想，在祖国的江河上架起一座跨越碧波的长虹。

以柱立桥　以人立国

1934年，回国后的茅以升出任钱塘江大桥桥工处处长，受命开始主持建造第一座由中国人自己修建的钢铁大桥。之前，在中国的大川大河上，虽已有一些大桥，但都是外国人建造的：济南黄河大桥是德国人修的，蚌埠淮河大桥是美国人修的，哈尔滨松花江大桥是俄国人修的……茅以升担负着一项前所未有的重任，他要用自己的智慧来证明中国人有能力建造现代化大桥。

建桥并非一帆风顺，在这座大桥修建的背后，有着难以想象的困难和曲折。1935年，钱塘江大桥工程正在热火朝天地进行，茅以升却遇到了一件十分棘手的事情。修建钱塘江大桥需要大量经费支持，浙江省政府之前已经先后向5家国内银行借款，剩余部分需向英国的中英银公司筹集。在与中英银公司签订借款合同的前两天，对方提出要对浙江省向5家银行借款的合同加以修改，把全桥抵押改为按浙江省负担经费的比例抵押，否则将无法提供建桥工程借款。英方之所以在这个时候把这个问题提出来，就是想打茅以升一个措手不及，让他们根本来不及想办法，这样英国公司就可以顺理成章地不借钱给钱塘江大桥工程，因为英国公司压根就不相信中国人自己能建成钱塘江大桥。茅以升对此心知肚明，强压怒火，抱着一线希望匆匆从上海赶回杭州，立刻牵头与5家银行接洽，日夜赶办修改合同的事宜。在茅以升的奔波之下，仅用两天时间，一份新的合同签订完毕。就这样，凑齐了建设经费的钱塘江大桥工程终于能继续进行。

然而，工程很快遭遇到了一场极大的灾难。原来钱塘江江面风大浪险，江底泥沙变幻无常，在这种情况下，给桥墩打桩成了最大的难题。一艘特制的打桩船刚驶进杭州湾，就在大风中触礁沉没。为了使桥基稳固，需要穿越41m厚的泥沙在9个桥墩位置打入1440根木桩，木桩立于石层之上。沙层又厚又硬，打轻了下不去，打重了断桩。茅以升发现浇花壶水能把土冲出小洞，于是从中受到启发，采用抽江水在厚硬泥沙上冲出深洞再打桩的"射水法"，原来一昼夜只打1根桩，现在可以打30根桩，大大加快了工程进度。面对水流湍急、难以施工的困难，茅以升发明了"沉箱法"，将钢筋混凝土做成的箱子口朝下沉入水中罩在江底，再用高压气挤走箱里的水，工人在箱里挖沙作业，使沉箱与木桩逐步结为一体，沉箱上再筑桥墩。放置沉箱很不容易，开始时，一只沉箱一会儿被江水冲向下游，一会儿被潮水顶到上游，上下乱窜。后来把3t重的铁锚改为10t重，沉箱问题才得以解决。茅以升采用了巧妙利用自然力的"浮运法"，潮涨时用船将钢梁运至两墩之间，潮落时钢梁便落在两墩之上，省工省时，解决了架设桥梁的难题，工程进度大大加快。

建桥后期，抗日战争全面爆发。战火已烧到了钱塘江边，此时江中的桥墩还有一座未完工，墩上的两孔钢梁无法安装。在此后的40多天里，茅以升和建桥的工人们同仇敌忾，以极大的爱国热情，冒着敌人炸弹爆炸的尘烟，夜以继日地加速赶工。

从筹集资金到攻克一个又一个工程难关，再到面对日军的轰炸袭扰，为了建成大桥，茅以升在巨大的压力下克服了重重困难。他说："钱塘江大桥的成败，不是我一个人的事，而是能不能为中华民族争气的大事！"

1937年9月26日，钱塘江大桥建成。清晨4时，一列火车从大桥上隆隆驶过，两岸一片沸腾。这是中国第一座自行设计和建造的双层铁路、公路两用桥，打破了外国桥梁专家"中国人无法在钱塘江上建桥"的谬论。大桥刚刚建成即承担了抗战的重任：运送支援淞沪抗战物资的列车日夜不停地从桥上通过,撤退百姓熙熙攘攘,川流不息。

保家卫国　炸桥立誓

1937 年 8 月 13 日,淞沪会战爆发,3 个月后上海沦陷,杭州危在旦夕。11 月 16 日下午,南京工兵学校的一位教官在桥工处找到茅以升,向他出示了一份南京国民政府绝密文件,并简单地介绍了当前十分严峻的形势后说:"如果杭州不保,钱塘江大桥就等于是给日本人造的了!"南京国民政府的文件上,要求炸毁钱塘江大桥,这是不得已而为之的事。南京来人还透露,炸桥所需炸药及爆炸器材已直接由南京运来,就在外边的汽车上。

日军已从杭州湾北岸登陆,战火逼近杭州,一旦日军占领了钱塘江上唯一的一座大桥,那么他们就可以快速运兵南下。所以,如今只有炸毁桥梁才能为战略上的撤退和重新布防争取时间。这座克服了千难万险,历时 3 年刚刚建好通车的大桥,马上就要炸毁,作为建桥人的茅以升心里自然是十万分的不舍。但他明白,为了民族的利益,这钱塘江大桥非炸不可。深明大义的茅以升把"致命点"在图纸上一一标出,并亲自看着士兵把 100 多根引线接好。原来,在 2 号桥墩上早已预留了以防不测的大洞。

1937 年 12 月 23 日午后 1 时,传来命令,立即炸桥。下午 3 时,炸桥的准备工作全部就绪。但是此时北岸仍有无数难民潮涌过桥,茅以升为了让更多百姓顺利渡江,关闭大桥的决定一延再延。直到下午 5 时,日军骑兵扬起的尘烟已然隐隐可见,茅以升命令关闭大桥,禁止通行,实施爆破。随着一声巨响,这条 1453m 的卧江长龙被从 6 处截断。这座历经了 925 天夜以继日紧张施工,耗资 160 万美元的现代化大桥,仅仅存在了 89 天。看着被炸断的钱塘江大桥,心绪难平的茅以升立下誓言:"抗战必胜,此桥必复",并写下了"斗地风云突变色,炸桥挥泪断通途,五行缺火真来火,不复原桥不丈夫"的诗句。

在后来的战争中,即使过着颠沛流离的生活,茅以升还是把当年建桥时拍摄的胶片和其他详细资料好好地收了起来,无论走到哪儿都随身带着。这一套公物共有 14 箱,包括各种图表、文卷、电影胶片、照片、刊物等,都是修建钱塘江大桥最重要的资料。茅以升将它们视为科学的珍宝,从杭州到平乐,虽遭遇多次轰炸,幸而能完好无缺地保存下来。

抗战胜利后的 1946 年,茅以升带领桥工处的工作人员,依据精心保护下来的 14 箱资料,开始了钱塘江大桥的修复工作。此后 7 年,经多次修复,钱塘江大桥于 1953 年再次通车,茅以升炸桥时的誓言终得实现。作为通往浙东南的必经要道,钱塘江大桥从复建后到今天一直承担着繁重的运输任务,尤其是公路桥,甚至超出了当年设计的最大负载,所以它也被人们称为"桥坚强"。中华人民共和国成立后,茅以升又参与修建了武汉长江大桥。如今,武汉长江大桥虽已超过设计时限,仍然能正常通车,安然无恙。

茅以升在重重困难下亲手建桥,而后为了国家和民族利益,不惜亲手炸毁自己付出全部心血的大桥,并在艰难的战争环境下,拼死保存资料,复建大桥。一座钱塘江大桥的生死存亡,记载着中华民族艰难的抗战历史,融入了茅以升珍贵的家国情怀,也是他爱国精神的生动和真实写照。

怀揣热忱　架桥无形

茅以升先生认为,桥有有形的,也有无形的;有物质的,也有精神的。他一生为祖国架桥,不仅架设有形的、物质的桥,也架设了一座座无形的、精神的桥。

为祖国统一大业"架桥"一直是茅以升先生晚年魂牵梦萦的一桩心事。1981 年,中国共产党向我国台湾当局发出了祖国统一的号召,茅以升深受鼓舞。他在《人民日报》上呼吁在祖国和平统一大桥动工之前,海峡两岸的科技工作者可以先修一座引桥,促进祖国统一大桥早日建成,在海内外产生了积极的影响。

茅以升还致力于在海外华人与祖国之间架桥。1956 年,周恩来总理发起成立了一个"留美学生亲属联谊会",茅以升被推选为会长。在一次联谊会组织的晚会上,周恩来总理号召在美国的中国专家学者回祖国服务。他还就此项工作与茅以升做了长谈。会后,茅以升做了大量工作,有四五十位在美国的中国学者先后回到了祖国。党的十一届三中全会后,迎来了科学的春天。1979 年,茅以升率中国科协代表团出访美国,在匹兹堡华人协会欢迎会上发表了热情洋溢的讲话,呼吁在美国的科技界同人为祖国四化建设贡献力量。他说:"我们准备架起这样一座桥梁,一头是中国的科学技术界,一头是美国科学技术界的中国同胞。我们愿意搭这样一座桥梁,让各位在桥上走过。"他的话在美国华人科技工作者中产生了积极影响。

"人生一征途尔,其长百年,我已走过十之七八,回首前尘,历历在目,崎岖多于平坦,忽深谷,忽洪涛,幸赖桥梁以渡,桥何名欤?曰奋斗"。茅以升先生以不懈奋斗,为祖国架设了一座座有形与无形的桥,其一生无不在为国家强盛忘我奉献,体现了老一辈科学家胸怀国家、学济天下的高尚爱国精神。

(摘编自《茅以升:桥梁·栋梁·脊梁》,宁滨,原载于《光明日报》,2017 年 2 月 13 日。由李蕊整理)

习题

3-1 如图 3-78 所示的对接焊缝连接,钢材为 Q235,焊条为 E43 型,手工焊,焊缝质量为三级,施焊时不加引弧板和引出板。试求此连接所能承受的最大荷载 F。

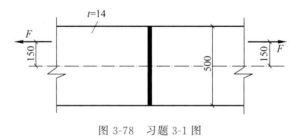

图 3-78 习题 3-1 图

3-2 如图 3-79 所示,双角钢(长肢相连)和节点板用直角角焊缝相连,采用三面围焊,钢材为 Q235,焊条为 E43 型,手工焊。已知 $h_f=8\text{mm}$,试求此连接所能承受的最大静力 N。

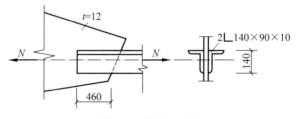

图 3-79 习题 3-2 图

3-3　如图 3-80 所示，角钢承托与柱用侧面角焊缝连接，焊脚尺寸 $h_f = 10\text{mm}$，钢材为 Q355，焊条为 E50 型，手工焊。试计算焊缝所能承受的最大静力荷载设计值 F（焊缝有绕角，焊缝计算长度可不减去 $2h_f$）。

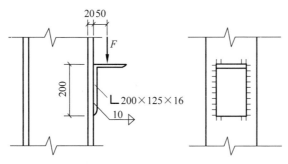

图 3-80　习题 3-3 图

3-4　如图 3-81 所示，连接承受静力荷载设计值 $P = 300\text{kN}$，$N = 240\text{kN}$，钢材为 Q235，焊条为 E43 型，手工焊，试计算角焊缝连接的焊脚尺寸。

3-5　如图 3-82 所示的高强度螺栓摩擦型连接，钢材为 Q235，螺栓为 10.9 级，M20，连接接触面采用喷砂处理。试验算其强度是否满足要求。

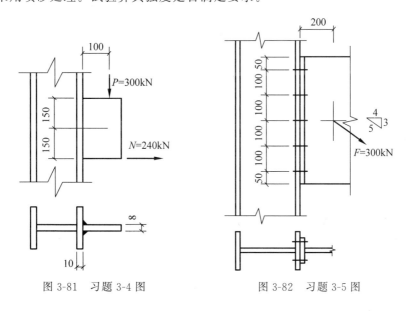

图 3-81　习题 3-4 图　　　　　图 3-82　习题 3-5 图

3-6　如图 3-83 所示，焊接连接采用三面围焊，焊脚尺寸 $h_f = 6\text{mm}$，钢材为 Q235，试计算此连接所能承受的最大拉力 N。

3-7　两被连接钢板为 -18×510，钢材为 Q235，承受轴心拉力 $N = 1500\text{kN}$（设计值），对接处用双盖板并采用 M22 的 C 级螺栓拼接，试设计此连接。

3-8　如图 3-84 所示，采用钢板拼接，采用 8.8 级 M20 高强度螺栓，摩擦型连接，接触面采用抛丸处理。试确定连接盖板的截面尺寸，计算所需螺栓的数目并进行布置。

3-9　习题 3-8 中若改用 8.8 级 M20 高强度螺栓，承压型连接，试确定连接盖板的截面尺寸，计算所需螺栓的数目并进行布置。

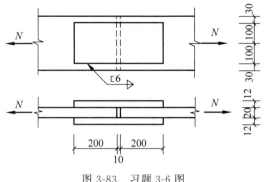

图 3-83　习题 3-6 图

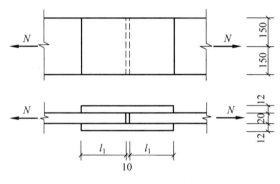

图 3-84　习题 3-8 图

3-10　焊缝连接的形式有哪几种?

3-11　常见焊缝质量缺陷有哪些? 我国规范如何对焊缝质量进行控制?

3-12　影响焊接残余应力的因素有哪些? 减少焊接残余应力和变形的措施有哪些?

3-13　焊接残余应力和残余变形对结构工作有什么影响?

3-14　受剪普通螺栓有哪些破坏形式? 如何防止?

3-15　我国规范对直角角焊缝的受力特点做了哪些假设? 在计算中如何体现这些假设?

3-16　螺栓的排列有哪些形式和规定? 为何要规定螺栓排列的最大间距和最小间距?

3-17　对接焊缝如何计算? 在什么情况下对接焊缝可不必计算?

3-18　普通螺栓连接与高强度螺栓摩擦型连接在弯矩作用下计算时的异同点?

3-19　影响高强度螺栓承载力的因素有哪些?

3-20　角焊缝的焊脚尺寸计算长度的构造要求有哪些?

3-21　引弧板有何作用? 有、无引弧板时,对接焊缝的计算长度应怎样取值?

3-22　什么是角焊缝的有效截面? 有效截面高度取多少?

<table>
<tr><td>■ ◆</td><td rowspan="2"></td></tr>
<tr><td>◆ ■</td></tr>
</table>

第4章

轴心受力构件

4.1 轴心受力构件的类型

轴心受力构件(axially loaded members)是指承受通过构件截面形心轴线的轴向力作用的构件,当这种轴向力为拉力时,称为轴心受拉构件(axially tension members),简称轴心拉杆;当这种轴向力为压力时,称为轴心受压构件(axially compression members),简称轴心压杆。轴心受力构件广泛应用于屋架、托架、塔架、网架和网壳等各种类型的平面或空间格构式体系以及支撑系统中(图 4-1)。支承屋盖、楼盖或工作平台的竖向受压构件通常称为柱(columns),包括轴心受压柱。

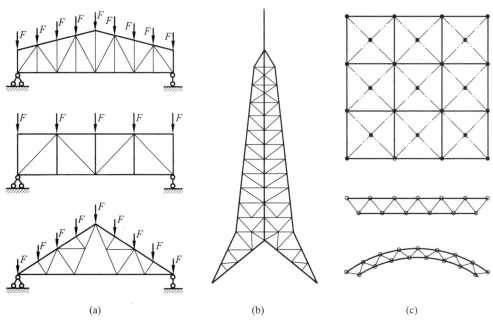

图 4-1 轴心受力构件在工程中的应用
(a)桁架;(b)塔架;(c)网架、网壳

轴心受力构件,按其截面组成形式,可分为实腹式构件和格构式构件两大类。

实腹式构件具有整体连通的截面,常见的截面形式有三种。第一种是热轧型钢截面,如圆钢、圆管、方管、角钢、工字钢、T 型钢、宽翼缘 H 型钢和槽钢等,其中最常用的是工字形或 H 形截面;第二种是冷弯型钢截面,如卷边和不卷边的角钢或槽钢与方管;第三种是型钢或钢板连接而成的组合截面。在普通桁架中,受拉或受压杆件常采用两个等边或不等边角钢组成的 T 形截面或十字形截面,也可采用单角钢、圆管、方管、工字钢或 T 型钢等截面(图 4-2(a))。轻型桁架的杆件则采用小角钢、圆钢或冷弯薄壁型钢等截面(图 4-2(b))。受力较大的轴心受力构件(如轴心受压柱),通常采用实腹式或格构式双轴对称截面;实腹式构件一般是组合截面,有时也采用轧制 H 型钢或圆管截面(图 4-2(c))。

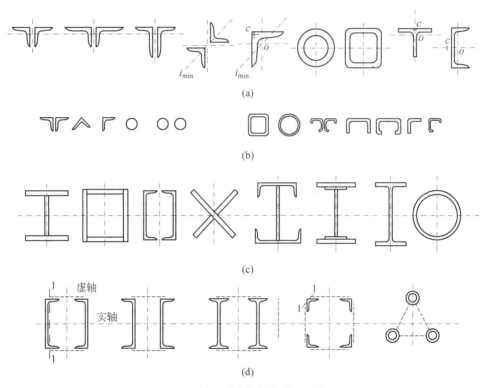

图 4-2 轴心受力构件的截面形式

(a) 普通桁架杆件截面;(b) 轻型桁架杆件截面;(c) 实腹式构件截面;(d) 格构式构件截面

格构式构件一般由两个或多个分肢用缀件联系组成(图 4-2(d)),采用较多的是两分肢格构式构件。在格构式构件截面中,通过分肢腹板的主轴叫作实轴,通过分肢缀件的主轴叫作虚轴。分肢通常采用轧制槽钢或工字钢,承受荷载较大时可采用焊接工字形或槽形组合截面。缀件有缀条或缀板两种,一般设置在分肢翼缘两侧平面内,其作用是将各分肢连成整体,使其共同受力,并承受绕虚轴弯曲时产生的剪力。缀条由斜杆组成或斜杆与横杆共同组成,缀条常采用单角钢,与分肢翼缘组成桁架体系,使其承受横向剪力时有较大的刚度。缀板常采用钢板,与分肢翼缘组成刚架体系。在构件产生绕虚轴弯曲而承受横向剪力时,缀板格构式构件的刚度比缀条格构式构件略低,所以通常用于受拉构件或压力较小的受压构件。

实腹式构件比格构式构件构造简单,制造方便,整体受力和抗剪性能好,但截面尺寸较大时钢材用量较多;而格构式构件容易实现两主轴方向的等稳定性,刚度较大,抗扭性能较好,用料较省。

　　轴心受力构件的设计应同时满足承载能力极限状态和正常使用极限状态的要求。承载能力极限状态包括强度和稳定的验算,正常使用状态即为刚度的验算。受拉构件设计时要进行强度和刚度的验算,受压构件设计时要进行强度、稳定和刚度的验算。构件的刚度是通过限制其长细比来保证的。

4.2　轴心受力构件的强度和刚度

4.2.1　轴心受力构件的强度计算

　　对于钢结构轴心受力构件,当其截面的平均应力达到钢材的屈服点时为承载能力极限状态。但当构件的截面有局部削弱时,截面上的应力分布不再均匀,孔洞附近出现应力集中现象。在弹性阶段,孔壁边缘的最大应力 σ_{max} 可能达到构件毛截面平均应力 σ_a 的 3 倍。若拉力继续增加,当孔壁边缘的最大应力达到材料的屈服强度后,应力不再继续增加而只发展塑性变形,截面上的应力产生塑性重分布,最后由于削弱截面上的平均应力达到钢材的抗拉强度 f_u 而破坏,如图 4-3 所示。因此,将抗拉强度 f_u 作为轴心受拉构件的强度准则。引入抗力分项系数后,净截面的应力应满足:

$$\sigma = \frac{N}{A_n} \leqslant \frac{f_u}{\gamma_{Ru}} \tag{4-1}$$

式中,γ_{Ru} 为钢材断裂破坏时的抗力分项系数,由于净截面孔眼附近应力集中较大,容易首先出现裂缝,且拉断的后果要比构件屈服严重得多,因此抗力分项系数 γ_{Ru} 应予以提高,可取 $\gamma_{Ru} = 1.1 \times 1.3 = 1.43$,其倒数约为 0.7。因此,《钢结构设计标准》(GB 50017—2017)规定:

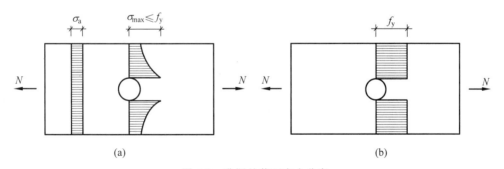

图 4-3　孔洞处截面应力分布

(a) 弹性状态;(b) 极限状态

毛截面屈服:

$$\sigma = \frac{N}{A} \leqslant f \tag{4-2}$$

净截面断裂:

$$\sigma = \frac{N}{A_n} \leqslant 0.7 f_u \tag{4-3}$$

式中,N——所计算截面处的拉力设计值(N);

f——钢材的抗拉强度设计值（N/mm²），可查附表 1-1；

A——构件的毛截面面积（mm²）；

A_n——构件的净截面面积，当构件多个截面有孔时，取最不利的截面（mm²）；

f_u——钢材的抗拉强度最小值（N/mm²），可查附表 1-1。

当轴心受力构件采用螺栓连接时，其验算方法已在 3.6.2 节、3.7.2 节中介绍，详见相关内容。

4.2.2 轴心受力构件的刚度计算

按正常使用极限状态的要求，轴心受力构件均应具有一定的刚度。轴心受力构件的刚度通常用长细比（slenderness ratio）来衡量，长细比越小，表示构件刚度越大，反之则刚度越小。

限制构件的长细比主要是避免构件柔度太大，在自重作用下容易产生过大的挠度和运输、安装过程中造成的弯曲，以及在动力荷载作用下发生较大的振动。构件的容许长细比 $[\lambda]$，是按构件的受力性质、构件类别和荷载性质确定的。对于受压构件，长细比更为重要。受压构件因刚度不足，一旦发生弯曲变形，因变形而增加的附加弯矩影响远比受拉构件严重，长细比过大，会使稳定承载力降低太多，因而其容许长细比 $[\lambda]$ 限制应更严格；直接承受动力荷载的受拉构件也比承受静力荷载或间接承受动力荷载的受拉构件受力不利，其容许长细比 $[\lambda]$ 限制也较严格。

《钢结构设计标准》（GB 50017—2017）根据构件的重要性和荷载情况，分别规定了轴心受压和轴心受拉构件的容许长细比，分别见表 4-1、表 4-2。

表 4-1 轴心受压构件的容许长细比

构 件 名 称	容许长细比
轴心受压柱、桁架和天窗架中的压杆	150
柱的缀条、吊车梁或吊车桁架以下的柱间支撑	150
支撑	200
用以减少受压构件计算长度的杆件	200

注：① 验算容许长细比时，可不考虑扭转效应，计算单角钢受压构件的长细比时，应采用角钢的最小回转半径，但计算在交叉点相互连接的交叉杆件平面外的长细比时，可采用与角钢肢边平行轴的回转半径；

② 跨度≥60m 的桁架，其受压弦杆、端压杆和直接承受动力荷载的受压腹杆的长细比不宜大于 120；

③ 当杆件内力设计值不大于承载能力的 50% 时，容许长细比可取为 200。

表 4-2 轴心受拉构件的容许长细比

构 件 名 称	承受静力荷载或间接承受动力荷载的结构			直接承受动力荷载的结构
	一般建筑结构	对腹杆提供平面外支点的弦杆	有重级工作制吊车的厂房	
桁架的杆件	350	250	250	250
吊车梁或吊车桁架以下的柱间支撑	300	—	200	—

构 件 名 称	承受静力荷载或间接承受动力荷载的结构			直接承受动力荷载的结构
	一般建筑结构	对腹杆提供平面外支点的弦杆	有重级工作制吊车的厂房	
除张紧的圆钢外的其他拉杆、支撑、系杆等	400	—	350	—

注：① 验算容许长细比时，在直接或间接承受动力荷载的结构中，计算单角钢受拉构件的长细比时，应采用角钢的最小回转半径，但计算在交叉点相互连接的交叉杆件平面外的长细比时，可采用与角钢肢边平行轴的回转半径。承受静力荷载的结构中，可仅计算受拉构件在竖向平面内的长细比。

② 除对腹杆提供平面外支点的弦杆外，承受静力荷载的结构受拉构件，可仅计算竖向平面内的长细比。

③ 中级、重级工作制吊车桁架下弦杆的长细比不宜超过 200。

④ 在设有夹钳或刚性料耙等硬钩起重机的厂房中，支撑的长细比不宜超过 300。

⑤ 受拉构件在永久荷载与风荷载组合作用下受压时，其长细比不宜超过 250。

⑥ 跨度≥60m 的桁架，其受拉弦杆和腹杆的长细比，承受静力荷载或间接承受动力荷载时不宜超过 300，直接承受动力荷载时不宜超过 250。

⑦ 柱间支撑按拉杆设计时，竖向荷载作用下柱子的轴力应按无支撑时考虑。

轴心受力构件对主轴 x 轴、y 轴的长细比 $[\lambda_x]$ 和 $[\lambda_y]$ 应满足以下要求：

$$\lambda_x = \frac{l_{0x}}{i_x} \leqslant [\lambda] \tag{4-4}$$

$$\lambda_y = \frac{l_{0y}}{i_y} \leqslant [\lambda] \tag{4-5}$$

式中，l_{0x}、l_{0y}——分别为构件对主轴 x 轴、y 轴的计算长度；

i_x、i_y——分别为截面对主轴 x 轴、y 轴的回转半径，$i_x = \sqrt{I_x/A}$，$i_y = \sqrt{I_y/A}$；

I_x、I_y——分别为截面对主轴 x 轴、y 轴的惯性矩；

A——截面面积；

$[\lambda]$——构件的容许长细比。

当截面主轴在倾斜方向时（如单角钢截面和双角钢十字形截面），其主轴常标为 x_0 轴和 y_0 轴，应计算 $\lambda_{x0} = l_0/i_{x0}$ 和 $\lambda_{y0} = l_0/i_{y0}$，$\lambda_{x0}$、$\lambda_{y0}$ 为截面主轴在倾斜方向构件的长细比。或只计算其中的最大长细比 $\lambda_{\max} = l_0/i_{\min}$。构件计算长度 l_0（l_{0x} 或 l_{0y}）取决于其两端支承情况，桁架和框架构件的计算长度与其两端相连构件的刚度有关。

设计轴心受拉构件时，应根据结构用途、构件受力大小和材料供应情况选用合理的截面形式，并对所选截面进行强度和刚度计算。设计轴心受压构件时，除使截面满足强度和刚度要求外尚应满足构件整体稳定和局部稳定要求。实际上，只有长细比很小及有孔洞削弱的轴心受压构件，才可能发生强度破坏。一般情况下，由整体稳定控制其承载力。轴心受压构件丧失整体稳定常常是突发性的，容易造成严重后果，应予以特别重视。

【例 4-1】 图 4-4 所示一有中级工作制吊车的厂房屋架的双角钢拉杆，截面为 $2\llcorner100\times10$，角钢上有交错排列的普通螺栓孔，孔径 $d_0 = 20\text{mm}$。试计算此拉杆所能承受的最大拉力及容许达到的最大计算长度。钢材为 Q235 钢。

【解】

查附表 6-5，$2\llcorner100\times10$ 角钢，$i_x = 3.05\text{cm}$，$i_y = 4.52\text{cm}$，$A = 38.52\text{cm}^2$，查附表 1-1，

$f=215\mathrm{N/mm^2}$，$f_\mathrm{u}=370\mathrm{N/mm^2}$，角钢厚度为 $10\mathrm{mm}$，在确定危险截面之前先把它按中面展开，如图 4.4(b)所示。

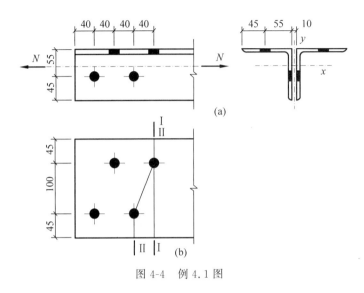

图 4-4　例 4.1 图

正交截面（Ⅰ—Ⅰ）的净截面面积为：

$$A_\mathrm{n1}=2\times(45+100+45-20\times1)\times10\mathrm{mm^2}=3400\mathrm{mm^2}$$

齿状截面（Ⅱ—Ⅱ）的净面积为：

$$A_\mathrm{n2}=2\times(45+\sqrt{100^2+40^2}+45-20\times2)\times10\mathrm{mm^2}=3150\mathrm{mm^2}$$

按净截面断裂考虑，由式(4-3)有：

$$N\leqslant0.7f_\mathrm{u}A_\mathrm{n}=0.7\times370\times3150\mathrm{N}=815850\mathrm{N}=815.85\mathrm{kN}$$

按毛截面屈服考虑，由式(4-2)有：

$$N\leqslant Af=38.52\times100\times215\mathrm{N}=828180\mathrm{N}=828.18\mathrm{kN}$$

故此拉杆所能承受的最大拉力为：815.85kN。

查表 4-2 可知$[\lambda]=350$，所以容许的最大计算长度为：

对 x 轴：$l_\mathrm{0x}=[\lambda]i_x=350\times3.05\times10\mathrm{mm}=10675\mathrm{mm}$；

对 y 轴：$l_\mathrm{0y}=[\lambda]i_y=350\times4.52\times10\mathrm{mm}=15820\mathrm{mm}$。

4.3　轴心受压构件的整体稳定

在荷载作用下，轴心受压构件的破坏方式主要有两类：一是强度破坏，二是失稳破坏。对于长细比较小的轴心受压构件主要是强度破坏；而长细比较大的轴心受压构件受外力作用后，在截面的平均应力远低于钢材的屈服强度时，就由于内力和外力间不能保持平衡的稳定性，轻微扰动即可能使构件产生很大的变形而丧失承载能力，这种现象称为丧失整体稳定性，或称屈曲。近几十年来，由于结构形式的不断发展和较高强度钢材的应用，使构件更加轻型而薄壁，因此更容易出现失稳现象。在钢结构工程事故中，因失稳而导致破坏的情况时有发生，因而对轴心受压构件来说，整体稳定是确定构件截面的最重要因素。

4.3.1　理想轴心受压构件的屈曲形式

理想轴心受压构件是指杆件平直、截面均匀、荷载沿杆件形心轴作用无偏心、构件无初始应力、无初始弯曲、无初偏心的构件。

理想轴心受压构件受到轴心压力 N 较小时,构件只发生轴向压缩变形,保持直线平衡状态,如有微小干扰力使构件偏离原来的平衡位置,当干扰力移去后,构件仍能回复到原先平衡状态,则这种平衡状态是稳定的。当轴心压力 N 逐渐增加到一定大小,如有微小干扰力使构件偏离平衡位置,但当干扰力移去后,构件将停留在新的位置而不能回复到原先的平衡位置,则称这种状态为随遇平衡状态,也称为临界状态,这时的轴心压力称为临界压力(N_{cr}),对应的应力为临界应力(σ_{cr})。当轴心压力超过临界压力,微小的干扰力就会造成构件的变形迅速增大而使构件丧失承载能力,即失稳。通常,将轴心压力达到临界压力作为构件发生失稳破坏的标志。

轴心受压构件整体失稳变形形式即屈曲与截面形式密切相关。一般情况下,理想轴心压杆的屈曲形式有三种,即弯曲屈曲、扭转屈曲和弯扭屈曲,如图 4-5 所示。

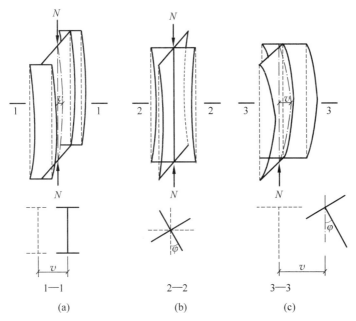

图 4-5　两端铰接轴心受压构件的屈曲状态
(a) 弯曲屈曲；(b) 扭转屈曲；(c) 弯扭屈曲

1. 弯曲屈曲

只发生弯曲变形,杆件的截面只绕一个主轴旋转,杆的纵轴由直线变为曲线,这是双轴对称截面如工字形截面、H 形截面最常见的屈曲形式。图 4-5(a)就是两端铰支(即支承端能自由绕截面主轴转动但不能侧移和扭转)工字形截面压杆发生绕弱轴(y 轴)的弯曲屈曲情况。

2. 扭转屈曲

失稳时杆件除支承端外的各截面均绕纵轴扭转,这是某些双轴对称截面压杆可能发生的屈曲形式。图 4-5(b)为长度较小的十字形截面杆件可能发生的扭转屈曲情况。

3. 弯扭屈曲

单轴对称截面绕对称轴屈曲时,杆件在发生弯曲变形的同时必然伴随着扭转。图 4-5(c)即 T 形截面的弯扭屈曲情况。

钢结构中常用截面的轴心受压构件,由于其板件较厚,构件的抗扭刚度也相对较大,失稳时主要发生弯曲屈曲;单轴对称截面的构件绕对称轴弯扭屈曲时,当采用考虑扭转效应的换算长细比后,也可按弯曲屈曲计算。因此,弯曲屈曲是确定轴心受压构件稳定承载力的主要依据。

4.3.2　理想轴心压杆的弯曲屈曲

1. 理想轴心压杆的弹性屈曲

如图 4-6 所示,两端铰支的理想细长压杆,材料为弹性,当发生弯曲屈曲时(临界状态),截面 x 处的弯矩为 M、剪力为 V,由弯矩产生的变形为 y_1,由剪力产生的变形为 y_2,则总变形 $y = y_1 + y_2$。

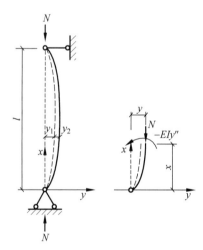

图 4-6　两端铰接轴压杆的屈曲临界状态

由材料力学可知,在小变形条件下:

$$\frac{\mathrm{d}^2 y_1}{\mathrm{d}x^2} = -\frac{M}{EI} \tag{4-6}$$

剪力产生的轴线转角为:

$$\gamma = \frac{\mathrm{d}y_2}{\mathrm{d}x} = \frac{\beta}{GA}V = \frac{\beta}{GA} \cdot \frac{\mathrm{d}M}{\mathrm{d}x} \tag{4-7}$$

式中,A、I——分别为构件截面面积(mm^2)和惯性矩(mm^4);

E、G——分别为材料的弹性模量(N/mm^2)和剪切模量(N/mm^2);

β——与截面形状有关的系数。

由式(4-7)可得:

$$\frac{d^2 y_2}{dx^2} = \frac{\beta}{GA} \cdot \frac{d^2 M}{dx^2} \tag{4-8}$$

所以

$$\frac{d^2 y}{dx^2} = \frac{d^2 y_1}{dx^2} + \frac{d^2 y_2}{dx^2} = -\frac{M}{EI} + \frac{\beta}{GA} \cdot \frac{d^2 M}{dx^2} \tag{4-9}$$

由于 $M = N \cdot y$,代入式(4-9)可得:

$$\frac{d^2 y}{dx^2} = -\frac{N}{EI} y + \frac{\beta N}{GA} \cdot \frac{d^2 y}{dx^2} \tag{4-10}$$

亦可写为:

$$y''\left(1 - \frac{\beta N}{GA}\right) + \frac{N}{EI} y = 0 \tag{4-11}$$

令 $k^2 = \dfrac{N}{EI\left(1 - \dfrac{\beta N}{GA}\right)}$,则:

$$y'' + k^2 y = 0 \tag{4-12}$$

这是一个常系数二阶齐次微分方程,其通解为:

$$y = C\sin(kx) + D\cos(kx) \tag{4-13}$$

式中,C、D——待定系数,由边界条件确定。

当 $x = 0$ 时,$y = 0$,由式(4-13)得 $D = 0$,从而有:

$$y = C\sin(kx) \tag{4-14}$$

当 $x = l$ 时,$y = 0$,代入式(4-14),有:

$$C\sin(kl) = 0 \tag{4-15}$$

式(4-15)成立的条件,一是 $C = 0$,由式(4-14)知,对任意位置有 $y = 0$,意味着杆件处于平直状态,这与杆件屈曲时保持微弯平衡的前提相悖,不是所需解;二是 $\sin(kl) = 0$,由此可得:$kl = n\pi(n = 1, 2, 3, \cdots)$,取最小值 $n = 1$,得 $kl = \pi$,即 $k^2 = \pi^2 / l^2$,由此:

$$k^2 = \frac{N}{EI\left(1 - \dfrac{\beta N}{GA}\right)} = \frac{\pi^2}{l^2} \tag{4-16}$$

式(4-16)中解出 N,即为压杆临界力 N_{cr}:

$$N_{cr} = \frac{\pi^2 EI}{l^2} \cdot \frac{1}{1 + \dfrac{\pi^2 EI}{l^2} \cdot \dfrac{\beta}{GA}} = \frac{\pi^2 EI}{l^2} \cdot \frac{1}{1 + \dfrac{\pi^2 EI}{l^2} \cdot \gamma_1} \tag{4-17}$$

式中,γ_1——单位剪力时的轴线转角(1/N),$\gamma_1 = \beta/(GA)$;

l——构件的计算长度(mm),与构件的约束条件、几何长度有关,详见材料力学。

又由式(4-14),可得到两端铰支杆的挠曲线方程为:

$$y = C\sin\left(\frac{\pi x}{l}\right) \tag{4-18}$$

式中，C——杆长中点的挠度（mm），是很微小的不定值。

临界状态时的截面平均应力称为临界应力 σ_{cr}：

$$\sigma_{cr} = \frac{N_{cr}}{A} = \frac{\pi^2 E}{\lambda^2} \cdot \frac{1}{1 + \dfrac{\pi^2 EA}{\lambda^2} \cdot \gamma_1} \tag{4-19}$$

式中，λ——构件的长细比，$\lambda = l/i$；

　　　i——对应于屈曲轴的截面回转半径（mm），$i = \sqrt{I/A}$。

通常剪切变形的影响较小，对实腹构件若略去剪切变形，临界力或临界应力只相差 0.3% 左右。若只考虑弯曲变形，则上述临界力和临界应力一般称为欧拉（Euler）临界力和欧拉临界应力。

$$N_E = \frac{\pi^2 EI}{l^2} = \frac{\pi^2 EA}{\lambda^2} \tag{4-20}$$

$$\sigma_E = \frac{\pi^2 E}{\lambda^2} \tag{4-21}$$

式中，N_E——欧拉临界力（N）；

　　　σ_E——欧拉临界应力（N/mm²）；

　　　E——材料的弹性模量（N/mm²）；

　　　A——压杆的截面面积（mm²）。

上述欧拉临界力和临界应力的推导中，假定材料为无限弹性，符合胡克（Hooker）定律（弹性模量 E 为常数），所以只有当求得的欧拉临界应力 σ_E 不超过材料的比例极限 f_p 时，式（4-21）才是有效的，即：

$$\sigma_E = \frac{\pi^2 E}{\lambda^2} \leqslant f_p \tag{4-22}$$

或

$$\lambda \geqslant \lambda_p = \pi \sqrt{\frac{E}{f_p}} \tag{4-23}$$

从欧拉临界力和临界应力公式可以看出，轴心受压构件弯曲屈曲临界力随抗弯刚度增大和构件长度的减小而增大，与材料的抗压强度无关，因此，长细比较大的轴心受压构件采用高强度钢材并不能提高其稳定承载力。

2. 理想轴心压杆的弹塑性屈曲

由上述的讨论可知，只有长细比较大（$\lambda \geqslant \lambda_p$）的轴心受压杆件，才能满足（4-21）的要求。对长细比较小（$\lambda < \lambda_p$）的轴心受压构件，截面应力在屈曲前已超过钢材的比例极限，构件处于弹塑性阶段，材料的应力-应变关系成为非线性关系（图 4-7），应按弹塑性屈曲计算其临界力。1889 年恩格尔（Engesser）提出了切线模量理论，用应力-应变曲线的切线模量代替欧拉公式中的弹性模量，将欧拉公式推广应用于非弹性范围，即

$$N_{cr,t} = \frac{\pi^2 E_t I}{l^2} = \frac{\pi^2 E_t A}{\lambda^2} \tag{4-24}$$

$$\sigma_{cr,t} = \frac{\pi^2 E_t}{\lambda^2} \qquad (4-25)$$

式中，E_t——非弹性区的切线模量（N/mm^2），$E_t = d\sigma/d\varepsilon$。

　　求出理想轴心压杆的临界压力和临界应力，再考虑安全因素后的设计值就是轴心受压构件的稳定承载力设计值和临界应力设计值。临界应力设计值 σ_{cr} 与长细比 λ 的关系可如图 4-8 的形式给出。σ_{cr}-λ 曲线可作为设计轴心受压构件的依据，也称为柱子曲线。

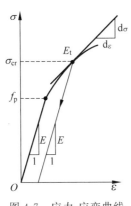

图 4-7　应力-应变曲线　　　　图 4-8　应力-长细比的关系曲线

4.3.3　实际轴心压杆的稳定承载力

　　实际轴心压杆与理想轴心压杆有很大区别。实际轴心压杆不可避免地存在多种初始缺陷，如杆件的初弯曲、初扭曲、荷载作用的初偏心、制作引起的残余应力、材料性能的不均匀等。而且这些初始缺陷对轴心压杆的整体稳定承载力影响较大，应该予以考虑。

1. 残余应力的影响

1）残余应力的产生与分布规律

结构用钢材小试件的应力-应变曲线可认为是理想弹塑性的，即可假定屈服点 f_y 与比例极限 f_p 相等，如图 4-9（a）所示，在屈服点 f_y 之前为完全弹性，应力达到 f_y 后为完全塑性。从理论上来说，压杆临界应力与长细比的关系（即柱子曲线）应如图 4-9（b）所示，即当 $\lambda \geq \pi\sqrt{E/f_y}$ 时为欧拉曲线；当 $\lambda < \pi\sqrt{E/f_y}$ 时，由屈服条件 $\sigma_{cr} = f_y$ 控制，应为水平线。

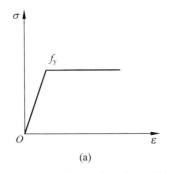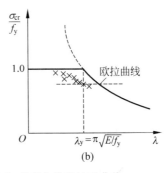

(a)　　　　　　　　(b)

图 4-9　理想弹塑性材料的应力-应变曲线和柱子曲线

但是,试验结果却明显低于上述的理论值,如图 4-9(b)所示,试验结果用"×"表示。在一个时期内,人们用试件的初弯曲和初偏心来解释这些试验结果,直到 20 世纪 50 年代初期,人们才发现试验结果偏低的原因还有残余应力的影响,而且对有些压杆残余应力的影响是最主要的。

残余应力是钢结构构件还未承受荷载前即已存在于构件截面上的自相平衡的初始应力,其产生原因主要有:①焊接时的不均匀加热和不均匀冷却,这是焊接结构最主要的残余应力,详见第 3 章相关内容;②型钢热轧后的不均匀冷却;③板边缘经火焰切割后的热塑性收缩;④构件经校正产生的塑性变形。

残余应力有平行于杆轴方向的纵向残余应力和垂直于杆轴方向的横向残余应力,对板件厚度较大的截面,还存在厚度方向的残余应力。横向及厚度方向残余应力的绝对值一般很小,而且对杆件承载力的影响甚微,故通常只考虑纵向残余应力。

实测的残余应力分布图一般是比较复杂而离散的,不便于分析时采用。通常将残余应力分布图进行简化,得出其计算简图。结构分析时采用的纵向残余应力计算简图一般是由直线或简单的曲线组成,如图 4-10 所示。

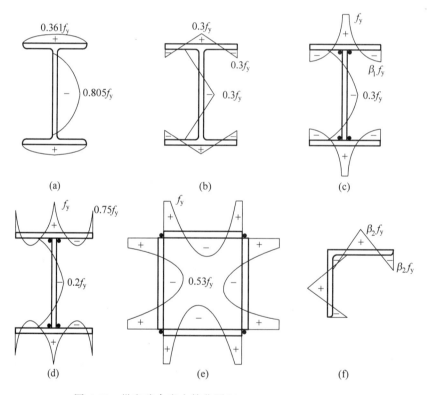

图 4-10   纵向残余应力简化图($\beta_1 = 0.3 \sim 0.6, \beta_2 \approx 0.25$)

图 4-10(a)为轧制普通工字钢,腹板较薄,热轧后首先冷却;翼缘在冷却收缩过程中受到腹板的约束,因此,翼缘中产生纵向残余拉应力,而腹板中部受到压缩作用产生纵向压应力。图 4-10(b)是轧制 H 型钢,由于翼缘较宽,其端部先冷却,因此具有残余压应力,其值为 $\sigma_{rc} = 0.3 f_y$ 左右(f_y 为钢材屈服点),而残余应力在翼缘宽度上的分布各国不尽相同,西欧各国常假设为抛物线,美国则常取为直线。图 4-10(c)为翼缘是轧制边或剪切边的焊接工字

形截面,其残余应力分布情况与轧制 H 型钢类似,但翼缘与腹板连接处的残余拉应力通常达到钢材屈服点。图 4-10(d)为翼缘是火焰切割边的焊接工字形截面,翼缘端部和翼缘与腹板连接处都产生残余拉应力,而后者也经常达到钢材屈服点。图 4-10(e)是焊接箱形截面,焊缝处的残余拉应力也达到钢材的屈服点,为了互相平衡,板的中部自然产生残余压应力。图 4-10(f)是轧制等边角钢的纵向残余应力分布图。以上的残余应力一般假设沿板的厚度方向不变,板内外都是同样的分布图形,但此种假设只是在板件较薄的情况才能成立。

对厚板组成的截面,残余应力沿厚度方向有较大变化,不能忽视。图 4-11(a)为轧制厚板焊接的工字形截面沿厚度方向的残余应力分布图,其翼缘板外表面具有残余压应力,端部压应力可能达到屈服点;翼缘板的内表面与腹板连接焊缝处有较高的残余拉应力(达 f_y);而在板厚的中部则介于内外表面之间,随板件宽厚比和焊缝大小而变化。图 4-11(b)是轧制无缝圆管,由于外表面先冷却,后冷却的内表面受到外表面的约束,故有残余拉应力,而外表面具有残余压应力,从而产生沿厚度变化的残余应力,但其值不大。

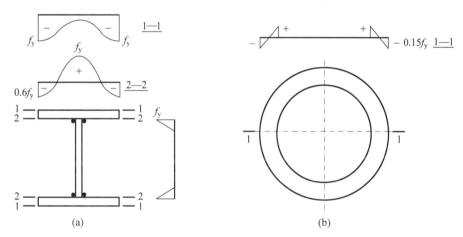

图 4-11 厚板(或厚壁)截面的残余应力

2) 残余应力对短柱应力-应变曲线的影响

残余应力对应力-应变曲线的影响通常由短柱压缩试验测定。所谓短柱就是在构件中部取一柱段,其长细比≤20,既保证在受压时不发生屈曲破坏,又能保证其中部截面反映实际的残余应力。

如图 4-12 所示的 H 型钢,材料为理想弹塑性体,翼缘上残余应力的分布规律和应力变化规律如图 4-12(a)所示。为了说明问题方便,忽略影响不大的腹板的残余应力。

假设翼缘端部残余压应力 $\sigma_{rc} = 0.3f_y$,压力 N 作用时,截面上的应力为残余应力与压应力之和。因此,当外力 N 产生的应力 $\sigma = N/A < 0.7f_y$ 时,截面上的应力处于弹性阶段。当外力 N 增加使 $\sigma = N/A$ 达到 $0.7f_y$ 时,翼缘端部应力达到屈服点 f_y。当外力 N 继续增加,$\sigma = N/A > 0.7f_y$ 后,截面的屈服逐渐向内发展,能继续抵抗增加外力的弹性区逐渐缩小,如图 4-12(b)、(c)所示。直到 $\sigma = N/A = f_y$ 时,整个截面完全屈服。所以,在应力-应变曲线图 4-12(e)中,$\sigma = 0.7f_y$ 之点(图中 A 点)即为最大残余应力 $\sigma_{rc} = 0.3f_y$ 的有效比例极限 f_p 所在点。由此可知,有残余应力的短柱的有效比例极限为:

$$f_p = f_y - \sigma_{rc} \tag{4-26}$$

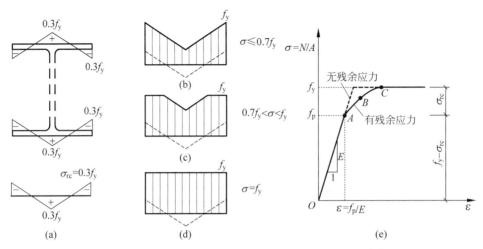

图 4-12 轧制 H 型钢短柱试验应力、应变变化和 $\sigma\text{-}\varepsilon$ 曲线

式中，σ_{rc}——截面中绝对值最大的残余应力（N/mm²）。

应力-应变曲线图 4-12(e)中，B 点对应弹塑性过渡阶段，C 点对应全截面屈服。由图 4-12 可以看出，残余应力的存在，降低了构件的比例极限；当外荷载引起的应力超过比例极限后，残余应力使构件的平均应力-应变曲线变为非线性，同时减小了截面的有效面积和有效惯性矩，从而降低了构件的稳定承载力。

3）残余应力对构件稳定承载力的影响

根据轴心压杆的屈曲理论，当屈曲时的平均应力 $\sigma = N/A \leqslant f_p = f_y - \sigma_{rc}$ 或长细比 $\lambda \geqslant \lambda_p = \pi\sqrt{E/f_p}$ 时，构件处于弹性阶段，可采用欧拉公式(4-20)及式(4-21)计算临界力、临界应力。

当 $\sigma > f_p$ 或 $\lambda < \lambda_p = \pi\sqrt{E/f_p}$ 时，杆件截面内将出现部分塑性区和部分弹性区，如图 4-12(c) 所示。已屈服的塑性区，弹性模量 $E = 0$，不能继续有效承载，导致构件屈曲时稳定承载力降低。因此，能够产生抵抗力矩的只是截面的弹性区，此时的临界力和临界应力应为：

$$N_{cr} = \frac{\pi^2 E I_e}{l^2} = \frac{\pi^2 EI}{l^2} \cdot \frac{I_e}{I} \tag{4-27}$$

$$\sigma_{cr} = \frac{\pi^2 E I_e}{\lambda^2} = \frac{\pi^2 EI}{\lambda^2} \cdot \frac{I_e}{I} \tag{4-28}$$

式中，I_e——弹性区的截面惯性矩（或有效惯性矩）（mm⁴）；

式(4-27)、式(4-28)表明，考虑残余应力影响时，弹塑性屈曲的临界应力为弹性欧拉临界应力乘以小于 1 的系数 I_e/I。比值 I_e/I 取决于构件截面形状尺寸、残余应力的分布和大小以及构件屈服时的弯曲方向。EI_e/I 称为有效弹性模量或换算切线模量 E_t。

仍以图 4-12 所示的 H 型钢为例，可进一步探讨残余应力对弹塑性阶段的临界应力影响规律。如图 4-13 所示，当 $\sigma = N/A > f_p$ 时，翼缘塑性区和应力分布如图 4-13(a)、(b) 所示，翼缘宽度为 b，弹性区宽度为 kb。

当杆件绕 $x\text{-}x$ 轴（强轴）屈曲时：

$$\sigma_{crx} = \frac{\pi^2 E}{\lambda_x^2} \cdot \frac{I_{ex}}{I_x} = \frac{\pi^2 E}{\lambda_x^2} \cdot \frac{2t \cdot kb \cdot h^2/4}{2t \cdot b \cdot h^2/4} = \frac{\pi^2 E}{\lambda_x^2} \cdot k \tag{4-29}$$

当杆件绕 $y-y$ 轴(弱轴)屈曲时:

$$\sigma_{\mathrm{cry}} = \frac{\pi^2 E}{\lambda_y^2} \cdot \frac{I_{\mathrm{ey}}}{I_y} = \frac{\pi^2 E}{\lambda_y^2} \cdot \frac{2t \cdot (kb)^3/12}{2t \cdot b^3/12} = \frac{\pi^2 E}{\lambda_y^2} \cdot k^3 \tag{4-30}$$

由于 $k < 1.0$,故知残余应力对弱轴的影响比对强轴的影响要大得多。画成如图 4-13(c) 所示的无量纲柱子曲线,纵坐标是屈曲应力 σ_{cr} 与屈服强度 f_y 的比值,横坐标是正则化长细比,$\lambda_n = \frac{\lambda}{\pi}\sqrt{f_y/E}$。由图可知,在 $\lambda_n = 1.0$ 处残余应力对轴心压杆稳定承载力的影响最大。

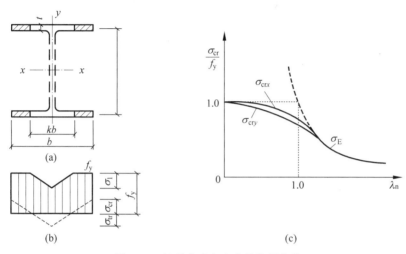

图 4-13 仅考虑残余应力的柱子曲线

2. 初弯曲的影响

实际的压杆不可能完全平直,总会有微小的初始弯曲。对两端铰支杆,通常假设初弯曲的曲线形式沿全长呈正弦曲线分布,如图 4-14(a)所示,曲线方程为:

$$y_0 = v_0 \sin\left(\frac{\pi x}{l}\right) \tag{4-31}$$

式中,v_0——压杆长度中点的最大初始挠度(mm),《钢结构工程施工质量验收标准》(GB 50205—2020)规定该值不超过 $l/1000$ 且不大于 10mm。

当压力 N 作用时,杆的挠度增加,设杆件任一点的挠度增量为 y,则该点的总挠度为 $y+y_0$。取隔离体如图 4-14(b)所示,在距原点 x 处,外力产生的力矩为 $N(y+y_0)$,内部应力形成的抵抗弯矩为 $-EIy''$(这里不计入 $-EIy_0''$,因为为初弯曲 y_0,杆件在初弯曲状态下没有应力,不能提供抵抗弯矩),建立平衡微分方程如下:

$$-EIy'' = N(y_0 + y) \tag{4-32}$$

将式(4-31)代入式(4-32),得:

$$EIy'' + N\left[v_0 \sin\left(\frac{\pi x}{l}\right) + y\right] = 0 \tag{4-33}$$

对于两端铰支的理想直杆,可以推想,在弹性阶段,增加的挠度也呈正弦曲线分布,即:

$$y = v_1 \sin\left(\frac{\pi x}{l}\right) \tag{4-34}$$

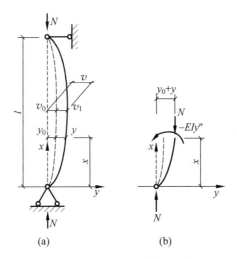

图 4-14 有初弯曲的轴心压杆

将式(4-34)的 y 和两次微分 $y'' = -v_1 \dfrac{\pi^2}{l^2} \sin\left(\dfrac{\pi x}{l}\right)$ 代入式(4-33),得:

$$\sin\left(\frac{\pi x}{l}\right)\left[-v_1 \frac{\pi^2 EI}{l^2} + N(v_1 + v_0)\right] = 0 \tag{4-35}$$

由于 $\sin\left(\dfrac{\pi x}{l}\right) \neq 0$,必然有等式右端方括号中的数值为 0,令 $\dfrac{\pi^2 EI}{l^2} = N_E$(欧拉临界力),得:

$$-v_1 N_E + N(v_1 + v_0) = 0 \tag{4-36}$$

因而得:

$$v_1 = \frac{N v_0}{N_E - N} \tag{4-37}$$

杆长中点的总挠度为:

$$v = v_1 + v_0 = \frac{N v_0}{N_E - N} + v_0 = \frac{N_E v_0}{N_E - N} = \frac{v_0}{1 - N/N_E} \tag{4-38}$$

式中,$\dfrac{1}{1 - N/N_E}$ 称为挠度放大系数,即具有初挠度为 v_0 的轴心压杆,在压力 N 作用下,任一点的挠度 v 为初始挠度 v_0 乘以挠度放大系数。

图 4-15 中的实线为根据式(4-38)画出的压力-挠度曲线,它们都建立在材料为无限弹性体的基础上,有如下特点:

(1) 具有初弯曲的压杆,一经加载就产生挠度的增加,而总挠度 v 不是随着压力 N 按比例增加的,开始挠度增加慢,随后增加较快,当压力 N 接近 N_E 时,中点挠度 v 趋于无限大。这与理想直杆($v_0 = 0$)直到 $N = N_E$ 时杆件才挠曲不同。

(2) 压杆的初挠度 v_0 值越大,相同压力 N 情况下,杆的挠度越大。

(3) 初弯曲即使很小,轴心压杆的承载力总是低于欧拉临界力 N_E,所以欧拉临界力 N_E 是弹性压杆承载力的上限。

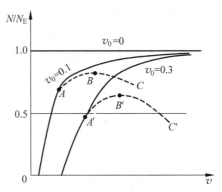

图 4-15　初弯曲压杆的压力-挠度曲线

（v_0 和 v 为相对数值）

由于实际压杆并非弹性体，只要挠度增大到一定程度，杆件中点截面在轴心力 N 和弯矩 Nv 作用下边缘开始屈服（图 4-15 中的 A 点或 A' 点），随后截面塑性区不断增加，杆件即进入弹塑性阶段，致使压力还未达到 N_E 之前就丧失承载能力。图 4-15 中的虚线即为弹塑性阶段的压力-挠度曲线，虚线的最高点（B 点或 B' 点）为压杆弹塑性阶段的极限压力点。

对无残余应力仅有初弯曲的轴心压杆，截面开始屈服的条件为：

$$\frac{N}{A}+\frac{Nv}{W}=\frac{N}{A}+\frac{Nv_0}{W}\cdot\frac{N_E}{N_E-N}=f_y \tag{4-39}$$

整理得：

$$\frac{N}{A}\left(1+v_0\,\frac{A}{W}\cdot\frac{\sigma_E}{\sigma_E-\sigma}\right)=f_y \tag{4-40}$$

$$\sigma\left(1+\varepsilon_0\cdot\frac{\sigma_E}{\sigma_E-\sigma}\right)=f_y \tag{4-41}$$

式中，ε_0——初弯曲率，$\varepsilon_0=v_0A/W$；

　　W——截面模量（mm^3）。

式（4-41）是以 σ 为元的二次方程，解出其有效根，就是以截面边缘屈服作为准则的临界应力 σ_{cr}。

$$\sigma_{cr}=\frac{f_y+(1+\varepsilon_0)\sigma_E}{2}-\sqrt{\left[\frac{f_y+(1+\varepsilon_0)\sigma_E}{2}\right]^2-f_y\sigma_E} \tag{4-42}$$

式（4-42）称为佩利（Perry）公式，根据式（4-42）可进一步求出 $N=A\sigma_{cr}$，相当于图 4-15 中的 A 点或 A' 点，它表示截面边缘纤维开始屈服时的荷载。随着 N 的继续增加，截面的一部分进入塑性状态，压力-挠度曲线将沿着虚线（A-B-C 或 A'-B'-C'）发展。而佩利公式求得的应力仅代表边缘纤维屈服时截面的平均应力，由它求得的荷载 N 并不是构件的极限承载力，但使用该结果作为极限承载力更偏于安全。

如果取初弯曲 $v_0=l/1000$，则初弯曲率为：

$$\varepsilon_0=\frac{v_0A}{W}=\frac{l}{1000}\cdot\frac{A}{W}=\frac{l}{1000}\cdot\frac{1}{\rho}=\frac{\lambda}{1000}\cdot\frac{i}{\rho} \tag{4-43}$$

式中，ρ——截面核心矩（mm），$\rho=W/A$；

　　i——截面的回转半径（mm）。

对各种截面及其对应轴，i/ρ 值各不相同，因此，由佩利公式确定的 σ_{cr}-λ 曲线就有高低。图 4-16 为焊接工字形截面在 $v_0=l/1000$ 时的柱子曲线，从图中可以看出，绕弱轴（惯性矩及回转半径较小的主轴，图中的 y 轴）的柱子曲线低于绕强轴（惯性矩及回转半径较大的主轴，图中的 x 轴）的柱子曲线。

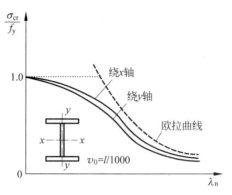

图 4-16　仅考虑初弯曲时的柱子曲线

3. 初偏心的影响

构件尺寸的偏差和安装误差会产生作用力的初始偏心，图 4-17 所示为两端均有最不利的相同初偏心距 e_0 的铰支柱。假设杆轴在受力前是平直的，在弹性工作阶段，杆件在微弯状态下建立的微分方程为

$$EIy'' + N(e_0 + y) = 0 \tag{4-44}$$

令 $k^2 = N/(EI)$ 可得

$$y'' + k^2 y = -k^2 e_0 \tag{4-45}$$

解此微分方程，设

$$y = C\sin(kx) + D\cos(kx) - e_0 \tag{4-46}$$

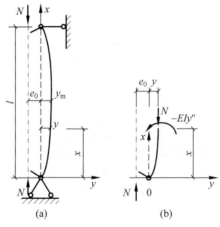

图 4-17　有初偏心的轴心压杆

由 $y(0)=0, y(l)=0$ 得：$D=e_0, C=\dfrac{1-\cos(kl)}{\sin(kl)}e_0$

$$y = \left[\frac{1-\cos(kl)}{\sin(kl)}\sin(kx) + \cos(kx) - 1\right]e_0 \tag{4-47}$$

可得杆长中点挠度 v 的表达式为：

$$v = y\Big|_{x=\frac{l}{2}} = \left[\frac{1-\cos(kl)}{\sin(kl)}\sin\frac{kl}{2} + \cos\left(\frac{kl}{2}\right) - 1\right]e_0 = e_0\left[\sec\left(\frac{kl}{2}\right) - 1\right] \tag{4-48}$$

或

$$v = e_0\left[\sec\left(\frac{\pi}{2}\sqrt{\frac{N}{N_E}}\right) - 1\right] \tag{4-49}$$

根据式(4-48)画出的压力-挠度曲线如图 4-18 所示,与图 4-15 对比可知,具有初偏心的轴心压杆,其压力-挠度曲线与初弯曲压杆的特点相同,只是图 4-15 的曲线不通过原点,而图 4-18 的曲线都通过原点。可以认为,初偏心影响与初弯曲影响类似,但影响的程度却有差别。初弯曲对中等长细比杆件的不利影响较大;初偏心的数值通常较小,除对短杆有较明显的影响外,杆件愈长影响越小。图 4-18 的虚线表示压杆按弹塑性分析得到的压力-挠度曲线。

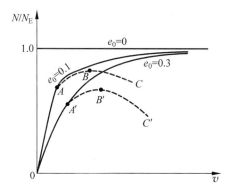

图 4-18　有初偏心的轴心压杆压力-挠度曲线

(e_0 和 v 是相对数值)

由于初偏心与初弯曲的影响类似,各国在制订设计标准时,通常只考虑其中一个缺陷来模拟两个缺陷都存在的影响。

4. 轴心压杆的极限承载力

以上介绍了理想轴心受压直杆和考虑单一缺陷轴心压杆的临界力或临界应力的计算方法。实际的轴心压杆的临界力或临界应力与多因素有关,而这些因素的影响又是错综复杂的,这就使压杆承载力的计算变得复杂。确定轴心压杆整体稳定临界应力的方法一般有以下四种:

1)屈曲准则

屈曲准则建立在理想轴心压杆假定的基础上,弹性弯曲屈曲的压力-挠度曲线如图 4-19 中的曲线 1,临界力为欧拉临界力 N_E。弹塑性弯曲屈曲的压力-挠度曲线如图 4-19 中的曲线 2,临界力为切线模量临界力 N_t。这两种屈曲都属于分支屈曲,即当杆件屈曲时才会产生挠度。建立在屈曲准则上的稳定计算方法,弹性阶段以欧拉临界力为基础,弹塑性阶段以切线模量临界力为基础,通过提高安全系数来考虑初偏心、初弯曲等不利影响。

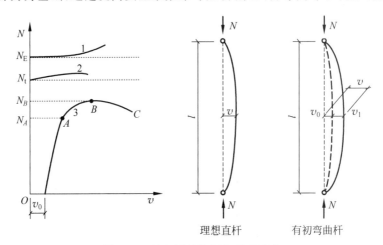

图 4-19　轴心压杆的压力-挠度曲线

2）边缘屈服准则

实际的轴心压杆与理想柱的受力性能之间有很大差别,这是因为实际轴心压杆带有初始缺陷。边缘屈服准则以有初偏心和初弯曲等的压杆为计算模型,截面边缘应力达到屈服点即视为压杆承载能力的极限。

具有初弯曲、初偏心的压杆,一经压力作用就产生挠度,其压力-挠度曲线如图 4-19 中的曲线 3,截面上的内力除轴力外还存在弯矩,图中 A 点表示压杆跨中截面在轴力和弯矩作用下,截面边缘屈服。边缘屈服准则就是以 N_A 作为临界力。

3）最大强度准则

从图 4-19 中的曲线 3 可以看出,压力达到 N_A 后,还可以继续增加,只是构件进入弹塑性阶段,随着截面塑性区的不断扩展,v 值增加得更快,到达曲线顶点 B 后,压杆的抵抗能力开始小于外力的作用,不能维持稳定平衡。曲线最高点 B 处的压力 N_B 才是具有初始缺陷的轴心压杆真正的稳定极限承载力,以此为准则计算压杆稳定,称为“最大强度准则”。

最大强度准则仍以有初始缺陷(初偏心、初弯曲和残余应力等)的压杆为依据,但考虑塑性深入截面,以构件最后破坏时所能达到的最大轴心压力值作为压杆的稳定极限承载能力。

实际轴心压杆,各种缺陷同时达到最不利的可能性极小。对普通钢结构,通常只考虑影响最大的残余应力和初弯曲两种缺陷。

采用最大强度准则计算时,如果同时考虑残余应力和初弯曲缺陷,则沿横截面的各点以及沿杆长方向各截面,其应力-应变关系都是变数,很难列出临界力的解析式,只能借助计算机用数值方法求解。求解方法常用数值积分法。由于运算方法不同,又分为压杆挠曲线法（CDC 法）和逆算单元长度法等。

4）经验公式

临界应力主要根据试验资料确定,这是由于早期对柱弹塑性阶段的稳定理论还研究得很少,只能从试验数据中回归得出经验公式,作为压杆稳定承载能力的设计依据。

5. 轴心受压构件的柱子曲线

压杆失稳时临界应力 σ_{cr} 与长细比 λ 之间的关系曲线称为柱子曲线。《钢结构设计标准》(GB 50017—2017)所采用的轴心受压柱子曲线是按最大强度准则确定的,如图 4-20 所示。该计算结果与国内各单位的试验结果进行了比较,较为吻合,验证了计算理论和方法的正确性。早期的《钢结构设计规范》(GBJ 17—1988)采用单一柱子曲线,即考虑压杆的极限承载能力只与长细比 λ 有关。事实上,压杆的极限承载力并不仅仅取决于长细比。由于残余应力的影响,即使长细比相同的构件,随着截面形状、弯曲方向、残余应力水平及分布情况的不同,构件的极限承载能力有很大差异。从图 4-20 可以看出,这些柱子曲线呈相当宽的带状分布(虚线所包的范围),这个范围的上、下限相差较大,特别是中等长细比的常用情况相差尤其显著。因此,若用一条曲线来代表,显然不合理。所以,国际上多数国家和地区都采用多条柱子曲线来代表这个分布带。

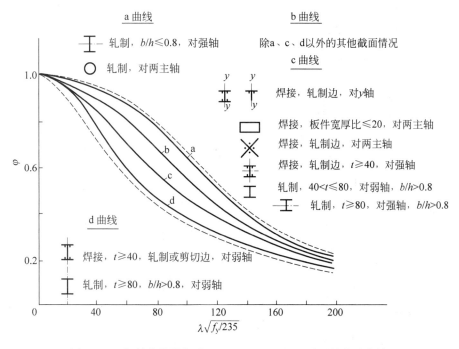

图 4-20　《钢结构设计标准》(GB 50017—2017)采用的柱子曲线

现行《钢结构设计标准》(GB 50017—2017)所采用的轴心受压柱子曲线基于最大强度准则,在理论计算的基础上,结合工程实际,将这些柱子曲线合并归纳为 4 组,取每组中柱子曲线的平均值作为代表曲线,即图 4-20 中的 a、b、c、d 4 条曲线。在 $\lambda = 40\sim120$ 的常用范围,柱子曲线 a 比曲线 b 高出 $4\%\sim15\%$,而曲线 c 比曲线 b 低 $7\%\sim13\%$,曲线 d 则更低,主要用于厚板截面。图中纵坐标 $\varphi = \sigma_{cr}/f_y$。

轴心受压构件柱子曲线的截面分类见表 4-3 和表 4-4,其中表 4-3 为构件组成板件厚度 $t<40\text{mm}$ 的情况,而表 4-4 为构件组成板件厚度 $t\geqslant40\text{mm}$ 的情况。

表 4-3　柱截面形式及分类($t<40mm$)

截面形式		对 x 轴	对 y 轴
轧制（圆形）		a 类	a 类
轧制（工字形）	$b/h\leqslant0.8$	a 类	b 类
	$b/h>0.8$	a^* 类	b^* 类
轧制等边角钢		a^* 类	a^* 类
焊接、翼缘为焰切边	焊接（圆形）	b 类	b 类
轧制			
轧制、焊接（板件宽厚比>20）	轧制或焊接		
焊接	轧制截面和翼缘为焰切边的焊接截面	b 类	b 类
格构式	焊接，板件边缘焰切		
焊接，翼缘为轧制或剪切边		b 类	c 类
焊接，板件边缘轧制或剪切	轧制、焊接（板件宽厚比≤20）	c 类	c 类

表 4-4 柱截面形式及分类 ($t \geqslant 40$mm)

截 面 形 式		对 x 轴	对 y 轴
轧制工字形或H形截面	$t < 80$mm	b 类	c 类
	$t \geqslant 80$mm	c 类	d 类
焊接工字形截面	翼缘为焰切边	b 类	b 类
	翼缘为轧制或剪切边	c 类	d 类
焊接箱形截面	板件宽厚比 >20	b 类	b 类
	板件宽厚比 $\leqslant$20	c 类	c 类

轧制圆管以及轧制普通工字钢绕 x 轴失稳时其残余应力影响较小,故属 a 类。

工程中经常采用的大部分截面属于 b 类,如轧制 H 型钢、焊接 H 型钢、焊接圆钢管以及各种组合截面等。

格构式构件绕虚轴的稳定计算,由于此时不宜采用塑性深入截面的最大强度准则,参考《冷弯薄壁型钢结构技术规范》(GB 50018—2002),采用边缘屈服准则确定的 φ 值与曲线 b 接近,故取用曲线 b。

当槽形截面用于格构式柱的分肢时,由于分肢的扭转变形受到缀件的牵制,所以计算分肢绕其自身对称轴的稳定时,可用曲线 b。

翼缘为轧制或剪切边的焊接工字形截面,绕弱轴失稳时最外边缘为残余压应力,与轴向应力产生的压应力叠加后截面较早进入屈服,使稳定承载能力降低,故将其归入曲线 c。

表 4-3 中 a* 类取值与钢材牌号有关,如 Q235 钢取 b 类,Q355、Q390、Q420 和 Q460 取 a 类;b* 类 Q235 钢取 c 类,Q355、Q390、Q420 和 Q460 取 b 类。这是因为,国内外针对高强钢轴心受压构件的稳定研究表明:热轧型钢的残余应力峰值和钢材强度无关,它的不利影响随钢材强度的提高而减弱,因此,对屈服强度达到和超过 355MPa,$b/h > 0.8$ 的 H 型钢和等边角钢,系数 φ 可比 Q235 钢提高一类采用。

板件厚度 >40mm 的轧制工字形截面和焊接实腹截面,残余应力不但沿板件宽度方向变化,在厚度方向的变化也比较显著,另外厚板质量较差也会对稳定带来不利影响,故应按照表 4-4 进行分类。

我国《公路钢结构桥梁设计规范》(JTG D64—2015)也是将轴心受力构件整体稳定计算的柱子曲线分为 a、b、c、d 共 4 条曲线。其截面形式的分类与《钢结构设计标准》大体相似。

6. 轴心受压构件的整体稳定计算

轴心受压构件所受应力应不大于整体稳定的临界应力,考虑抗力分项系数 γ_R 后,即为

$$\sigma = \frac{N}{A} \leqslant \frac{\sigma_{cr}}{\gamma_R} = \frac{\sigma_{cr}}{f_y} \cdot \frac{f_y}{\gamma_R} = \varphi f \tag{4-50}$$

式中,$\varphi = \sigma_{cr}/f_y$ 称为轴心受压构件的整体稳定系数。

《钢结构设计标准》(GB 50017—2017)对轴心受压构件的整体稳定计算采用式(4-51):

$$\frac{N}{\varphi A f} \leqslant 1.0 \tag{4-51}$$

式中,轴心受压构件的整体稳定系数 φ 可根据构件的长细比(或换算长细比)、钢材屈服强度和表 4-3、表 4-4 的截面分类按附表 3-1~附表 3-4 查出。

稳定系数 φ 值也可以拟合成佩利(Perry)公式的形式来表达,即:

$$\varphi = \frac{\sigma_{cr}}{f_y} = \frac{1}{2} \left\{ \left[1 + (1+\varepsilon_0)\frac{\sigma_E}{f_y} \right] - \sqrt{\left[1 + (1+\varepsilon_0)\frac{\sigma_E}{f_y} \right]^2 - 4\frac{\sigma_E}{f_y}} \right\} \tag{4-52}$$

此公式只是借用了佩利公式的形式,φ 值并不是以截面的边缘纤维屈服为准则,而是先按最大强度理论确定出杆的极限承载力后再反算出 ε_0 值。因此,式中的 ε_0 值实质为考虑初弯曲、残余应力等综合影响的等效初弯曲率。对于《钢结构设计标准》(GB 50017—2017)中采用的 4 条柱子曲线,ε_0 的取值为

a 类截面:

$$\varepsilon_0 = 0.152\bar{\lambda} - 0.014 \tag{4-53}$$

b 类截面:

$$\varepsilon_0 = 0.300\bar{\lambda} - 0.035 \tag{4-54}$$

c 类截面:

$$\varepsilon_0 = 0.595\bar{\lambda} - 0.094 (\bar{\lambda} \leqslant 1.05 \text{ 时}) \tag{4-55}$$

$$\varepsilon_0 = 0.302\bar{\lambda} + 0.216 (\bar{\lambda} > 1.05 \text{ 时}) \tag{4-56}$$

d 类截面:

$$\varepsilon_0 = 0.915\bar{\lambda} - 0.132 (\bar{\lambda} \leqslant 1.05 \text{ 时}) \tag{4-57}$$

$$\varepsilon_0 = 0.432\bar{\lambda} + 0.375 (\bar{\lambda} > 1.05 \text{ 时}) \tag{4-58}$$

式中,$\bar{\lambda} = \frac{\lambda}{\pi}\sqrt{\frac{f_y}{E}}$ 是一个无量纲参数,称为正则化长细比。

上述 ε_0 值只适用于 $\bar{\lambda} > 0.215$(相当于 $\lambda > 20\sqrt{235/f_y}$)的情况。

当 $\bar{\lambda} \leqslant 0.215$(相当于 $\lambda \leqslant 20\sqrt{235/f_y}$)时,式(4-52)不再适用,可以采用一条近似曲线,使 $\bar{\lambda} = 0.215$ 与 $\bar{\lambda} = 0$($\varphi = 1.0$)衔接,即:

$$\varphi = 1 - \alpha_1 \bar{\lambda}^2 \tag{4-59}$$

式中,系数 α_1 分别等于 0.41(a 类截面)、0.65(b 类截面)、0.73(c 类截面)和 1.35(d 类截面)。

在实际工程应用中,一般先根据构件的截面形式确定分类,然后通过构件的长细比 λ 计算出轴心受力构件的稳定系数 φ 值,再利用式(4-51)进行构件的整体稳定验算。

构件长细比 λ 应按照下列规定确定：

1）截面形心与剪心重合的构件

（1）计算弯曲屈曲时

$$\lambda_x = l_{0x}/i_x \qquad (4\text{-}60)$$

$$\lambda_y = l_{0y}/i_y \qquad (4\text{-}61)$$

式中，l_{0x}、l_{0y}——分别为构件对主轴 x 和 y 的计算长度（mm）；

$\quad\quad i_x$、i_y——分别为构件截面对主轴 x 和 y 的回转半径（mm）。

（2）当计算扭转屈曲时

$$\lambda_z = \sqrt{\dfrac{I_0}{I_t/25.7 + I_\omega/l_\omega^2}} \qquad (4\text{-}62)$$

式中，I_0、I_t、I_ω——分别为构件毛截面对剪心的极惯性矩（mm^4）、截面抗扭惯性矩（mm^4）

$\quad\quad$ 和扇形惯性矩（mm^6），对十字形截面可近似取 $I_\omega = 0$；

$\quad\quad l_\omega$——扭转屈曲的计算长度（mm），两端铰支且端截面可自由翘曲的轴心受力构件，

$\quad\quad$ 取几何长度 l；两端嵌固且端部截面翘曲完全受到约束时，取 $0.5l$。

对于双轴对称十字形截面，当板件宽厚比不超过 $15\varepsilon_k$ 时，不会产生扭转失稳，因此，可不计算扭转屈曲。

2）截面为单轴对称的构件

以上讨论轴压构件整体稳定的临界力时，假定构件失稳时只发生弯曲而没有扭转，即弯曲屈曲。对于单轴对称截面，绕非对称轴失稳时为弯曲屈曲，长细比可按式（4-60）、式（4-61）计算；绕对称轴失稳时，由于截面形心与剪心不重合，在弯曲的同时伴随着扭转，即弯扭屈曲。在相同情况下，弯扭失稳比弯曲失稳的临界应力低。因此，对双板 T 形和槽形等单轴对称截面，当绕对称轴（设为 y 轴）失稳时，应取计及扭转效应的换算长细比 λ_{yz} 代替 λ_y：

$$\lambda_{yz} = \left[\dfrac{(\lambda_y^2 + \lambda_z^2) + \sqrt{(\lambda_y^2 + \lambda_z^2)^2 - 4(1 - y_s^2/i_0^2)\lambda_y^2\lambda_z^2}}{2}\right]^{\frac{1}{2}} \qquad (4\text{-}63)$$

$$i_0^2 = y_s^2 + i_s^2 + i_y^2 \qquad (4\text{-}64)$$

式中，y_s——截面形心至剪心的距离（mm）；

$\quad\quad i_0$——截面对剪心的极回转半径（mm）；

$\quad\quad \lambda_y$——构件对称轴的长细比；

$\quad\quad \lambda_z$——扭转屈曲换算长细比，按式（4-62）计算。

式（4-63）所涉及的几何参数计算复杂，为简化计算，对工程中常用的单角钢截面和双角钢组合 T 形截面（图 4-21），绕对称轴的换算长细比可采用下列近似公式确定：

（1）等边单角钢截面

如图 4-21(a) 所示，当绕两主轴弯曲的计算长度相等时，可不计算弯扭屈曲。

（2）等边双角钢

如图 4-21(b) 所示。

当 $\lambda_y \geqslant \lambda_z$ 时：

$$\lambda_{yz} = \lambda_y \left[1 + 0.16\left(\dfrac{\lambda_z}{\lambda_y}\right)^2\right] \qquad (4\text{-}65)$$

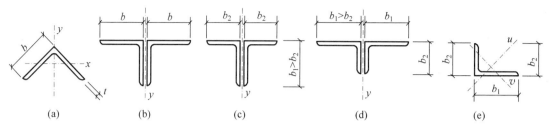

图 4-21   单角钢截面和双角钢组合 T 形截面

当 $\lambda_y < \lambda_z$ 时：

$$\lambda_{yz} = \lambda_z \left[1 + 0.16 \left(\frac{\lambda_y}{\lambda_z} \right)^2 \right] \tag{4-66}$$

$$\lambda_z = 3.9 \frac{b}{t} \tag{4-67}$$

（3）长肢相并的不等边双角钢

如图 4-21（c）所示。

当 $\lambda_y \geqslant \lambda_z$ 时：

$$\lambda_{yz} = \lambda_y \left[1 + 0.25 \left(\frac{\lambda_z}{\lambda_y} \right)^2 \right] \tag{4-68}$$

当 $\lambda_y < \lambda_z$ 时：

$$\lambda_{yz} = \lambda_z \left[1 + 0.25 \left(\frac{\lambda_y}{\lambda_z} \right)^2 \right] \tag{4-69}$$

$$\lambda_z = 5.1 \frac{b_2}{t} \tag{4-70}$$

（4）短肢相并的不等边双角钢

如图 4-21（d）所示。

当 $\lambda_y \geqslant \lambda_z$ 时：

$$\lambda_{yz} = \lambda_y \left[1 + 0.06 \left(\frac{\lambda_z}{\lambda_y} \right)^2 \right] \tag{4-71}$$

当 $\lambda_y < \lambda_z$ 时：

$$\lambda_{yz} = \lambda_z \left[1 + 0.06 \left(\frac{\lambda_y}{\lambda_z} \right)^2 \right] \tag{4-72}$$

$$\lambda_z = 3.7 \frac{b_1}{t} \tag{4-73}$$

3）截面无对称轴且剪心和形心不重合的构件

截面无对称轴且剪心和形心不重合的构件，当绕任意轴发生弯扭失稳时，根据弹性稳定理论，可推出下列换算长细比的计算公式：

$$\lambda_{xyz} = \pi \sqrt{\frac{EA}{N_{xyz}}} \tag{4-74}$$

$$(N_x - N_{xyz})(N_y - N_{xyz})(N_z - N_{xyz}) - N_{xyz}^2(N_x - N_{xyz})\left(\frac{y_s}{i_0}\right)^2 - N_{xyz}^2(N_y - N_{xyz})\left(\frac{x_s}{i_0}\right)^2 = 0$$

$$\tag{4-75}$$

$$i_0^2 = i_x^2 + i_y^2 + x_s^2 + y_s^2 \tag{4-76}$$

$$N_x = \frac{\pi^2 EA}{\lambda_x^2} \tag{4-77}$$

$$N_y = \frac{\pi^2 EA}{\lambda_y^2} \tag{4-78}$$

$$N_z = \frac{1}{i_0^2}\left(\frac{\pi^2 EI_\omega}{l_\omega^2} + GI_t\right) \tag{4-79}$$

式中，N_{xyz}——弹性完善杆的弯扭屈曲临界力(N)，由式(4-75)确定；

x_s、y_s——截面剪心的坐标(mm)；

N_x、N_y、N_z——分别为绕 x 轴、y 轴的弯曲屈曲临界力(N)以及扭转屈曲临界力(N)；

E、G——分别为钢材的弹性模量(N/mm^2)和剪切模量(N/mm^2)。

对于工程上常用的不等边角钢轴压构件(图 4-21(e))，换算长细比可采用下列简化公式：

当 $\lambda_v \geqslant \lambda_z$ 时：

$$\lambda_{xyz} = \lambda_v\left[1 + 0.25\left(\frac{\lambda_z}{\lambda_v}\right)^2\right] \tag{4-80}$$

当 $\lambda_v < \lambda_z$ 时：

$$\lambda_{xyz} = \lambda_z\left[1 + 0.25\left(\frac{\lambda_v}{\lambda_z}\right)^2\right] \tag{4-81}$$

$$\lambda_z = 4.21\frac{b_1}{t} \tag{4-82}$$

式中，v 轴——角钢的弱轴；

b_1——角钢长肢宽度(mm)。

【例 4-2】 某简支桁架如图 4-22 所示，承受竖向荷载设计值 $P = 250$kN，桁架弦杆及腹杆均采用双角钢截面，节点处采用 10mm 厚节点板连接，钢材为 Q355。根据其所受内力大小，已初选斜腹杆采用等边双角钢 2∟110×10 组合而成的 T 形截面，试验算该桁架斜腹杆在桁架平面内和平面外的整体稳定性。

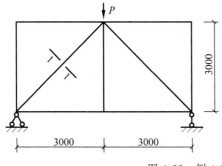

图 4-22 例 4-2 图

【解】

本例中,斜腹杆为轴心压杆,其与桁架弦杆在节点的连接为铰接,因此,平面内和平面外的计算长度均与几何长度相同,即

$$l_{0x} = l_{0y} = l = 3000 \times \sqrt{2}\ \text{mm} = 4243\ \text{mm};$$

查附表 6-4,可得到两个组合等边双角钢 $2 \llcorner 110 \times 10$ 的截面参数,$A = 2126\ \text{mm}^2 \times 2 = 4252\ \text{mm}^2$,$b = 110\ \text{mm}$,$t = 10\ \text{mm}$,$i_x = 33.8\ \text{mm}$,$i_y = 49.3\ \text{mm}$。查附表 1-1,可得 $f_y = 355\ \text{N/mm}^2$,$f = 305\ \text{N/mm}^2$。

平面内长细比:$\lambda_x = \dfrac{l_{0x}}{i_x} = \dfrac{4243}{33.8} = 125.5$

平面外长细比:$\lambda_y = \dfrac{l_{0y}}{i_y} = \dfrac{4243}{49.3} = 86.1$

此斜腹杆在桁架平面外失稳时,即绕对称轴(y 轴)失稳时,应取计及扭转效应的换算长细比 λ_{yz} 代替 λ_y,由简化计算公式(4-65)、式(4-66)及式(4-67)可知:

$$\lambda_z = 3.9\frac{b}{t} = 3.9 \times 110/10 = 42.9$$

$\lambda_y = 86.1 > \lambda_z = 42.9$,所以:

$$\lambda_{yz} = \lambda_y\left[1 + 0.16\left(\frac{\lambda_z}{\lambda_y}\right)^2\right] = 86.1 \times \left[1 + 0.16 \times (42.9/86.1)^2\right] = 88.8$$

由表 4-3 可知,该截面绕两个主轴的分类均为 b 类,取 $\lambda = 88.8$,

$$\bar{\lambda} = \frac{\lambda}{\pi}\sqrt{\frac{f_y}{E}} = \frac{88.8}{\pi}\sqrt{\frac{355}{2.06 \times 10^5}} = 1.174(\text{其中 } E \text{ 由附表 1-5 查得,取值 } 2.06 \times 10^5\ \text{MPa})$$

由式(4-54)可得:

$$\varepsilon_0 = 0.300\bar{\lambda} - 0.035 = 0.300 \times 1.174 - 0.035 = 0.3172$$

由式(4-21)可得:

$$\sigma_E = \frac{\pi^2 E}{\lambda^2} = \left(\frac{\pi^2 \times 2.06 \times 10^5}{88.8^2}\right)\text{N/mm}^2 = 257.57\ \text{N/mm}^2$$

由式(4-52)可得:

$$\varphi = \frac{1}{2}\left\{\left[1 + (1 + \varepsilon_0)\frac{\sigma_E}{f_y}\right] - \sqrt{\left[1 + (1 + \varepsilon_0)\frac{\sigma_E}{f_y}\right]^2 - 4\frac{\sigma_E}{f_y}}\right\}$$

$$= \frac{1}{2}\left\{\left[1 + (1 + 0.3172) \times \frac{257.57}{355}\right] - \sqrt{\left[1 + (1 + 0.3172) \times \frac{257.57}{355}\right]^2 - \frac{4 \times 257.57}{355}}\right\}$$

$$= 0.498$$

斜腹杆的轴力 N 可由受力分析得:

$$N = \frac{P}{2} \times \sqrt{2} = \frac{250}{2} \times 1.414\ \text{kN} = 176.75\ \text{kN}$$

由式(4-52)可得:

$$\frac{P}{\varphi A f} = \frac{176.75 \times 10^3}{0.498 \times 4252 \times 305} = 0.274 < 1.0,\text{故整体稳定满足要求。}$$

亦可由 $\lambda=88.8,\lambda/\varepsilon_{\text{k}}=88.8/\sqrt{235/355}=109.1$,查附表 3-2 得 $\varphi=0.498$ 再代入式(4-52)进行验算,可得相同结果。

4.4　轴心受压构件的局部稳定

　　轴心受压构件的截面大多由若干矩形薄板组成,如图 4-23 所示工字形截面,由两块翼缘板和一块腹板组成。一般板件的厚度与板的宽度相比都较小,当这些板件受到沿纵向作用于板件中间的均布压力大到一定程度时,在构件尚未达到整体稳定承载力之前,个别板件可能因不能保持其平面平衡状态发生波形凸曲而丧失稳定性。由于个别板件丧失稳定并不意味着构件失去整体稳定性,因而这些板件先行失稳的现象就称为失去局部稳定性。图 4-23 为工字形截面轴心受压构件发生局部失稳时的变形形态示意,图 4-23(a)和图 4-23(b)分别表示腹板和翼缘失稳时的情况。构件丧失局部稳定后还可能继续维持整体的平衡状态,但由于部分板件屈曲后退出工作,使构件的有效截面减少,并改变了原来构件的受力状态,从而会加速构件整体失稳而丧失承载能力。

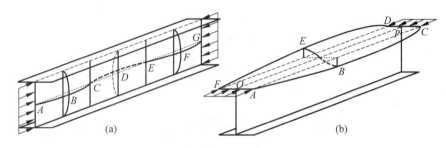

图 4-23　工字形轴心受压构件的局部失稳

4.4.1　轴心受压矩形薄板的临界力

　　图 4-23(a)和图 4-23(b)所示轴心受压构件的腹板和翼缘板,均可视为一个均匀受压的矩形薄板,若将钢材视为弹性材料,则可以运用弹性稳定理论计算其临界力和临界应力。

　　如图 4-24 所示的四边简支矩形薄板,沿板的纵向(x 方向)中面内单位宽度上作用有均匀压力 N_x(N/mm)。与轴心受压构件的整体稳定类似,当板弹性屈曲时,可建立板在微弯平衡状态的平衡微分方程:

$$D\left(\frac{\partial^4 w}{\partial x^4}+2\frac{\partial^4 w}{\partial x^2 \partial y^2}+\frac{\partial^4 w}{\partial y^4}\right)+N_x\frac{\partial^2 w}{\partial x^2}=0 \qquad (4-83)$$

式中,D——板单位宽度的抗弯刚度,$D=\dfrac{Et^3}{12(1-\nu^2)}$;

　　ν——材料的泊松比,钢材一般取 0.3。

　　板单位宽度的抗弯刚度 D 比同宽度梁的抗弯刚度 $EI=\dfrac{Et^3}{12}$ 大,这是由于板条弯曲时,其宽度方向的变形受到相邻板条约束的缘故。

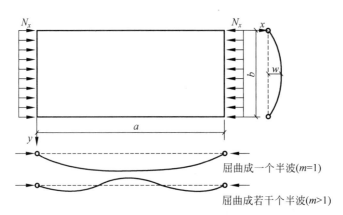

图 4-24　四边简支单向均匀受压板的屈曲

因为板为平面结构，在弯曲屈曲后的变形为 $w = w(x, y)$，所以，式(4-83)是一个以挠度 w 为未知量的常系数线性四阶偏微分方程。

若板为四边简支，则其边界条件为：

当 $x = 0$ 和 $x = a$ 时：$w = 0$，$\dfrac{\partial^2 w}{\partial x^2} + \nu \dfrac{\partial^2 w}{\partial y^2} = 0$（即 $M_x = 0$）

当 $y = 0$ 和 $y = b$ 时：$w = 0$，$\dfrac{\partial^2 w}{\partial y^2} + \nu \dfrac{\partial^2 w}{\partial x^2} = 0$（即 $M_y = 0$）

满足上述边界条件的解是一个二重三角级数：

$$w = \sum_{m=1}^{\infty} \sum_{n=1}^{\infty} A_{mn} \sin\left(\frac{m\pi x}{a}\right) \sin\left(\frac{n\pi y}{b}\right) \quad (m, n = 1, 2, 3, \cdots) \tag{4-84}$$

式中，m、n——分别为板屈曲时沿 x 轴和 y 轴方向的半波数。

将式(4-84)中的挠度 w 微分后代入式(4-83)，得：

$$\sum_{m=1}^{\infty} \sum_{n=1}^{\infty} A_{mn} \left(\frac{m^4 \pi^4}{a^4} + 2\frac{m^2 n^2 \pi^4}{a^2 b^2} + \frac{n^4 \pi^4}{b^4} - \frac{N_x}{D} \cdot \frac{m^2 \pi^2}{a^2}\right) \sin\left(\frac{m\pi x}{a}\right) \sin\left(\frac{n\pi y}{b}\right) = 0 \tag{4-85}$$

当板处于微弯状态时，应有

$$A_{mn} \neq 0, \quad \sin\left(\frac{m\pi x}{a}\right) \neq 0, \quad \sin\left(\frac{n\pi y}{b}\right) \neq 0$$

因此，式(4-85)恒为 0 的唯一条件是括号内的式子为 0，即

$$\frac{m^4 \pi^4}{a^4} + 2\frac{m^2 n^2 \pi^4}{a^2 b^2} + \frac{n^4 \pi^4}{b^4} - \frac{N_x}{D} \cdot \frac{m^2 \pi^2}{a^2} = 0 \tag{4-86}$$

解得

$$N_x = \frac{\pi^2 D}{b^2}\left(\frac{mb}{a} + \frac{n^2 a}{mb}\right)^2 \tag{4-87}$$

临界荷载是板保持微弯状态的最小荷载，只有 $n = 1$（即在 y 方向为一个半波）时 N_x 有最小值，于是得四边简支板单向均匀受压时的临界荷载为：

$$N_{crx} = \frac{\pi^2 D}{b^2}\left(\frac{mb}{a} + \frac{a}{mb}\right)^2 = \frac{\pi^2 D}{b^2} \cdot \kappa \tag{4-88}$$

式中，κ——板的屈曲系数，$\kappa = \left(\dfrac{mb}{a} + \dfrac{a}{mb}\right)^2$。

相应的临界应力：

$$\sigma_{\mathrm{cr}x} = \frac{N_{\mathrm{cr}x}}{1 \times t} = \frac{\kappa \pi^2 E}{12(1-\nu^2)} \cdot \left(\frac{t}{b}\right)^2 \tag{4-89}$$

当 $m = 1,2,3,4,\cdots$ 时，可以绘制 κ 与 a/b 的关系曲线，如图 4-25 所示。

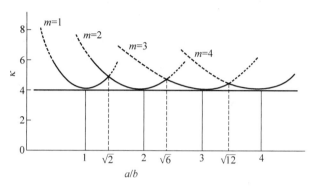

图 4-25　四边简支单向均匀受压板的屈曲系数

从图中可以看出，对于任一 m 值，这些曲线构成的下界线为 κ 的取值。当边长比 $a/b \geqslant 1$ 时，板将挠曲成几个半波，而 κ 的取值基本为常数 4；当 $a/b < 1$ 时，才可能使临界力大大提高。因此，当 $a/b \geqslant 1$ 时，对任何 m 和 a/b 情况，均可取 $\kappa = 4$。

当板的两边不是简支时，也可用上述相同的方法进行求解。矩形板的屈曲临界荷载都可以写成式(4-89)的形式，只是屈曲系数 κ 的取值不同。其他常见支承形式的矩形板，κ 的取值如下：

① 三边简支，与压力平行的一边为自由的矩形板：

$$\kappa = 0.425 + \frac{b^2}{a^2} \tag{4-90}$$

当 $a \gg b$ 时，$\kappa = 0.425$。

② 三边简支，与压力平行的一边有卷边的矩形板：$\kappa = 1.35$；

③ 与压力平行的两边为固定：$\kappa = 6.97$；

④ 与压力平行的一边为固定，另一边为简支：$\kappa = 5.42$；

⑤ 与压力平行的一边为固定，另一边为自由：$\kappa = 1.28$。

上述讨论中，将板端假定为固定、简支或自由，都是计算模型的理想化，实际工程中板端支承情况往往更为复杂。对于组成轴心受压构件的板件而言，由于板件间有相互约束作用，两纵边的支承情况既不是固定也不是简支，应该是介于两者之间。例如，轴压柱的腹板可以认为是两侧边支承于翼缘的均匀受压板，由于翼缘对腹板有一定的弹性约束作用，故腹板的屈曲系数 κ 应介于 4(两侧边简支)和 6.97(两侧边固定)之间。如取实际板件的屈曲系数为 $\chi \cdot \kappa$(χ 称为嵌固系数或弹性约束系数，> 1.0)，用以考虑纵边的实际支承情况，则可知四边支承板的 χ 最大值为 $\chi = 6.97/4 = 1.7425$，即 $1.0 \leqslant \chi \leqslant 1.7425$。

此时，临界应力计算式(4-89)可进一步写为：

$$\sigma_{crx} = \frac{\chi\kappa\pi^2 E}{12(1-\nu^2)} \cdot \left(\frac{t}{b}\right)^2 \tag{4-91}$$

4.4.2 轴心受压构件组成板件的容许宽厚比

板件在稳定状态所能承受的最大应力(即临界应力)与板件的形状、尺寸、支承情况以及应力情况等有关。当板件所受纵向平均压应力大于或等于钢材的比例极限时,板件纵向进入弹塑性工作阶段,而板件的横向仍处于弹性工作阶段,使矩形板呈正交异性。考虑材料的弹塑性影响以及板边缘的约束后板件的临界应力可用式(4-92)表达:

$$\sigma_{crx} = \frac{\sqrt{\psi_t}\,\chi\kappa\pi^2 E}{12(1-\nu^2)} \cdot \left(\frac{t}{b}\right)^2 \tag{4-92}$$

式中,χ——板边缘的弹性约束系数;

κ——板的屈曲系数;

ψ_t——弹性模量折减系数,$\psi_t = E_t/E$;

E_t——材料的切线模量。

根据轴心受压构件局部稳定的试验资料,ψ_t 可取为:

$$\psi_t = 0.1013\lambda^2\left(1 - 0.0248\lambda^2\frac{f_y}{E}\right)\frac{f_y}{E} \tag{4-93}$$

在工程应用中,为避免临界应力的复杂求解过程,通常采用限制翼缘和腹板宽厚比(或高厚比)的方法,以保证构件在丧失整体稳定承载力之前不会发生组成板件的局部屈曲,即轴心受压构件的局部稳定验算,保证板件的局部失稳临界应力式(4-92)不小于构件整体稳定的临界应力(φf_y),即:

$$\sigma_{crx} = \frac{\sqrt{\psi_t}\cdot\chi\cdot\kappa\cdot\pi^2\cdot E}{12(1-\nu^2)} \cdot \left(\frac{t}{b}\right)^2 \geqslant \varphi f_y \tag{4-94}$$

式(4-94)中的整体稳定系数 φ 可用 Perry 公式(4-42)来表达。显然 φ 值与构件的长细比 λ 有关。由式(4-94)即可确定板件宽厚比的限值。

下面以 H 形截面给出局部稳定的计算公式。

1) H 形截面腹板

腹板为视为纵向简支于翼缘板而其余两边简支于相邻腹板的四边支承板,此时屈曲系数 $\kappa=4$。当腹板发生屈曲时,翼缘板作为腹板纵向边的支承,对腹板起一定的弹性嵌固作用,使腹板的临界应力提高,根据试验取弹性约束系数 $\chi=1.3$。代入式(4-94),经化简后得到腹板高厚比 h_0/t_w 的简化表达式如下:

$$\frac{h_0}{t_w} \leqslant (25 + 0.5\lambda)\varepsilon_k \tag{4-95}$$

式中,h_0——腹板的计算高度(mm);

t_w——腹板计算厚度(mm);

λ——构件两方向长细比的较大值。当 $\lambda<30$ 时,取 $\lambda=30$;当 $\lambda>100$ 时,取 $\lambda=100$;

ε_k——钢号修正系数,其值为 235 与钢材牌号中屈服点数值的比值的平方根,即

$$\varepsilon_k = \sqrt{235/f_y}。$$

2）H 形截面翼缘

由于 H 形截面的腹板一般较翼缘板薄,腹板对翼缘板几乎没有嵌固作用,因此,翼缘可视为三边简支(一边简支于腹板、另两边简支于相邻翼缘)、一边自由地均匀受压,此时翼缘板的屈曲系数 $\kappa = 0.425$,弹性约束系数 $\chi = 1.0$。代入式(4-94)可得到翼缘板悬伸部分的宽厚比 b/t_f 与长细比的关系曲线,此曲线的关系式较为复杂,为便于应用,采用下列简单的直线式表达式:

$$\frac{b}{t_f} \leqslant (10 + 0.1\lambda)\varepsilon_k \tag{4-96}$$

式中,b——翼缘板自由外伸宽度(mm);

　　　t_f——翼缘板厚度(mm),其余符号同前。

其他截面构件的板件宽厚比限值见表 4-5。

表 4-5　轴心受压构件板件宽厚比限值

项　　次	截面及板件尺寸	宽厚比限值
1		$\dfrac{b}{t_f} \leqslant (10 + 0.1\lambda)\varepsilon_k$
		$\dfrac{h_0}{t_w} \leqslant (25 + 0.5\lambda)\varepsilon_k$
2		$\dfrac{b_0}{t}$ 或 $\dfrac{h_0}{t_w} \leqslant 40\varepsilon_k$
3		$b/t_f \leqslant (10 + 0.1\lambda)\varepsilon_k$
		焊接 T 形钢 $h_0/t_w \leqslant (13 + 0.17\lambda)\varepsilon_k$
		热轧剖分 T 形钢 $h_0/t_w \leqslant (15 + 0.2\lambda)\varepsilon_k$
4		当 $\lambda \leqslant 80\varepsilon_k$ 时,$w/t \leqslant 15\varepsilon_k$
		当 $\lambda > 80\varepsilon_k$ 时,$w/t \leqslant 5\varepsilon_k + 0.125\lambda$
		$w = b - 2t$
5		$\dfrac{d}{t} \leqslant 100\varepsilon_k^2$

如前所述,轴心受压构件的板件宽厚比限值是根据等稳定性条件得到的,计算时以构件达到整体稳定承载力 φf_y 为极限条件,当轴压构件实际承受的压力小于稳定承载力 φf_y,即式(4-94)的左端小于 φf_y 时,板件宽厚比限值显然还可以加大,即可乘以放大系数 $\alpha = \sqrt{\varphi f_y / N}$,其中 N 为轴压构件实际承受的轴力设计值。

4.4.3 腹板屈曲后强度的利用

当工字形截面的腹板高厚比 h_0/t_w 不满足式(4-95)的要求时,可以加厚腹板,但此法不一定经济,较有效的方法是在腹板中部设置纵向加劲肋。由于纵向加劲肋与翼缘板构成了腹板纵向边的支承,因此加强后腹板的有效高度 h_0 成为翼缘与纵向加劲肋之间的距离,如图 4-26 所示。

限制腹板高厚比和设置纵向加劲肋是为了保证在构件丧失构件稳定之前腹板不会出现局部屈曲。实际上,四边支承理想平板在屈曲后还有很大的承载能力,一般称之为屈曲后强度。板件的屈曲后强度主要来自平板中面的横向张力,因而板件屈曲后还能继续承载。屈曲后继续施加的荷载大部分将由边缘部分的腹板来承受,此时板内的纵向压力出现不均匀分布,如图 4-27(a)所示。

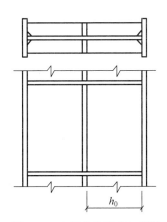

图 4-26 实腹柱的腹板加劲肋

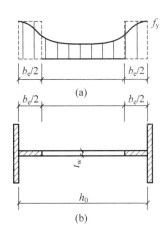

图 4-27 腹板屈曲后的有效截面

工程中,当构件受力较小主要由刚度控制时或为了避免加劲肋施工的困难,可以利用腹板的屈曲后强度。

钢结构工程中对腹板屈曲后的强度的应用,近似以图 4-27(a)中虚线所示的应力图形来代替板件屈曲后纵向压应力的分布,即引入等效宽度 b_e 和有效截面 A_e 的概念。考虑腹板截面部分退出工作,实际平板可由一应力等于 f_y 但宽度只有 b_e 的等效平板来代替。计算时,腹板截面面积仅考虑两侧宽度各为 $b_e/2$ 的部分,如图 4-27(b)所示,然后采用有效截面验算轴心受压构件的强度和稳定性。《钢结构设计标准》(GB 50017—2017)中明确规定:当验算强度时,采用有效净截面面积;验算稳定时,采用有效毛截面面积,孔洞对截面的影响可以不考虑,即

强度计算

$$\frac{N}{A_{ne}} \leqslant f \tag{4-97}$$

稳定性计算

$$\frac{N}{\varphi A_e f} \leqslant 1.0 \tag{4-98}$$

$$A_{ne} = \sum \rho_i A_{ni} \tag{4-99}$$

$$A_e = \sum \rho_i A_i \tag{4-100}$$

式中，A_{ne}、A_e——分别为构件的有效静截面面积（mm^2）和有效毛截面面积（mm^2）；

A_{ni}、A_i——分别为各组成板件的有效净截面面积（mm^2）和有效毛截面面积（mm^2）；

φ——稳定系数，可按构件毛截面计算；

ρ_i——各组成板件的有效截面系数，与板件截面的高厚比或宽厚比有关，有效截面系数可分别按以下公式计算。

1）箱形截面的壁板、H 形截面或工字形截面的腹板

当 $b/t \leqslant 42\varepsilon_k$ 时，$\rho = 1.0$

当 $b/t > 42\varepsilon_k$ 时，

$$\rho = \frac{1}{\lambda_{n,p}}\left(1 - \frac{0.19}{\lambda_{n,p}}\right) \tag{4-101}$$

$$\lambda_{n,p} = \frac{b/t}{56.2\varepsilon_k} \tag{4-102}$$

当 $\lambda > 52\varepsilon_k$ 时，

$$\rho \geqslant (29\varepsilon_k + 0.25\lambda)t/b \tag{4-103}$$

式中，b、t——分别为壁板或腹板的净宽度（mm）和厚度（mm）；

$\lambda_{n,p}$——板件的正则化宽厚比。

2）单角钢截面的外伸肢

$w/t > 15\varepsilon_k$ 时，

$$\rho = \frac{1}{\lambda_{n,p}}\left(1 - \frac{0.1}{\lambda_{n,p}}\right) \tag{4-104}$$

$$\lambda_{n,p} = \frac{b/t}{16.8\varepsilon_k} \tag{4-105}$$

当 $\lambda > 80\varepsilon_k$ 时，

$$\rho \geqslant (5\varepsilon_k + 0.13\lambda)t/w \tag{4-106}$$

对于约束状态近似为三边支承的翼缘板外伸肢，虽也存在屈曲后强度，但其影响远小于四边支承板。我国《钢结构设计标准》（GB 50017—2017）中对三边支承板外伸不考虑屈曲后强度，其宽厚比必须满足表 4-5 的规定。

【例 4-3】 已知某轴心受压实腹柱，轴心压力设计值 $N = 1400kN$，钢材 Q235，$f = 215N/mm^2$，柱长 $L = 5m$，两端铰接，中点 $L/2$ 处绕弱轴弯曲有侧向支撑，采用 3 块钢板焊成的工字形柱截面，翼缘尺寸为 300mm×12mm，腹板尺寸为 200mm×6mm，翼缘为焰切边。试验算该柱。

【解】

（1）截面面积：$A = (2 \times 300 \times 12 + 200 \times 6)mm^2 = 8400mm^2$

（2）惯性矩：$I_x = \left[\frac{300 \times (200 + 12 \times 2)^3}{12} - \frac{300 - 6}{12} \times 200^3\right]mm^4 = 8.499 \times 10^7 mm^4$

$$I_y = 2 \times \frac{12 \times 300^3}{12}mm^4 = 5.4 \times 10^7 mm^4$$

（3）回转半径：$i_x = \sqrt{\dfrac{I_x}{A}} = \sqrt{\dfrac{8.499 \times 10^7}{8400}}$ mm $= 100.5$ mm，$i_y = \sqrt{\dfrac{I_y}{A}} = \sqrt{\dfrac{5.4 \times 10^7}{8400}}$ mm $=$ 80.2mm

（4）长细比：由已知条件 $l = 5$m，绕弱轴 $l/2$ 处有支撑，$l_{0x} = l = 5$m，$l_{0y} = l/2 = 2.5$m；

$$\lambda_x = \frac{l_{0x}}{i_x} = \frac{5000}{100.5} = 49.75 < [\lambda] = 150, \lambda_y = \frac{l_{0y}}{i_y} = \frac{2500}{80.2} = 31.17 < [\lambda] = 150$$

（5）稳定系数：b 类截面，由最大长细比 $\lambda = 49.75$ 查附表 3-2 得：$\varphi = 0.856$。

（6）整体稳定验算：

$$\frac{N}{\varphi A f} = \frac{1400 \times 10^3}{0.856 \times 8400 \times 215} = 0.906 < 1，满足要求。$$

（7）局部稳定验算：

根据式（4-95）验算腹板的高厚比：

$$\frac{h_0}{t_w} = \frac{200}{6} = 33.3 < (25 + 0.5\lambda)\varepsilon_k = (25 + 0.5 \times 49.75)\sqrt{\frac{235}{235}} = 49.88$$

根据式（4-96）验算翼缘的宽厚比：

$$\frac{b}{t_f} = \frac{150 - 3}{12} = 12.3 < (10 + 0.1\lambda)\varepsilon_k = (10 + 0.1 \times 49.75)\sqrt{\frac{235}{235}} = 14.98$$

因此，满足要求。

【例 4-4】 如图 4-28 所示的轴心受压实腹构件，采用 3 块钢板焊成的工字形柱截面，承受轴力设计值 $N = 1900$kN，钢材为 Q355，截面无削弱，试验算该构件的整体稳定性和局部稳定性是否满足要求。

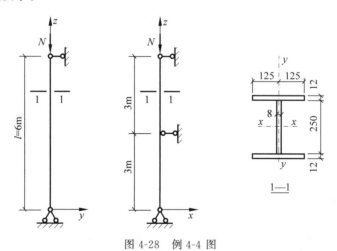

图 4-28 例 4-4 图

【解】

（1）截面面积：$A = (2 \times 250 \times 12 + 250 \times 8) \text{mm}^2 = 8000 \text{mm}^2$

（2）惯性矩：$I_x = \left(\dfrac{250 \times 274^3}{12} - \dfrac{250 - 8}{12} \times 250^3 \right) \text{mm}^4 = 1.1345 \times 10^8 \text{mm}^4$

$$I_y = 2 \times \frac{12 \times 250^3}{12} \text{mm}^4 = 3.126 \times 10^7 \text{mm}^4$$

（3）回转半径：$i_x = \sqrt{\dfrac{I_x}{A}} = \sqrt{\dfrac{1.1345 \times 10^8}{8000}}$ mm $= 119$mm，$i_y = \sqrt{\dfrac{I_y}{A}} = \sqrt{\dfrac{3.126 \times 10^7}{8000}}$ mm $=$

62.5mm

（4）长细比：$\lambda_x = \dfrac{l_{0x}}{i_x} = \dfrac{6000}{119} = 50.4 < [\lambda] = 150$，$\lambda_y = \dfrac{l_{0y}}{i_y} = \dfrac{3000}{62.5} = 48 < [\lambda] = 150$

（5）稳定系数：b 类截面，由 $\lambda = 50.4$，$\lambda/\varepsilon_k = 50.4/\sqrt{235/355} = 61.9$ 查附表 3-2 得：$\varphi = 0.797$。

（6）整体稳定验算：

$$\frac{N}{\varphi A f} = \frac{1900 \times 10^3}{0.797 \times 8000 \times 305} = 0.977 < 1$$

满足要求。

（7）局部稳定验算：

根据式（4-95）验算腹板的高厚比：

$$\frac{h_0}{t_w} = \frac{250}{8} = 31.25 < (25 + 0.5\lambda)\varepsilon_k = (25 + 0.5 \times 50.4)\sqrt{\frac{235}{355}} = 40.8$$

根据式（4-96）验算翼缘的宽厚比：

$$\frac{b}{t_f} = \frac{125 - 4}{12} = 10.1 < (10 + 0.1\lambda)\varepsilon_k = (10 + 0.1 \times 50.4)\sqrt{\frac{235}{355}} = 12.2$$

因此，满足要求。

4.5　实腹式轴心受压构件的设计

实腹式轴心受压构件一般采用双轴对称截面，以避免弯扭失稳。常用截面形式有型钢截面和组合截面两种。其中，型钢截面包括普通工字钢、H 型钢、钢管等；组合截面包括焊接工字形截面、焊接箱形截面、型钢和钢板的组合截面等。

为了获得经济与合理的设计效果，选择实腹式轴心受压构件的截面时，应遵循如下原则：

（1）宽肢薄壁。在满足板件宽（高）厚比限值的条件下，截面面积的分布应尽量开展，以增加截面的惯性矩和回转半径，提高构件的整体稳定性和刚度，达到用料合理。

（2）等稳定性。即让两个方向的长细比接近，以使 $\varphi_x = \varphi_y$，两个主轴方向的稳定承载力相同，从而达到经济效果。

（3）连接方便。一般选择开敞截面，便于与其他构件进行连接；在格构式结构中也常采用管形截面构件，此时的连接方法常采用螺栓球或焊接球节点，或直接相贯焊接节点等。

（4）制造省工。尽可能构造简单，加工方便，取材容易。如选择型钢或便于采用自动焊的工字形截面，这样做有时用钢量会增加，但因制造省工和型钢价格便宜，可能仍然比较经济。

进行实腹式轴心受压构件的截面设计时，一般应根据内力大小、计算长度、加工量、材料供应等情况综合考虑。单根轧制普通工字钢由于对 y 轴的回转半径比对 x 轴的回转半径小得多,适用于两方向计算长度相差较大的构件;宽翼缘 H 型钢(HW)制造省工,腹板较薄,翼缘较宽,因而具有很好的截面特性。用 3 块板焊成的工字形截面及十字形截面组合灵活,容易使截面分布合理,制造并不复杂。用型钢组成的截面适用于压力很大的柱。管截面两个方向的回转半径相近,因而最适合用于两方向计算长度相等的轴心受压柱。管截面属于封闭式,内部不易生锈,但与其他构件的连接和构造稍复杂。

常用截面形式有轧制普通工字钢、H 型钢、焊接工字形截面、型钢和钢板的组合截面、圆管和方管截面等,见图 4-29。

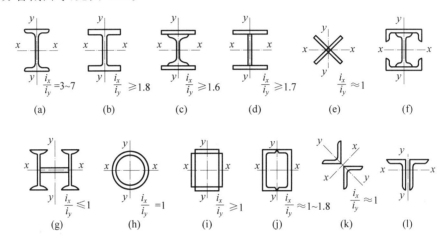

图 4-29　轴心受压实腹柱常用截面

(a) 轧制普通工字钢;(b) H 型钢;(c) 焊接工字形截面;(d) 焊接工字形截面;(e) 焊接"+"字形截面;
(f)、(g) 焊接组合截面;(h) 圆管;(i) 方管;(j)、(k)、(l) 格构式组合截面

4.5.1　实腹式轴心受压构件的截面设计

实腹式轴心受压构件的截面设计首先根据压力设计值、计算长度选定合适的截面形式,再初步确定截面尺寸,然后进行强度、整体稳定、局部稳定、刚度等验算。具体步骤如下:

(1) 假定构件的长细比,求出需要的截面面积 A。

一般假定 $\lambda=50\sim100$,当压力大而计算长度小时取较小值,反之取较大值。根据 λ、截面分类和钢种可查得稳定系数 φ,则所需的截面面积

$$A = \frac{N}{\varphi f} \tag{4-107}$$

(2) 求两个主轴所需要的回转半径。

$$i_x = \frac{l_{0x}}{\lambda} \tag{4-108}$$

$$i_y = \frac{l_{0y}}{\lambda} \tag{4-109}$$

(3) 由面积 A、回转半径 i_x、i_y 选择钢材。

一般优先选用轧制型钢。当型钢规格不满足所需截面尺寸时,可采用组合截面。这时需先初步定出截面轮廓尺寸,根据回转半径与截面高度和宽度的近似关系 $i_x = \alpha_1 h$ 和 $i_y =$

$\alpha_2 b$（系数 α_1、α_2 的近似值见表 4-6，如工字形截面，$\alpha_1 = 0.43$，$\alpha_2 = 0.24$），确定所需截面的高度和宽度：

$$h \approx \frac{i_x}{\alpha_1} \tag{4-110}$$

$$b \approx \frac{i_y}{\alpha_2} \tag{4-111}$$

表 4-6　各种截面回转半径的近似值

截面							
$i_x = \alpha_1 h$	$0.43h$	$0.38h$	$0.38h$	$0.40h$	$0.30h$	$0.28h$	$0.32h$
$i_y = \alpha_2 b$	$0.24b$	$0.44b$	$0.60b$	$0.40b$	$0.215b$	$0.24b$	$0.20b$

（4）由所需要的 A、h、b 等，确定截面的初选尺寸。

由所需要的 A、h、b 等，考虑构造要求、局部稳定以及钢材规格等，确定截面的初选尺寸。h、b 宜取 10mm 的倍数，t、t_w 宜取 2mm 的倍数且应符合钢板规格，一般 t_w 应比 t 小，但一般不小于 4mm。

（5）构件强度、稳定和刚度验算。

① 强度验算。对毛截面和净截面分别按式（4-2）、式（4-3）进行验算。即：$\sigma = \frac{N}{A} \leqslant f$，$\sigma = \frac{N}{A_n} \leqslant 0.7 f_u$。

② 整体稳定验算。按式（4-51）进行验算，即 $\frac{N}{\varphi A f} \leqslant 1.0$

③ 局部稳定验算。热轧型钢截面，板件的宽厚比较小，一般能满足要求，可不验算；对于组合截面，则应根据其截面形状按照表 4-5 的规定对板件的宽厚比进行验算。

④ 刚度验算。实腹式轴心受压构件的长细比应符合所规定的容许长细比要求。事实上，进行整体稳定验算时，构件的长细比已求出，以确定整体稳定系数 φ，因而刚度验算可与整体稳定验算同时进行。

4.5.2　实腹式轴心受压构件的构造要求

实腹式轴心受压构件腹板的高厚比 $h_0/t_w > 80$ 时，为防止腹板在施工和运输过程中发生变形，提高构件的抗扭刚度，应设置横向加劲肋。横向加劲肋的间距不得大于 $3h_0$，其截面尺寸要求为：双侧加劲肋的外伸宽度 b_s——$b_s \geqslant h_0/30 + 40$mm，厚度 t_s——$t_s \geqslant b_s/15$mm。

为保证大型实腹式构件（工字形或箱形）截面几何形状不变，提高构件的抗扭刚度，在受较大水平力处和运送单元的端部应设置横隔，横隔的间距不宜大于柱截面长边尺寸的 9 倍且不宜大于 8m。

工字形构件的横隔（图 4-30）只能用钢板，它与横向加劲肋的区别在于与翼缘同宽，而横向加劲肋通常较窄。箱形截面构件的横隔,有一边或两边不能预先焊接,可先焊两边或三边,装配后再在构件壁钻孔用电渣焊焊接其他边。

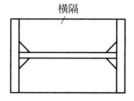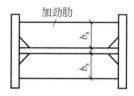

图 4-30 横隔与加劲肋

实腹式构件的翼缘与腹板连接焊缝(纵向焊缝)受力很小,不必计算,可按构造要求确定焊缝尺寸。

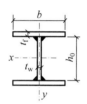

图 4-31 例 4-5 图

【例 4-5】 设计某轴心压杆截面尺寸,已知构件两端铰接,长 10m,承受轴心压力设计值 $N=800$kN(包括自重),采用焊接工字形截面,如图 4-31 所示,截面无削弱,翼缘为火焰切割边,材料 Q235。

【解】

(1)初选截面

已知 $l_{0x}=l_{0y}=10$m。构件对 x、y 轴屈曲时均属于 b 类截面。

假设:$\lambda=\lambda_x=\lambda_y=125$ 查附表 3-2 表得 $\varphi=0.411$。

$$A=\frac{N}{\varphi f}=\frac{800\times10^3}{0.411\times215}\text{mm}^2=9053\text{mm}^2,\quad i_x=i_y=\frac{10000}{125}\text{mm}=80\text{mm}$$

利用回转半径与轮廓尺寸间的近似关系,可以求得:

$$b=\frac{i_y}{0.24}=\frac{80}{0.24}\text{mm}=333\text{mm},取 330\text{mm}。$$

由腹板面积与截面总面积比例关系,设 $A_f=(0.35\sim0.40)A$,可以得到:

$$t_f=\frac{(0.35\sim0.40)A}{b}=\frac{(0.35\sim0.4)\times9053}{330}\text{mm}=9.6\sim11.0\text{mm},取 10\text{mm}。$$

取 $h_0=340$mm*($h\approx b$),则:$t_w\approx(A-2bt_f)/h_0=7.2$mm,取 $t_w=6$mm。

(2)计算截面几何特征

$$A=(2\times330\times10+340\times6)\text{mm}^2=8640\text{mm}^2$$

$$I_x=\left[\frac{1}{12}\times(330\times360^3-324\times340^3)\right]\text{mm}^4=2.218\times10^8\text{mm}^4,$$

$$I_y=2\times\frac{1}{12}\times10\times330^3\text{mm}^4=5.990\times10^7\text{mm}^4$$

$$i_x=\sqrt{I_x/A}=\sqrt{2.218\times10^8/8640}\text{mm}=160.2\text{mm},$$

$$i_y=\sqrt{I_y/A}=\sqrt{5.990\times10^7/8640}\text{mm}=83.3\text{mm}$$

---

* $b=330$mm,$h\approx b=330$mm,即 h_0 应取<330mm,但在应用中,加大截面高度有利于满足强度、刚度(挠度)验算,因此取值稍加大一点。

（3）截面验算

① 强度验算。截面无削弱,毛截面强度:

$$\sigma=\frac{N}{A}=\frac{800\times10^3}{8640}\text{N/mm}^2=92.6\text{N/mm}^2<f=215\text{N/mm}^2,\text{符合要求。}$$

事实上,对于轴压构件,若截面无削弱,稳定如果满足要求,则强度必满足要求。

② 刚度验算。$\lambda_x=\dfrac{l_{0x}}{i_x}=\dfrac{10000}{160.2}=62.4<[\lambda]=150$,$\lambda_y=\dfrac{l_{0y}}{i_y}=\dfrac{10000}{83.3}=120<[\lambda]=150$,

符合要求。

③ 整体稳定。b 类截面,由 $\lambda=\max\{\lambda_x,\lambda_y\}=120$,$\lambda/\varepsilon_k=120/\sqrt{235/235}=120$,查附表 3-2 得:$\varphi=0.437$;由式(4-51)

$$\frac{N}{\varphi Af}=\frac{800000}{0.437\times8640\times215}=0.985<1.0,\text{符合要求。}$$

④ 局部稳定。由于 $\lambda_{\max}=120>100$,取 $\lambda=100$

$$\frac{b}{t_f}=\frac{(330-6)/2}{10}=16.2<(10+0.1\times100)\times\sqrt{\frac{235}{235}}=20,\text{符合要求。}$$

$$\frac{h_0}{t_w}=\frac{340}{6}=56.7<(25+0.5\times100)\times\sqrt{\frac{235}{235}}=75,\text{符合要求。}$$

故所选截面合适。

【例 4-6】　图 4-32 所示为一管道支架,其支柱的轴心压力设计值为 $N=1500\text{kN}$(含自重),柱两端铰接,钢材为 Q355 钢,截面无孔洞削弱。当分别采用轧制工字钢、H 型钢和钢板焊接工字形三种截面时,试设计此柱。

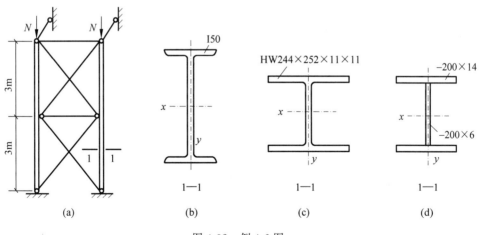

图 4-32　例 4-6 图

【解】

1）轧制工字钢

（1）初选截面

已知 $l_{0x}=6\text{m}$,$l_{0y}=3\text{m}$。假设:$\lambda=\lambda_x=\lambda_y=100$。对于 $b/h\leqslant0.8$ 的轧制工字钢,当构件绕 x 轴屈曲时属于 a 类截面,绕 y 轴屈曲时属于 b 类截面。由附表 3-2 查得 $\varphi=$

0.421。当计算点钢材厚度小于 16mm 时,由附表 1-1 查得:$f=305\text{N/mm}^2$,则所需的截面面积及回转半径为

$$A=\frac{N}{\varphi f}=\frac{1500\times10^3}{0.421\times305}\text{mm}^2=11682\text{mm}^2,\quad i_x=\frac{6000}{100}\text{mm}=60\text{mm},\quad i_y=\frac{3000}{100}\text{mm}=30\text{mm}$$

由附表 6-1,以面积 A、i_y 为主,适当考虑 i_x,初选 I50a。$A=11930.4\text{mm}^2$,$i_x=197\text{mm}$,$i_y=30.7\text{mm}$。翼缘厚度 $t=20\text{mm}>16\text{mm}$,由附表 1-1 得 $f=295\text{N/mm}^2$。

（2）截面验算

① 强度验算。截面无削弱,可不验算强度。

② 刚度验算。$\lambda_x=\dfrac{l_{0x}}{i_x}=\dfrac{6000}{197}=30.5<[\lambda]=150$,$\lambda_y=\dfrac{l_{0y}}{i_y}=\dfrac{3000}{30.7}=97.7<[\lambda]=150$,符合要求。

③ 整体稳定。b 类截面,由 $\lambda=\max\{\lambda_x,\lambda_y\}=97.7$,$\lambda/\varepsilon_k=97.7/\sqrt{235/355}=120.1$,查附表 3-2 得 $\varphi=0.436$;由式(4-51)得

$$\frac{N}{\varphi Af}=\frac{1500\times10^3}{0.436\times11930.4\times295}=0.978<1,\text{符合要求。}$$

④ 局部稳定。型钢截面,可不验算局部稳定。

综上,所选截面符合要求。

2）轧制 H 型钢

（1）初选截面

轧制 H 型钢可以选用宽翼缘的形式,截面宽度较大,因此,长细比可以适当减小,假设:$\lambda=\lambda_x=\lambda_y=70$。对于 $b/h>0.8$ 的宽翼缘 H 型钢,由表 4-3 可知,当构件绕 x 轴屈曲时属于 a 类截面,绕 y 轴屈曲时属于 b 类截面。由附表 3-2 查得 $\varphi=0.648$。当计算点钢材厚度 $<16\text{mm}$ 时,由附表 1-1 查得:$f=305\text{N/mm}^2$,则所需的截面面积及回转半径为

$$A=\frac{N}{\varphi f}=\frac{1500\times10^3}{0.648\times305}\text{mm}^2=7590\text{mm}^2,\quad i_x=\frac{6000}{70}\text{mm}=85.7\text{mm},$$

$$i_y=\frac{3000}{70}\text{mm}=42.9\text{mm}$$

由附表 6-2,以面积 A、i_y 为主,适当考虑 i_x,初选 HW200×204×12×12。$A=7153\text{mm}^2$,$i_x=83.5\text{mm}$,$i_y=48.8\text{mm}$。翼缘厚度 $t=12\text{mm}<16\text{mm}$,由附表 1-1 得 $f=305\text{N/mm}^2$。

（2）截面验算

① 强度验算。截面无削弱,可不验算强度。

② 刚度验算。$\lambda_x=\dfrac{l_{0x}}{i_x}=\dfrac{6000}{83.5}=71.9<[\lambda]=150$,$\lambda_y=\dfrac{l_{0y}}{i_y}=\dfrac{3000}{48.8}=61.5<[\lambda]=150$,符合要求。

③ 整体稳定。绕 x 轴屈曲时为 a 类截面，$\lambda_x/\varepsilon_k=71.9/\sqrt{235/355}=88.4$，查附表 3-1 得 $\varphi_x=0.725$；绕 y 轴屈曲时为 b 类截面，$\varepsilon_y/\varepsilon_k=61.5/\sqrt{235/355}=75.6$，查附表 3-2 得 $\varphi_y=0.716$；由式(4-51)得。

$$\frac{N}{\varphi A f}=\frac{1500\times10^3}{0.716\times7153\times305}=0.960<1，符合要求。$$

3）焊接工字形截面

（1）初选截面

参照 H 型钢截面试选截面，翼缘为 -200×14，腹板为 -200×6，则：

$$A=(2\times200\times14+200\times6)\,\mathrm{mm}^2=6800\,\mathrm{mm}^2$$

$$I_x=\left[\frac{1}{12}\times(200\times228^3-194\times200^3)\right]\mathrm{mm}^4=6.821\times10^7\,\mathrm{mm}^4，$$

$$I_y=\left(2\times\frac{1}{12}\times14\times200^3\right)\mathrm{mm}^4=1.867\times10^7\,\mathrm{mm}^4$$

$$i_x=\sqrt{I_x/A}=\sqrt{6.821\times10^7/6800}\,\mathrm{mm}=100.2\,\mathrm{mm}，$$

$$i_y=\sqrt{I_y/A}=\sqrt{1.867\times10^7/6800}\,\mathrm{mm}=52.4\,\mathrm{mm}$$

（2）截面验算

① 强度验算。截面无削弱，可不验算强度。

② 刚度验算。

$$\lambda_x=\frac{l_{0x}}{i_x}=\frac{6000}{100.2}=59.9<[\lambda]=150，\lambda_y=\frac{l_{0y}}{i_y}=\frac{3000}{52.4}=57.3<[\lambda]=150，符合要求。$$

③ 整体稳定。b 类截面，由 $\lambda=\max\{\lambda_x,\lambda_y\}=59.9$，$\lambda/\varepsilon_k=59.9/\sqrt{235/355}=73.6$，查附表 3-2 得 $\varphi=0.728$；式(4-51)得

$$\frac{N}{\varphi A f}=\frac{1500\times10^3}{0.728\times6800\times305}=0.993<1，符合要求。$$

④ 局部稳定。由于 $\lambda_{\max}=59.9<100$，取 $\lambda=59.9$

$$\frac{b}{t_f}=\frac{(200-6)/2}{14}=6.93<(10+0.1\times59.9)\times\sqrt{\frac{355}{235}}=19.7，符合要求。$$

$$\frac{h_0}{t_w}=\frac{200}{6}=33.3<(25+0.5\times59.9)\times\sqrt{\frac{355}{235}}=67.5，符合要求。$$

故所选截面合适。

由本例计算结果可知：

① 轧制普通工字钢要比轧制 H 型钢和焊接工字形截面的面积大很多，这是由于普通工字钢绕弱轴的回转半径较小，尽管弱轴方向的计算长度仅为强轴方向计算长度的 1/2，但其长细比仍然远高于后者，因而构件的承载能力是由弱轴所控制的，对强轴则有较大的富余，这显然是不经济的，若必须采用此种截面，宜再增加侧向支撑的数量。

② 对于轧制 H 型钢和焊接工字形截面,由于两个方向的长细比接近,基本上做到了等稳定性,用料更经济,焊接工字形截面更容易实现等稳定性要求,用钢量最省,但焊接工字形截面的焊接工作量大,在设计实腹式轴心受压构件时宜优先选用轧制 H 型钢。

4.6　格构式轴心受压构件的设计

格构式轴心受压构件是由两个或两个以上相同截面的分肢用缀材相连而成,分肢的截面常为热轧槽钢、H 型钢、热轧工字钢和热轧角钢等,如图 4-33 所示。

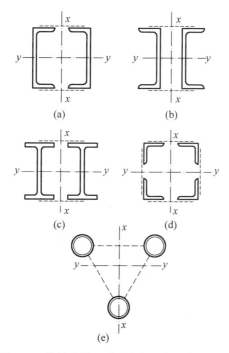

图 4-33　格构式轴心受压构件的常用截面形式

截面中穿过分肢腹板的轴称为实轴,穿过两肢之间缀材面的轴称为虚轴。分肢间用缀条或缀板连成整体。

格构式柱分肢轴线间的距离可以根据需要进行调整,使截面对虚轴有较大的惯性矩,从而实现对两个主轴的等稳定性,达到节省钢材的目的。格构式柱中常用双肢柱,如图 4-33(a)、(b)、(c)所示;对于荷载不大而柱身高度较大的柱子,可采用四根角钢组成的四肢格构式柱(图 4-33(d)),或者三面用缀材相连的三肢格构式柱,一般采用圆管作为肢件(图 4-33(e)),受力性能较好。图中的四肢柱、三肢柱的两个主轴都为虚轴。

缀材有缀条和缀板两种,如图 4-34 所示。当格构式柱的截面宽度较大时,因缀条柱的刚度较缀板柱为大,宜采用缀条柱。

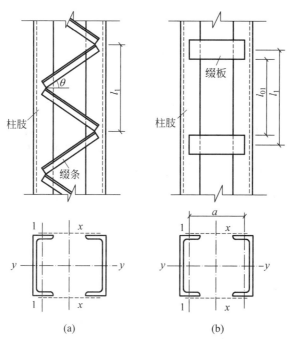

图 4-34　格构式轴心受压构件的缀材布置

（a）缀条柱；（b）缀板柱

4.6.1　格构式轴心受压构件的整体稳定性

1. 格构式轴心受压构件绕实轴的整体稳定

格构式轴心受压构件丧失整体稳定时，一般不大可能发生扭转屈曲和弯扭屈曲，往往发生绕截面主轴的弯曲屈曲，因此，计算格构式轴心受压构件的整体稳定时，只需计算绕截面实轴和虚轴抵抗弯曲屈曲的能力。

格构式轴心受压构件绕实轴的弯曲屈曲情况与实腹式轴压构件没有区别，因此，其整体稳定计算也相同，可以采用式（4-51）按 b 类截面进行计算。

2. 格构式轴心受压构件绕虚轴的整体稳定

实腹式轴心受压构件在弯曲屈曲时，剪切变形影响很小，对构件临界力的降低不到 1%，可以忽略不计。格构式轴心受压构件绕虚轴弯曲屈曲时，由于两个分肢不是实体相连，连接分肢的缀件的抗剪刚度比实腹式构件的腹板弱，构件在微弯平衡状态下，除弯曲变形外，还需要考虑剪切变形的影响，因此，稳定承载力有所降低。

对格构式轴心受压构件绕虚轴的整体稳定计算，常以加大长细比的办法来考虑剪切变形的影响，加大后的长细比称为换算长细比。考虑到缀条柱和缀板柱有不同的力学模型，因此，一般采用不同的换算长细比计算公式。

1）双肢格构式构件的换算长细比

（1）缀条式格构式构件

根据弹性稳定理论，格构式轴心受压构件考虑剪力影响的临界力表达式为：

$$N_{cr} = \frac{\pi^2 EA}{\lambda_x^2} \frac{1}{1 + \frac{\pi^2 EA}{\lambda_x^2}\gamma_1} = \frac{\pi^2 EA}{\lambda_{0x}^2} \tag{4-112}$$

式中，λ_x——整个构件绕虚轴的长细比；

　　λ_{0x}——格构式构件绕虚轴的换算长细比，$\lambda_{0x} = \sqrt{\lambda_x^2 + \pi^2 EA\gamma_1}$；

　　γ_1——单位剪力作用下沿垂直于虚轴方向的轴线转角（°），即单位剪切角。

　　如图 4-35 所示，缀材受单位剪力作用时，一侧缀材所受剪力 $V_1 = 1/2$，设一个节间内两侧斜缀条的面积之和为 A_{1x}，则一侧斜缀条的内力 $N_d = 1/(2\sin\alpha)$，斜缀条长 $l_d = l_1/\cos\alpha$，则斜缀条的轴向变形为

$$\Delta_d = \frac{N_d l_d}{EA_{1x}/2} = \frac{l_1}{EA_{1x}\sin\alpha\cos\alpha} \tag{4-113}$$

式中，α——斜缀条与柱轴线的夹角。

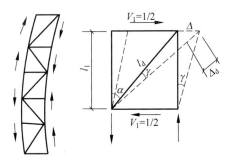

图 4-35　缀条柱的剪切变形

　　假设变形和剪切角是有限的微小值，则由 Δ_d 引起的水平变位 Δ 为

$$\Delta = \frac{\Delta_d}{\sin\alpha} = \frac{l_1}{EA_{1x}\sin^2\alpha\cos\alpha} \tag{4-114}$$

故剪切角为

$$\gamma_1 = \frac{\Delta}{l_1} = \frac{1}{EA_{1x}\sin^2\alpha\cos\alpha} \tag{4-115}$$

将式（4-115）代入 $\lambda_{0x} = \sqrt{\lambda_x^2 + \pi^2 EA\gamma_1}$ 得

$$\lambda_{0x} = \sqrt{\lambda_x^2 + \frac{\pi^2}{\sin^2\alpha\cos\alpha} \cdot \frac{A}{A_{1x}}} \tag{4-116}$$

　　一般斜缀条与柱轴线间夹角 α 在 $40° \sim 70°$，在此范围的 $\pi^2/(\sin^2\alpha\cos\alpha)$ 值变化不大（$25.6 \sim 32.7$），如图 4-36 所示。

　　《钢结构设计标准》（GB 50017—2017）中按 $\alpha = 45°$ 计算，即取 $\pi^2/(\sin^2\alpha\cos\alpha) = 27$，由此得双肢缀条式格构构件的换算长细比：

$$\lambda_{0x} = \sqrt{\lambda_x^2 + 27\frac{A}{A_{1x}}} \tag{4-117}$$

式中，λ_x——整个构件对 x 轴的长细比；

　　A——整个构件毛截面面积（mm^2）；

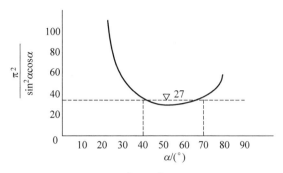

图 4-36　$\pi^2/(\sin^2\alpha\cos\alpha)$ 值

A_{1x}——构件截面中垂直于 x 轴的一个节间内各斜缀条毛截面面积之和（mm^2）。

需要注意的是，当斜缀条与柱轴线间的夹角不在 $40°\sim70°$ 时，$\pi^2/(\sin^2\alpha\cos\alpha)$ 值将大于 27 很多，式（4-117）是偏于不安全的，此时应按式（4-116）计算换算长细比 λ_{0x}。

（2）缀板式格构式构件

缀板式格构式构件中缀板与肢件的连接可视为刚接，因而分肢和缀板组成一个多层框架，假定变形时反弯点在各节点的中点，如图 4-37 所示。

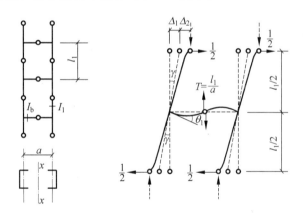

图 4-37　缀板柱的剪切变形

若只考虑分肢和缀板在横向剪力作用下的弯曲变形，取脱离体进行分析，可得单位剪力作用下缀板弯曲变形引起的分肢变位 Δ_1 为

$$\Delta_1=\frac{l_1}{2}\theta_1=\frac{l_1}{2}\cdot\frac{al_1}{12EI_{\mathrm{b}}}=\frac{al_1^2}{24EI_{\mathrm{b}}} \tag{4-118}$$

分肢本身弯曲变形时的变位 Δ_2 为

$$\Delta_2=\frac{l_1^3}{48EI_1} \tag{4-119}$$

由此得剪切角 γ

$$\gamma=\frac{\Delta_1+\Delta_2}{0.5l_1}=\frac{al_1}{12EI_{\mathrm{b}}}+\frac{l_1^2}{24EI_1}=\frac{l_1^2}{24EI_1}\Big(1+2\,\frac{I_1/l_1}{I_{\mathrm{b}}/a}\Big) \tag{4-120}$$

式中，I_1——分肢绕弱轴的惯性矩（mm^4）；

　　　I_{b}——缀板的惯性矩（mm^4）；

a——分肢轴线间距离（mm）。

将 γ 值代入 $\lambda_{0x}=\sqrt{\lambda_x^2+\pi^2EA\gamma_1}$，并令 $K_1=I_1/l_1$，$K_b=\sum I_b/a$，得换算长细比 λ_{0x}：

$$\lambda_{0x}=\sqrt{\lambda_x^2+\frac{\pi^2Al_1^2}{24I_1}\left(1+2\frac{K_1}{K_b}\right)} \tag{4-121}$$

式中，K_1——一个分肢的线刚度；

K_b——两侧缀板线刚度之和；

I_b——缀板的惯性矩（mm⁴）；

l_1——缀板中心距（mm），见图 4-34(b)；

I_1——分肢绕弱轴的惯性矩（mm⁴），见图 4-34(b)；

a——分肢轴线间距离（mm），见图 4-34(b)。

假设分肢截面面积 $A_1=0.5A$，$A_1l_1^2/I_1=\lambda_1^2$，则：

$$\lambda_{0x}=\sqrt{\lambda_x^2+\frac{\pi^2}{12}\left(1+2\frac{K_1}{K_b}\right)\lambda_1^2} \tag{4-122}$$

式中，λ_1——分肢的长细比，$\lambda_1=l_1/i_1$；

i_1——分肢绕弱轴的回转半径（mm）；

l_{01}——缀板间的净距离（mm），见图 4-34(b)。

《钢结构设计标准》（GB 50017—2017）规定，缀板线刚度之和 K_b 应大于 6 倍的分肢线刚度 K_1，即 $K_b/K_1\geqslant6$。若取 $K_b/K_1=6$，则 $\frac{\pi^2}{12}\left(1+2\frac{K_1}{K_b}\right)\approx1$，这时双肢缀板柱的长细比可按式(4-123)计算：

$$\lambda_{0x}=\sqrt{\lambda_x^2+\lambda_1^2} \tag{4-123}$$

若在某些特殊情况无法满足 $K_b/K_1\geqslant6$ 的要求，则换算长细比 λ_{0x} 应按式(4-122)计算。

2）四肢组合构件的换算长细比

（1）缀条式四肢组合构件

当缀件为缀条时，换算长细比计算公式为：

$$\lambda_{0x}=\sqrt{\lambda_x^2+40\frac{A}{A_{1x}}} \tag{4-124}$$

$$\lambda_{0y}=\sqrt{\lambda_y^2+40\frac{A}{A_{1y}}} \tag{4-125}$$

式中，A_{1x}——构件截面中垂直于 x 轴的各斜缀条毛截面面积之和（mm²）；

A_{1y}——构件截面中垂直于 y 轴的各斜缀条毛截面面积之和（mm²）。

（2）缀板式四肢组合构件

当缀件为缀板时，换算长细比计算公式为

$$\lambda_{0x}=\sqrt{\lambda_x^2+\lambda_1^2} \tag{4-126}$$

$$\lambda_{0y}=\sqrt{\lambda_y^2+\lambda_1^2} \tag{4-127}$$

3）三肢组合构件的换算长细比

缀件为缀条的三肢组合构件,换算长细比计算公式为

$$\lambda_{0x} = \sqrt{\lambda_x^2 + \frac{42A}{A_1(1.5 - \cos^2\theta)}} \tag{4-128}$$

$$\lambda_{0y} = \sqrt{\lambda_y^2 + \frac{42A}{A_1(1.5 - \cos^2\theta)}} \tag{4-129}$$

式中,θ——构件截面内缀条所在平面与 x 轴的夹角(°)。

4.6.2　格构式轴心受压构件分肢的稳定性

对格构式构件,除需要验算整个构件对其实轴和虚轴两个方向的稳定性外,还应考虑其分肢的稳定性。《钢结构设计标准》(GB 50017—2017)对此有如下规定:

(1) 对缀条柱,分肢的长细比 $\lambda_1 = l_1/i_1$ 不应大于构件两方向长细比(对虚轴取换算长细比)较大值的 0.7 倍,即

$$\lambda_1 = l_1/i_1 \leqslant 0.7\lambda_{\max} \tag{4-130}$$

(2) 对缀板柱,分肢的长细比 $\lambda_1 = l_1/i_1$ 不应大于 $40\varepsilon_k$,并不应大于柱较大长细比 $\lambda_{\max}$ 的 0.5 倍(当 $\lambda_{\max} < 50$ 时,取 $\lambda_{\max} = 50$),即

$$\lambda_1 = l_1/i_1 \leqslant 40\varepsilon_k \text{ 且} \leqslant 0.5\lambda_{\max} \tag{4-131}$$

另外,格构式柱和大型实腹式柱,在受到较大水平力处和运送单元的端部应设置横隔,横隔的间距不宜大于柱截面长边尺寸的 9 倍且不宜大于 8m。

4.6.3　格构式轴心受压构件的缀材设计

1. 格构式轴心受压构件的横向剪力

格构式构件绕虚轴失稳发生弯曲时,缀材要承受剪力的作用。需首先计算出剪力的数值,然后进行缀材的设计。

图 4-38 为一两端铰接轴心受压构件,绕虚轴弯曲时,假定最终的挠曲线为正弦曲线,跨中最大挠度为 v_0,则沿杆长任一点的挠度计算公式为:

$$y = v_0 \sin\frac{\pi z}{l} \tag{4-132}$$

该点的弯矩为

$$M = Ny = Nv_0 \sin\frac{\pi z}{l} \tag{4-133}$$

该点的剪力为

$$V = \frac{\mathrm{d}M}{\mathrm{d}z} = N\frac{\pi v_0}{l}\cos\frac{\pi z}{l} \tag{4-134}$$

由式(4-134)可知,剪力按余弦曲线分布,如图 4-38(b)所示,最大值在杆件的两端,为

$$V_{\max} = \frac{N\pi}{l}v_0 \tag{4-135}$$

跨中挠度 v_0 可由边缘纤维屈服准则导出。当截面边缘最大应力达到屈服强度时,有

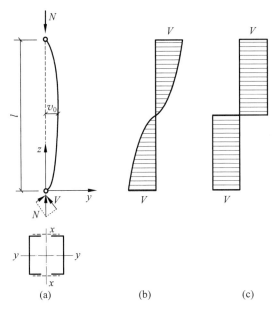

图 4-38　剪力计算简图

$$\frac{N}{A} + \frac{Nv_0}{I_x} \frac{b}{2} = f_y \tag{4-136}$$

即

$$\frac{N}{Af_y}\left(1 + \frac{v_0}{i_x^2} \frac{b}{2}\right) = 1 \tag{4-137}$$

式(4-137)中令 $\frac{N}{Af_y} = \varphi$，并取 $b \approx i_x/0.44$，得

$$v_0 = 0.88i_x(1-\varphi)\frac{1}{\varphi} \tag{4-138}$$

将式(4-138)代入式(4-135)，可得

$$V_{max} = \frac{0.88\pi(1-\varphi)}{\lambda_x} \cdot \frac{N}{\varphi} = \frac{1}{k} \cdot \frac{N}{\varphi} \tag{4-139}$$

式中，$k = \dfrac{\lambda_x}{0.88\pi(1-\varphi)}$。

经计算分析，在常用长细比范围内，k 值与长细比 λ 的关系不大，可取为常数，对 Q235 钢构件取 $k=85$，对 Q355、Q390、Q420 和 Q460 钢构件，取 $k \approx 85\varepsilon_k$。

因此，轴心受压格构柱平行于缀条面的剪力：

$$V_{max} = \frac{N}{85\varphi} \frac{1}{\varepsilon_k} \tag{4-140}$$

式中，φ——按照虚轴换算长细比确定的整体稳定系数。

令 $N = \varphi Af$，即得《钢结构设计标准》(GB 50017—2017)规定的最大剪力计算式：

$$V = \frac{Af}{85\varepsilon_k} \tag{4-141}$$

标准中为了简化计算，把图 4-38(b)所示按余弦变化的剪力分布图简化为图 4-38(c)所示的矩形分布图,即将剪力 V 沿柱长度方向取为定值。

2. 缀条的设计

当缀件采用缀条时,格构式构件的每个缀材面如同缀条与构件分肢组成的平行弦桁架体系,缀条可看作桁架的腹杆,其内力可按铰接桁架进行分析。

在横向剪力作用下,一个斜缀条的轴心力为

$$N_1 = \frac{V_1}{n\cos\theta} \tag{4-142}$$

式中,V_1——分配到一个缀材面上的剪力。

n——承受剪力 V_1 的斜缀条数。单系缀条时,$n=1$;交叉缀条时,$n=2$。

θ——缀条的倾角。

缀条一般采用单系缀条,也可采用交叉缀条,如图 4-39 所示。由于剪力方向不定,斜缀条可能受拉也可能受压,应按轴心压杆选择截面。缀条一般采用单角钢,与柱单面连接,考虑到受力时的偏心和受压时的弯扭,当按轴心受力构件设计时,应将钢材强度设计值乘以下列折减系数:

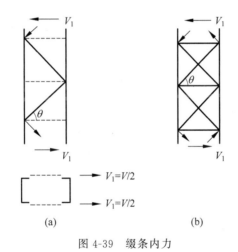

图 4-39　缀条内力

(1) 按轴心受力计算构件的强度和连接时,$\eta=0.85$;

(2) 按轴心受压计算构件的稳定性时:

等边角钢:$\eta=0.6+0.0015\lambda$,但 $\leqslant 1.0$;

短边相连的不等边角钢:$\eta=0.5+0.0025\lambda$,但 $\leqslant 1.0$;

长边相连的不等边角钢:$\eta=0.70$。

λ 为缀条的长细比,对中间无联系的单角钢压杆,按最小回转半径计算,当 $\lambda<20$,取 $\lambda=20$。交叉缀条体系的横缀条按受压力 $N=V_1$ 计算。为了减小分肢的计算长度,单系缀条可加横缀条,其截面尺寸一般与斜缀条相同,也可按容许长细比确定。

3. 缀板的设计

当缀件采用缀板时,格构式构件的每个缀材面如同缀板与构件分肢组成的单跨多层平面刚架体系。假定受力弯曲时,反弯点在各段分肢和缀板的中点。如图 4-40 所示,取隔离

体,根据内力平衡可得缀板内力为

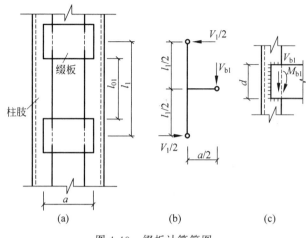

图 4-40　缀板计算简图

剪力

$$V_{b1} = \frac{V_1 l_1}{a} \tag{4-143}$$

弯矩(与肢件连接处)

$$M_{b1} = V_{b1} \frac{a}{2} = \frac{V_1 l_1}{2} \tag{4-144}$$

式中,l_1——缀板中心线间的距离;

　　a——分肢轴线间的距离。

缀板与肢体用角焊缝相连,角焊缝承受剪力和弯矩的共同作用。缀板应有一定的刚度,同一截面处两侧缀板刚度之和不得小于一个分肢线刚度的 6 倍。一般取缀板宽度 $d \geqslant 2a/3$,缀板厚度 $t \geqslant a/40$,并不小于 6mm,端缀板宜适当加宽,取 $d = a$。

4.6.4　格构式构件的横隔

格构式构件横截面中部空心,抗扭刚度较差。为提高其抗扭刚度,保证构件在运输和安装过程中的截面形状不变,应每隔一段距离设置横隔。横隔的间距不得大于构件较大宽度的 9 倍或 8m,且每个运送单元的端部均应设置横隔。

当构件某一处受到较大水平集中力作用时,也应在该处设置横隔,以免分肢局部受弯。横隔可用钢板或交叉角钢制成,如图 4-41 所示。

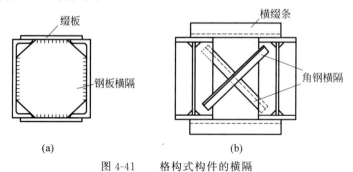

图 4-41　格构式构件的横隔

4.6.5　格构式轴心受压构件的设计步骤

进行格构式轴心受压构件设计时,首先选择分肢截面和缀材的形式,中小型柱可采用缀板柱或缀条柱,大型柱宜用缀条柱。然后按下列步骤进行设计:

(1) 按对实轴(y—y 轴)的整体稳定选择柱的截面,方法与实腹式构件的计算相同;

(2) 按对虚轴(x—x 轴)的整体稳定确定两分肢的距离。

为了获得等稳定性,应使两方向的长细比相等,即使 $\lambda_{0x}=\lambda_y$。

缀条柱(双肢):

$$\lambda_{0x}=\sqrt{\lambda_x^2+27\frac{A}{A_{1x}}}=\lambda_y \tag{4-145}$$

即

$$\lambda_x=\sqrt{\lambda_y^2-27\frac{A}{A_{1x}}} \tag{4-146}$$

缀板柱(双肢):

$$\lambda_{0x}=\sqrt{\lambda_x^2+\lambda_1^2}=\lambda_y \tag{4-147}$$

即

$$\lambda_x=\sqrt{\lambda_y^2-\lambda_1^2} \tag{4-148}$$

缀条式构件应预先确定斜缀条的截面 A_1,缀板式构件应先假定分肢长细比 λ_1。按式(4-146)、式(4-148)计算得到对虚轴的长细比 λ_x 后,即可得到对虚轴的回转半径:

$$i_x=l_{0x}/\lambda_x \tag{4-149}$$

根据截面外轮廓尺寸与回转半径近似关系(表 4-6)可得构件在缀材方向的宽度,即:$b\approx i_x/a_1$,亦可由已知截面的几何量直接算出构件的宽度 b。

(3) 验算构件对虚轴的整体稳定性,不合适时应调整 b 再进行验算。

(4) 设计缀条或缀板(包括与分肢的连接)。

进行以上计算时应注意:

(1) 实轴的长细比 λ_y 和对虚轴的换算长细比 λ_{0x} 均不得超过容许长细比 $[\lambda]$;

(2) 缀条构件的分肢长细比 $\lambda_1=l_1/i_1$ 不得超过构件两方向长细比(对虚轴为换算长细比)较大值的 0.7 倍,否则分肢可能先于整体失稳;

(3) 缀板构件的分肢长细比 $\lambda_1=l_1/i_1$ 不应大于 40,并不应大于构件较大长细比 λ_{max} 的 0.5 倍(当 $\lambda_{max}<50$ 时,取 $\lambda_{max}=50$),以保证分肢不先于整体失去承载能力。

【例 4-7】　两端铰支柱长 10m,承受轴压力设计值 $N=800$kN(包括自重),分肢要求选用热轧普通槽钢,单缀条体系,初定缀条选用单角钢 $1\llcorner 45\times4$,面积 $A_1=3.49\text{cm}^2$,最小回转半径 $i_y=0.89$cm,缀条倾角 45°,焊条选用 E43 型,手工焊,Q235 钢,试设计该柱。

【解】

1) 按绕实轴稳定性选择分肢尺寸

已知:$l_{0x}=l_{0y}=l=10$m,$N=800$kN,假设:$\lambda_y=105$,查附表 3-2 得:$\varphi=0.523$,由此得:

$$A\geqslant\frac{N}{\varphi f}=\frac{800\times10^3}{0.523\times215}\text{mm}^2=7115\text{mm}^2$$

$$i_y \geqslant l_{0y}/\lambda_y = 10 \times 10^3/105 \mathrm{mm} = 95.2 \mathrm{mm}$$

选用 2[25a，如图 4-42 所示。查型钢表可知：$A = 2 \times 34.92 \mathrm{cm}^2 = 69.82 \mathrm{cm}^2$，$i_y = 9.82 \mathrm{cm}$，$I_1 = 176 \mathrm{cm}^4$，$i_1 = 2.24 \mathrm{cm}$，$b_1 = 7.8 \mathrm{cm}$，$y_0 = 2.07 \mathrm{cm}$。

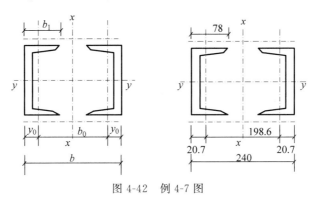

图 4-42   例 4-7 图

验算实轴整体稳定：

$$\lambda_y = \frac{l_{0y}}{i_y} = \frac{10 \times 10^2}{9.82} = 101.8 < [\lambda] = 150，查附表 3-2 得：\varphi = 0.543；$$

$$\frac{N}{\varphi A f} = \frac{800 \times 10^3}{0.543 \times 6982 \times 215} = 0.981 < 1，满足要求。（查附表 1-1 得 f = 215 \mathrm{MPa}）$$

2）按虚轴与实轴等稳定性确定分肢间距 b_0

$$\lambda_x = \sqrt{\lambda_y^2 - 27 \frac{A}{A_{1x}}} = \sqrt{101.8^2 - 27 \times \frac{69.82}{2 \times 3.49}} = 100.5$$

$$i_x = \frac{l_{0x}}{\lambda_x} = \frac{10 \times 10^3}{100.5} \mathrm{mm} = 99.5 \mathrm{mm}$$

要求分肢间距：$b_0 = 2\sqrt{i_x^2 - i_1^2} = 2\sqrt{99.5^2 - 22.4^2} \mathrm{mm} = 194 \mathrm{mm}$；

$b = b_0 + 2y_0 = (194 + 2 \times 20.7) \mathrm{mm} = 235 \mathrm{mm}$，取 240mm；

$$I_x = \left[2I_1 + A \times \left(\frac{b - 2y_0}{2} \right)^2 \right] \mathrm{mm}^4 = 7.237 \times 10^7 \mathrm{mm}^4，i_x = \sqrt{\frac{I_x}{A}} = 101.8 \mathrm{mm}。$$

3）柱截面验算

（1）整体稳定

$$\lambda_x = \frac{l_{0x}}{i_x} = \frac{10 \times 10^3}{101.8} = 98.2，$$

$$\lambda_{0x} = \sqrt{\lambda_x^2 + 27 \frac{A}{A_{1x}}} = 99.6 < \lambda_y = 101.8，查附表 3-2 得：\varphi = 0.557，$$

$$\frac{N}{\varphi A f} = \frac{800 \times 10^3}{0.557 \times 6982 \times 215} = 0.957 < 1，满足要求。$$

（2）分肢稳定

$$\lambda_{\max} = \max(98.2, 101.8) = 101.8，l_{01} = \frac{2b_0}{\tan\alpha} = \frac{2(b - 2y_0)}{\tan 45°} = 397 \mathrm{mm}，\lambda_1 = l_{01}/i_1 = 397/$$

$22.4 = 17.7 < 0.7\lambda_{\max} = 0.7 \times 101.8 = 71.3。$

（3）强度

截面无削弱，可不计算。

（4）刚度

$\lambda_{max} = 101.8 < [\lambda] = 150$，满足要求。

4）缀条设计

缀条已选用单角钢 $1 \llcorner 45 \times 4$，面积 $A_1 = 3.49\text{cm}^2$，最小回转半径 $i_y = 0.89\text{cm}$，缀条倾角 $45°$，分肢 $l_{01} = 397\text{mm}$，斜缀条长度 $l_d = \dfrac{b - 2y_0}{\sin 45°} = 280.9\text{mm}$

柱的剪力：$V = \dfrac{Af}{85\varepsilon_k} = \dfrac{6982 \times 215}{85}\text{N} = 17660\text{N}$，$V_1 = V/2 = 8830\text{N}$；$\left(\varepsilon_k = \sqrt{\dfrac{235}{f_y}}\right.$，Q235，$f_y = 235$，$\varepsilon_k = 1.0$。$\left.\right)$

斜缀条内力：$N_d = \dfrac{V_1}{\sin 45°} = \dfrac{8830}{\sin 45°}\text{N} = 12488\text{N}$

斜缀条长细比：$\lambda_{d1} = l_{d01}/i_{d1} = l_d/i_y = 280.9/8.9 = 31.6 < [\lambda] = 150$；

查附表 3-2，$\varphi = 0.930$，强度折减系数 $\eta = 0.6 + 0.0015\lambda = 0.6474$；

斜缀条的整体稳定：

$$\frac{N}{\varphi A \eta f} = \frac{12488}{0.930 \times 349 \times 0.6474 \times 215} = 0.276 < 1$$，满足要求。

注：使用中 A 根据具体情况取值，此处 $A = A_1$。

缀条无截面削弱，强度不必验算。缀条的连接角焊缝采用两面侧焊缝，按构造要求取 $h_f = 4\text{mm}$；单面连接的单角钢按轴心受力计算连接时，强度折减系数 $\eta = 0.85$，则：

肢背所需焊缝长度：

$$l_{w1} = \frac{k_1 N_d}{0.7 h_f \eta f_f^w} = \frac{0.7 \times 12488}{0.7 \times 4 \times 0.85 \times 160}\text{mm} = 23\text{mm}$$

肢尖所需焊缝长度：

$$l_{w2} = \frac{k_2 N_d}{0.7 h_f \eta f_f^w} = \frac{0.3 \times 12488}{0.7 \times 4 \times 0.85 \times 160}\text{mm} = 10\text{mm}$$

按构造要求，肢背、肢尖焊缝计算长度均取 40mm，实际长度可取 50mm。

4.7　轴心受压柱的柱头和柱脚

柱的顶部与梁（桁架）连接的部分称为柱头，作用是通过柱头将上部结构的荷载传到柱身。柱下端与基础连接的部分称为柱脚，作用是将柱身所受的力传递和分布到基础，并将柱固定于基础。单个构件必须通过相互连接才能形成结构整体，轴心受压柱通过柱头直接承受上部结构传来的荷载，同时通过柱脚将柱身的内力可靠地传给基础。梁与柱的连接节点设计必须遵循传力可靠、构造简单和便于安装的原则。

4.7.1　柱头

梁与轴心受压柱铰接时，梁可支承于柱顶，亦可连于柱的侧面。梁支于柱顶时，梁的支座反力通过柱顶板传给柱身。顶板与柱用焊缝连接,顶板厚度一般取 16～20mm。为了便于安装定位,梁与顶板用普通螺栓连接。

图 4-43(a)将梁的反力通过支承加劲肋直接传给柱的翼缘。两相邻梁间留一空隙,便于安装,最后用夹板和构造螺栓连接。这种连接方式构造简单,对梁长度尺寸的制作要求不高。缺点是当柱顶两侧梁的反力不等时将使柱偏心受压。

图 4-43(b)中,梁的反力通过梁端部加劲肋的突缘传给柱轴线附近,即使两相邻梁的反力不等,柱仍接近轴心受压。梁端加劲肋底面应刨平顶紧于柱顶板。由于梁的反力大部分传给柱的腹板,因此腹板不能太薄且必须用加劲肋加强。两相邻梁之间可留一些空隙,安装时嵌入合适尺寸的填板并用普通螺栓连接。

对于格构式柱,如图 4-43(c),为了保证传力均匀并托住顶板,应在两柱肢之间设置竖向隔板。

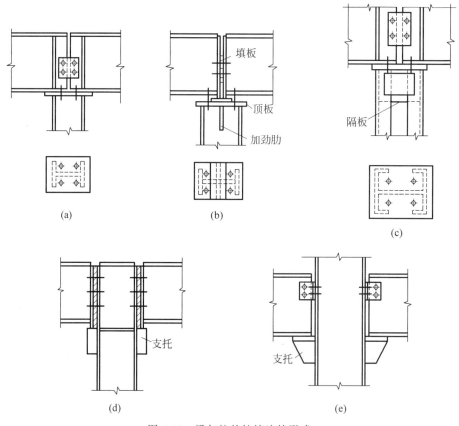

图 4-43   梁与柱的铰接连接形式

在多层框架的中间梁柱中,横梁只能在柱侧相连。图 4-43(d)、(e)是梁连接于柱侧面的铰接构造图。梁的反力由端加劲肋传给支托,支托可采用 T 形(图 4-43(e)),也可用厚钢板做成(图 4-43(d)),支托与柱翼缘间用角焊缝相连。用厚钢板作支托的方案适用于承受较大的压力,但制作与安装的精度要求较高。支托的端面必须刨平并与梁端加劲肋顶紧以便直接传递压力。考虑到荷载偏心的不利影响,支托与柱的连接焊缝按梁支座反力的 1.25 倍计算。为方便安装,梁端与柱间应留空隙加填板并设置构造螺栓。当两侧梁的支座反力相差较大时,柱应考虑偏心按压弯构件计算。

4.7.2 柱脚

柱脚的构造应使柱身的内力可靠地传给基础,并和基础牢固连接。轴心受压柱的柱脚主要传递轴心压力,与基础的连接一般采用铰接。

图 4-44 为几种常用的平板式铰接柱脚。由于基础混凝土强度远比钢材低,所以必须把柱的底部放大,以增加其与基础顶部的接触面积。图 4-44(a)是一种最简单的柱脚形式,柱下端仅焊 1 块底板,柱压力由焊缝传至底板,再传给基础。这种柱脚仅用于小型柱,如果用于大型柱,底板会过厚。一般的铰接柱脚常采用图 4-44(b)、(c)、(d)的形式,在柱端部与底板之间增设一些中间传力零件,如靴梁、隔板和肋板等,以增加柱与底板连接焊缝长度,并将底板分隔成几个区格,使底板弯矩减小,厚度减薄。图 4-44(b)中,靴梁焊于柱两侧,靴梁间用隔板加强,减小底板弯矩,并提高靴梁稳定性。图 4-44(c)是格构柱的柱脚构造。图 4-44(d),在靴梁外侧设置肋板,底板做成正方形或接近正方形。

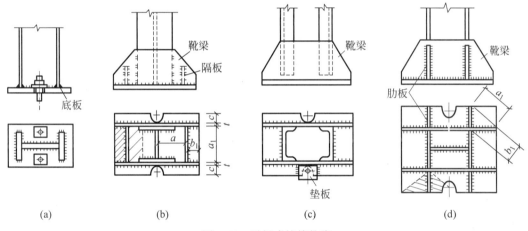

图 4-44 平板式铰接柱脚

布置柱脚中的连接焊缝时,应考虑施焊的方便与可能。例如图 4-44(b)隔板的里侧,图 4-44(c)、(d)中靴梁中央部分的里侧,都不宜布置焊缝。

柱脚利用预埋在基础中的锚栓固定其位置。铰接柱脚只沿一条轴线设立 2 个连接于底板上的锚栓。底板的抗弯刚度较小,锚栓受拉时,底板会产生弯曲变形,阻止柱端转动的抗力不大,因而此种柱脚仍视为铰接。如果用完全符合力学图形的铰,将给安装工作带来很大困难,而且构造复杂,一般情况没有此种必要。

铰接柱脚不承受弯矩,只承受轴向压力和剪力。剪力常由底板与基础表面的摩擦力传递。当摩擦力不足以承受水平剪力时,应在柱脚底板下设置抗剪键,如图 4-45 所示,抗剪键可用方钢、短 T 形钢或 H 型钢制成。

铰接柱脚通常仅按承受轴向压力计算,轴向压力 N 一部分由柱身传给靴梁、肋板等,再传给底板,最后传给基础;另一部分是经柱身与底板间的连接焊缝传给底板,再传给基础。然而实际工程

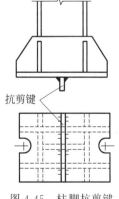

图 4-45 柱脚抗剪键

中,柱端难以做到齐平,而且为了便于控制柱长的准确性,柱端可能比靴梁缩进一些。

1. 柱底板的计算

1）底板的平面尺寸

平面尺寸决定于基础材料的抗压能力,基础对底板的压应力近似认为均匀分布,所需要的底板净面积 A_n（底板长×宽,减去栓孔面积）应满足式（4-150）：

$$A_n \geqslant \frac{N}{\beta_c f_c} \tag{4-150}$$

式中,β_c——基础混凝土局部承压时的强度提高系数;

f_c——基础混凝土的轴心抗压强度设计值,应考虑基础混凝土局部承压时强度提高系数。

β_c 和 f_c 的取值按现行国家标准《混凝土结构设计规范》（2015 年版）（GB 50010—2010）。

根据构造要求确定底板宽度为：

$$B = a_1 + 2t + 2c \tag{4-151}$$

式中,a_1——柱截面已选定的宽度或高度（mm）;

t——靴梁厚度（mm）,通常取 10～14mm;

c——底板悬臂部分的宽度（mm）,通常取锚栓直径的 3～4 倍,锚栓直径一般为 20～24mm。

底板长度为：

$$L = A/B \tag{4-152}$$

式中,A——底板毛截面面积（mm^2）,$A = A_n + A_0$;

A_0——螺栓孔截面面积（mm^2）。

底板的平面尺寸 L、B 应取整数。根据柱脚的构造形式,可以取 L 与 B 大致相同。

2）底板的厚度

底板的厚度由板的抗弯强度决定。底板可视为一块支承在靴梁、隔板、肋板和柱端的平板,承受基础传来的均匀反力。靴梁、隔板、肋板和柱端面均可视为底板的支承边,将底板分隔成不同的区格,有四边支承、三边支承、两相邻边支承和一边支承等区格,如图 4-46 所示。在均匀分布的基础反力作用下,各区格板单位宽度上的最大弯矩可分别按以下公式求出。

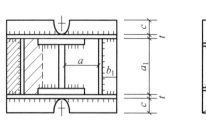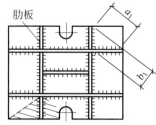

图 4-46　柱底板分区

（1）四边支承区格

$$M = \alpha q a^2 \tag{4-153}$$

式中,q——作用于底板单位面积上的压应力,$q = N/A_n$;

a——四边支承区格的短边长度；

α——系数,根据长边 b 与短边 a 之比按表 4-7 取用。

表 4-7　α 值

b/a	1.0	1.1	1.2	1.3	1.4	1.5	1.6	1.7	1.8	1.9	2.0	3.0	$\geqslant 4.0$
α	0.048	0.055	0.063	0.069	0.075	0.081	0.086	0.091	0.095	0.099	0.101	0.119	0.125

（2）三边支承区格和两相邻边支承区格

$$M = \beta q a_1^2 \tag{4-154}$$

式中, a_1——对三边支承区格为自由边长度；对两相邻边支承区格为对角线长度；

　　β——系数,根据 b_1/a_1 值由表 4-8 查得。对三边支承区格 b_1 为垂直于自由边的宽度；对两相邻边支承区格, b_1 为内角顶点至对角线的垂直距离。

表 4-8　β 值

b_1/a_1	0.3	0.4	0.5	0.6	0.7	0.8	0.9	1.0	1.1	$\geqslant 4.0$
β	0.026	0.042	0.056	0.072	0.085	0.092	0.104	0.111	0.120	0.125

当三边支承区格的 $b_1/a_1 < 0.3$ 时,可按悬臂长度为 b_1 的悬臂板计算。

（3）一边支承区格（悬臂板）

$$M = \frac{1}{2} q c^2 \tag{4-155}$$

式中, c——悬臂长度。

几部分板承受的弯矩一般不相同,取各区格板中的最大弯矩 $M_{\max}$ 来确定板的厚度 t :

$$t \geqslant \sqrt{\frac{6 M_{\max}}{f}} \tag{4-156}$$

设计时注意靴梁和隔板的布置应尽可能使各区格板中的弯矩相差不要太大,以免所需的底板过厚,否则应调整底板尺寸和重新划分区格。

底板厚度通常为 $20 \sim 40\text{mm}$,最薄一般不得小于 14mm,以保证底板具有必要的刚度,满足基础反力均布的假设。

2. 靴梁的计算

靴梁的高度由其与柱边连接所需的焊缝长度决定,此连接焊缝承受柱身传来的压力 N 。靴梁的厚度比柱翼缘厚度略小。

靴梁按支承于柱边的双悬臂梁计算,根据所承受的最大弯矩和最大剪力,验算靴梁的抗弯和抗剪强度。

3. 隔板与肋板的计算

为了支承底板,隔板应具有一定刚度,隔板厚度不得小于其宽度 b 的 1/50,一般比靴梁略薄些,高度略小些。

隔板可视为支承于靴梁上的简支梁,荷载可按承受图 4-46 中阴影面积的底板反力计算,按此荷载所产生的内力验算隔板与靴梁的连接焊缝以及隔板本身的强度。注意隔板内侧的焊缝不易施焊,计算时不能考虑受力。

肋板按悬臂梁计算,承受的荷载为图 4-46 所示的阴影部分的底板反力。肋板与靴梁间的连接焊缝以及肋板本身的强度均应按其承受的弯矩和剪力来计算。

【例 4-8】 设计轴心受压柱的铰接柱脚。柱子采用热轧 H 型钢,截面采用市场较为常用的热轧型钢 HW250×250×9×14,轴心压力设计值为 1800kN(含自重)。柱脚钢材选用 Q355,焊条为 E50 型。假定基础混凝土强度等级为 C20。

【解】

1) 底板尺寸

由式(4-150),可求所需的最小底板净面积,即

$$A_n \geqslant \frac{N}{\beta_c f_c} = \frac{1800 \times 10^3}{1.0 \times 9.6} \text{mm}^2 = 187500 \text{mm}^2 (\beta_c \text{、} f_c \text{ 按 GB 50010—2010 取值,C20,} f_c = $$

9.6 可由表 4.1.4 查得,按 6.3.1 条查得 $\beta_c = 1.0$。)

锚栓采用 $d = 20$mm,锚孔面积约 5000mm²,则

$$A = A_n + 5000 \text{mm}^2 = 192500 \text{mm}^2$$

靴梁厚度取 10mm,悬臂长度 c 取 65mm,如图 4-47 所示,则

$$B = a_1 + 2t + 2c = (250 + 2 \times 10 + 2 \times 65) \text{mm} = 400 \text{mm}$$

$L = A/B = 192500/400 \text{mm} = 481 \text{mm}$,采用 $B \times L = 400 \text{mm} \times 600 \text{mm}$。

底板承受的均匀压应力为:

$$q = \frac{N}{B \times L - A_0} = \frac{1800 \times 10^3}{400 \times 600 - 5000} \text{N/mm}^2 = 7.66 \text{N/mm}^2$$

四边支承板(区格①)的弯矩为

$b/a = 250/200 = 1.25$,查表 4-7,插值得 $\alpha = 0.066$,

$$M_1 = \alpha q a^2 = 0.066 \times 7.66 \times 200^2 \text{N} \cdot \text{mm} = 20222.4 \text{N} \cdot \text{mm}$$

三边支承板(区格②)的弯矩为

$b_1/a_1 = 100/250 = 0.4$,查表 4-8,得 $\beta = 0.042$,

$$M_2 = \beta q a_1^2 = 0.042 \times 7.66 \times 250^2 \text{N} \cdot \text{mm} = 20107.5 \text{N} \cdot \text{mm}$$

悬臂板(区格③)的弯矩为

$$M_3 = \frac{1}{2} q c^2 = 0.5 \times 7.66 \times 65^2 \text{N} \cdot \text{mm} = 16181.8 \text{N} \cdot \text{mm}$$

$$M = \max(M_1, M_2, M_3) = 20222.4 \text{N} \cdot \text{mm},\text{且各区格弯矩相差不大。}$$

底板厚度(考虑到底板厚度可能大于 16mm,因此强度值按附表 1-1 取 $f = 295 \text{N/mm}^2$):

$$t \geqslant \sqrt{\frac{6M_{max}}{f}} = \sqrt{\frac{6 \times 20222.4}{295}} \text{mm} = 20.3 \text{mm},\text{取底板厚度 22mm。}$$

2) 隔板设计

隔板可视为两端支承于靴梁、跨度 $l = 250$mm 的简支梁,其受荷面积为图 4-47 中的阴影部分,化成线荷载为:

$$q = 200 \times 7.66 \text{N/mm} = 1532 \text{N/mm}$$

隔板与柱脚底板以及隔板与靴梁的内侧施焊比较困难,计算时仅考虑外侧一条焊缝有效。

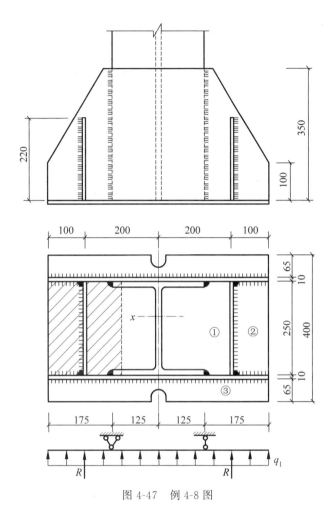

图 4-47　例 4-8 图

(1) 隔板与柱脚底板的连接焊缝计算

隔板与柱脚底板的连接焊缝为正面角焊缝,正面角焊缝强度增大系数 $\beta = 1.22$,取焊脚尺寸 $h_f = 10\text{mm}$,进行焊缝强度计算:

$$\sigma_f = \frac{N}{h_e \sum l_w} = \frac{1532 \times 1}{0.7 \times 10 \times 1}\text{N/mm}^2 = 219\text{N/mm}^2 < 1.22 f_f^w = 1.22 \times 200\text{N/mm}^2 =$$

244N/mm^2,满足要求。

(2) 隔板与靴梁的连接焊缝计算

隔板与靴梁的连接(仅外侧一条焊缝)为侧面角焊缝,承受隔板的支座反力,为:

$$R = \frac{1}{2} \times 1532 \times 250\text{N} = 191500\text{N}$$

隔板的高度取决于隔板与靴梁的连接焊缝长度 l_w,设该焊缝的焊脚尺寸 $h_f = 8\text{mm}$,则:

$$l_w = \frac{R}{0.7h_f f_f^w} = \frac{191500}{0.7 \times 8 \times 200} \text{mm} = 171 \text{mm}$$

取隔板高度为 220mm，隔板厚度 $t = 8\text{mm} > b/50 = 250/50\text{mm} = 5\text{mm}$。

（3）隔板的强度验算

将隔板视为两端支承于靴梁的简支梁，其承受的最大弯矩和最大剪力分别为：

$$M_{max} = \frac{1}{8} \times 1532 \times 250^2 \text{N} \cdot \text{mm} = 11.97 \times 10^6 \text{N} \cdot \text{mm}$$

$$V_{max} = \frac{1}{2} \times 1532 \times 250 \text{N} = 191500 \text{N}$$

$$\sigma = \frac{M_{max}}{W} = \frac{6M_{max}}{6h^2} = \frac{6 \times 11.97 \times 10^6}{8 \times 220^2} \text{N/mm}^2 = 185.5 \text{N/mm}^2 < f = 305 \text{N/mm}^2，满足$$

要求。

$$\tau = 1.5 \times \frac{V_{max}}{A} = \frac{1.5 \times 191500}{8 \times 220} \text{N/mm}^2 = 163.2 \text{N/mm}^2 < f_v = 175 \text{N/mm}^2，满足要求。$$

3）靴梁设计

（1）靴梁与柱身间竖向焊缝计算

靴梁与柱身的连接焊缝（焊在柱翼缘）共 4 条，传递柱的全部轴压力，此焊缝为侧面角焊缝，高焊脚尺寸取 $h_f = 10\text{mm}$，需要的单条焊缝长度为：

$$l_w = \frac{N}{4 \times 0.7h_f f_f^w} = \frac{1800 \times 10^3}{4 \times 0.7 \times 10 \times 200} \text{mm} = 321 \text{mm} < 60h_f = 600 \text{mm}$$

靴梁的高度取 350mm。

（2）靴梁与底板的焊缝计算

靴梁与底板的焊缝长度为

$$\sum l_w = [(600-10) \times 2 + (100-10) \times 4] \text{mm} = 1540 \text{mm}$$

所需焊缝尺寸为

$$h_f = \frac{N}{0.7h_f \beta_f \sum l_w f_f^w} = \frac{1800 \times 10^3}{0.7 \times 1.22 \times 1540 \times 200} \text{mm} = 6.84 \text{mm}, \quad 取 h_f = 8\text{mm}$$

（3）靴梁强度验算

靴梁按双悬臂简支梁计算，计算简图如图 4-47 所示。悬臂部分长度为 175mm，支座反力 R 作用于距边缘 100mm 处。初选靴梁厚度为 10mm。

底板传给靴梁的荷载为

$$q_1 = 75 \times 7.66 \text{N/mm} = 574.5 \text{N/mm}$$

靴梁的最大弯矩和最大剪力分别为

$$M_{max} = 191500 \times 75 + 1/2 \times 574.5 \times 175^2 \text{N} \cdot \text{mm} = 2.316 \times 10^7 \text{N} \cdot \text{mm}$$

$$V_{max} = 191500 + 574.5 \times 175 \text{N} = 292038 \text{N}$$

$$\sigma = \frac{M_{max}}{W} = \frac{6 \times 2.316 \times 10^7}{10 \times 350^2} \text{N/mm}^2 = 112.9 \text{N/mm}^2 < f = 305 \text{N/mm}^2，满足要求。$$

$$\tau = 1.5 \frac{V_{max}}{A} = \frac{1.5 \times 292038}{10 \times 350} \text{N/mm}^2 = 125.2 \text{N/mm}^2 < f_v = 175 \text{N/mm}^2，满足要求。$$

4.8 补充阅读：工程师之戒——加拿大魁北克桥垮塌失败案例

1907 年 8 月 29 日，在加拿大圣劳伦斯河上，魁北克大桥正在施工。这是一座钢悬臂桥，主跨长达 1800 英尺(548.6m)，是当时世界上最长的桥跨。两端的锚跨结构(各长 500 英尺即 152.4m)已完工，两悬臂跨各长 562.5 英尺(171.45m)也已完工，中间的悬吊跨正在组装并已向河中伸出 600 英尺(182.9m)。当时是下午 5:30，收工哨声已响过，工人们正在桁架上向岸边走去。突然一声巨响，犹如放炮一般，南端锚跨的 2 根下弦杆突然被压屈，并牵动整个南端的结构。其结果是南端的整个锚跨及悬臂跨以及已部分完工的中间悬吊跨，共重 1.9 万 t 的钢材垮下。由于那里的河水很深，可以行驶远洋邮轮，落入河中的桥身迅即无影无踪，只留下靠近岸边的已被扭曲的部分锚跨桥身和水中漂浮着的一些木板说明刚刚出了大事故。

当时在桥上工作的 86 个人中只有 11 人获救。据目击者说桥身"就像一根底部迅速融化的冰柱"般坍塌下来。这个事故在桥梁史上是场影响深远的灾难。虽然整个事故的过程才 15 秒，但祸根早在好几年前就种下了。

故事要从 1887 年说起。那一年加拿大成立了魁北克桥梁公司并获批准于 3 年内在圣劳伦斯河上造一座铁路公路两用桥。1897 年，这项批准已延期 3 次，并且最后一次将于 1905 年到期。总工程师 E. A. 霍尔(E. A. Hoare)于是就写信给美国宾州(Pennsylvania)的凤凰桥梁公司(Phoenix bridge company)，请他们在当年 6 月参加在魁北克举行的美国土木工程师学会年会的工程师顺便造访他一次，讨论魁北克大桥的工程项目。参加这次讨论的有凤凰桥梁公司的总工程师约翰·斯特林·丁斯(John Sterling Deans)及美国最杰出的桥梁工程师西奥多·库珀(Theodore Cooper)。

库珀于 1839 年出生于纽约。1858 年他 19 岁时毕业于润斯来尔理工学院(Rensselaer Institute)土木系，比后来建造布鲁克林大桥的华盛顿·茹布林低一级。他于 1861 年参加了海军，在内战的最后三年里在一艘军舰上当助理工程师，随后又到海军院校内任教。1872 年 7 月，他从海军退役，受聘于詹姆斯·伊兹(James Eads)船长，监理圣路易大桥钢结构构件的制造。伊兹很欣赏库珀的才能和勤奋，提升库珀负责大桥上部结构的组装工作。这期间发生一件值得一记的事：

1874 年 1 月 19 日，库珀吃惊地发现大桥第一跨已合龙的管状拱肋有两处出现断裂。库珀发加急电报(当时最快捷的通信方式)报告在纽约的伊兹。伊兹于当天午夜收到电报后，将处理指示也通过电报告诉库珀。库珀及时地进行了处理并避免了一场灾难。这件事之所以值得一记是因为 35 年后在另一场类似的事件中，库珀却未能得到像他为伊兹所提供的那样及时服务。

1874 年，圣路易大桥完工后，库珀的声望也树立起来，很多单位邀请他去工作。1879 年，他在纽约成立了独立的顾问工程师事务所，承接了很多重要的铁路桥梁工程项目。他还在美国土木工程师学会年会上和学报上发表大量的著作，并两次以他的论文获得学会的诺曼奖章(Norman medal)，还一度出任学会主席。他在铁路桥梁设计上的一项影响深远的贡献就是将铁路荷载概括为代表机车的一系列固定间距的集中轮压和代表列车的均布荷载，即所谓库珀 E 制荷载（Cooper's E-loading）。这为影响线的使用提供了便利。这在当时铁路荷载日益加重而常须对很多旧桥进行复核时是很有用的。库珀还发表了大量的图表以简化铁路桥梁桁架的内力分析，这些图表一直应用到 20 世纪中。

1897 年库珀参加魁北克大桥项目讨论时，他已是美国铁路桥梁方面的权威，其事业正如日中天。但遗憾的是，他还未能像他的前辈伊兹和茹布林那样主持过一座历史性的杰作，因此魁北克大桥对他有不可抗拒的吸引力。他那时已将近 60 岁，身体状况不佳。他要把魁北克大桥作为他最后一个作品，为他光辉的事业画个圆满的句号。因此一周后他向霍尔表示对主持大桥的设计和建造有兴趣。由于魁北克桥梁公司自己的总工程师霍尔没有 300 英尺以上跨度桥梁的经验，所以也欢迎库珀来主持工程。但由于公司在资金方面有困难，所以动作缓慢，直到 2 年后才和库珀建立了正式的合作关系。第一件事就是请库珀审查所有的设计投标，并请他在审查时考虑到公司在财务上的困难。1899 年 6 月，库珀将他的结论上报公司："……我的结论是，凤凰桥梁公司的悬臂桥方案是最好并且最便宜的方案……"

这里"最好最便宜"几个字说明，虽然有关各方面都没有明确地将成本的考虑放在安全之上，但明显的是大桥一开始就背上了双重包袱：它自身要承担的荷重和公司的财务困难。

1900 年 6 月，库珀被正式任命为建桥期间公司的顾问工程师，他终于成为一座历史性工程项目的主持人。他行使权力的第一件事就是对河床进一步勘探以确定桥墩的最终位置。在对勘探结果研究之后，库珀建议将原先 1600 英尺（487.7m）的主跨加大到 1800 英尺，这样桥墩基础可以较浅，并且可以避开主航道上春季的浮冰，不但可以降低成本，还可以将工期缩短至少 1 年。当然这也使魁北克大桥成为当时世界上跨度最大的桥。在此之前，世界上最长桥跨为苏格兰弗斯湾（Firth of Forth）上的大桥，也是悬臂结构，两个主跨各长 1700 英尺。

为了降低上部结构由于跨度加大所增加的成本，他又推荐另一项重要改动：提高技术规定中钢材的许可应力。由于他的声望，他的建议在魁北克几乎被作为当然的事情而批准。在以后的 3 年中，一方面桥墩基础在施工，但另一方面，由于魁北克方面资金不到位，凤凰桥梁公司不愿冒风险缔结进行技术设计的合同。因此对于 1800 英尺的大跨和提高许可应力后可能会带来什么问题没有进行任何试验和研究。显然凤凰桥梁公司不愿进行将来不能报销的试验研究，而魁北克公司又拿不出钱来。这里的潜台词是"库珀的经验和权威足以保证这项工程的成功"。

在这 3 年中，库珀到工地上去了三次。他第三次去时已 64 岁，他以身体状况不佳为由声明今后不再到魁北克来了而是在纽约的事务所里主持这座世界最长桥跨的施工。他甚至提出辞去大桥顾问工程师的职务，但魁北克公司和凤凰桥梁公司都拒绝接受他的辞职，而他也没有坚持。其实他健康固然不好，但还不是不能走动，每天还能从家里坐车去事务所。真正的原因是他从来不认为顾问工程师有必要常去现场。他认为去现场只起渲染气氛的作用。从他早期从事工程顾问时起他就坚持在合同中写上到现场的次数每个月不超过 5 天。

1903 年，加拿大政府立项修筑穿越美洲大陆的铁路，魁北克大桥成为其中必要的环节，这样一来，政府的资助有了保证。1908 年是魁北克 300 年纪念，政府希望大桥能在这节日前通车。因此不但保证发行 670 万美元的公债来造桥，并且还催促设计加速进行。这样，在浪费了 3 年的时间后，凤凰桥梁公司和魁北克桥梁公司才开始讨论签订技术设计的合同。库珀的技术规定呈递给加拿大政府的铁路运河部去报批。部里的总工程师 C. 施瑞柏

（C. Schreiber）建议由部里再聘请一位顾问工程师来独立复审经库珀审查后的报批施工图以决定是否批准或要求进一步修改。库珀得知此事后很生气，写信给霍尔说"……这种安排把我放在一个下级的地位，这是我决不能接受的……"。两周后，库珀到渥太华去和施瑞柏交涉。结果是部里决定"……只要设计符合技术规定，顾问工程师的意见应被接受……"。因此，虽然图纸仍由库珀呈送施瑞柏报批，但施瑞柏的审批签名却只等于是橡皮图章。不管库珀一开始是否有此意图，此时他事实上已取得对大桥工程的绝对权威。

因为库珀不打算再到现场来，而凤凰桥梁公司负责设计大桥上部结构的工程师是 P. 施拉普卡（P. Szlapka），一位在德国训练的工程师，已在凤凰桥梁公司工作了二十多年，曾设计过好几个重要项目，库珀虽是有名的挑剔，但对施拉普卡却很信任，对自己不能亲自深入研究的事都愿接受施拉普卡的意见。但施拉普卡是一位"图板工程师"，对钢结构组装并无经验，即使去工地也未必能做出判断来。于是库珀在魁北克安插了一位新近毕业的年轻工程师做他的耳目。这年轻人名叫诺曼·麦克琉尔（Norman McLure），普林斯顿大学 1904 年毕业生。他的智慧、勤奋和忠诚都令库珀满意，他曾受过很好的训练，他的工程技术能力足以胜任将现场的情况准确地汇报给库珀并将库珀的指示在工地上准确地执行。但他缺少经验，并在工地上没什么权威。其结果是世界上最大跨的桥梁在工地上的日常工作是由一群对此毫无准备的人在进行着，工地上没一个人对工程有足够的了解可以采取权威的决策，每件重要的事都得请示远在纽约的库珀。

这里牵涉的人物已很多，最好将他们的关系弄清楚：

（1）魁北克桥梁公司是大桥的业主，总工程师是霍尔，并负责工地上的监理工作；

（2）凤凰桥梁公司是大桥设计、制造、施工的承包者，总工程师是丁斯，施拉普卡是设计主持人；

（3）库珀是魁北克桥梁公司聘用的顾问工程师，虽不能对设计和施工直接下命令，但对设计和施工有审批决策的权威；

（4）施瑞柏是加拿大政府铁路运河部的总工程师，名义上对大桥的图纸有最后审批的权力；

（5）麦克琉尔是在库珀要求下魁北克桥梁公司请来负责工地与库珀之间联系的青年工程师。

凤凰桥梁公司在设计大桥时用的恒载是凭经验估计的自重。但对这样一座规模没有先例的结构经验是不足为凭的，应进行反复核算。最好的时机是 1900—1903 年间等待的空闲时间，但这段时间已被耽误过去。1905 年年初，南端锚跨结构施工图已基本完成，这时有条件可以把自重算到十分精确的程度，理应进行复算，但凤凰桥梁公司赶着出图，没有做这件要紧事，库珀也没有叮嘱他们去做。这是一件致命的重大疏忽，对此库珀和凤凰桥梁公司都有责任。

上部结构的组装开始时很顺利，发生的一些小麻烦也不严重。潜在严重问题的迹象首先出现于 1906 年 2 月 1 日，凤凰桥梁公司的材料监督员向库珀报告大桥所用的钢料远超出原估计用量。库珀估计这会使桁架应力增加 7%～10%。此时南端锚跨及部分悬臂跨的杆件已加工完毕，南锚跨已组装了 6 个节间。库珀认为这些应力增量是可以接受的并允许继续施工。其实此时唯一的正确选择就是重新开始。

1907 年 6 月 15 日，对大桥的实际自重计算的耽搁终于在大桥本身上显示出来。麦克琉尔注意到在铆接南锚跨的下弦杆的拼接板时,两个中间肋板的拼接面不吻合。他向库珀汇报说:"……迄今为止,这样的事已发生 4 次了,我们用了 2 台 75t 千斤顶才把肋板对齐一些,但也不能完全对直……"

当悬臂跨向河中间伸出越来越远时,后面悬臂下弦杆受压越严重。在开始吊装中间悬吊跨时,桁架已向河中间伸出 600 英尺(182.88m),如图 4-48 所示。8 月 6 日,麦克琉尔向库珀汇报南悬臂跨的 7-L 及 8-L(第 7 第 8 节间左侧)下弦杆出现弯曲。8 月 12 日,他又汇报 8-L 及 9-L 下弦杆的拼接板也弯了。库珀开始担心起来。但凤凰桥梁公司的总工程师丁斯坚持认为 7-L 及 8-L 弦杆在出厂时就有些弯曲,而麦克琉尔则坚持是在安装后才出现弯曲的。8 月的大半时间就在这争议中过去,而工程照常进行,下弦杆的应力也继续地增长。

图 4-48　第一次垮塌前

8 月 20 日,8-R、9-R 及 10-R(8、9、10 节间右侧)的下弦杆出现变形。8 月 23 日 5-R 及 6-R 弦杆间的节点出现了半英寸(12.7mm)的偏离,同时 8-R 弦杆的弯曲加大。显然这座桥在人们眼皮底下慢慢地垮下来了!然而,没有人,包括库珀在内,虽然他对凤凰桥梁公司漠不关心的态度很不以为然,充分意识到问题的严重性。

8 月 27 日,问题应该是明白无误的了:一周前南锚跨 9-L 弦杆的弯曲度为偏离直线 3/4 英寸(19mm),而现在则偏离了 9/4 英寸(57.2mm)。麦克琉尔当即写信给库珀报告此事。如果他更有经验的话,他应该用加急电报,正如多少年前年轻的库珀曾半夜三更给伊兹打电报一样。

9-L 弦杆的消息散布开来之后,大桥上下都为之忧心忡忡。当天下午,凤凰桥梁公司在桥上的总工长 B. A. 彦塞尔(B. A. Yenser)决定暂停施工。他说他得考虑他自己和他手下人的性命!次日一早,他又改变了主意,命令工人上桥继续工作。魁北克桥梁公司的霍尔批准了他的决定,甚至有迹象是霍尔要求他这么做的;霍尔没看出有什么危险,并且他怕一停工就要等到明年才能再开工了。

8 月 28 日,桥上一片恐惧气氛,而负责人则由于出现权威真空而处于瘫痪状态,魁北克桥梁公司在此项目上的负责工程师霍尔由于技术上不胜任而不能下命令。讨论半天后决定派麦克琉尔回纽约向库珀当面汇报。

8月29日上午11:30,库珀到他曼哈顿的事务所时,发现麦克琉尔已在那里等他。这时麦克琉尔8月27日从魁北克发出的信也到了。库珀看了信并和麦克琉尔简短地讨论之后,在中午发了一封电报给凤凰桥梁公司:"在问题仔细考虑清楚之前停止在桥上再加重量。"

库珀根据麦克琉尔的信以为施工在两天前已经停止了,而没有意识到施工又已恢复。麦克琉尔在急于赶火车去凤凰桥梁公司时,又没有像他对库珀所承诺的那样将库珀的决定电告魁北克桥梁公司。因此整个下午魁北克的工程继续进行着。事后看来,如果库珀的决定能及时到达魁北克,虽然未必还能挽救大桥,肯定可以挽救不少生命。

下午3:00,库珀的电报到了凤凰桥梁公司。丁斯看了电报后没有理睬,工人继续留在桥上。5:00时,麦克琉尔到了凤凰桥梁公司,见了丁斯和施拉普卡,决定次日一早再碰头,那时凤凰桥梁公司在魁北克的现场工程师会有信来证明这些弦杆在离厂时就已弯曲但还可用。几乎就在他们散会的同时,南端锚跨的9-L及9-R弦杆被压屈,魁北克大桥垮了(图4-49)!

图 4-49　第一次垮塌

事故发生后,加拿大政府组织了一个委员会进行调查。调查过程中,委员会对库珀还是很照顾,到纽约他的住宅来向他取证,并给他充分的时间书面作证。但是在半年之后向政府提供的调查结论是明确无误的。

调查报告中,丁斯由于他在事故前几周内的严重判断失误受到谴责,魁北克桥梁公司也由于任命不胜任的霍尔为现场负责工程师受到批评,但事故的主要责任者是库珀和施拉普卡,因为事故是由于弦杆受压失稳引起的,而弦杆受压失稳是自重估计过低所致(事后计算实际自重超出估算自重20%而不是原先以为的7%~10%)。是施拉普卡设计的这些弦杆,是库珀批准的这些设计。

加拿大政府不甘心失败,又在原桥墩上建造了第二座魁北克大桥。正如每次结构失事后一样,纠正措施往往矫枉过正。新桥的上部结构重量是旧桥的两倍半,显得傻大黑粗。受压下弦杆的截面由4片厚141mm、深2219mm的肋板构成,所形成的3个空腔每一个都能富余地容纳一个壮汉站在里面。新桥施工时,中间的640英尺(195m)长的悬吊跨在岸上组装好浮到河中央再吊装到悬臂跨的端部。但在吊装时又出了事故,整个5200t重的悬吊跨落到水中而损失掉(图4-50)。加拿大政府不得不再组装一个悬吊跨,改进了吊装设施后将之吊装就位。新桥于1917年通车。

图 4-50 第二次垮塌

魁北克大桥的失事对结构工程的发展有着重大深远的影响。原来在大跨桥梁的结构体系选择上悬索体系和悬臂体系不相上下,在铁路桥梁上,悬臂体系由于刚度较好还略占优势。在魁北克大桥两次事故后,体系选择的天平倾向于悬索体系,形成以后数十年悬索桥的飞速发展,而悬臂桥则停滞不前。魁北克大桥至今仍是世界上跨度最大的悬臂桥。

魁北克大桥失事的另一个影响是促进了对压杆,特别是用格条缀合起来的组合压杆的稳定研究。因为显然当时对格缀压杆的稳定性能了解不够,事故中有些受压下弦杆的格缀还没有全部铆上去。从这个意义上,全体结构工程师都有责任,不能全怪某一个人,因为类似的事故也可能发生在任何一个设计者身上。即使魁北克大桥侥幸不出事,以后别的结构也会出事。事后的科研填补了这个空白。

库珀的事业随着大桥的倒塌而终结。他在这事故的阴影中度过了他的余生,于1919年80岁时逝世于纽约家中。

魁北克大桥历经磨难,开工即面临着严重的资金问题,工程进度延误。当确定自重的计算错误后,没有采取合理的措施。在整个项目进行过程中,当结构安全和经济性发生矛盾时,以降低结构安全性来解决矛盾。咨询工程师库珀做了绝大部分错误的工程决策,他因健康问题无法到现场工作,导致现场管理混乱。当变形越来越严重时,说明整体结构在逐步失效,现场的工程师可能已经意识到问题的严重性而应该停止施工,但他们缺乏自信和权力去质疑库珀的判断,没有要求停工,导致悲剧发生。

1922年,在魁北克大桥竣工不久,加拿大的七大工程学院一起出钱将建桥过程中倒塌的残骸全部买下,并决定把这些亲临过事故的这些钢材打造成一枚枚戒指,发给每年从工程系毕业的学生。于是,这一枚枚戒指就成为后来在工程界闻名的工程师之戒(iron ring),如图4-51,用以警示以及提醒工程师们谨记对于公众和社会的责任与义务。这枚戒指也被誉为"世界上最昂贵的戒指"。工程师之戒戴在工作手上的尾指,戒指上下各有12个平面,形成粗糙的表面。当工程师写字和画图时,粗糙的戒指表面会与纸互相摩擦,时刻提醒工程师在毕业时做出的承诺。

图 4-51 工程师之戒

（资料来源：李著璟. 西奥多库珀——魁北克大桥失事记[J]. 工程力学，1997(4)：139-144. 有增删）

习题

4-1 轴心受力构件有哪些种类和截面形式？

4-2 轴心受力构件需验算哪几个方面的内容？

4-3 实腹式和格构式轴心受压构件的截面是如何设计的？

4-4 影响轴心受压构件整体稳定系数的因素有哪些？

4-5 什么是腹板的屈曲后强度？建筑钢结构中是怎么运用它解决实际工程问题的？

4-6 格构式轴心受压构件整体失稳时的截面剪力是怎么产生的？设计如何考虑？

4-7 格构式轴心受压构件绕虚轴的整体稳定计算为什么要采用换算长细比？标准中换算长细比计算公式的推导主要考虑了哪些因素？

4-8 格构柱横隔的作用是什么？哪些情况需要设置横隔？

4-9 柱脚底板的厚度如何确定？

4-10 验算图 4-52 所示两端铰接工字形截面轴心受压柱绕 x 轴的整体稳定；已知轴向荷载设计值 $N = 1500\text{kN}$，钢材为 Q235B，$f = 215\text{N/mm}^2$，$I_x = 12000\text{cm}^4$，$A = 95\text{cm}^2$。

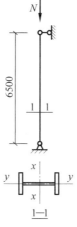

图 4-52 习题 4-10 图

4-11 图 4-53 所示 a、b 两种截面(焰切边缘)的截面面积相等,钢材均为 Q235。当用作长度为 10m 的两端铰接轴心受压柱时,是否能承受 3200kN 设计荷载。

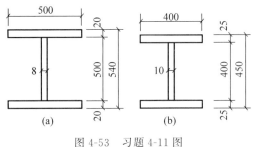

图 4-53 习题 4-11 图

4-12 设计由两槽钢组成的缀板柱,柱长 7.5m,两端铰接,设计轴心压力为 1500kN,钢材为 Q235,截面无削弱。

4-13 一水平旋转两端铰接 Q355 钢做成的轴心受拉构件,长 9m,截面为由 2∟90×8 组成的肢尖向下的 T 形截面,问是否能承受轴心力设计值 870kN。

4-14 根据习题 4-8 的设计数据和设计结果,设计柱的柱头和柱脚,并画出构造。

第5章

受弯构件

钢结构中最常见的受弯构件是用型钢或钢板制造的实腹式构件——梁,以及用杆件组成的格构式构件——桁架(屋架、网架等)。本章主要讲述梁的受力性能和设计方法。

5.1 梁的形式和应用

受弯构件一般是指主要承受横向荷载的构件,包括实腹式和格构式两大类。实腹式受弯构件通常称为梁,如房屋建筑中的楼盖梁、工作平台梁、吊车梁、屋面檩条和墙架横梁等。按制作方法钢梁分为型钢梁和组合梁两种。

钢梁按其使用功能,可以分为:工作平台梁、吊车梁、楼盖梁、墙梁、檩条等;按其支承情况,可以分为:简支梁、连续梁、伸臂梁、框架梁等;按其荷载作用情况,可以分为:单向受弯梁、双向受弯梁;按其截面形式,可以分为型钢梁和组合梁。

型钢梁构造简单,制造省工,应优先采用。型钢梁常用的有热轧工字钢、热轧 H 型钢和槽钢,如图 5-1(a)、(b)、(c)所示,其中 H 型钢的翼缘内外边缘平行,与其他构件连接方便,应优先采用。

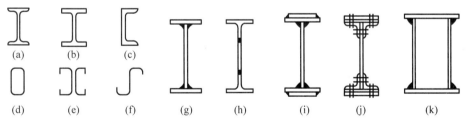

图 5-1　梁的截面类型

槽钢截面扭转中心在腹板外侧,弯曲时将同时产生扭转,只有在构造上使荷载作用线接近扭转中心,或能适当保证截面不发生扭转时才被采用。

热轧型钢腹板的厚度较大,用钢量较多。某些受弯构件(如檩条)采用冷弯薄壁型钢较经济,如图 5-1(d)、(e)、(f),但防腐要求较高。

荷载较大或跨度较大时,由于轧制条件的限制,型钢的尺寸、规格不能满足梁承载力和刚度的要求,就必须采用组合梁。

组合梁一般采用 3 块钢板焊接而成的工字形截面(图 5-1(g)),或由 T 型钢(用 H 型钢剖分而成)中间加板的焊接截面(图 5-1(h))。当焊接组合梁翼缘需要很厚时,可采用 2 层翼缘板的截面(图 5-1(i))。受动力荷载的梁,如钢材质量不能满足焊接结构要求时,可采用高强度螺栓或铆钉连接而成的工字形截面(图 5-1(j))。荷载很大而高度受到限制或梁的抗扭要求较高时,可采用双腹板式的箱形截面(图 5-1(k)),但其制造费工,施焊不易。组合梁的截面组成比较灵活,可使材料在截面上的分布更为合理,节省钢材。

为增加梁的截面高度和截面惯性矩,可采用空腹式钢梁。图 5-2(b)所示蜂窝梁即为空腹式钢梁的一种,它是将工字钢或 H 型钢的腹板沿图 5-2(a)所示的折线割开,然后将上、下两个 T 形左右错动,焊成如图 5-2(b)所示的梁。

为适应梁弯矩沿跨度的变化,如自由端承受一个集中荷载的悬臂梁,可采用如图 5-2(d)所示的楔形梁,它是将工字钢或 H 型钢的腹板沿图 5-2(c)所示的斜线割开,将其中一半颠倒反向,与另一半焊接而成的,如图 5-2(d)所示。

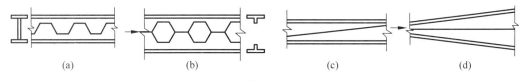

图 5-2 蜂窝梁和楔形梁

钢与混凝土组合钢梁(图 5-3)能充分发挥钢材宜受拉,混凝土宜受压的各自优势,广泛应用于桥梁与高层建筑结构中,并取得了较好的经济效果。

为增加跨度和节约钢材,工程中有时还采用预应力钢梁(图 5-4)。

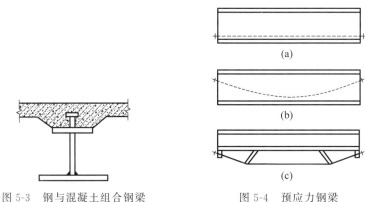

图 5-3 钢与混凝土组合钢梁   图 5-4 预应力钢梁

钢梁按所受荷载情况的不同,分为单向弯曲梁和双向弯曲梁。单向弯曲梁只在一个主平面内受弯,双向弯曲梁则在两个主平面内受弯。工程结构中大多数的钢梁为单向弯曲梁,吊车梁、墙梁在两个主平面内受力,坡度较大屋盖上的钢檩条的主轴往往不垂直于地面,这些梁都是双向弯曲梁。

常用受弯构件截面有两条正交的形心主轴,如图 5-5 中的 x 轴与 y 轴。因为绕 x 轴的惯性矩、截面模量最大,故称 x 轴为强轴,与之正交的 y 轴则称为弱轴。

钢梁按支承条件的不同可做成简支梁、连续梁、悬伸梁等。简支梁的用钢量虽然较多,但由于制造、安装、修理、拆换较方便,而且不受温度变化和支座沉陷的影响,因而应用最为广泛。

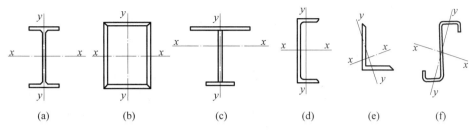

图 5-5 各种截面的强轴和弱轴

钢梁的计算内容主要有：强度、刚度、整体稳定和局部稳定。其中强度、整体稳定、局部稳定属于承载能力极限状态的计算内容，而刚度则属于正常使用极限状态的计算内容。一般热轧型钢梁因板件宽厚比不大而不需要计算局部稳定。对于长期直接承受重复荷载作用的梁，如吊车梁，如果在其设计基准期内应力循环次数 $n \geqslant 5 \times 10^4$ 时，尚应进行疲劳验算。

5.2 梁的强度和刚度

梁的设计必须同时满足承载能力极限状态（强度、整体稳定和局部稳定）和正常使用极限状态（挠度）。

5.2.1 梁的强度

钢梁在横向荷载作用下，截面上将产生弯矩、剪力，有时还有局部压力。因此，在对钢梁做强度计算时，包括抗弯强度、抗剪强度、局部承压强度的计算，以及上述三种内力共同作用下对截面上的某些危险点进行折算应力验算。

1. 抗弯强度

钢材可以看作理想的弹塑性体，随着梁上作用的均布荷载不断增加，梁截面的弯矩也不断增大，如图 5-6 所示的简支梁，跨中弯曲应力的发展过程可分为弹性工作阶段、弹塑性工作阶段和塑性工作阶段，如图 5-7 所示。

1）梁截面的正应力发展过程

（1）弹性工作阶段

当弯矩 M 较小时，截面上各点的弯曲正应力呈三角形分布，各点应力均小于屈服强度 f_y，随着荷载增加，边缘纤维应力达到 f_y，相应的弯矩为梁弹性工作阶段的最大弯矩 M_e，其值为

$$M_e = W_{ex} f_y \tag{5-1}$$

式中，W_{ex}——梁截面对 x 轴的弹性截面模量（mm^3）。

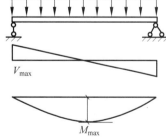

图 5-6 简支梁承受均布荷载

以 M_e 作为钢梁抗弯承载能力的极限状态，就是弹性设计方法，也称为边缘屈服准则。对需要验算疲劳的钢梁或受压翼缘板采用非厚实截面的一般钢梁，常采用弹性设计方法进行计算。

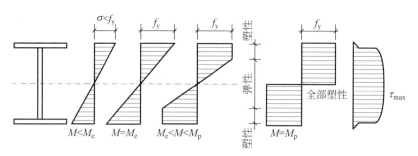

图 5-7　梁受弯时各阶段应力的分布情况

（2）弹塑性工作阶段

随着荷载继续增大，梁的两块翼缘板逐渐屈服，然后腹板的上、下两侧也部分屈服形成了边缘的塑性区（$M_e < M < M_p$），塑性区中的正应力均等于 f_y，但在梁的中和轴附近材料仍处于弹性受力状态，此时梁截面处于弹塑性工作阶段。普通钢结构中一般钢梁的计算，可以适当考虑截面的塑性发展，以截面部分进入塑性作为承载能力的极限，又称为有限塑性发展的强度准则。

（3）塑性工作阶段

当荷载再继续增加，梁截面的塑性区便不断向内发展，弹性核心不断变小。当弹性核心完全消失时，荷载不再增加，而变形却继续发展，形成"塑性铰"。出现这种现象的原因是低碳钢在应力达到屈服点 f_y 后，其应力-应变曲线上有很长一段基本呈水平线的屈服台阶（图 2-2），在此受力变形过程中，钢材应力基本不变，而应变则会增大很多。此时截面的弯矩成为塑性弯矩 M_p 或极限弯矩，原则上可以作为承载能力极限状态，其计算公式为

$$M_p = (S_{1x} + S_{2x}) f_y = W_{px} f_y \tag{5-2}$$

式中，W_{px}——梁截面对 x 轴的塑性截面模量（mm^3），$W_{px} = S_{1x} + S_{2x}$；

S_{1x}、S_{2x}——分别为中和轴以上和以下截面对中和轴的面积矩（mm^3），此时的中和轴是
与弯曲主轴平行的截面面积平分线，即该中和轴两侧的截面面积相等。

如果以塑性弯矩 M_p 作为构件抗弯承载能力的极限，称为全截面塑性准则，此时截面抗弯强度的计算公式为

$$M_x \leqslant M_p = W_{px} f_y \tag{5-3}$$

弯矩 M_p 与弹性最大弯矩 M_e 之比为 $\gamma_F = \dfrac{M_p}{M_e} = \dfrac{W_{px}}{W_{ex}}$，$\gamma_F$ 值取决于截面的几何形状，而与材料的性质无关，称为截面形状系数。对于矩形截面，$\gamma_F = 1.5$；对于通常尺寸的工字形截面，$\gamma_F = 1.1 \sim 1.2$（绕强轴弯曲）或 1.5（绕弱轴弯曲）；对于箱形截面，$\gamma_F = 1.1 \sim 1.2$。

在计算抗弯强度时，考虑截面塑性发展可以节省钢材。但按形成塑性铰来设计，梁的挠度过大，受压翼缘过早失去局部稳定。因此，只能有限制地利用塑性，通常将梁的极限状态取在塑性弯矩 M_p 和屈服弯矩 M_e 之间，此时要求塑性发展深度 a 不超过梁截面高度 h 的 $1/8$。这样，对应的弹塑性弯矩为

$$M = \gamma_x W_x f_y \tag{5-4}$$

式中，γ_x——对截面形心主轴的截面塑性发展系数，$1 < \gamma_x < \gamma_F$。γ_x 值与截面上塑性发展
的深度有关，截面上塑性区深度越大，γ_x 越大；当全截面塑性时，$\gamma_x = \gamma_F$。

2) 梁截面的宽厚比等级

梁是由若干板件组成的,如果板件的宽厚比(或高厚比)过大,板件可能在梁未达到塑性阶段甚至未进入弹塑性阶段便发生局部屈曲,从而降低梁的转动能力,也限制了梁所能承担的最大弯矩值。我国《钢结构设计标准》(GB 50017—2017)根据梁的承载力和塑性转动能力,将梁截面划分为 5 个等级,即 S1、S2、S3、S4 和 S5。进行受弯和压弯构件计算时,截面板件宽厚比等级及限值应符合表 5-1 的规定,其中参数 α_0 应按式(5-5)计算:

$$\alpha_0 = \frac{\sigma_{\max} - \sigma_{\min}}{\sigma_{\max}} \tag{5-5}$$

式中,$\sigma_{\max}$——腹板计算边缘的最大压应力(N/mm²);

      $\sigma_{\min}$——腹板计算高度另一边缘相应的应力(N/mm²),压应力取正值,拉应力取负值。

表 5-1   压弯和受弯构件的截面板件宽厚比等级及限值

构件	截面板件宽厚比等级		S1 级	S2 级	S3 级	S4 级	S5 级
压弯构件 (框架柱)	H 形截面	翼缘 b/t	$9\varepsilon_k$	$11\varepsilon_k$	$13\varepsilon_k$	$15\varepsilon_k$	20
		腹板 h_0/t_w	$(33+13\alpha_0^{1.3})\varepsilon_k$	$(38+13\alpha_0^{1.39})\varepsilon_k$	$(40+18\alpha_0^{1.5})\varepsilon_k$	$(45+25\alpha_0^{1.66})\varepsilon_k$	250
	箱形截面	壁板(腹板) 间翼缘 b_0/t	$30\varepsilon_k$	$35\varepsilon_k$	$40\varepsilon_k$	$45\varepsilon_k$	—
	圆钢管截面	径厚比 D/t	$50\varepsilon_k^2$	$70\varepsilon_k^2$	$90\varepsilon_k^2$	$100\varepsilon_k^2$	—
受弯构件(梁)	工字形截面	翼缘 b/t	$9\varepsilon_k$	$11\varepsilon_k$	$13\varepsilon_k$	$15\varepsilon_k$	20
		腹板 h_0/t_w	$65\varepsilon_k$	$72\varepsilon_k$	$93\varepsilon_k$	$124\varepsilon_k$	250
	箱形截面	壁板(腹板) 间翼缘 b_0/t	$25\varepsilon_k$	$32\varepsilon_k$	$37\varepsilon_k$	$42\varepsilon_k$	—

注:① ε_k 为钢号修正系数,其值为 235 与钢材牌号中的屈服点数值的比值的平方根,即 $\varepsilon_k = \sqrt{235/f_y}$。

② b 为工字形、H 形截面的翼缘外伸宽度,t、h_0、t_w 分别是翼缘厚度、腹板净高和腹板厚度,对轧制型截面,腹板净高不包括翼缘腹板过渡处圆弧段;对于箱形截面,b_0、t 分别为壁板间的距离和壁板厚度;D 为圆管截面外径。

③ 箱形截面梁及单向受弯的箱形截面柱,其腹板限值可根据 H 形截面腹板采用。

④ 腹板的宽厚比可通过设置加劲肋减小。

⑤ 当按《建筑抗震设计规范》(2024 年版)(GB 50011—2010)第 9.2.14 条第 2 款的规定设计,且 S5 级截面的板件宽厚比小于 S4 级经 ε_σ 修正的板件宽厚比时,可视作 C 类截面,ε_σ 为应力修正因子,$\varepsilon_\sigma = \sqrt{f_y/\sigma_{\max}}$。

(1) S1 级:可达全截面塑性,保证塑性铰具有塑性设计要求的转动能力,且在转动过程中承载力不降低,称为一级塑性截面,也可称为塑性转动截面。如图 5-8 所示,曲线 1 为 S1

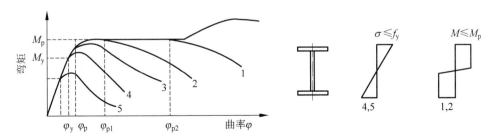

图 5-8   截面的分类及其转动能力

级截面构件的 M-φ(弯矩-曲率)曲线,φ_{p2} 一般要求达到塑性弯矩 M_p 除以弹性初始刚度得到的曲率 φ_p 的 8~15 倍。

(2) S2 级截面:可达全截面塑性,但由于局部屈曲,塑性铰转动能力有限,称为二级塑性截面;此时的 M-φ 关系如图 5-8 所示的曲线 2,φ_{p1} 是 φ_p 的 2~3 倍。

(3) S3 级截面:翼缘全部屈服,腹板可发展不超过 1/4 截面高度的塑性,称为弹塑性截面;作为梁时,其 M-φ 关系如图 5-8 所示的曲线 3。

(4) S4 级截面:边缘纤维可达屈服强度,但由于局部屈曲而不能发展塑性,称为弹性截面;作为梁时,其 M-φ 关系如图 5-8 所示的曲线 4。

(5) S5 级截面:在边缘纤维达屈服应力前,腹板可能发生局部屈曲,称为薄壁截面;作为梁时,其 M-φ 关系如图 5-8 所示的曲线 5。

3) 梁的抗弯强度计算

前已述及,确定梁抗弯强度的设计准则有三种,即边缘屈服准则、全截面塑性准则和有限塑性发展的强度准则。如图 5-8 所示,S1、S2、S3 级截面,最大弯矩大于弹性弯矩 M_y,截面可以全部(S1、S2 截面)或部分(S3 级截面)进入塑性,设计时如考虑部分截面塑性发展,采用有限塑性发展的强度准则进行设计,既不会出现较大的塑性变形,还可以获得较大的经济效益。S4 级截面不能进入弹塑性阶段,因此只能采用边缘屈服准则进行弹性设计。S5 级截面在弹性阶段内就有部分板件发生局部屈曲,因此并非全截面有效,设计时应扣除局部失稳部分,采用有效截面进行计算。

《钢结构设计标准》(GB 50017—2017)中,对受弯强度计算做了如下规定。

在主平面内受弯的实腹式构件,其受弯强度应按式(5-6)计算:

$$\frac{M_x}{\gamma_x W_{nx}} + \frac{M_y}{\gamma_y W_{ny}} \leqslant f \tag{5-6}$$

式中,M_x、M_y——分别为同一截面处绕 x 轴和 y 轴的弯矩设计值(N·mm)。

W_{nx}、W_{ny}——分别为对 x 轴和 y 轴的净截面模量(mm^3),当截面板件宽厚比等级为 S1 级、S2 级、S3 级或 S4 级时,应取全截面模量,当截面板件宽厚比等级为 S5 级时,应取有效截面模量,均匀受压翼缘有效外伸宽度可取 $15\varepsilon_k$,腹板有效截面可按 5.5 节考虑腹板屈曲后强度采用有效截面计算。

γ_x、γ_y——分别为对主轴 x、y 的截面塑性发展系数,按下列规定取值:①对工字形和箱形截面,当截面板件宽厚比等级为 S4 或 S5 级时,按弹性设计,截面塑性发展系数应取为 1.0;当截面板件宽厚比等级为 S1、S2 及 S3 级时,截面塑性发展系数应按下列规定取值:工字形截面,$\gamma_x = 1.05$,$\gamma_y = 1.2$;箱形截面,$\gamma_x = \gamma_y = 1.05$。②其他截面应根据其受压板件的内力分布情况确定其塑性发展系数,当满足 S3 级要求时,可按表 5-2 采用。③对需要计算疲劳的梁,不允许塑性发展,宜取 $\gamma_x = \gamma_y = 1.0$。

f——钢材强度设计值(N/mm^2),按附表 1-1 取值。

表 5-2 截面塑性发展系数

项 次	截 面 形 式	γ_x	γ_y
1			1.2
2		1.05	1.05
3		$\gamma_{x1}=1.05$ $\gamma_{x2}=1.2$	1.2
4			1.05
5		1.2	1.2
6		1.15	1.15
7		1.0	1.05
8			1.0

为保证梁的受压翼缘不会在梁强度破坏之前丧失局部稳定,当梁受压翼缘的自由外伸宽度 b_1 与其厚度 t 之比 $b_1/t > 13\sqrt{235/f_y}$,而不超过 $15\sqrt{235/f_y}$ 时,应取 $\gamma_x = \gamma_y = 1.0$。$f_y$ 为钢材牌号所指的屈服点,如 Q355 钢,取 $f_y = 355\text{N/mm}^2$。

直接承受动力荷载且需要计算疲劳的梁,如重级工作制吊车梁,塑性深入截面将使钢材发生硬化,促使疲劳断裂提前出现,取 $\gamma_x = \gamma_y = 1.0$,即按弹性工作阶段进行计算。

梁的抗弯强度不足时,增大梁的高度较为有效。

2. 抗剪强度

承受横向荷载的梁都会在构件中产生剪力 V,并在截面中产生剪应力 τ。工字形和槽形截面梁腹板上的剪应力分布,如图 5-9 所示。截面上的最大剪应力发生在腹板中和轴处。

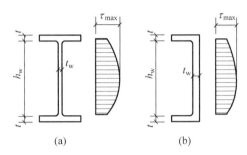

图 5-9　梁腹板上剪应力分布

《钢结构设计标准》(GB 50017—2017)规定:在主平面内受弯的实腹式构件,除考虑腹板屈曲后强度者以外,其受剪强度应按式(5-7)计算:

$$\tau_{\max}=\frac{VS}{It_w}\leqslant f_v \tag{5-7}$$

式中,V——计算截面沿腹板平面作用的剪力设计值(N);

S——计算剪应力处以上(或以下)毛截面对中和轴的面积矩(mm^3);

I——构件的毛截面惯性矩(mm^4);

t_w——构件的腹板厚度(mm);

f_v——钢材的抗剪强度设计值(N/mm^2),可查附表 1-1。

当梁截面上有螺栓孔等微小削弱时,为简化起见,工程上仍采用毛截面参数 I_x、S 进行抗剪强度计算。

抗剪强度不足时,有效的办法是增大腹板面积,但腹板高度 h_w 一般由梁的刚度条件和构造要求确定,故设计时常采用加大腹板厚度的办法增大梁的抗剪强度。

3. 局部承压强度

当梁的翼缘受沿腹板平面作用的固定集中荷载(包括支座反力)且该荷载处又未设置支承加劲肋时,或受移动的集中荷载(如吊车的轮压)时,荷载通过翼缘传至腹板,使之受压,应验算腹板计算高度边缘的局部承压强度。

在集中荷载作用下,翼缘类似支承于腹板的弹性地基梁。腹板在压力作用点处的边缘承受的压应力最大,并沿着梁的跨度方向向两边扩散,实际的压应力分布并不均匀,但在设计中为了简化计算,假定局部压应力均匀分布在一段较短的长度 l_z 范围内。腹板计算高度边缘的压应力分布,如图 5-10 所示。

《钢结构设计标准》(GB 50017—2017)规定局部承压应力应按式(5-8)计算。

当梁上翼缘受沿腹板平面作用的集中荷载且该荷载处又未设置支承加劲肋时,腹板计算高度上边缘的局部承压强度应按式(5-8)计算:

$$\sigma_c=\frac{\psi F}{t_w l_z}\leqslant f \tag{5-8}$$

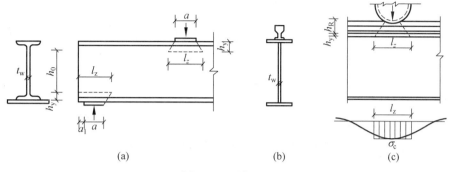

图 5-10　局部承压

式中，F——集中荷载设计值(N)，对动力荷载应考虑动力系数。

　　ψ——集中荷载增大系数，对重级工作制吊车梁，$\psi=1.35$；对其他梁 $\psi=1.0$。

　　l_z——集中荷载在腹板计算高度上边缘的假定分布长度(mm)，$l_z=3.25\sqrt[3]{\dfrac{I_R+I_f}{t_w}}$，

　　　　也可采用简化式 $l_z=a+5h_y+2h_R$；梁的支座处：$l_z=a+2.5h_y+a_1$。

　　I_R——轨道绕自身形心轴的惯性矩(mm^4)。

　　I_f——梁上翼缘绕翼缘中面的惯性矩(mm^4)。

　　a——集中荷载沿梁跨度方向的支承长度(mm)，对钢轨上的轮压可取 50mm。

　　h_y——自梁顶面至腹板计算高度上边缘的距离；对焊接梁为上翼缘厚度，对轧制工字
　　　　形截面梁是梁顶面到腹板过渡完成点的距离(mm)。

　　h_R——轨道的高度，对梁顶无轨道的梁取值为 0(mm)。

　　f——钢材的抗压强度设计值。

　　在梁支座处，当不设置支承加劲肋时，也应按式(5-8)计算"腹板计算高度"下边缘的局部压应力，但 $\psi=1.0$。支座集中反力的假定分布长度应根据支座具体尺寸按式 $l_z=a+2.5h_y+a_1$ 计算。

　　腹板计算高度 h_0 的规定：①轧制型钢梁，$h_0=h-2h_y$，$h_y=t+R$，t 为型钢梁翼缘的平均厚度，R 为翼缘与腹板连接处圆角半径(图 5-11(a))，即 h_0 取腹板与上、下翼缘相连处内圆弧起点间的距离。②焊接组合梁，h_0 为腹板高度，即 $h_0=h_w$(图 5-11(b))。③高强度螺栓连接(或铆接)组合梁：h_0 为上、下翼缘与腹板连接的高强度螺栓(或铆钉)线距间最近距离(图 5-11(c))。

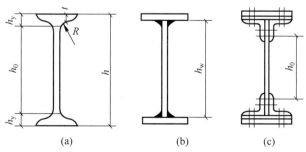

图 5-11　钢梁的腹板计算高度 h_0

受弯构件局部承压强度不满足式(5-8)要求时,一般应在固定集中荷载作用处(包括支座处)设置支承加劲肋。如果是移动集中荷载的情况,一般只能修改梁的截面,加大腹板厚度 t_w。受弯构件下翼缘受到向下集中力作用的情况,虽然此时不是局部承压,但其局部应力的性质是相似的,设计时可按同样方式处理。

4. 复杂应力计算

钢梁截面上,通常同时承受弯矩和剪力。在同一截面上,弯矩产生的最大弯曲正应力与剪力产生的最大剪应力一般不在同一点处,因此,梁的抗弯强度与抗剪强度可以分别对不同的危险点进行计算。

在钢梁某些截面的某些点处会同时存在较大的弯曲正应力、剪应力和局部压应力。例如,在多跨连续梁中间支座截面处腹板计算高度边缘点,或简支组合梁翼缘截面改变处腹板计算高度边缘点,或等截面简支梁跨中集中荷载截面处腹板计算高度边缘点,就会同时存在这三种应力,如图 5-12 所示。

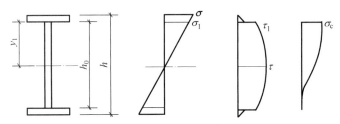

图 5-12　腹板计算高度边缘同一点上产生的正应力、剪应力和局部压应力

对于处于复杂应力状态的危险点,可根据材料力学中的能量理论来判断这些点的钢材是否达到屈服,即按式(5-9)验算其折算应力:

$$\sqrt{\sigma^2 + \sigma_c^2 - \sigma\sigma_c + 3\tau^2} \leqslant \beta_1 f \tag{5-9}$$

式中,σ、τ、σ_c——分别为腹板计算高度边缘同一点上产生的正应力、剪应力和局部压应力(N/mm^2)。

β_1——强度增大系数。当 σ 与 σ_c 异号时,取 $\beta_1 = 1.2$;当 σ 与 σ_c 同号或 $\sigma_c = 0$ 时,取 $\beta_1 = 1.1$。

σ 按式(5-10)计算:

$$\sigma = \frac{M}{I_n} y_1 \tag{5-10}$$

式中,I_n——梁净截面惯性矩(mm^4);

y_1——所计算点至梁中和轴的距离(mm)。

5.2.2　梁的刚度

梁的刚度验算即为梁的挠度验算。为了保证梁正常使用,必须具有足够的刚度,刚度不足,其将会产生较大变形,影响正常使用。如楼盖梁的挠度超过正常使用的某一限值时,一方面给人们一种不舒服和不安全的感觉,另一方面可能使其上部的楼面及下部的抹灰开裂,影响结构的功能;吊车梁挠度过大,会加剧吊车运行时的冲击和振动,甚至使吊车运行困难等。

为使钢梁满足正常使用极限状态的要求,完成预定的适用性功能,应按式(5-11)验算梁的刚度:

$$v \leqslant [v] \tag{5-11}$$

式中,v——荷载标准值作用下(不考虑荷载分项系数和动力系数)产生的最大挠度;

$\quad\quad [v]$——梁的挠度容许值,见表 5-3。

表 5-3　受弯构件的挠度容许值

项次	构 件 类 别	挠度允许值	
		$[v_T]$	$[v_Q]$
1	吊车梁和吊车桁架(按自重和其重量最大的一台吊车计算挠度)		
	(1) 手动起重机和单梁起重机(含悬挂起重机)	$l/500$	
	(2) 轻型工作制桥式起重机	$l/750$	—
	(3) 中级工作制桥式起重机	$l/900$	
	(4) 重级工作制桥式起重机	$l/1000$	
2	手动或电动葫芦的轨道梁	$l/400$	—
3	有重轨(质量≥38kg/m)轨道的工作平台梁	$l/600$	
	有轻轨(质量≤24kg/m)轨道的工作平台梁	$l/400$	
4	楼(屋)盖或桁架、工作平台梁(第 3 项除外)和平台板		
	(1) 主梁或桁架(包括设有悬挂起重设备的梁和桁架)	$l/400$	$l/500$
	(2) 仅支承压型金属板屋面和冷弯型钢檩条	$l/180$	
	(3) 除支承压型金属板和冷弯型钢檩条外,尚有吊顶	$l/240$	
	(4) 抹灰顶棚的次梁	$l/250$	$l/350$
	(5) 除第(1)款~第(4)款外的其他梁(包括梯梁)	$l/250$	$l/300$
	(6) 屋盖檩条		
	支承压型金属板屋面者	$l/150$	—
	支承其他屋面材料者	$l/200$	—
	有吊顶	$l/240$	
	(7) 平台板	$l/150$	
5	墙架构件(风荷载不考虑风振系数)		
	(1) 支柱(水平方向)	—	$l/400$
	(2) 抗风桁架(作为连续支柱的支承时,水平位移)	—	$l/1000$
	(3) 砌体墙的横梁(水平方向)	—	$l/300$
	(4) 支承压型金属板的横梁(水平方向)	—	$l/100$
	(5) 支承其他墙面材料的横梁(水平方向)	—	$l/200$
	(6) 带有玻璃窗的横梁(竖直和水平方向)	$l/200$	$l/200$

注：① l 为受弯构件的跨度(对悬臂梁和伸臂梁为悬臂长度的 2 倍);

② $[v_T]$为永久和可变荷载标准值产生的挠度(如有起拱应减去拱度)的容许值,$[v_Q]$为可变荷载标准值产生的挠度容许值;

③ 当吊车梁或吊车桁架跨度>12m 时,其挠度容许值$[v_T]$应乘以 0.9 的系数;

④ 当墙面采用延性材料或与结构采用柔性连接时,墙架构件的支柱水平位移容许值可采用 $l/300$,抗风桁架(作为连续支柱的支承时)水平位移容许值可采用 $l/800$。

梁的最大挠度可用材料力学、结构力学的方法解出,也可由结构静力计算手册查取。简支梁在常用荷载作用下的最大挠度计算公式见表 5-4。

表 5-4 简支梁常见荷载作用下最大挠度计算公式

荷载类型				
计算公式	$\dfrac{5}{384} \cdot \dfrac{q_k l^4}{EI_x}$	$\dfrac{1}{48} \cdot \dfrac{Fl^3}{EI_x}$	$\dfrac{23}{648} \cdot \dfrac{Fl^3}{EI_x}$	$\dfrac{19}{384} \cdot \dfrac{Fl^3}{EI_x}$

对承受沿梁跨度方向等间距分布的多个(4 个或 4 个以上)集中荷载的简支梁,其挠度的精确计算较为复杂,但与最大弯矩相同的均布荷载作用下的挠度接近,因此,可按下列近似公式验算梁的挠度。

对等截面简支梁:

$$\frac{v}{l} = \frac{5}{384} \cdot \frac{q_k l^3}{EI_x} = \frac{5}{48} \cdot \frac{q_k l^2 \cdot l}{8EI_x} \approx \frac{M_k l}{10EI_x} \leqslant \frac{[v]}{l} \tag{5-12}$$

对变翼缘宽度的简支梁:

$$\frac{v}{l} = \frac{M_k l}{10EI_x}\left(1 + \frac{3}{25} \cdot \frac{I_x - I_{x1}}{I_x}\right) \leqslant \frac{[v]}{l} \tag{5-13}$$

式中,q_k——均布线荷载标准值(kN/m);

M_k——荷载标准值产生的最大弯矩(kN·m);

I_x——跨中毛截面惯性矩(mm^4);

I_{x1}——支座附近毛截面惯性矩(mm^4)。

由于挠度取决于梁沿跨度方向的整体刚度,所以采用毛截面参数进行计算。

5.3 梁的整体稳定

5.3.1 钢梁整体稳定的概念

梁主要用于承受弯矩,为了充分发挥材料的强度,其截面通常设计成高而窄的形式。受荷方向刚度大侧向刚度较小,如果梁的侧向支承较弱(比如仅在支座处有侧向支承),梁的弯曲会随荷载大小的不同而呈现两种不同的平衡状态。跨度中间无侧向支承的梁在其最大刚度平面内受荷载作用,当荷载较小时,梁的弯曲平衡状态是稳定的,虽然外界各种因素会使梁产生微小的侧向弯曲和扭转变形,但外界影响消失后,梁仍能恢复原来的弯曲平衡状态。然而,当荷载增大到某一数值后,梁在弯矩作用平面内弯曲的同时,将突然发生侧向弯曲和扭转变形而破坏,并丧失继续承载的能力,这时称为梁的侧向弯扭屈曲或整体失稳,如图 5-13 所示。

梁之所以会出现侧向屈曲,可以这样来理解:把梁的受压翼缘看作轴心压杆,随着压力的加大,若无腹板为其提供连续支承,将有沿刚度较小方向即翼缘板平面外的方向屈曲的可能,但由于腹板的限制作用,使得该方向的实际刚度大大提高,因此,受压翼缘只能在翼缘板平面内发生屈曲。梁的受压翼缘和受压区腹板又与轴心受压构件不完全相同,它们与梁的受拉翼缘和受拉区腹板是直接相连的。因此,当梁受压翼缘在翼缘板平面内发生屈曲失稳时,总是受到梁受拉部分的牵制,由此出现了受压翼缘在翼缘板平面内侧倾严重而受拉部分的侧倾较小的情况,所以梁发生整体失稳的形式必然是侧向弯扭屈曲。

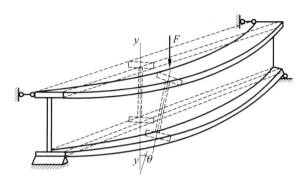

图 5-13   梁丧失整体稳定

5.3.2   梁的扭转

钢梁的整体失稳形式是弯扭失稳,即梁整体失稳时除发生垂直于弯矩作用平面的侧向弯曲外,还必然伴随发生扭转。因此,在讨论钢梁的整体稳定问题之前,有必要先讨论钢梁的扭转。

1. 扭转相关概念

1)翘曲

非圆形截面构件扭转时,截面不再保持为平面,有些点凹进,有些点凸出,称为翘曲。圆形截面构件扭转时,截面不产生翘曲变形,即扭转前的各截面扭转发生后仍保持平面。

2)梁的自由扭转

非圆截面构件扭转时,原来为平面的横截面不再保持为平面,产生翘曲变形,即构件在扭矩作用下,截面上各点沿杆轴方向产生位移。如果扭转时截面上各点纵向位移不受任何约束,截面可自由翘曲变形,称为自由扭转,又称为圣维南扭转、纯扭转、均匀扭转。自由扭转时,各截面的翘曲变形相同,纵向纤维保持直线且长度保持不变,截面上只有剪应力,没有纵向正应力,如图 5-14 所示。

图 5-14   自由扭转

3)梁的约束扭转

由于支承条件或外力作用使构件扭转时截面上各点的纵向位移受到约束,即截面的翘曲受到约束,称为约束扭转,又称为瓦格纳扭转、弯曲扭转、非均匀扭转。约束扭转时,构件产生弯曲变形,截面上将产生纵向正应力,称为翘曲正应力。同时还必然产生与翘曲正应力保持平衡的翘曲剪应力。双轴对称工字形截面悬臂构件,悬臂端处受外扭矩作用使上、下翼缘向不同方向弯曲。悬臂端截面翘曲变形最大,越靠近固定端截面的翘曲变形越小,固定端处翘曲变形完全受到约束,中间各截面受到不同程度的约束,如图 5-15 所示。

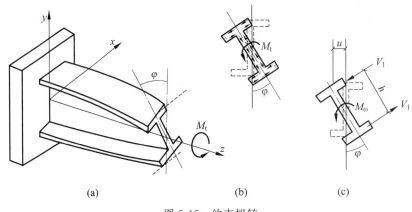

图 5-15 约束扭转

4) 梁的剪力中心

梁截面上有这样一个点 S,当梁所受横向荷载的作用线或梁所受的力矩作用面通过该点时,梁只产生弯曲变形,而不发生扭转变形;否则,构件在发生弯曲变形的同时,也发生扭转变形。这个点称为剪力中心,也称为剪切中心。由于扭转变形是绕剪力中心发生的,所以剪力中心又称为弯曲中心或扭转中心。

剪力中心只与截面形式和截面尺寸有关,与外荷载无关。常用截面剪力中心的位置可按下列规则来判断:

(1) 双轴对称截面(图 5-16(a)),形心成点对称的截面(图 5-16(b)),剪力中心 S 与截面形心 C 重合。

(2) 单轴对称截面(图 5-16(c)、(d)、(e)),剪力中心在对称轴上,其具体位置需经计算确定。

(3) 由矩形薄板中线相交于一点组成的截面(图 5-16(f)、(g)、(h)),剪力中心 S 就在此中线交点上,因为每个薄板的剪力中心都通过这个交点。

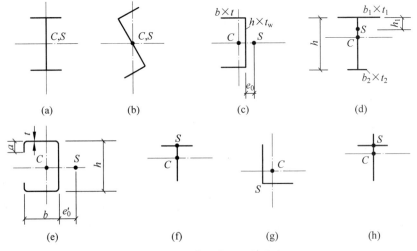

图 5-16 开口薄壁截面的剪力中心

2. 梁自由扭转的特点和计算

自由扭转有如下特点：

(1) 各截面的翘曲相同,各纵向纤维既无伸长,也无缩短；

(2) 在扭矩作用下,梁截面上只产生剪应力,没有正应力；

(3) 纵向纤维保持为直线,构件单位长度上的扭转角处处相等。

自由扭转时,开口薄壁构件截面上剪应力在壁厚范围内构成一个封闭的剪力流(图 5-17),剪应力方向与壁厚中心线平行,大小沿壁厚度直线变化,中心处为 0,壁内、外边缘处达最大值 τ_{t},τ_{t} 的大小与构件扭转角的变化率成正比关系。此剪力流形成抵抗外扭矩的合力矩 $GI_{\mathrm{t}}\varphi'$,则作用在构件上的自由扭矩 M_{t} 为

$$M_{\mathrm{t}}=GI_{\mathrm{t}}\varphi'=GI_{\mathrm{t}}\frac{\mathrm{d}\varphi}{\mathrm{d}z} \tag{5-14}$$

式中,G——材料的剪切模量($\mathrm{N/mm^2}$)；

　　　φ——截面的扭转角,自由扭转中 φ 沿杆件纵向为一常量；

　　　I_{t}——截面的扭转惯性矩或扭转常数($\mathrm{mm^4}$),对由几个狭长矩形截面组成的开口薄壁截面可按式(5-15)计算。

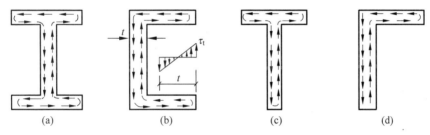

图 5-17 　构件内的剪力流

$$I_{\mathrm{t}}=\frac{k}{3}\sum b_i t_i^3 \tag{5-15}$$

式中,b_i、t_i——分别为第 i 块板件的宽度和厚度(mm)；

　　　k——考虑热轧型钢在板件交接处凸出部分的有利影响系数,其值由试验确定。对角钢取 $k=1.0$；对 T 形截面 $k=1.15$；对槽形截面 $k=1.12$；对工字形截面 $k=1.25$。

最大剪应力 τ_{t} 与自由扭矩 M_{t} 的关系为：

$$\tau_{\mathrm{t}}=\frac{M_{\mathrm{t}}t}{I_{\mathrm{t}}} \quad \text{或} \quad \tau_{\mathrm{t}}=Gt\frac{\mathrm{d}\varphi}{\mathrm{d}z} \tag{5-16}$$

闭口薄壁构件自由扭转时,截面上剪应力的分布与开口截面完全不同。闭口截面壁厚两侧剪应力方向相同。由于壁薄,可认为剪应力沿厚度均匀分布,方向为切线方向,如图 5-18 所示,可以证明任一处壁厚的剪力 τt 为一常数。微元 $\mathrm{d}s$ 上的剪力对原点的力矩为 $r\tau t\,\mathrm{d}s$,则总扭转力矩为：

$$M_{\mathrm{t}}=\oint r\tau t\,\mathrm{d}s=\tau t\oint r\,\mathrm{d}s \tag{5-17}$$

式中,r——剪切中心至微元段 $\mathrm{d}s$ 中心线的距离；

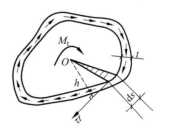

图 5-18 　闭口截面的自由扭转

t——计算截面处的壁厚；

$\oint r\mathrm{d}s$——周边积分，为壁厚中心线所围成面积 A 的 2 倍，因此有

$$M_t = 2\tau t A \quad \text{或} \quad \tau = M_t/(2At) \tag{5-18}$$

3. 梁约束扭转的特点和计算

约束扭转有如下特点：

（1）由于梁各截面的翘曲变形不同，两相邻截面间构件的纵向纤维因出现伸长或缩短而产生正应力。这种正应力称为翘曲正应力（或称为扇性正应力）σ_ω，如图 5-19(a)所示。

（2）梁约束扭转时，截面上各纵向纤维的伸长、缩短是不相等的，所以构件的纵向纤维必然产生弯曲变形，故约束扭转又称为弯曲扭转。

（3）由于各截面上翘曲正应力的大小是不相等的，为与之平衡，截面上将产生翘曲剪应力 τ_ω，如图 5-19(c)所示；此外，由于约束扭转时相邻截面间发生转动，截面上也存在与自由扭转中相同的自由扭转剪应力 τ_s，如图 5-19(b)所示。τ_s 合成自由扭转扭矩 M_s，τ_ω 合成翘曲扭矩 M_ω。这两个扭矩之和与外扭矩 M_z 平衡，即

$$M_z = M_s + M_\omega \tag{5-19}$$

式中，M_s 对开口截面可采用式(5-14)计算。翘曲扭矩 M_ω 采用式(5-20)计算：

$$M_\omega = -EI_\omega \frac{\mathrm{d}^3\varphi}{\mathrm{d}z^3} \tag{5-20}$$

式中，I_ω——扇性惯性矩（也称翘曲常数或翘曲惯性矩）(mm^6)，对于双轴对称工字形截面，

$I_\omega = \dfrac{1}{4}I_y h^2$；$I_y$ 为构件截面对 y 轴的惯性矩(mm^4)。

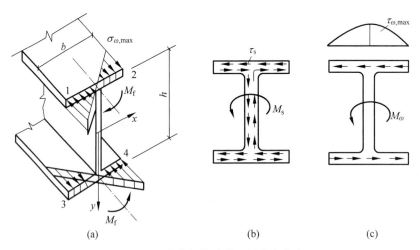

图 5-19　约束扭转时截面的应力分布

将式(5-14)和式(5-20)代入式(5-19)，可以得到约束扭转时的内外扭矩平衡微分方程：

$$M_z = M_s + M_\omega = GI_t \frac{\mathrm{d}\varphi}{\mathrm{d}z} - EI_\omega \frac{\mathrm{d}^3\varphi}{\mathrm{d}z^3} = GI_t \varphi' - EI_\omega \varphi''' \tag{5-21}$$

式中,GI_t——构件截面的扭转刚度(N·mm⁴);

EI_ω——构件截面的翘曲刚度(N·mm⁴)。

式(5-21)虽然是由双轴对称工字形截面推导出来的,但它也适用于其他截面的梁,只是式中 I_t、I_ω 取值不同。

5.3.3 梁的临界弯矩

梁维持其稳定平衡状态所承受的最大弯矩,称为临界弯矩 M_{cr},对应的最大弯曲压应力称为临界应力 σ_{cr}。当临界应力低于屈服点时,属于弹性弯扭失稳,可采用弹性稳定理论通过在梁失稳后的位置上建立平衡微分方程的方法求解。

下面以双轴对称工字形截面简支梁在纯弯作用下的稳定为例(图 5-20),说明临界弯矩的求解过程。

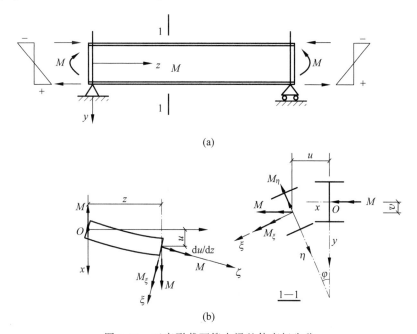

图 5-20 工字形截面简支梁整体弯扭失稳

1. 基本假设

两端简支双轴对称工字形截面梁在纯弯矩 M 作用下,并采取如下假设:

(1) 弯矩作用在最大刚度平面,屈曲时钢梁处于弹性阶段;

(2) 梁端为夹支座(支座截面在 x 轴和 y 轴方向的位移受到约束,绕 z 轴的扭转也受到约束,但支座截面处可以自由翘曲,能绕 x 轴、y 轴自由转动);

(3) 梁变形后,力偶矩与原来的方向平行(即小变形)。

2. 双轴对称工字形截面简支梁在纯弯曲时的临界弯矩

以截面形心 O 为坐标原点,固定的坐标系为 $Oxyz$,截面发生位移后的移动坐标系为

$O'\xi\eta\zeta$，其中，ξ、η 为截面两主轴方向，ζ 为构件纵轴切线方向；梁端左支座不能发生 z 方向位移，右支座可以。

发生弯扭屈曲后，距梁左端点为 z 处的截面形心沿 x 轴和 y 轴方向的位移分别为 u 和 v，截面的扭转角为 φ。在小变形假设情况下，可认为变形前后作用在 1—1 截面上的弯矩 M 矢量的方向不变，变形后在移动坐标系 xOz 和 yOz 平面内的曲率分别为 $\mathrm{d}^2 u / \mathrm{d} z^2$ 和 $\mathrm{d}^2 v / \mathrm{d} z^2$，并认为在 $\xi O'\zeta$ 和 $\eta O'\zeta$ 平面内的曲率分别与之相等。z 轴与 ζ 轴间的夹角为 $\theta = \mathrm{d} u / \mathrm{d} z$。弯矩 M 在 ξ、η、ζ 上的分量为：

$$M_\xi = M\cos\theta\cos\varphi \approx M \tag{5-22}$$

$$M_\eta = M\cos\theta\sin\varphi \approx M\varphi \tag{5-23}$$

$$M_\zeta = M\sin\theta \approx M\mathrm{d}u/\mathrm{d}z = M\theta = Mu' \tag{5-24}$$

式中，M_ξ——截面发生位移后绕强轴的弯矩；

M_η——截面发生位移后绕弱轴的弯矩；

M_ζ——截面的扭矩。

由此可知，当梁发生弯扭微小变形后，截面上除原先在最大刚度平面内已有的弯矩作用外，又产生了侧向弯矩 M_η 和扭矩 M_ζ。

依据弯矩与曲率的关系和内外扭矩的平衡关系，可以得到三个平衡微分方程：

$$-EI_x v'' = M_\xi = M \tag{5-25}$$

$$-EI_y u'' = M_\eta = M\varphi \tag{5-26}$$

$$GI_t \varphi' - EI_\omega \varphi''' = M_\zeta = Mu' \tag{5-27}$$

式(5-25)是对 ξ 轴的弯矩平衡微分方程，它是在弯矩 M 作用平面内的弯曲问题，与梁的扭转无关，由于只有一个未知量 v，可独立求解。

式(5-26)是对 η 轴的弯矩平衡微分方程，式(5-27)是约束扭转内外力矩的平衡微分方程，由于式(5-26)和式(5-27)都包含 u 和 φ 两个未知量，必须联立求解。

将式(5-27)微分一次后，与式(5-26)联立消去 u'' 可得

$$EI_\omega \varphi^{(4)} - GI_t \varphi'' - \frac{M^2 \varphi}{EI_y} = 0 \tag{5-28}$$

式(5-28)为常系数四阶齐次常微分方程，根据边界条件，可求得其通解为

$$\varphi = A \cdot \sin\left(\frac{n\pi z}{l}\right) \tag{5-29}$$

将式(5-29)代入式(5-28)，可得

$$\left[EI_\omega\left(\frac{n\pi}{l}\right)^4 - GI_t\left(\frac{n\pi}{l}\right)^2 - \frac{M^2}{EI_y}\right] A \cdot \sin\left(\frac{n\pi z}{l}\right) = 0 \tag{5-30}$$

若式(5-30)对任意 z 成立，则方括号中数值必为 0，即

$$EI_\omega\left(\frac{n\pi}{l}\right)^4 - GI_t\left(\frac{n\pi}{l}\right)^2 - \frac{M^2}{EI_y} = 0 \tag{5-31}$$

满足式(5-31)的 M 就是整体失稳时的临界弯矩，当 $n=1$ 时，其有最小值，记为 M_{cr}，即

$$M_{\mathrm{cr}} = \pi\sqrt{1 + \frac{EI_\omega}{GI_t}\left(\frac{\pi}{l}\right)^2} \frac{\sqrt{EI_y GI_t}}{l} \tag{5-32}$$

进一步可得

$$M_{cr} = k\frac{\sqrt{EI_yGI_t}}{l} \tag{5-33}$$

式中，k 为梁的弯扭屈曲系数，对于双轴对称工字形截面 $I_\omega = \frac{h^2}{2}I_1 \approx \frac{h^2}{4}I_y$，故

$$k = \pi\sqrt{1 + \frac{EI_\omega}{GI_t}\left(\frac{\pi}{l}\right)^2} = \pi\sqrt{1 + \pi^2\frac{EI_y}{GI_t}\left(\frac{h}{2l}\right)^2} = \pi\sqrt{1 + \pi^2\psi} \tag{5-34}$$

式中，$\psi = \frac{EI_y}{GI_t}\left(\frac{h}{2l}\right)^2$。

式(5-32)亦可写成式(5-35)的形式：

$$M_{cr} = \frac{\pi^2 EI_y}{l^2}\sqrt{\frac{I_\omega}{I_y}\left(1 + \frac{GI_t l^2}{\pi^2 EI_\omega}\right)} \tag{5-35}$$

式(5-35)表达的 M_{cr} 是纯弯曲时双轴对称工字形截面简支梁的临界弯矩。式中根号前的 $\pi^2 EI_y/l^2$ 是绕 y 轴屈曲的轴心受压构件的欧拉临界力。由式(5-35)可知，影响纯弯曲下双轴对称工字形截面简支梁临界弯矩的因素包含梁的侧向弯曲刚度 EI_y、抗扭刚度 GI_t、翘曲刚度 EI_ω 及梁的侧向无支撑跨度 l。

3. 单轴对称截面工字形截面梁的临界弯矩

在单轴对称工字形截面(图 5-21(a)、(c))中，剪力中心 S 与形心 O 不重合。承受横向荷载作用的梁在处于微小侧向弯扭变形的平衡状态时，其弯扭屈曲微分方程(5-28)不再是常系数微分方程，因而不可能得到准确的解析解，只能有数值解和近似解。采用能量法可求出梁在不同荷载种类和作用位置情况下的临界弯矩近似解：

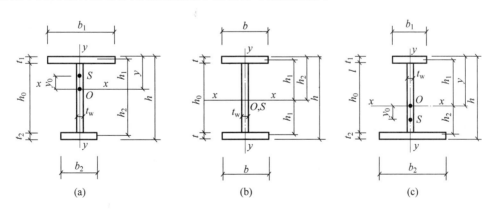

图 5-21 焊接工字形截面

$$M_{cr} = \beta_1\frac{\pi^2 EI_y}{l^2}\left[\beta_2 a + \beta_3 B_y + \sqrt{(\beta_2 a + \beta_3 B_y)^2 + \frac{I_\omega}{I_y}\left(1 + \frac{GI_t l^2}{\pi^2 EI_\omega}\right)}\right] \tag{5-36}$$

式中，β_1、β_2 和 β_3——与荷载类型有关的系数，取值如表 5-5 所示。

表 5-5　系数 β_1、β_2、β_3 值

荷 载 类 型	β_1	β_2	β_3
跨中点集中荷载	1.35	0.55	0.40
满跨均布荷载	1.13	0.46	0.53
纯弯曲	1	0	1

l——梁的侧向无支承长度(mm)。

a——横向荷载作用点至截面剪力中心的距离(mm),当荷载作用点到剪力中心的指向与挠度方向一致时取负,反之取正。

B_y——截面不对称修正系数,当截面为双轴对称时,$B_y=0$;当截面不对称时:

$$B_y = \frac{1}{2I_x}\int_A y(x^2+y^2)\mathrm{d}A - y_0 \tag{5-37}$$

其中,y_0 为剪力中心 S 到形心 O 的距离(mm),当剪力中心到形心的指向与挠曲方向一致时取负,反之取正。

$$y_0 = \frac{I_2 h_2 - I_1 h_1}{I_y} \tag{5-38}$$

其中,I_1、I_2 分别为受压翼缘和受拉翼缘对 y 轴的惯性矩(mm^4)。h_1、h_2 分别为受压翼缘和受拉翼缘形心至整个截面形心的距离(mm)。

4. 弹塑性阶段梁的临界弯矩

式(5-35)、式(5-36)只适用于求解弹性弯扭屈曲钢梁的临界弯矩 M_{cr},即梁失稳时临界应力 $\sigma_{cr} \leqslant f_p$(比例极限)的情况。这些梁往往较细长且跨中没有侧向支承,其临界应力 σ_{cr} 较小。

非细长或有足够多侧向支承的钢梁可能发生弹塑性屈曲,即梁整体失稳时临界应力 $\sigma_{cr} > f_p$。此时,钢材的弹性模量 E、剪切模量 G 不再保持常数,而是随着临界应力 σ_{cr} 的增大而逐渐减小。

实际工程中的钢梁都有残余应力,因此在确定钢梁材料是否进入弹塑性工作阶段时,必须在结构荷载引起的应力之外加上残余应力的影响。

对纯弯曲且截面对称于弯矩作用平面的简支梁,还可以写出用切线模量 E_t 表达的弹塑性弯扭屈曲临界弯矩的解析式。对于非纯弯曲的梁,由于各截面中弹性区和塑性区分布不同,即各截面有效刚度分布不同,而成为变刚度梁,求其弹塑性弯扭屈曲临界弯矩 M_{cr} 的计算将变得非常复杂,且一般情况下得不到解析解。

5.3.4　影响梁整体稳定的因素及增强梁整体稳定的措施

1. 影响梁整体稳定的因素

从式(5-36)可以看出影响梁整体稳定的主要因素包括以下几个方面:

1）侧向抗弯刚度、抗扭刚度和翘曲刚度

截面的侧向抗弯刚度 EI_y、抗扭刚度 GI_t 和抗翘曲刚度 EI_ω 越大，则临界弯矩越大，梁的整体稳定性越好。此外，加宽受压翼缘的梁（$B_y>0$），临界弯矩增大。

2）受压翼缘的自由长度（受压翼缘侧向支承点间距）

梁的侧向无支承长度或受压翼缘侧向支承点的间距 l 越小，则临界弯矩越大，梁的整体稳定性越好。

3）荷载种类

梁的整体稳定还与荷载种类有关。采用弹性稳定理论可以推出在各种荷载条件下梁的临界弯矩表达式，表5-6列出了双轴对称工字形截面的 k 值。结合式（5-33），从表中可以看出，当荷载作用于截面形心时，在纯弯曲情况下的 k 值最低，这是因为此时梁上翼缘的压力在全长范围内不变，如果将上翼缘看作轴心压杆，则纯弯显然是最不利荷载；作用于形心上的均布荷载情况稍不利于集中荷载，其弯矩图较为饱满；集中力作用于跨中形心上时 k 值最高，此时只有在跨中上翼缘处压力最大，其后按线性折减。当荷载作用于上翼缘时，临界弯矩小于荷载作用于截面形心，而荷载作用于下翼缘时，临界弯矩大于荷载作用于截面形心。

表 5-6　不同荷载和荷载作用位置不同时 k 值

荷 载 情 况	k 值		说　　明
	荷载作用于形心	荷载作用于上、下翼缘	
（集中荷载 M）	$k=1.35\pi\sqrt{1+10.2\psi}$	$k=1.35\pi\sqrt{1+12.9\psi}\mp1.74\sqrt{\psi}$	"－"用于荷载作用在上翼缘；
（均布荷载 M）	$k=1.13\pi\sqrt{1+10\psi}$	$k=1.13\pi\sqrt{1+11.9\psi}\mp1.44\sqrt{\psi}$	"＋"用于荷载作用在下翼缘
（纯弯 M）	$k=\pi\sqrt{1+\pi^2\psi}$		

4）荷载作用位置

由式（5-36）可以看出荷载作用点的位置对整体稳定的影响。当荷载作用点在剪心以上时，a 为负值，M_{cr} 将降低；当荷载作用点在剪心以下时，a 为正值，M_{cr} 将提高。图 5-22 给出了双轴对称工字形截面，荷载分别作用于上、下翼缘的情况。显然当荷载作用于上翼缘时，梁一旦扭转，荷载会对剪心 S 产生不利的附加扭矩，促进扭转，加速屈曲。而当荷载位于下翼缘时，会产生减缓梁扭转的附加扭矩，延缓屈曲。表5-6中同时给出了不同荷载种类和荷载作用位置时的 k 值。

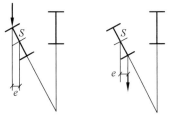

图 5-22　荷载作用位置的影响

5) 梁的约束情况

改变梁端和跨中侧向约束相当于改变了梁的侧向夹支长度,随梁端约束程度的加大,和跨中侧向支承点的设置,将梁的侧向计算长度减小,使梁的临界弯矩显著提高。因此,增加梁端和跨中约束也是一个提高梁的临界弯矩的有效措施。

2. 增强梁整体稳定的措施

从影响梁整体稳定的因素来看,可以采用以下办法增强梁的整体稳定性:

(1) 增大梁截面尺寸,其中增大受压翼缘的宽度最为有效。

(2) 增加侧向支承系统,减小构件侧向支承点间的距离 l_1,侧向支承应设在受压翼缘处,按第 4 章的方法将受压翼缘视为轴心压杆计算支承所受的力。

(3) 当梁跨内无法增设侧向支承时,宜采用闭合箱形截面,主要是因其 I_y、I_t 和 I_ω 均较开口截面的大。

(4) 增加梁两端的约束提高其稳定承载力。在式(5-32)、式(5-36)中,支座假定为夹支支座,因此,在实际设计中,应采取措施使梁端不能发生扭转。

在以上措施中没有提到荷载种类和荷载作用位置,这是因为在设计中它们一般并不取决于设计者。

5.3.5 梁的整体稳定系数

为保证梁不发生整体失稳,应使其最大受压纤维弯曲正应力不超过梁整体稳定的临界弯矩产生的临界应力,即

$$\sigma = \frac{M_x}{W_x} \leqslant \frac{M_{cr}}{W_x} \cdot \frac{1}{\gamma_R} = \frac{\sigma_{cr}}{\gamma_R} = \frac{\sigma_{cr}}{f_y} \cdot \frac{f_y}{\gamma_R} = \varphi_b f \tag{5-39}$$

$$\varphi_b = \frac{\sigma_{cr}}{f_y} = \frac{M_{cr}}{W_x f_y} = \frac{M_{cr}}{M_x^y} \tag{5-40}$$

可见,梁的整体稳定系数 φ_b 为临界应力 σ_{cr} 与钢材屈服点 f_y 的比值,也等于梁的临界弯矩 M_{cr} 与边缘纤维屈服弯矩 M_x^y 的比值。

1. 焊接工字形(含轧制 H 型钢)等截面简支梁的 φ_b

焊接工字形(含轧制 H 型钢)等截面简支梁整体稳定系数的计算是在式(5-36)的基础上简化得到的。在式(5-36)中,代入 $E = 2.06 \times 10^6 \text{N/mm}^2$,$E/G = 2.6$,并令 $I_y = Ai_y^2$,$l_1/i_y = \lambda_y$,$I_\omega = I_y h^2/4$,并假定扭转惯性矩近似值为 $I_t = At_1^3/3$,简化后得到:

$$\varphi_b = \beta_b \frac{4320Ah}{\lambda_y^2 W_x} \left[\sqrt{1 + \left(\frac{\lambda_y t_1}{4.4h} \right)^2} + \eta_b \right] \varepsilon_k^2 \tag{5-41}$$

式中,β_b——梁整体稳定的等效临界弯矩系数,按表 5-7 取值。

λ_y——梁在侧向支承点之间对截面弱轴(y 轴)的长细比,$\lambda_y = l_1/i_y$。其中,l_1 为梁受压翼缘侧向支承点间的距离(mm);对跨中无侧向支承点的梁,l_1 为其跨度(梁的支座处视为有侧向支承)。i_y 为梁毛截面对 y 轴的回转半径(mm),$i_y = \sqrt{I_y/A}$。

A——梁的毛截面面积(mm^2)。

W_x——按受压最大纤维确定的梁的毛截面模量(mm^3)。

h——梁截面高度(mm)。

t_1——梁受压翼缘的厚度(mm)。

η_b——截面不对称影响系数、对双轴对称截面取 $\eta_b = 0$；加强受压翼缘时 $\eta_b = 0.8(2\alpha_b - 1)$；加强受拉翼缘时，$\eta_b = 2\alpha_b - 1$。其中，$\alpha_b = I_1/(I_1 + I_2)$，$I_1$ 和 I_2 分别为受压翼缘和受拉翼缘对 y 轴的惯性矩。

表 5-7　H 型钢和等截面工字形简支梁的系数 β_b

项次	侧向支承	荷载		$\xi \leqslant 2.0$	$\xi > 2.0$	适用范围
1	跨中无侧向支承	均布荷载作用在	上翼缘	$0.69 + 0.13\xi$	0.95	双轴对称焊接工字形截面、加强受压翼缘的单轴对称焊接工字形截面、轧制 H 型钢截面
2			下翼缘	$1.73 - 0.20\xi$	1.33	
3		集中荷载作用在	上翼缘	$0.73 + 0.18\xi$	1.09	
4			下翼缘	$2.23 - 0.28\xi$	1.67	
5	跨度中点有一个侧向支承点	均布荷载作用在	上翼缘	1.15		双轴对称焊接工字形截面、加强受压翼缘的单轴对称焊接工字形截面、轧制 H 型钢截面，以及加强受拉翼缘的单轴对称焊接工字形截面
6			下翼缘	1.40		
7		集中荷载作用在截面高度的任意位置		1.75		
8	跨中有不少于两个等距离侧向支承点	任意荷载作用在	上翼缘	1.20		
9			下翼缘	1.40		
10	梁端有弯矩，但跨中无荷载作用			$1.75 - 1.05\left(\dfrac{M_2}{M_1}\right) + 0.3\left(\dfrac{M_2}{M_1}\right)^2$ 但 $\leqslant 2.3$		

注：①ξ 为参数，$\xi = l_1 t_1/(b_1 h)$，其中 b_1 和 t_1 分别为受压翼缘的宽度和厚度；②M_1 和 M_2 为梁的端弯矩，使梁产生同向曲率时 M_1 和 M_2 取同号，产生反向曲率时取异号，$|M_1| \geqslant |M_2|$；③表中项次 3、4 和 7 的集中荷载是指一个或少数几个集中荷载位于跨中央附近的情况，对其他情况的集中荷载，应按表 1、2、5、6 内的数值采用；④表中项次 8、9 的 β_b，当集中荷载作用在侧向支承点处时，取 $\beta_b = 1.20$；⑤荷载作用在上翼缘系指荷载作用点在翼缘表面，方向指向截面形心；荷载作用在下翼缘系指荷载作用点在翼缘表面，方向背向截面形心；⑥对 $\alpha_b > 0.8$ 的加强受压翼缘工字形截面，下列情况的 β_b 值应乘以相应系数：

项次 1：当 $\xi \leqslant 1.0$ 时，乘以 0.95；

项次 3：当 $\xi \leqslant 0.5$ 时，乘以 0.90；当 $0.5 < \xi \leqslant 1.0$ 时，乘以 0.95。

当按式(5-41)计算的 $\varphi_b > 0.6$ 时，应用式(5-42)计算的 φ'_b 代替 φ_b 值：

$$\varphi'_b = 1.07 - \frac{0.282}{\varphi_b} \leqslant 1.0 \tag{5-42}$$

2. 轧制普通工字钢简支梁的 φ_b

轧制普通工字钢虽然属于双轴对称截面，但因其翼缘内侧有斜坡，翼缘与腹板交接处有圆角，其截面特征不能按 3 块钢板的组合工字形截面计算，故此类截面的钢梁 φ_b 不宜按式(5-41)计算，应按工字钢型号、荷载类别与荷载作用点高度，以及梁的自由长度 l_1(梁的侧向无支承长度)按表 5-8 取值。

表 5-8　轧制普通工字钢简支梁的稳定系数 φ_b

项次	荷载情况			工字钢型号	自由长度 l_1/mm								
---	---	---	---	---	2	3	4	5	6	7	8	9	10
1	跨中无侧向支承点的梁	集中荷载作用于	上翼缘	10~20	2.00	1.30	0.99	0.80	0.68	0.58	0.53	0.48	0.43
				22~32	2.40	1.48	1.09	0.86	0.72	0.62	0.54	0.49	0.45
				36~63	2.80	1.60	1.07	0.83	0.68	0.56	0.50	0.45	0.40
2			下翼缘	10~20	3.10	1.95	1.34	1.01	0.82	0.69	0.63	0.57	0.52
				22~40	5.50	2.80	1.84	1.37	1.07	0.86	0.73	0.64	0.56
				45~63	7.30	3.60	2.30	1.62	1.20	0.96	0.80	0.69	0.60
3		均布荷载作用于	上翼缘	10~20	1.70	1.12	0.84	0.68	0.57	0.50	0.45	0.41	0.37
				22~40	2.10	1.30	0.93	0.73	0.60	0.51	0.45	0.40	0.36
				45~63	2.60	1.45	0.97	0.73	0.59	0.50	0.44	0.38	0.35
4			下翼缘	10~20	2.50	1.55	1.08	0.83	0.68	0.56	0.52	0.47	0.42
				22~40	4.00	2.20	1.45	1.10	0.85	0.70	0.60	0.52	0.46
				45~63	5.60	2.80	1.80	1.25	0.95	0.78	0.65	0.55	0.49
5	跨中有侧向支承点的梁(无论荷载作用点在截面高度上的位置)			10~20	2.20	1.39	1.01	0.79	—0.66	0.57	0.52	0.47	0.42
				22~40	3.00	1.80	1.24	0.96	0.76	0.65	0.56	0.49	0.43
				45~63	4.00	2.20	1.38	1.01	0.80	0.66	0.56	0.49	0.43

应注意的是：①表 5-7 的注③、注⑤适用于表 5-8；②表 5-8 中的 φ_b 适用于 Q235 钢,对其他钢号,表中数值应乘以 ε_k^2；③当所得的 $\varphi_b > 0.6$ 时,应按式(5-42)取 φ_b'。

3. 轧制槽钢简支梁的 φ_b

轧制槽钢简支梁的整体稳定系数,无论荷载的形式和荷载作用点在截面高度上的位置,均可按式(5-43)计算：

$$\varphi_b = \frac{570bt}{l_1 h}\varepsilon_k^2 \tag{5-43}$$

式中,h、b 和 t——分别为槽钢截面的高度、翼缘宽度和翼缘平均厚度(mm)。

4. 双轴对称工字形等截面(含轧制 H 型钢)悬臂梁的 φ_b

双轴对称工字形等截面悬臂梁的整体稳定系数,可按式(5-41)计算,但式中系数 β_b 应按表 5-9 查得,当按 $\lambda_y = l_1/i_y$ 计算长细比,l_1 为悬臂梁的悬伸长度。当求得的 $\varphi_b > 0.6$ 时,应按式(5-42)取 φ_b'。

表 5-9　双轴对称工字形等截面悬臂梁的系数 β_b

项次	荷载形式		$0.60 \leqslant \xi \leqslant 1.24$	$1.24 < \xi \leqslant 1.96$	$1.96 < \xi \leqslant 3.10$
1	自由端一个集中荷载作用在	上翼缘	$0.21 + 0.67\xi$	$0.72 + 0.26\xi$	$1.17 + 0.03\xi$
2		下翼缘	$2.94 - 0.65\xi$	$2.64 - 0.40\xi$	$2.15 - 0.15\xi$
3	均布荷载作用在上翼缘		$0.62 + 0.82\xi$	$1.25 + 0.31\xi$	$1.66 + 0.10\xi$

表 5-9 中的 β_b 是按支承端为固定的情况确定的,当用于由邻跨延伸出来的伸臂梁时,应在构造上采取措施加强支承处的抗扭能力；表 5-9 中的 ξ 同表 5-7。

5. 梁整体稳定系数 φ_b 的近似计算

均匀弯曲的受弯构件,当 $\lambda_y \leqslant 120\varepsilon_k$ 时,其整体稳定系数 φ_b 可按下列近似公式计算:

1) 工字形截面

双轴对称:

$$\varphi_b = 1.07 - \frac{\lambda_y^2}{44000\varepsilon_k^2} \tag{5-44}$$

单轴对称:

$$\varphi_b = 1.07 - \frac{W_x}{(2\alpha_b + 0.1)Ah} \cdot \frac{\lambda_y^2}{14000\varepsilon_k^2} \tag{5-45}$$

2) 弯矩作用在对称轴平面,绕 x 轴的 T 形截面

(1) 弯矩使翼缘受压时

双角钢 T 形截面

$$\varphi_b = 1 - 0.0017\lambda_y/\varepsilon_k \tag{5-46}$$

剖分 T 形钢和两板组合 T 形截面

$$\varphi_b = 1 - 0.0022\lambda_y/\varepsilon_k \tag{5-47}$$

(2) 弯矩使翼缘受拉且腹板宽厚比 $\leqslant 18\varepsilon_k$ 时

$$\varphi_b = 1 - 0.0005\lambda_y/\varepsilon_k \tag{5-48}$$

当按式(5-44)和式(5-45)算得的 $\varphi_b > 1.0$ 时,取 $\varphi_b = 1.0$。

5.3.6　梁的整体稳定计算

1. 可不计算梁整体稳定性的情况

实际工程中,梁经常与其他构件相互连接,这有利于阻止梁丧失整体稳定。符合下列情况之一时,可不计算梁的整体稳定性:

(1) 当铺板密铺在梁的受压翼缘上并与其牢固相连,能阻止梁受压翼缘的侧向位移时,可不计算梁的整体稳定性。

(2) 当箱形截面简支梁符合(1)的要求或其截面尺寸(图 5-23)满足 $h/b_0 \leqslant 6$,$l_1/b_0 \leqslant 95\varepsilon_k^2$ 时,可不计算整体稳定性,其中,l_1 为受压翼缘侧向支承点间的距离(梁的支座处视为有侧向支承)。

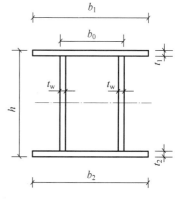

图 5-23　箱形截面尺寸

2. 梁整体稳定计算公式

对不符合 1 中所述情况的梁,应该进行整体稳定性计算。

(1) 在最大刚度主平面内受弯的构件,其整体稳定性应按式(5-49)计算:

$$\frac{M_x}{\varphi_b W_x f} \leqslant 1.0 \tag{5-49}$$

式中,M_x——绕截面强轴作用的最大弯矩设计值(N·mm);

W_x——按受压最大纤维确定的梁毛截面模量（mm³），当截面板件宽厚比等级为 S1级、S2级、S3级或 S4级时，应取全截面模量；当截面板件宽厚比等级为 S5级时，应取有效截面模量，均匀受压翼缘有效外伸宽度可取 $15\varepsilon_k$，腹板有效截面可按《钢结构设计标准》(GB 50017—2017)第 8.4.2条的规定采用。

（2）在两个主平面受弯的工字形或 H 型钢等截面构件，其整体稳定性应按式(5-50)计算：

$$\frac{M_x}{\varphi_b W_x f} + \frac{M_y}{\gamma_y W_y f} \leqslant 1.0 \tag{5-50}$$

式中，W_y——按受压最大纤维确定的对 y 轴的毛截面模量（mm³）；

φ_b——绕强轴弯曲所确定的梁整体稳定系数，应按 5.3.5 中所述计算。

式(5-50)是一个经验公式。公式左边第二项分母中引进绕弱轴的截面塑性发展系数 γ_y，并不意味绕弱轴弯曲出现塑性，而是适当降低第二项的影响，并使公式与式(5-6)形式上协调。

【例 5-1】 焊接工字形截面简支梁，跨度 $l=15\text{m}$，跨中无侧向支承。上翼缘承受满跨均布荷载：永久荷载标准值 12kN/m（包括梁自重），可变荷载标准值 48kN/m。钢材为 Q235。试选了两个梁截面方案，如图 5-24 所示。方案一为双轴对称截面，方案二为单轴对称截面，两个方案中的钢梁截面面积和梁截面高度均相等，试分别验算两个方案梁的整体稳定性。

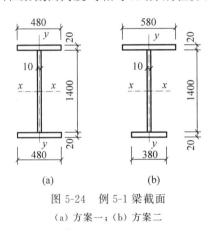

图 5-24　例 5-1 梁截面

(a) 方案一；(b) 方案二

【解】

（1）方案一：双轴对称工字形截面

① 截面几何特性

$$A = (2 \times 480 \times 20 + 1400 \times 10)\text{mm}^2 = 33200\text{mm}^2,$$

$$I_x = \frac{480 \times 1440^3 - 470 \times 1400^3}{12}\text{mm}^4 = 1.1966 \times 10^{10}\text{mm}^4,$$

$$I_y = \frac{2 \times 20 \times 480^3 + 1400 \times 10^3}{12}\text{mm}^4 = 3.6876 \times 10^8\text{mm}^4$$

$$W_{1x} = \frac{2I_x}{h} = \frac{2 \times 1.1966 \times 10^{10}}{1440}\text{mm}^3 = 1.6619 \times 10^7\text{mm}^3$$

$$i_y = \sqrt{\frac{I_y}{A}} = \sqrt{\frac{3.6876 \times 10^8}{33200}}\text{mm} = 105.4\text{mm}$$

$$\lambda_y = l_y/i_y = l/i_y = 15000/105.4 = 142.3$$

② 整体稳定性计算

梁上的均布荷载设计值：

$$q = (1.3 \times 12 + 1.5 \times 48) \text{kN/m} = 87.6 \text{kN/m}$$

梁跨中最大弯矩设计值：

$$M_x = \frac{1}{8} q l^2 = \left(\frac{1}{8} \times 87.6 \times 15^2\right) \text{kN} \cdot \text{m} = 2463.75 \text{kN} \cdot \text{m}$$

$$\xi = \frac{l_1 t_1}{b_1 h} = \frac{lt}{b_1 h} = \frac{15000 \times 20}{480 \times 1440} = 0.434 < 2.0, \text{由表 5-7 项次 1 可得}$$

$$\beta_b = 0.69 + 0.13 \xi = 0.69 + 0.13 \times 0.434 = 0.7464$$

双轴对称截面，$\eta_b = 0$，Q235 钢材，$\varepsilon_k^2 = 235/f_y = 1.0$，$f = 205$，由式(5-41)可得

$$\varphi_b = \beta_b \frac{4320 A h}{\lambda_y^2 W_x} \left[\sqrt{1 + \left(\frac{\lambda_y t_1}{4.4 h}\right)^2} + \eta_b \right] \varepsilon_k^2$$

$$= 0.7464 \times \frac{4320 \times 33200 \times 1440}{142.3^2 \times 1.6619 \times 10^7} \left[\sqrt{1 + \left(\frac{142.3 \times 20}{4.4 \times 1440}\right)^2} + 0 \right] \times 1.0$$

$$= 0.5022 < 0.6$$

由式(5-49)

$$\frac{M_x}{\varphi_b W_x f} = \frac{M_x}{\varphi_b W_{1x} f} = \frac{2463.75 \times 10^6}{0.5022 \times 1.6619 \times 10^7 \times 205} = 1.44 > 1.0, \text{整体稳定性不满足}$$

要求。

(2) 方案二：单轴对称工字形截面

① 截面几何特性

$$A = (580 \times 20 + 380 \times 20 + 1400 \times 10) \text{mm}^2 = 33200 \text{mm}^2$$

以梁的截面上翼缘上边缘线为基准线求形心轴位置：

$$\bar{y} = y_1 = \frac{\sum A_i y_i}{\sum A_i} = \left(\frac{580 \times 20 \times 10 + 1400 \times 10 \times 720 + 380 \times 20 \times 1430}{33200}\right) \text{mm}$$

$$= 634.46 \text{mm}$$

$$I_x = \left[\frac{10 \times 1400^3 + 580 \times 20^3 + 380 \times 20^3}{12} + 1400 \times 10 \times (720 - 634.46)^2 + \right.$$

$$\left. 580 \times 20 \times 634.46^2 + 380 \times 20 \times (1430 - 634.46)^2 \right] \text{mm}^4$$

$$= 1.1723 \times 10^{10} \text{mm}^4$$

$$I_y = \left[\frac{20 \times 580^3 + 20 \times 380^3 + 1400 \times 10^3}{12}\right] \text{mm}^4 = 4.1676 \times 10^8 \text{mm}^4$$

$$I_1 = \left(\frac{20 \times 580^3}{12}\right) \text{mm}^4 = 3.2519 \times 10^8 \text{mm}^4,$$

$$I_2 = \left(\frac{20 \times 380^3}{12}\right) \text{mm}^4 = 9.1453 \times 10^7 \text{mm}^4$$

$$W_{2x} = \frac{I_x}{y_1} = \left(\frac{1.1723 \times 10^{10}}{634.46}\right) \text{mm}^3 = 1.8477 \times 10^7 \text{mm}^3$$

$$i_y = \sqrt{\frac{I_y}{A}} = \left(\sqrt{\frac{4.1676 \times 10^8}{33200}}\right) \text{mm} = 112.04 \text{mm},$$

$$\lambda_y = l_y/i_y = l/i_y = 15000/112.04 = 133.88$$

② 整体稳定性计算

$$\xi = \frac{l_1 t_1}{b_1 h} = \frac{l t_1}{b_1 h} = \frac{15000 \times 20}{580 \times 1440} = 0.3592 < 2.0$$

$$\alpha_b = \frac{I_1}{I_1 + I_2} = \frac{3.2519 \times 10^8}{3.2519 \times 10^8 + 9.1453 \times 10^7} = 0.7805 < 0.8, \beta_b \text{ 不必折减(表 5-7 注第⑥条)}$$

$$\eta_b = 0.8(2\alpha_b - 1) = 0.8 \times (2 \times 0.7805 - 1) = 0.4488$$

由表 5-7 项次 1 可得

$$\beta_b = 0.69 + 0.13\xi = 0.69 + 0.13 \times 0.3592 = 0.7367, \quad W_x = W_{2x}$$

$$\varphi_b = \beta_b \frac{4320Ah}{\lambda_y^2 W_{2x}} \left[\sqrt{1 + \left(\frac{\lambda_y t_1}{4.4h}\right)^2} + \eta_b\right]\varepsilon_k^2$$

$$= 0.7367 \times \frac{4320 \times 33200 \times 1440}{133.88^2 \times 1.8477 \times 10^7}\left[\sqrt{1 + \left(\frac{133.88 \times 20}{4.4 \times 1440}\right)^2} + 0.4488\right] \times 1.0$$

$$= 0.7049 > 0.6$$

$$\varphi'_b = 1.07 - \frac{0.282}{\varphi_b} = 1.07 - \frac{0.282}{0.7049} = 0.67 < 1.0$$

由式(5-49)

$$\frac{M_x}{\varphi_b W_x f} = \frac{M_x}{\varphi'_b W_{2x} f} = \frac{2463.75 \times 10^6}{0.67 \times 1.8477 \times 10^7 \times 205} = 0.97 < 1.0 (取 \varphi_b = \varphi'_b = 0.67),整体$$

稳定性满足要求。

（3）比较分析

方案一的整体稳定承载力 M_{1x} 为

$$M_{1x} = \varphi_b W_{1x} f = (0.5022 \times 1.6619 \times 10^7 \times 205) \text{kN} \cdot \text{m} = 1710.9 \text{kN} \cdot \text{m}$$

方案二的整体稳定承载力 M_{2x} 为

$$M_{2x} = \varphi'_b W_{2x} f = (0.67 \times 1.8477 \times 10^7 \times 205) \text{kN} \cdot \text{m} = 2537.8 \text{kN} \cdot \text{m}$$

$$M_{2x}/M_{1x} = 2537.8/1710.9 = 1.48$$

由此可见,在不增加用钢量的条件下,通过加强上翼缘,钢梁的稳定承载力提高了 48%。

5.4 梁的局部稳定和腹板加劲肋设计

5.4.1 梁的局部失稳相关概念

组合梁由翼缘与腹板焊接而成,在外荷载逐渐增大的过程中,虽然钢梁还没有发生强度破坏和整体失稳,但受压翼缘或腹板可能偏离其原来的平面位置,出现波形鼓曲(图 5-25),这种现象称为梁丧失局部稳定。

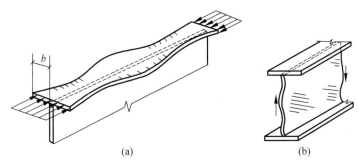

图 5-25 梁翼缘和腹板的局部失稳

1. 梁局部失稳的原因

梁发生局部失稳的原因是,板件的宽厚比或高厚比太大,当分配到板件上的压应力或剪应力超过板件自身的稳定临界应力或相应的屈服强度时,板件就会发生失稳而出现侧向挠曲现象。在设计钢梁时,为了使钢梁有较大的抗弯强度、刚度和整体稳定承载力,同时又要尽量降低用钢量,所采用的截面往往是由宽而薄的钢板组成的工字形截面、箱形截面和 T 形截面等。组成截面的各板件越宽越薄,即截面材料分布离形心轴越远,截面的惯性矩、回转半径就越大,梁的强度、刚度、整体稳定性就越好。但是当板件的宽厚比、高厚比太大时,就会出现局部失稳。

2. 梁丧失局部稳定的后果

梁的受压翼缘或腹板局部失稳后,整个构件还不会立即失去承载能力,一般还可以承受继续增大的外荷载。但是由局部失稳引起部分截面退出工作,原来对称的截面可能出现弯曲或扭转变为非对称截面,引起梁的刚度减小,可能导致梁提前失去整体稳定性,或提前出现强度破坏。

3. 解决梁局部失稳的办法

1)防止板件局部失稳的原则

用以确定钢梁局部稳定计算公式的原则是:

$$(\sigma_{cr})_{板} \geqslant f_y \tag{5-51}$$

式(5-51)的意义是板的临界应力不小于钢材的屈服点。满足这一条件就意味着能保证局部失稳不先于强度破坏。

2)防止板件局部失稳的具体措施

(1)限制板件的宽厚比。对于组合工字形截面梁的受压翼缘,往往通过限制受压翼缘的自由外伸宽度与其本身厚度比值的办法来防止其局部失稳。

(2)设置加劲肋。组合工字形截面梁的腹板,往往根据腹板高厚比的大小,在腹板适当位置设置加劲肋,以防止腹板局部失稳。在大型钢桥箱梁的受压翼缘上,也往往会采用设置加劲肋的办法防止其局部失稳。

3)与板件局部稳定有关的两个问题

(1)热轧型钢(如工字钢、H 型钢、槽钢等)在未受到较大的横向集中荷载作用时,一般不必计算局部稳定。因为热轧型钢的翼缘板宽厚比、腹板的高厚比都不是很大,一般不会局部失稳。

（2）允许板件局部失稳的情况。符合利用屈曲后强度设计方法的钢梁是允许某些板件局部失稳的。如只承受静力荷载作用的普通钢结构组合截面钢梁,可以允许腹板局部失稳。冷弯薄壁型钢做成的钢梁,可以允许腹板或受压翼缘局部失稳。

5.4.2 受压翼缘的局部稳定

梁的受压翼缘板主要承受弯矩产生的均匀压应力作用。为了充分发挥材料强度,翼缘应采用一定厚度的钢板,使其临界应力 σ_{cr} 不低于钢材的屈服点 f_y,从而保证翼缘不丧失稳定。一般采用限制宽厚比的办法来保证梁受压翼缘板的稳定。

根据薄板稳定理论,受压翼缘板的屈曲临界应力表达式与式(4-91)具有相似的形式:

$$\sigma_{cr} = \frac{\chi \kappa \pi^2 E}{12(1-\nu^2)} \cdot \left(\frac{t}{b}\right)^2 \tag{5-52}$$

式中,χ——支承边的弹性嵌固系数,取为 1.0;

κ——板的屈曲系数,三边简支一边自由均匀受压矩形板,当横向加劲肋间距 $a \gg b_1$ 时,取 $\kappa = 0.425$;

ν——钢材的泊松比,$\nu = 0.3$;

E——钢材的弹性模量,$E = 2.06 \times 10^5 \, \text{N/mm}^2$;

t、b——分别为翼缘板的厚度(mm)和其自由外伸宽度(mm)。

对不需要验算疲劳的梁,当按边缘屈服准则计算梁的抗弯强度时,翼缘板所受纵向弯曲应力超过比例极限进入弹塑性阶段,此处弹性模量 E 将降低为切线模量 $E_t = \eta E$,但在与弯曲压应力相垂直的方向材料仍然是弹性的,即弹性模量 E 保持不变,这时矩形板条属于正交异性板,一般可用 $\sqrt{\eta} E$ 代替 E 来考虑这种弹塑性影响。

把 $E = 2.06 \times 10^5 \, \text{N/mm}^2$、$\nu = 0.3$ 代入式(5-52),这时受压翼缘板的临界应力为

$$\sigma_{cr} = 18.6 \chi \kappa \sqrt{\eta} \left(\frac{t}{b}\right)^2 \times 10^4 \tag{5-53}$$

工字形截面梁受压翼缘板的悬伸部分为三边简支板(图5-26(a)),$\kappa = 0.425$。支承翼缘板的腹板一般较薄,对翼缘板没有什么约束作用,因此取弹性约束系数 $\chi = 1.0$。如取 $\eta = 0.25$,由条件 $\sigma_{cr} \geqslant f_y$,得

$$\sigma_{cr} = 18.6 \times 0.425 \times 1.0 \sqrt{0.25} \left(\frac{t}{b}\right)^2 \times 10^4 \geqslant f_y \tag{5-54}$$

整理后可得

$$\frac{b}{t} \leqslant 13 \sqrt{\frac{235}{f_y}} = 13\varepsilon_k \tag{5-55}$$

当梁在绕强轴的弯矩 M_x 作用下的强度按弹性设计时,b/t 值可放宽,即

$$\frac{b}{t} \leqslant 15 \sqrt{\frac{235}{f_y}} = 15\varepsilon_k \tag{5-56}$$

箱形梁翼缘板在两腹板之间的部分,相当于四边简支单向均匀受压板(图5-26(b)),$\kappa = 4.0$,弹性嵌固系数 $\chi = 1.0$,$\eta = 0.25$,由 $\sigma_{cr} \geqslant f_y$,得

$$\frac{b_0}{t} \leqslant 42\sqrt{\frac{235}{f_y}} = 42\varepsilon_k \tag{5-57}$$

式中，b_0——箱形截面梁受压翼缘板在两腹板之间的宽度（mm）；当翼缘板上设置纵向加劲肋时，b_0 取腹板与纵向加劲肋之间的翼缘板或纵向加劲肋之间的翼缘板宽度。

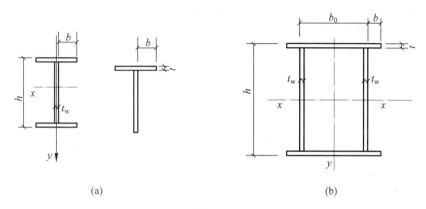

图 5-26　梁翼缘和腹板的局部失稳
（a）工字形和 T 形截面；（b）箱形截面

5.4.3　腹板的局部稳定

当腹板的高厚比 h_0/t_w 过大时，腹板会局部失稳。如果采用与受压翼缘一样的方法，通过限制腹板高厚比来保证腹板的局部稳定性，一般会出现腹板厚度 t_w 过大，使梁的用钢量增加过多而不经济。为了保证腹板的局部稳定性，常在梁的腹板上设置加劲肋（图 5-27）。加劲肋作为腹板的侧向支承，将腹板划分为若干个小的矩形块，并阻止腹板发生侧向挠曲，从而提高了腹板的局部稳定性。

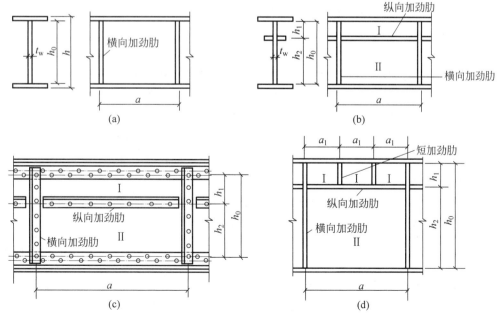

图 5-27　梁的腹板加劲肋

1. 临界应力的计算

腹板上由加劲肋和翼缘划分的区格,可能存在弯曲正应力、剪应力以及局部压应力。弯曲正应力单独作用下,腹板失稳凸凹波形的中心靠近其压应力合力的作用线。剪应力单独作用下,腹板在 45°方向产生主应力,主拉应力和主压应力数值上都等于剪应力。在主压应力作用下,腹板失稳形式为大约 45°方向倾斜的凸凹波形。局部压应力单独作用下,腹板的失稳形式为一个靠近横向压应力作用边缘的鼓曲面,如图 5-28 所示。

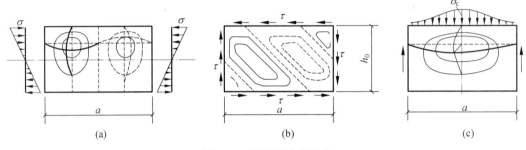

图 5-28 梁腹板受力形式

横向加劲肋主要防止由剪应力和局部压应力可能引起的腹板失稳,纵向加劲肋主要防止由弯曲压应力可能引起的腹板失稳。梁腹板的主要作用是抗剪,剪应力最容易引起腹板失稳。因此,三种加劲肋中横向加劲肋是最常用的。

为了验算梁腹板各区格的局部稳定性,可先求得在各种单一应力作用下的稳定临界应力,然后再考虑各种应力联合作用下腹板的稳定性。

1) 弯曲临界应力

梁弯曲时,在中和轴一侧的三角形分布的弯曲压应力可能使腹板产生如图 5-28(a)所示的屈曲情况。在板的横向,屈曲成一个半波;在板的纵向,屈曲成一个或多个半波,由板的长宽比 a/h_0 决定。该区格的临界应力可写为与式(4-91)类似的形式:

$$\sigma_{cr} = \frac{\chi \kappa \pi^2 E}{12(1-\nu^2)} \left(\frac{t_w}{h_0}\right)^2 \tag{5-58}$$

式中,χ——支承边的弹性嵌固系数,由梁翼缘对腹板的嵌固程度确定。

κ——板的屈曲系数,与板的支承条件及受力情况(受压、受弯或受剪)有关;四边简支单向受弯时,$\kappa_{min}=23.9$,$\chi=1.0$;两侧受荷载边简支、上下边固定时 $\kappa_{min}=39.6$,$\chi=39.6/23.9=1.66$;两侧受荷载边简支、上边简支,下边固定时 $\kappa_{min}=29.4$,$\chi=29.4/23.9=1.23$。

t_w、h_0——分别为梁腹板的厚度(mm)和计算高度(mm)。

将 $\chi=1.0$,$\kappa=23.9$,$E=2.06\times10^5 \text{N/mm}^2$,$\nu=0.3$ 代入式(5-58),可得四边简支板单向受弯时的临界应力为

$$\sigma_{cr} = 445 \left(\frac{100t_w}{h_0}\right)^2 \tag{5-59}$$

梁翼缘对腹板的约束作用可以通过弹性嵌固系数 χ 来表示,就是把四边简支板的临界应力乘以系数 χ 作为非四边简支板的临界应力。对简支工字形截面梁的腹板,其下边缘受

到受拉翼缘的约束,嵌固程度接近于固定边。而腹板上边缘的约束情况则要视上翼缘的实际情况而定,当梁的受压翼缘扭转受到约束时(如翼缘板上有刚性铺板、制动梁或焊有钢轨),腹板上边缘视为固定边,取 $\chi=1.66$;当梁的受压翼缘扭转未受到约束时,腹板上边缘视为简支边,但由于腹板应力较大处翼缘应力也很大,后者对前者并未提供约束,故取 $\chi=1.0$,代入式(5-59)后如下。

受压翼缘扭转受到约束时:

$$\sigma_{cr} = 737\left(\frac{100t_w}{h_0}\right)^2 \tag{5-60(a)}$$

受压翼缘扭转未受到约束时:

$$\sigma_{cr} = 445\left(\frac{100t_w}{h_0}\right)^2 \tag{5-60(b)}$$

若要保证腹板在边缘纤维屈服前不发生屈曲,应用式(5-51),即 $(\sigma_{cr})_{板} \geqslant f_y$,可分别得到弹性阶段腹板高厚比的限值。

受压翼缘扭转受到约束时:

$$\frac{h_0}{t_w} \leqslant 177\varepsilon_k \tag{5-61(a)}$$

受压翼缘扭转未受到约束时:

$$\frac{h_0}{t_w} \leqslant 138\varepsilon_k \tag{5-61(b)}$$

满足式(5-61(a))或式(5-61(b))时,在纯弯曲作用下,腹板不会局部失稳。

由式(5-60(a))、式(5-60(b))可以看出,在弯曲应力单独作用下,腹板临界应力 σ_{cr} 与 h_0/t_w 有关,但与 a/h_0 无关。a 为横向加劲肋的间距。

与式(4-52)类似,钢梁局部稳定计算采用国际上通行的正则化宽厚比 $\lambda_{n,b}$ 作为参数来计算临界应力:

$$\lambda_{n,b} = \sqrt{\frac{f_y}{\sigma_{cr}}} \tag{5-62}$$

将式(5-60(a))、式(5-60(b))分别代入式(5-62)可得如下公式。

受压翼缘扭转受到约束时:

$$\lambda_{n,b} = \frac{h_0/t_w}{177} \cdot \frac{1}{\varepsilon_k} \tag{5-63(a)}$$

受压翼缘扭转未受到约束时:

$$\lambda_{n,b} = \frac{h_0/t_w}{138} \cdot \frac{1}{\varepsilon_k} \tag{5-63(b)}$$

由正则化宽厚比的定义,式(5-62)可得弹性阶段腹板临界应力 σ_{cr} 与 $\lambda_{n,b}$ 的关系式为

$$\sigma_{cr} = f_y/\lambda_{n,b}^2 \tag{5-64}$$

式(5-64)表达的曲线如图 5-29 所示中 $ABEG$ 曲线,此曲线与 $\sigma_{cr}=f_y$ 的水平线相交于 E 点,相应的 $\lambda_{n,b}=1$,水平线 FE 表达的是腹板临界应力 σ_{cr} 等于钢材屈服点 f_y。图中 $ABEF$ 曲线是理想情况下的 σ_{cr}-$\lambda_{n,b}$ 曲线。考虑残余应力和几何缺陷的影响,对纯弯曲下腹板区格的临界应力曲线采用图中的 $ABCD$ 曲线。考虑到实际腹板中各种缺陷的影响,把

塑性范围缩小到 $\lambda_{n,b} \leqslant 0.85$,弹性范围推迟到 $\lambda_{n,b} \geqslant 1.25$。弹性范围的起始点是参考梁整体稳定计算,取梁腹板局部失稳时临界应力的弹性与非弹性分界点为 $\sigma_{cr} = 0.6f_y$,相应的 $\lambda_{n,b} = \sqrt{f_y/\sigma_{cr}} = \sqrt{1/0.6} = 1.29$;考虑到腹板局部屈曲受残余应力的影响不如梁整体屈曲那样大,故取 $\lambda_{n,b} = 1.25$ 为弹塑性修正的下起点。曲线 $ABCD$ 由三段组成:双曲线 AB 段表示弹性阶段的临界应力;水平直线 CD 段表示 $\sigma_{cr} = f$,是塑性阶段的临界应力;斜向直线 BC 段是弹性阶段到塑性阶段的过渡。

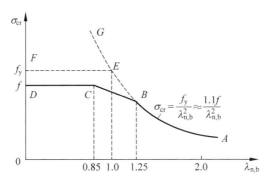

图 5-29　临界应力与正则化宽厚比的关系曲线

对应于图中的三段曲线 $ABCD$,《钢结构设计标准》(GB 50017—2017)中的计算公式为:

当 $\lambda_{n,b} \leqslant 0.85$ 时,　　　　　$\sigma_{cr} = f$　　　　　　　　　　(5-65(a))

当 $0.85 < \lambda_{n,b} \leqslant 1.25$ 时,$\sigma_{cr} = [1 - 0.75(\lambda_{n,b} - 0.85)]f$　　　　(5-65(b))

当 $\lambda_{n,b} > 1.25$ 时,　　　　　$\sigma_{cr} = 1.1f/\lambda_{n,b}^2$　　　　　　　　(5-65(c))

式中,$\lambda_{n,b}$——用于梁腹板受弯计算的正则化宽厚比。

受压翼缘扭转受到约束时:

$$\lambda_{n,b} = \frac{2h_c/t_w}{177} \cdot \frac{1}{\varepsilon_k} \qquad\qquad (5\text{-}66(a))$$

受压翼缘扭转未受到约束时:

$$\lambda_{n,b} = \frac{2h_c/t_w}{138} \cdot \frac{1}{\varepsilon_k} \qquad\qquad (5\text{-}66(b))$$

式中,h_c——梁腹板弯曲受压区高度,对双轴对称截面 $2h_c = h_0$。

2) 剪切临界应力

当腹板区格四周只有均布剪应力 τ 作用时,板内产生呈 45°斜向的主应力,当腹板高厚比 h_0/t_w 太大时,在主压应力 σ_2 的作用下,腹板可能发生屈曲,产生大约 45°倾斜的凹凸波形(图 5-28(b))。

弹性屈曲时的剪切临界应力形式可表示为与正应力作用下相似的形式:

$$\tau_{cr} = \frac{\chi\kappa\pi^2 E}{12(1-\nu^2)}\left(\frac{t_w}{h_0}\right)^2 \qquad\qquad (5\text{-}67)$$

式中,嵌固系数 χ 的取值,不管梁的受压翼缘的扭转是否受到约束,统一取为 $\chi = 1.23$。

将 $\chi = 1.23$,$E = 2.06 \times 10^5 \text{N/mm}^2$,$\nu = 0.3$ 代入式(5-67),可得腹板受纯剪时的临界

应力为

$$\tau_{cr} = 22.9\kappa\left(\frac{100t_w}{h_0}\right)^2 \tag{5-68}$$

与纯弯曲时类似,引入正则化宽厚比 $\lambda_{n,s}$,并注意到关系式 $f_{vy} = f_y/\sqrt{3}$(f_{vy} 为钢材的剪切屈服点),得

$$\lambda_{n,s} = \sqrt{\frac{f_{vy}}{\tau_{cr}}} = \sqrt{\frac{f_y}{\sqrt{3}\,\tau_{cr}}} \tag{5-69}$$

将式(5-68)代入式(5-69)得

$$\lambda_{n,s} = \frac{h_0/t_w}{41\sqrt{\kappa}} \cdot \frac{1}{\varepsilon_k} \tag{5-70}$$

根据薄板稳定理论,当横向加劲肋的间距为 a 时,屈曲系数 κ 可以近似取为

当 $a/h_0 \leqslant 1.0$ 时,　　　　$\kappa = 4 + 5.34(h_0/a)^2$ $\tag{5-71(a)}$

当 $a/h_0 > 1.0$ 时,　　　　$\kappa = 5.34 + 4(h_0/a)^2$ $\tag{5-71(b)}$

将式(5-71(a))、式(5-71(b))分别代入式(5-70)得正则化宽厚比 $\lambda_{n,s}$ 的表达式为

当 $a/h_0 \leqslant 1.0$ 时,　　　$\lambda_{n,s} = \dfrac{h_0/t_w}{37\eta\sqrt{4 + 5.34(h_0/a)^2}} \cdot \dfrac{1}{\varepsilon_k}$ $\tag{5-72(a)}$

当 $a/h_0 > 1.0$ 时,　　　$\lambda_{n,s} = \dfrac{h_0/t_w}{37\eta\sqrt{5.34 + 4(h_0/a)^2}} \cdot \dfrac{1}{\varepsilon_k}$ $\tag{5-72(b)}$

式中,$\lambda_{n,s}$——梁腹板受剪计算的正则化宽厚比。

η——简支梁取 1.11,框架梁梁端最大应力区取 1。

与腹板弯曲临界应力类似,规范中腹板剪切临界应力的曲线与图 5-29 相似,也分为弹性、弹塑性、塑性三段曲线,只是过渡段斜直线的上、下分界点不同,τ_{cr} 的计算公式为

当 $\lambda_{n,s} \leqslant 0.8$ 时,　　　$\tau_{cr} = f_v$ $\tag{5-73(a)}$

当 $0.8 < \lambda_{n,s} \leqslant 1.2$ 时,$\tau_{cr} = [1 - 0.59(\lambda_{n,s} - 0.8)]f_v$ $\tag{5-73(b)}$

当 $\lambda_{n,s} > 1.2$ 时,　　　$\tau_{cr} = 1.1f_v/\lambda_{n,s}^2$ $\tag{5-73(c)}$

式中,正则化宽厚比 $\lambda_{n,s}$ 按式(5-72(a))或式(5-72(b))取用。

当腹板不设横向加劲肋时,近似取 $a/h_0 \to \infty$,则 $\kappa = 5.34$。若要求 $\tau_{cr} = f_v$,则 $\lambda_{n,s}$ 不应超过 0.8(式(5-73(a))),此时,由式(5-72(b))可得腹板高厚比限值:

$$\frac{h_0}{t_w} = 0.8 \times 41\sqrt{5.34}\,\varepsilon_k = 75.8\varepsilon_k$$

考虑腹板区格平均剪应力一般低于 f_v,规范规定的限值为 $80\varepsilon_k$。

通常认为钢材剪切比例极限等于 $0.8f_v$,令 $\tau_{cr} = 0.8f_v$,并引入几何缺陷影响系数 0.9,代入式(5-69),可得:$\lambda_{n,s} = \sqrt{f_{vy}/(0.8f_{vy} \times 0.9)} \approx 1.2$,这就是式(5-73(c))所表达的腹板区格在纯剪切作用下弹性工作范围的起始点。

3) 局部压应力作用下的临界应力

当梁上较大的固定集中荷载下未设支承加劲肋,或梁上有较大的移动集中荷载时,腹板区格可能发生如图 5-28(c)所示的侧向屈曲,在板的纵向和横向都只出现一个挠度,其临界

应力表达式仍可表达为

$$\sigma_{c,cr} = \frac{\chi \kappa \pi^2 E}{12(1-\nu^2)} \left(\frac{t_w}{h_0}\right)^2 \tag{5-74}$$

引入局部承压时的正则化宽厚比：

$$\lambda_{n,c} = \sqrt{\frac{f_y}{\sigma_{c,cr}}} \tag{5-75}$$

与腹板弯曲临界应力类似,规范中腹板局部承压临界应力 $\sigma_{c,cr}$ 的曲线与图 5-29 相似,也分为弹性、弹塑性、塑性三段曲线,只是过渡段斜直线的上、下分界点不同。取 $\lambda_{n,c}=0.9$ 为 $\sigma_{c,cr}=f_y$ 的全塑性上起点;$\lambda_{n,c}=1.2$ 为弹塑性和弹性相交的下起点,过渡段仍用直线,则 $\sigma_{c,cr}$ 的取值如下：

当 $\lambda_{n,c} \leqslant 0.9$ 时,　　　　$\sigma_{c,cr} = f$　　　　　　　　　　　　　(5-76(a))

当 $0.9 < \lambda_{n,c} \leqslant 1.2$ 时,$\sigma_{c,cr} = [1-0.79(\lambda_{n,c}-0.9)]f$　　　　(5-76(b))

当 $\lambda_{n,c} > 1.2$ 时,　　　　$\sigma_{c,cr} = 1.1f/\lambda_{n,c}^2$　　　　　　　　　(5-76(c))

式中,正则化宽厚比 $\lambda_{n,c}$ 按式(5-77(a))或式(5-77(b))取用。

当 $0.5 \leqslant a/h_0 \leqslant 1.5$ 时,$\lambda_{n,c} = \dfrac{h_0/t_w}{28\sqrt{10.9+13.4\times(1.83-a/h_0)^3}} \cdot \dfrac{1}{\varepsilon_k}$ (5-77(a))

当 $1.5 < a/h_0 \leqslant 2.0$ 时,$\lambda_{n,c} = \dfrac{h_0/t_w}{28\sqrt{18.9-5a/h_0}} \cdot \dfrac{1}{\varepsilon_k}$ (5-77(b))

需要注意的是,以上三组临界应力计算式(5-65)、式(5-73)、式(5-76)中,式(a)和式(b)都引入了抗力分项系数,对高厚比很小的腹板,临界应力中的强度均取设计值 f 或 f_v,而不是屈服强度 f_y 或 f_{vy}。但是,式(c)都乘以 1.1,它是抗力分项系数的近似值,即式(c)的临界应力中强度取屈服强度。这是因为板处于弹性范围时,具有较大的屈曲后强度。

2. 腹板局部稳定的计算

梁腹板区格一般受两种或两种以上应力的共同作用,所以,其局部稳定验算必须满足多种应力共同作用下的临界条件。

梁腹板上的加劲肋按其作用不同可分为两类,即间隔加劲肋和支承加劲肋。间隔加劲肋是为了把腹板分隔成较小的区格,以提高腹板的局部稳定。间隔加劲肋有横向加劲肋、纵向加劲肋和短加劲肋三种。横向加劲肋主要有助于防止由剪应力可能引起的腹板失稳,纵向加劲肋主要有助于防止由弯曲压应力可能引起的腹板失稳,短加劲肋主要有助于防止由局部压应力可能引起的腹板失稳。支承加劲肋除具有间隔加劲肋的作用外,还有支承传递固定集中荷载或支座反力的作用。

在钢梁腹板上设置加劲肋以满足局部稳定的要求,一般应先按构造要求在腹板上布置加劲肋(具体见 5.3.4 节),然后对腹板上的各个区格进行验算,如有不符合要求时,再做必要的调整。

1) 配置横向加劲肋的腹板区格

仅配置横向加劲肋的腹板,区格的局部稳定计算式为：

$$\left(\frac{\sigma}{\sigma_{\text{cr}}}\right)^2 + \left(\frac{\tau}{\tau_{\text{cr}}}\right)^2 + \frac{\sigma_{\text{c}}}{\sigma_{\text{c,cr}}} \leqslant 1.0 \tag{5-78}$$

$$\tau = \frac{V}{h_{\text{w}} t_{\text{w}}} \tag{5-79}$$

式中，σ——计算腹板区格内，由平均弯矩产生的腹板计算高度边缘的弯曲压应力(N/mm^2)；

　　　τ——所计算腹板区格内，由平均剪力产生的腹板平均剪应力(N/mm^2)；

　　　σ_{c}——腹板计算高度边缘的局部压应力(N/mm^2)，按式(5-8)计算，但取 $\psi = 1.0$，即
$$\sigma_{\text{c}} = F/(l_z t_{\text{w}});$$

　　　σ_{cr}、τ_{cr} 和 $\sigma_{\text{c,cr}}$——各种应力单独作用下的临界应力(N/mm^2)，分别按本节第 1 点相应公式计算。

2) 同时配置横向加劲肋和纵向加劲肋的腹板区格

纵向加劲肋一般设置在距离腹板上边缘 $1/5 \sim 1/4$ 高度处，把腹板划分为上、下两个区格，如图 5-30 所示。应分别对这两种区格进行局部稳定计算。

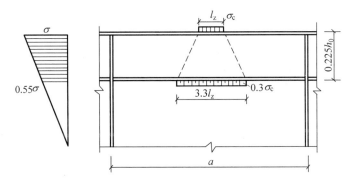

图 5-30　设置纵向加劲肋时梁腹板 σ_{c} 情况

(1) 上区格(受压翼缘与纵向加劲肋之间的区格)

纵向加劲肋布置在腹板的受压区，其与受压翼缘之间的距离应为 $h_1 = (1/5 \sim 1/4)h_0$。上区格的局部稳定应按照式(5-80)计算：

$$\frac{\sigma}{\sigma_{\text{cr1}}} + \left(\frac{\sigma_{\text{c}}}{\sigma_{\text{c,cr1}}}\right)^2 + \left(\frac{\tau}{\tau_{\text{cr1}}}\right)^2 \leqslant 1.0 \tag{5-80}$$

式中，σ_{cr1}、τ_{cr1} 和 $\sigma_{\text{c,cr1}}$ 应分别按下列方法计算。

① σ_{cr1} 按式(5-65(a))~式(5-65(c))计算，但式中 $\lambda_{\text{n,b}}$ 改用下列 $\lambda_{\text{n,b1}}$ 代替。

受压翼缘扭转受到约束时：

$$\lambda_{\text{n,b1}} = \frac{h_1/t_{\text{w}}}{75} \cdot \frac{1}{\varepsilon_{\text{k}}} \tag{5-81(a)}$$

受压翼缘扭转未受到约束时：

$$\lambda_{\text{n,b1}} = \frac{h_1/t_{\text{w}}}{64} \cdot \frac{1}{\varepsilon_{\text{k}}} \tag{5-81(b)}$$

式中，h_1——纵向加劲肋至腹板计算高度边缘的距离(mm)。

② τ_{cr1} 按式(5-73(a))~式(5-73(c))计算，但式中 h_0 改为 h_1。

③ $\sigma_{\text{c,cr1}}$ 按式(5-65(a))~式(5-65(c))计算，但式中 $\lambda_{\text{n,b}}$ 改用下列 $\lambda_{\text{n,c1}}$ 代替。

受压翼缘扭转受到约束时：

$$\lambda_{\mathrm{n,c1}} = \frac{h_1/t_{\mathrm{w}}}{56} \cdot \frac{1}{\varepsilon_{\mathrm{k}}} \tag{5-82(a)}$$

受压翼缘扭转未受到约束时：

$$\lambda_{\mathrm{n,c1}} = \frac{h_1/t_{\mathrm{w}}}{40} \cdot \frac{1}{\varepsilon_{\mathrm{k}}} \tag{5-82(b)}$$

应注意的是 $\sigma_{\mathrm{c,cr1}}$ 的计算是借用纯弯曲条件下的临界应力公式，而不是采用单纯局部受压临界应力公式。由于图 5-31(a)所示的区格 I 为一狭长板条(实际工程中其宽高比常大于 4)，在上端局部承压时，可将该区格近似看作竖向中心受压的板条，故可借用梁腹板在弯曲应力单独作用下的临界应力计算式(5-65(a))～式(5-65(c))来计算 $\sigma_{\mathrm{c,cr1}}$。如果假设腹板有效宽度为 $2h_1$，当受压翼缘扭转受到约束时，此板条的上端视为固定、下端视为简支，则其计算长度为 $0.7h_1$，由此可得出其正则化宽厚比表达式(5-82(a))；当梁受压翼缘扭转未受到约束时，此板条的上、下端均视为简支，则其计算长度为 h_1，由此可得出其正则化宽厚比表达式，即式(5-82(b))。

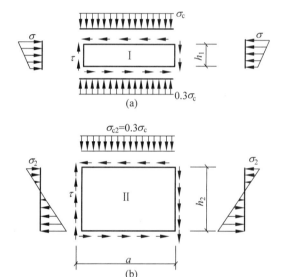

图 5-31　设置纵向加劲肋的腹板的受力状态

(2) 下区格(受拉翼缘与纵向加劲肋之间的区格)

此区格腹板的局部稳定按式(5-83)计算：

$$\left(\frac{\sigma_2}{\sigma_{\mathrm{cr2}}}\right)^2 + \left(\frac{\tau}{\tau_{\mathrm{cr2}}}\right)^2 + \frac{\sigma_{\mathrm{c2}}}{\sigma_{\mathrm{c,cr2}}} \leqslant 1.0 \tag{5-83}$$

式中，σ_2——所计算区格内由平均弯矩产生的腹板在纵向加劲肋处的弯曲压应力($\mathrm{N/mm^2}$)；

σ_{c2}——腹板在纵向加劲肋处的横向压应力，取为 $0.30\sigma_{\mathrm{c}}$；

σ_{cr2}、τ_{cr2} 和 $\sigma_{\mathrm{c,cr2}}$ 应分别按下列方法计算。

① σ_{cr2} 按式(5-65(a))～式(5-65(c))计算，但式中 $\lambda_{\mathrm{n,b}}$ 改用下列 $\lambda_{\mathrm{n,b2}}$ 代替。

$$\lambda_{\mathrm{n,b2}} = \frac{h_2/t_{\mathrm{w}}}{194} \cdot \frac{1}{\varepsilon_{\mathrm{k}}} \tag{5-84}$$

式中，$h_2 = h_0 - h_1$。

② τ_{cr2} 按式(5-73(a))～式(5-73(c))计算，但式中 h_0 改为 h_2，$h_2 = h_0 - h_1$。

③ $\sigma_{c,cr2}$ 按式(5-76(a))～式(5-76(c))计算，但式中 h_0 改为 h_2，当 $a/h_2 > 2$ 时，取 $a/h_2 = 2$。

3) 受压翼缘与纵向加劲肋之间配置短加劲肋的区格

腹板配置短加劲肋时如图 5-27(d)所示，腹板上区格成为四边支承板，稳定承载力有所提高。其表达式与式(5-56)相同。

受压翼缘与纵向加劲肋之间配置短加劲肋的区格，其局部稳定性应按式(5-80)计算。该式中的 σ_{cr1} 仍按式(5-65(a))～式(5-65(c))计算，但式中 $\lambda_{n,b}$ 改用下列 $\lambda_{n,b1}$ 代替并按式(5-81(a))或式(5-81(b))计算；τ_{cr1} 按式(5-73(a))～式(5-73(c))计算，但式中 h_0 改为 h_1、a 改为 a_1，a_1 为短加劲肋间距；$\sigma_{c,cr1}$ 按式(5-65(a))～式(5-65(c))计算，但式中 $\lambda_{n,b}$ 改用下列 $\lambda_{n,c1}$ 代替。

受压翼缘扭转受到约束时：

$$\lambda_{n,c1} = \frac{a_1/t_w}{87} \cdot \frac{1}{\varepsilon_k} \tag{5-85(a)}$$

受压翼缘扭转未受到约束时：

$$\lambda_{n,c1} = \frac{a_1/t_w}{73} \cdot \frac{1}{\varepsilon_k} \tag{5-85(b)}$$

对 $a_1/h_1 > 1.2$ 的区格，式(5-85(a))、式(5-85(b))的右边应乘以 $1/\sqrt{0.4 + 0.5a_1/h_1}$。

5.4.4　加劲肋的构造和截面尺寸

1. 焊接截面梁腹板加劲肋的设置

在梁腹板上设置加劲肋的主要目的是保证腹板的局部稳定性。需要说明的是，在桥梁工程中，由于直接承受动力荷载作用，一般不允许考虑腹板的屈曲后强度利用；在房屋建筑工程中，承受静力荷载和间接承受动力荷载的组合梁宜考虑腹板屈曲后强度，而其他情况下则不考虑。若考虑腹板屈曲后强度，可按要求布置加劲肋并计算其抗弯和抗剪承载力（相关内容详见 5.5 节）。若不考虑屈曲后强度，则焊接截面梁的腹板应按下列规定配置加劲肋。

(1) 当 $h_0/t_w \leqslant 80\varepsilon_k$ 时，对有局部压应力（$\sigma_c \neq 0$）的梁，宜按构造要求配置横向加劲肋（一般应满足 $0.5h_0 \leqslant a \leqslant 2h_0$），当局部压应力 σ_c 较小时，可不配置加劲肋。

(2) 直接承受动力荷载的吊车梁及类似构件，应按下列规定配置加劲肋：

① 当 $h_0/t_w > 80\varepsilon_k$ 时，应配置横向加劲肋；

② 当受压翼缘扭转受到约束且 $h_0/t_w > 170\varepsilon_k$、受压翼缘扭转未受到约束且 $h_0/t_w > 150\varepsilon_k$，或按计算需要时，应在弯曲应力较大区格的受压区增加配置纵向加劲肋。局部压应力很大的梁，必要时可在受压区配置短加劲肋；对单轴对称梁，当确定是否要配置纵向加劲肋时，h_0 应取腹板受压区高度 h_c 的 2 倍。

(3) 不考虑腹板屈曲后强度，当 $h_0/t_w > 80\varepsilon_k$ 时，宜配置横向加劲肋。

(4) h_0/t_w 不宜超过 250。

(5) 梁的支座处和上翼缘在有较大固定集中荷载处，宜配置支承加劲肋。

上述各条规定中,t_w 为腹板的厚度,h_0 为腹板的计算高度,h_0 应按下列规定采用:对轧制型钢梁,为腹板与上、下翼缘相接处两内弧起点间的距离;对焊接截面梁,为腹板高度;对高强度螺栓连接(或铆接)梁,为上、下翼缘与腹板连接的高强度螺栓(或铆钉)线间最近距离。

《钢结构设计标准》(GB 50017—2017)规定,任何情况下,h_0/t_w 均不宜超过 250,这是为了避免腹板高厚比过大时产生显著的焊接变形,因而这个限值与钢材的牌号无关。轻、中级工作制吊车梁计算腹板的稳定性时,吊车轮压设计值可以乘以折减系数 0.9。

按上述规定在梁腹板上配置加劲肋后,除按构造配置加劲肋的情况外,均应按 5.4.3 节的要求验算每个腹板区格的稳定性。若有不满足要求的情况出现,就必须对加劲肋的布置做出适当调整,然后对调整后的腹板区格重新验算,直至全部区格满足稳定要求为止。通常,可以通过减小横向加劲肋的间距 a 来提高腹板区格在剪应力和局部压应力作用下的局部稳定性。但是减小间距 a 不能提高腹板区格在弯曲压应力作用下的局部稳定性。当弯曲压应力作用下腹板区格局部稳定不满足要求时,只能通过在受压区设置纵向加劲肋来解决问题。设置短加劲肋会增加制造工作量,并使构造复杂,故一般只在局部压应力 σ_c 很大的梁(如轮压很大的吊车梁)中采用。

2. 腹板间隔加劲肋的构造要求

1) 加劲肋在腹板侧面的位置

加劲肋一般用钢板做成,腹板两侧成对布置,亦可单侧布置(图 5-32);但支承加劲肋、重级工作制吊车梁的加劲肋不应单侧布置。

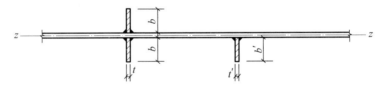

图 5-32　横向加劲肋的配置方式

2) 加劲肋截面形式、材料

加劲肋可以用钢板或型钢做成,焊接梁一般用钢板。加劲肋一般用 Q235 钢,因为加劲肋主要是利用其刚度,采用高强钢做加劲肋并不经济。

3) 加劲肋的间距、位置

横向加劲肋的最小间距为 $0.5h_0$,最大间距为 $2h_0$,对无局部压应力的梁,当 $h_0/t_w \leqslant 100$ 时,最大间距可采用 $2.5 h_0$。纵向加劲肋至腹板计算高度边缘的距离应在 $h_c/2.5 \sim h_c/2$ 内(对双轴对称截面,即在 $h_0/5 \sim h_0/4$ 内)。

4) 加劲肋的刚度要求

加劲肋应有足够的刚度才能作为阻止腹板侧向挠曲失稳的可靠支承,所以钢结构设计规范对加劲肋的截面尺寸和截面惯性矩有如下规定。

(1) 在腹板两侧成对配置的钢板横向加劲肋,其截面尺寸应符合下列公式规定。

外伸宽度:

$$b_s \geqslant \frac{h_0}{30} + 40(\text{mm}) \tag{5-86}$$

厚度：

$$\text{承压加劲肋}\quad t_s \geqslant \frac{b_s}{15}(\text{mm}); \quad \text{不受力加劲肋}\quad t_s \geqslant \frac{b_s}{19} \tag{5-87}$$

（2）在腹板一侧配置的钢板横向加劲肋，其外伸宽度应大于按式（5-86）算得的 1.2 倍，厚度应符合式（5-87）的规定。

（3）在同时采用横向加劲肋和纵向加劲肋加强的腹板中，在横向和纵向加劲肋相交处切断纵向肋，横向加劲肋保持连续，如图 5-33 所示。

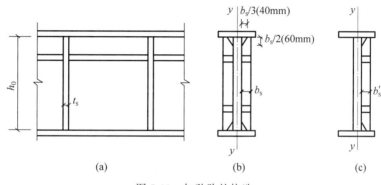

图 5-33　加劲肋的构造

此时，横向加劲肋的截面尺寸除应符合上述规定外，其截面惯性矩尚应符合下列要求：

$$I_z \geqslant 3h_0 t_w^3 \tag{5-88}$$

纵向加劲肋的截面惯性矩 I_y 应符合下列公式要求。

当 $a/h_0 \leqslant 0.85$ 时：

$$I_y \geqslant 1.5 h_0 t_w^3 \tag{5-89}$$

当 $a/h_0 > 0.85$ 时：

$$I_y \geqslant \left(2.5 - 0.45\frac{a}{h_0}\right)\left(\frac{a}{h_0}\right)^2 h_0 t_w^3 \tag{5-90}$$

式中，I_z——横向加劲肋截面对于腹板水平轴线（z 轴）的惯性矩（mm^4）；

I_y——纵向加劲肋截面对于腹板竖向轴线（y 轴）的惯性矩（mm^4）。

计算加劲肋截面惯性矩的 y 轴和 z 轴，双侧加劲肋为腹板轴线；单侧加劲肋为与加劲肋相连的腹板边缘。

（4）短加劲肋的最小间距为 $0.75h_1$。钢板短加劲肋的外伸宽度应取横向加劲肋外伸宽度的 $0.7\sim1.0$ 倍，厚度不应小于短加劲肋外伸宽度的 $1/15$。

（5）用型钢（H 型钢、工字钢、槽钢、肢尖焊于腹板的角钢）做成的加劲肋，其截面惯性矩不得小于相应钢板加劲肋的惯性矩。

5）加劲肋切角

为避免三向焊缝相交，减小焊接残余应力，焊接梁的横向加劲肋与翼缘相连处，应做成切角，当切成斜角时，其宽度约为 $b_s/3$（但不大于 40mm），高度约为 $b_s/2$（但不大于 60mm），b_s 为加劲肋的宽度，以便使梁的翼缘焊缝连续通过（图 5-33）。当切角作为焊接工艺孔时，切角宜采用半径 $R=30$mm 的 1/4 圆弧。在纵向加劲肋与横向加劲肋相交处，应将纵向加劲肋两端切去相应的斜角,以使横向加劲肋与腹板连接的焊缝连续通过。

5.4.5　支承加劲肋的计算

在钢梁承受较大固定集中荷载处及支座处,常需设置支承加劲肋以承受和传递此集中荷载或支座反力。支承加劲肋应在腹板两侧成对配置(图 5-34),其截面常比一般的横向加劲肋截面大。吊车梁支座处的横向加劲肋应在腹板两侧成对设置,并与梁上下翼缘刨平顶紧。端部支承加劲肋可与梁上下翼缘相焊。支承加劲肋的构造形式主要有两种,平板式支承加劲肋(图 5-34(a)、(b)),突缘式支承加劲肋(图 5-34(c))。突缘式支承加劲肋的伸出长度不得大于其厚度的 2 倍(图 5-34(c))。

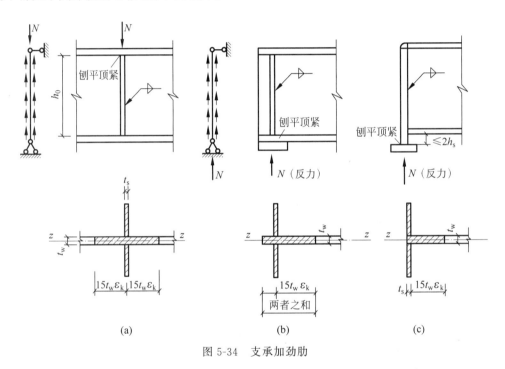

图 5-34　支承加劲肋

支承加劲肋的计算内容包括以下几个方面:

(1) 支承加劲肋的稳定性计算

梁的支承加劲肋应按承受梁支座反力或固定集中荷载的轴心受压构件计算其在腹板平面外的稳定性。当支承加劲肋在腹板平面外屈曲时,与其相连的腹板对其有一定的约束作用,因此,在按轴心受压构件计算整体稳定性时,该受压构件的截面面积除了支承加劲肋本身的截面面积之外,应再计入加劲肋两侧宽度各为 $15t_w\varepsilon_k$ 的腹板面积,如图 5-34 所示,当加劲肋一侧的腹板实际宽度小于此值时,则用实际宽度(图 5-34(b))。

支承加劲肋的计算简图如图 5-34(a)、图 5-34(b)所示,在集中荷载作用下,反力分布于杆长全长范围内,其计算长度可偏安全地取为 h_0。在查取轴心受压构件稳定系数 φ 时,图 5-34(a)所示截面为 b 类截面,图 5-34(b)、图 5-34(c)所示截面为 c 类截面。计算公式如下:

$$\frac{N}{\varphi A f} \leqslant 1.0 \tag{5-91}$$

式中,N——集中荷载或支座反力设计值(N);

A——按轴心受压构件计算整体稳定时支承加劲肋的截面面积(mm^2),按图 5-34 中所示阴影面积采用;

φ——轴心受压构件稳定系数,由 $\lambda = \dfrac{h_0}{i_z} \cdot \dfrac{1}{\varepsilon_k}$ 查附表 3-2 或附表 3-3 确定;$i_z = \sqrt{I_z/A}$,I_z 为图 5-34 所示阴影面积对 z—z 轴的惯性矩。

(2)支承加劲肋端面承压强度计算

当梁支承加劲肋的端部为刨平顶紧时,应按其所承受的支座反力或固定集中荷载计算其端面承压应力。突缘支座的突缘加劲肋的伸出长度不得大于其厚度的 2 倍;当端部为焊接时,应按传力情况计算其焊缝应力。

支承加劲肋端面承压强度按式(5-92)计算:

$$\sigma_{ce} = \frac{N}{A_{ce}} \leqslant f_{ce} \tag{5-92}$$

式中,A_{ce}——端面承压面面积(mm^2),即支承加劲肋端部与翼缘板或柱顶相接触的面积;应考虑减去加劲肋端部切角损失的面积;

f_{ce}——钢材的端部承压(刨平顶紧)强度设计值(N/mm^2),可查附表 1-1 确定。

(3)支承加劲肋与腹板间连接焊缝的计算

按承受全部支座反力或集中荷载计算,计算时可假定应力沿焊缝全长均匀分布,故不必考虑侧面角焊缝计算长度 l_w 不得大于 $60h_f$ 的限制,并按式(5-93)计算:

$$\frac{N}{0.7h_f \sum l_w} \leqslant f_f^w \tag{5-93}$$

式中,h_f——角焊缝的焊脚尺寸(mm),应满足 $h_{f,max}$,$h_{f,min}$ 的构造要求。

由于焊缝长度较长,由式(5-93)算得的 h_f 很小,一般 h_f 由构造要求 $h_{f,min}$ 控制。

【例 5-2】 焊接工字形截面平台梁如图 5-35 所示,计算跨度 3m,两端简支,跨中所受集中荷载设计值为 $F = 250kN$,钢材为 Q235,采用 -90×6 支承加劲肋,忽略梁自重,试验算梁的局部稳定性和支座处支承加劲肋的稳定性。

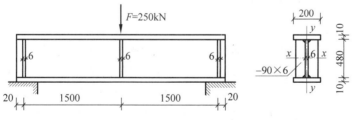

图 5-35 例 5-2 平台梁及其支承加劲肋

【解】

(1)翼缘和腹板的局部稳定性计算

翼缘 $b/t = (200 - 6)/2/10 = 9.7 < 13\varepsilon_k = 13$(或 15),满足要求;

腹板 $h_0/t_w = 480/6 = 80 \leqslant 80\varepsilon_k$,满足要求。

（2）支座处支承加劲肋的稳定性计算

支座反力 $N=F/2=125\text{kN}$，腹板受压宽度 $15t_w=90\text{mm}$

$A=[(90+20+3)\times6+2\times90\times6]\text{mm}^2=1758\text{mm}^2$，

$I_z=[(90\times2+6)^3\times6/12]\text{mm}^4=3.2\times10^6\text{mm}^4$，

$i_z=\sqrt{I_z/A}=\sqrt{3.2\times10^6/1758}\,\text{mm}=42.7\text{mm}$，$\quad\lambda_z=h_0/i_z=480/42.7=11.2$

支座截面属于 b 类截面，查附表 3-2 并采用内插法计算得到 $\varphi=0.99$，由附表 1-1，$f=215\text{N/mm}^2$。

$$\frac{N}{\varphi Af}=\frac{125000}{0.99\times1758\times215}=0.334<1.0$$

（3）结论：满足稳定要求。

5.5　考虑腹板屈曲后强度的组合梁承载力计算

四边支承薄板的屈曲性能不同于压杆，压杆一旦屈曲，表明其达到承载能力极限状态，屈曲荷载也就是其极限荷载；四边支承薄板则不同，屈曲荷载并不是其极限荷载，薄板屈曲后还有较大的继续承载能力，称为屈曲后强度。

腹板可视为支承在上、下翼缘和两横向加劲肋的四边支承板。如果支承较强，当腹板屈曲后发生侧向位移时，腹板中面内将产生薄膜拉应力形成薄膜张力场，薄膜张力场可阻止侧向位移的加大，使梁能继续承受更大的荷载，直至腹板屈服或板的四边支承破坏，这就是产生腹板屈曲后强度的原因。

利用腹板的屈曲后强度，腹板高厚比达到 250 时也不必设置纵向加劲肋，可以获得更好的经济效果。《钢结构设计标准》(GB 50017—2017)中允许承受静力荷载和间接承受动力荷载的组合梁按考虑腹板屈曲后强度的方法设计，桥梁结构中一般不允许利用屈曲后强度来增加梁的承载能力。

5.5.1　组合梁的抗剪承载力计算

配置横向加劲肋的腹板区格，受剪时产生主压应力和主拉应力，主压应力达到一定程度时，腹板沿一斜方向受此主压应力而呈波浪鼓曲，即腹板发生了受剪屈曲，不能再继续承受压力。此时，主拉应力还未达到极限值，腹板可以通过斜向张力场承受继续增加的剪力。此时梁类似于桁架，张力场类似桁架的斜拉杆，翼缘为弦杆，加劲肋起竖杆作用。腹板屈曲后的抗剪承载力应为屈曲剪力与张力场剪力之和。腹板发生屈曲后的应力状态如图 5-36 所示。

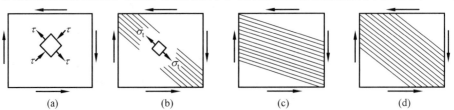

图 5-36　腹板发生屈曲后的应力状态

(a) 剪应力；(b) 拉应力；(c) 屈曲剪力；(d) 张力场剪力

1. 梁的抗剪承载力理论计算公式

梁腹板在剪力作用下,尽管发生了局部屈曲,但由于薄膜效应产生的应力场,使其可以继续承载。关于张力场的理论分析有多种模型,本书中介绍一种适用于建筑结构钢梁的半张力场理论,其基本假定为:

(1)屈曲后腹板中剪力,一部分由小挠度理论计算的抗剪力承担,另一部分由斜张力场作用承担;

(2)翼缘的弯曲刚度小,假定不能承担腹板斜张力场产生的垂直分力的作用。

根据上述假定,腹板屈曲后的实腹梁犹如一桁架(图 5-37),张力场类似桁架的斜拉杆,翼缘为弦杆,加劲肋为竖杆。

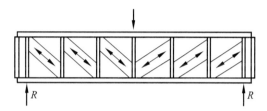

图 5-37 腹板的张力场作用

由假定(1),腹板承担的极限剪力 V_u 为屈曲剪力 V_{cr} 与张力场剪力 V_t 之和,即:

$$V_u = V_{cr} + V_t \tag{5-94}$$

屈曲剪力 V_{cr} 的确定相对较容易,可由式(5-95)计算:

$$V_{cr} = h_w t_w \tau_{cr} \tag{5-95}$$

$$\tau_{cr} = \frac{\kappa \pi^2 E}{12(1-\nu^2)} \left(\frac{t_w}{h_w} \right)^2 \tag{5-96}$$

张力场剪力 V_t 的计算相对复杂。首先确定薄膜张力在水平方向的最优倾角 θ,由基本假定(2),可认为张力场仅为传力到加劲肋的带形场,其宽度为 s,如图 5-38 所示。

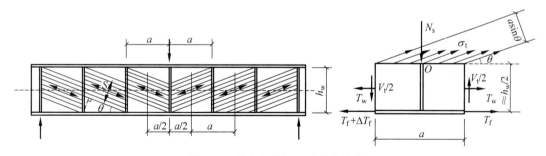

图 5-38 张力场作用下的剪力计算

$$s = h_w \cos\theta - a\sin\theta \tag{5-97}$$

当张力带的应力为 σ_t 时,由张力场产生的竖向分剪力为

$$V_{t1} = \sigma_t \cdot s \cdot t_w \cdot \sin\theta = \sigma_t \cdot (h_w\cos\theta - a\sin\theta) \cdot t_w \cdot \sin\theta = \sigma_t t_w \cdot (0.5h_w\sin2\theta - a\sin^2\theta) \tag{5-98}$$

最优 θ 角应使张力场作用能提供最大的剪切抗力。因此,由 $\mathrm{d}V_{t1}/\mathrm{d}\theta = 0$,可得

$$\cot 2\theta = a/h_w \tag{5-99(a)}$$

或

$$\sin 2\theta = 1/\sqrt{1+(a/h_w)^2} \tag{5-99(b)}$$

实际上带形场以外部分也有少量薄膜应力。为了求得较为符合实际的张力场剪力 V_t，可通过隔离体平衡来计算。根据隔离体的受力情况，由水平力的平衡条件可求出翼缘的水平力增量 ΔT_f（已包括腹板水平力增量的影响在内）为

$$\Delta T_f = \sigma_t \cdot t_w \cdot a\sin\theta \cdot \cos\theta = 0.5\sigma_t \cdot t_w a \sin 2\theta \tag{5-100}$$

再根据 O 点的力矩平衡得

$$V_t = \Delta T_f h_w/a = 0.5\sigma_t \cdot h_w t_w \sin 2\theta = \frac{1}{2}\sigma_t h_w t_w \frac{1}{\sqrt{1+(a/h_w)^2}} \tag{5-101}$$

式（5-101）中还有 σ_t 的取值尚未确定。因腹板的实际受力情况涉及 σ_t 和 τ_{cr}，所以必须考虑二者共同作用的破坏条件，假定从屈曲到极限的状态，τ_{cr} 保持常量，并假定 τ_{cr} 引起的主拉应力与 σ_t 方向相同，则根据剪应力作用下的屈服条件，相应于拉应力 σ_t 的剪应力为 $\sigma_t/\sqrt{3}$，总剪应力达到其屈服值 f_{vy} 时不能再增大，从而有

$$\sigma_t/\sqrt{3} + \tau_{cr} = f_{vy} \tag{5-102}$$

将式（5-102）中的 σ_t 代入式（5-101）中，得

$$V_t = \frac{\sqrt{3}}{2}h_w t_w \frac{f_{vy}-\tau_{cr}}{\sqrt{1+(a/h_w)^2}} \tag{5-103}$$

由式（5-94）即得到考虑腹板张力场后的极限剪力，引进抗力分项系数 γ_R 后得腹板的极限抗剪承载力为

$$V_u = \frac{h_w t_w}{\gamma_R}\left[\tau_{cr} + \frac{f_{vy}-\tau_{cr}}{1.15\sqrt{1+(a/h_w)^2}}\right] \tag{5-104}$$

2. 《钢结构设计标准》实用计算公式

为简化计算，《钢结构设计标准》采用下面的近似公式计算腹板极限剪力设计值 V_u。

当 $\lambda_{n,s} \leqslant 0.8$ 时，

$$V_u = h_w t_w f_v \tag{5-105}$$

当 $0.8 < \lambda_{n,s} \leqslant 1.2$ 时，

$$V_u = h_w t_w f_v[1-0.5(\lambda_{n,s}-0.8)] \tag{5-106}$$

当 $\lambda_{n,s} > 1.2$ 时，

$$V_u = h_w t_w f_v/\lambda_{n,s}^{1.2} \tag{5-107}$$

式中，$\lambda_{n,s}$——用于腹板受剪计算时的正则化宽厚比，按式（5-72(a)）、式（5-72(b)）计算，当焊接截面梁仅配置支座加劲肋时，取式（5-72(b)）中的 $h_0/a = 0$。

由图 5-38 所示隔离体竖向力平衡可得横向加劲肋所受压力为

$$N_s = \sigma_t \cdot t_w \cdot a\sin^2\theta = \frac{1}{2}\sigma_t \cdot t_w \cdot a(1-\cos 2\theta) \tag{5-108}$$

将 $\cos 2\theta = \dfrac{a}{\sqrt{h^2+a^2}}$ 和 $\sigma_t = \sqrt{3}(f_{vy}-\tau_{cr})$ 代入，并引进抗力分项系数得

$$N_s = \frac{\sqrt{3}}{2} \frac{at_w}{\gamma_R}(f_{vy} - \tau_{cr})\left[1 - \frac{a/h_w}{\sqrt{1+(a/h_w)^2}}\right] \tag{5-109}$$

即为张力场产生的对横向加劲肋的竖向力,当横向加劲肋上端尚有集中力 F 时,计算时应将其加入 N_s 中。此外,张力场对横向加劲肋还产生水平分力,对中间加劲肋来说,可以认为两相邻区格的水平力相互抵消。因此,这类加劲肋只按轴心压力计算其在腹板平面外的稳定。对支座加劲肋则必须考虑这个水平力的影响,按压弯构件计算其在腹板平面外的稳定。

为简化计算,与对 V_u 的处理类似,我国《钢结构设计标准》采用下列近似公式计算:

$$N_s = V_u - \tau_{cr}h_w t_w + F \tag{5-110}$$

式中,V_u 按式(5-105)～式(5-107)计算;τ_{cr} 按式(5-73(a))～式(5-73(c))计算;F 为作用于中间支承加劲肋上的集中力,只有在计算该加劲肋时才加上此力。

5.5.2　组合梁的抗弯承载力计算

腹板宽厚比较大而不设纵向加劲肋时,在弯矩作用下腹板的受压区可能屈曲。屈曲后,若边缘应力未达到屈服点 f_y 时,因薄膜效应,梁还能继续承受荷载,截面应力出现重分布(图 5-39),屈曲部分应力不再继续增大,甚至减小,和翼缘相邻、压应力较小和受拉部分的应力继续增加,直至边缘应力达到屈服点 f_y 时达到承载力极限。

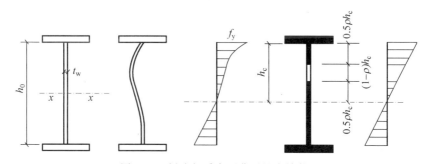

图 5-39　梁腹板受弯屈曲后的有效截面

此时,梁的中和轴略有下降,腹板受拉区全部有效;受压区可引入有效宽度的概念,认为受压区上下两部分有效,中间部分退出工作,受拉区全部有效。研究表明对 Q235 钢来说,受压翼缘受到扭转约束的梁,当腹板高厚比达到 200 时(或受压翼缘扭转未受到约束的梁,当腹板高厚比达到 175 时),腹板屈曲后梁的抗弯承载力与全截面有效的梁相比,仅下降 5%。这说明腹板局部屈曲对梁的抗弯影响不大,我国《钢结构设计标准》采用如下近似公式计算腹板受弯屈曲后梁的抗弯承载力设计值 M_{eu}:

$$M_{eu} = \gamma_x \alpha_e W_x f \tag{5-111}$$

$$\alpha_e = 1 - \frac{(1-\rho)h_c^3 t_w}{2I_x} \tag{5-112}$$

式中,α_e——梁截面模量考虑腹板有效高度的折减系数;

$\quad I_x$——按梁截面全部有效算得的绕 x 轴的惯性矩(mm^4);

$\quad h_c$——按梁截面全部有效算得的腹板受压区高度(mm);

ρ——腹板受压区有效高度系数。与局部稳定中临界应力的计算一样，以通用高厚比作为参数，也分为三个阶段，分界点也与计算 σ_{cr} 时相同。

当 $\lambda_{n,b} \leqslant 0.85$ 时，

$$\rho = 1.0 \qquad (5\text{-}113(a))$$

当 $0.85 < \lambda_{n,b} \leqslant 1.25$ 时，

$$\rho = 1 - 0.82(\lambda_{n,b} - 0.85) \qquad (5\text{-}113(b))$$

当 $\lambda_{n,b} > 1.25$ 时，

$$\rho = \frac{1}{\lambda_{n,b}}\left(1 - \frac{0.2}{\lambda_{n,b}}\right) \qquad (5\text{-}113(c))$$

式中，$\lambda_{n,b}$——用于腹板受弯计算时的正则化宽厚比，按式(5-66)计算。

任何情况下，以上公式中的截面数据 W_x、I_x 以及 h_c 均按截面全部有效计算。

5.5.3 弯矩和剪力共同作用下组合梁的承载力计算

实际工程中梁腹板大多承受弯矩和剪力的共同作用。腹板弯剪联合作用下的屈曲后强度分析较为复杂，为简化计算，剪力和弯矩的无量纲化相关关系曲线如图 5-40 所示。

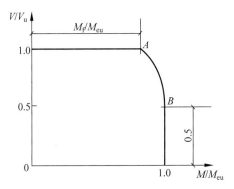

图 5-40 弯矩和剪力的相关关系曲线

当 $M/M_f \leqslant 1.0$ 时：

$$V \leqslant V_u \qquad (5\text{-}114(a))$$

当 $V/V_u \leqslant 0.5$ 时：

$$M \leqslant M_{eu} \qquad (5\text{-}114(b))$$

其他情况：

$$\left(\frac{V}{0.5V_u} - 1\right)^2 + \frac{M - M_f}{M_{eu} - M_f} \leqslant 1.0 \qquad (5\text{-}114(c))$$

式中，M、V——分别为所计算同一截面上梁的弯矩设计值(N·mm)和剪力设计值(N)；计算时，当 $V < 0.5V_u$，取 $V = 0.5V_u$；当 $M < M_f$，取 $M = M_f$。

M_f——梁两翼缘所能承担的弯矩设计值(N·mm)。对双轴对称截面梁，$M_f = A_f h_f f$（A_f 为一个翼缘截面面积；h_f 为两翼缘轴线间距离）；对单轴对称截面梁，

$$M_f = \left(A_{f1}\frac{h_{m1}^2}{h_{m2}} + A_{f1}h_{m2}\right)f，（此处 A_{f1}、h_{m1} 为较大翼缘的截面面积及其形心$$

至梁中和轴距离，A_{f1}、h_{m1} 为较小翼缘的相应值）。

V_u、M_{eu}——分别为梁腹板屈曲后的抗剪和抗弯承载力设计值。

5.5.4　考虑腹板屈曲后强度的加劲肋设计

当仅配置支座加劲肋不能满足式(5-114(a))～式(5-114(c))的承载力要求时，应在腹板两侧成对配置中间横向加劲肋。

1. 中间横向加劲肋

中间横向加劲肋和上端受集中压力的中间支承加劲肋，其截面尺寸除应满足 5.4.4 节的要求外，还应按轴心受压构件计算其在腹板平面外的稳定性。腹板在剪力作用下屈曲后以斜向张力场的形式继续承受剪力，张力场水平分力在相邻区格腹板之间传递和平衡，竖向分力则由加劲肋承担，因此，其所受轴力为

$$N_s = V_u - \tau_{cr} h_w t_w + F \tag{5-115}$$

式中，V_u——按式(5-105)～式(5-107)计算(N)；

h_w——腹板高度(mm)；

τ_{cr}——按式(5-73(a))～式(5-73(c))计算(N/mm²)；

F——作用于中间支承加劲肋上端的集中压力(N)。

2. 支座加劲肋

利用腹板屈曲后强度时，支座加劲肋除承受支座反力 R 外，还要承受张力场斜拉力的水平分力 H，水平分力使加劲肋受弯，支座加劲肋应按压弯构件计算其强度和在腹板平面外的稳定。H 的作用点在距腹板计算高度上边缘 $h_0/4$ 处，其值应按式(5-116)计算：

$$H = (V_u - h_0 t_w \tau_{cr}) \sqrt{1 + (a/h_0)^2} \tag{5-116}$$

式中，a——对设中间横向加劲肋的梁，取支座端区格的加劲肋间距；对不设中间加劲肋的腹板，取梁支座至跨内剪力为零点的距离(mm)。

考虑腹板屈曲后强度的加劲肋设计时，如图 5-41 所示，可采用下列两种方案：

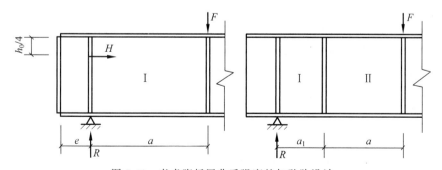

图 5-41　考虑腹板屈曲后强度的加劲肋设计

方案一：为了增加抗弯能力，将梁端部延长，并在梁外延的端部加设封头板。采用下列方法之一进行计算：①将封头板与支座加劲肋之间视为竖向压弯构件，简支于梁上下翼缘，计算其强度和腹板平面外的稳定；②支座加劲肋按承受支座反力 R 的轴心压杆计算，封头

板截面面积则不小于 $A_c = 3h_0H/(16ef)$)。

方案二：缩小支座加劲肋和第一道中间加劲肋的距离 a_1，使 a_1 范围内的 $\tau_{cr} \geqslant f_v$(即 $\lambda_{n,s} \leqslant 0.8$)，此种情况的支座加劲肋就不会受到 H 的作用。这种对端节间不利用腹板屈曲后强度的办法，为世界少数国家(如美国)所采用。

我国《钢结构设计标准》中采用方案一。

5.6 型钢梁的设计

对于跨度、荷载都不太大的梁，一般优先采用型钢梁，以降低制作费用。型钢梁中应用最广泛的是工字钢和 H 型钢。型钢梁设计应满足强度、整体稳定和刚度的要求。腹板和翼缘的宽厚比都不太大，局部稳定可得到保证，不需进行验算。

5.6.1 单向弯曲型钢梁设计

单向弯曲型钢梁设计较简单，一般步骤如下(以工字钢为例)。

(1) 计算内力。根据已知荷载，求出梁的最大弯矩 M_x 和剪力 V 设计值(暂不考虑自重)。

(2) 计算需要的截面模量。

当梁的整体稳定有保证，不需要计算整体稳定时：

$$W_{nx} \geqslant \frac{M_x}{\gamma_x f} \tag{5-117}$$

当需要计算整体稳定时：

$$W_x \geqslant \frac{M_x}{\varphi_b f} \tag{5-118}$$

整体稳定系数 φ_b 需先假定，由截面模量选择合适的型钢，再计算 φ_b。

(3) 型钢选择。根据截面模量查型钢表选取型钢型号。一般情况下，应使所选型钢的截面模量略大于(2)中所求得的截面模量。对于普通工字钢宜优先采用肢宽壁薄的 a 型；对于 H 型钢宜优先采用窄翼缘 HN 系列。

(4) 截面验算。计入型钢自重，求考虑自重后的最大弯矩 M_x 和剪力 V 设计值，并按5.2 节、5.3 节相关内容进行验算。

(5) 截面调整。只要强度、刚度、整体稳定有一项不满足，或者各项要求都满足，但截面富余太多，就要对初选截面进行调整。然后对调整后的截面重新验算，直至得到既安全可靠又经济合理的截面为止。

5.6.2 双向弯曲型钢梁的设计

双向弯曲型钢梁承受两个主平面方向的荷载，工程中广泛应用于屋面檩条和墙梁。坡度较大屋面上的檩条，重力荷载作用方向与檩条截面两条形心主轴都不重合，故其在两个主平面内受弯。墙梁因同时受墙体材料重力和墙面传来的水平风荷载作用，所以也是双向受弯梁。

双向弯曲型钢梁的设计方法与单向弯曲型钢梁类似，先按双向抗弯强度等条件试选截面,然后对初选截面进行强度、整体稳定和刚度等验算。

设计时应尽量满足不需计算整体稳定的条件,这样可按抗弯强度条件选择型钢截面:

$$W_{nx} = \left(M_x + \frac{\gamma_x}{\gamma_y} \frac{W_{nx}}{W_{ny}} M_y \right) \frac{1}{\gamma_x f} = \frac{M_x + \alpha M_y}{\gamma_x f} \tag{5-119}$$

对于小型号的型钢,可近似取 $\alpha = 6$(窄翼缘 H 型钢和工字钢)或 $\alpha = 5$(槽钢)。

5.7 组合梁的设计

5.7.1 截面选择

组合梁截面形式一般采用工字形截面,确定工字形截面梁的尺寸包括确定截面高度和腹板的尺寸。

1. 截面高度

截面高度需要满足不超过建筑上所要求的最大尺寸,同时也不低于由高度所确定的最小高度。

(1) 容许最大高度 h_{max}:必须满足净空要求、建筑设计或工艺设备要求。

(2) 容许最小高度 h_{min}:由刚度条件决定,要求梁在全部荷载标准值作用下的挠度 v 不大于容许挠度。

简支梁挠度 v 与跨度的比值由式(5-120)确定:

$$\frac{v}{l} \approx \frac{M_k l}{10 E I_x} = \frac{\sigma_k l}{5 E h} \leqslant \frac{[v]}{l} \tag{5-120}$$

由此,梁高度与跨长的比值由式(5-121)确定:

$$\frac{h_{min}}{l} = \frac{\sigma_k \times l}{5 E [v]} = \frac{f/1.3 \times l}{5 E [v]} = \frac{f}{1.34 \times 10^6} \frac{l}{[v]} \tag{5-121}$$

(3) 用钢量最小的经济高度 h_e:

$$h_e = 7 \sqrt[3]{W_x} - 300 \tag{5-122}$$

实际梁高 h 一般取值满足式(5-123):

$$h_{min} \leqslant h \leqslant h_{max} \text{ 且 } h \approx h_e \tag{5-123}$$

2. 腹板高度

梁翼缘板的厚度 t 相对较小,梁的截面高度 h 初步确定后,腹板高度 h_w 稍小于梁的高度 h,尽可能考虑钢板规格尺寸,腹板高度 h_w 按式(5-124)计算。

$$h_w = h - 2t \tag{5-124}$$

梁的跨度越大,荷载越大,所需翼缘板的厚度 t 越大,一般可先假定 $t = 20mm$。h_w 宜取为 10mm 的倍数,以便于制造。

3. 腹板厚度

腹板厚度应满足抗剪强度的要求,可近似假定最大剪应力为腹板平均剪应力的 1.2 倍,

腹板的抗剪强度计算公式简化为

$$\tau_{max} \approx 1.2 \frac{V_{max}}{h_w t_w} \leqslant f_v \tag{5-125}$$

由式(5-125)确定的腹板厚度往往偏小。为了考虑局部稳定和构造等因素,腹板厚度一般用经验公式进行估算(式中单位均为 mm):

$$t_w = \frac{\sqrt{h_w}}{3.5} \tag{5-126}$$

实际采用的腹板厚度应考虑钢板的现有规格,一般为 2mm 的整数倍且≥6mm。对于承受静力荷载梁的腹板厚度取值宜比计算值略小。对于不利用腹板屈曲后强度的梁,宜控制高厚比 $h_w/t_w \leqslant 170\varepsilon_k$(受压翼缘扭转受到约束时),或 $h_w/t_w \leqslant 170\varepsilon_k$(受压翼缘扭转未受到约束时),以避免设置纵向加劲肋而使构造太复杂。对考虑腹板屈曲后强度的梁,腹板厚度可更小,宜控制 $h_w/t_w \leqslant 250\varepsilon_k$。

4. 翼缘尺寸

已知腹板尺寸 h_w、t_w 后,可写出工字梁的截面惯性矩为

$$I_x = \frac{1}{12} t_w h_w^3 + 2A_f \left(\frac{h_1}{2}\right)^2 = W_x \frac{h}{2} \tag{5-127}$$

由此得每个翼缘的面积为

$$A_f = W_x \frac{h}{h_1^2} - \frac{1}{6} t_w \frac{h_w^3}{h_1^2} \tag{5-128}$$

近似取 $h \approx h_1 \approx h_w$,并注意到 $A_f = bt$,则翼缘面积为

$$A_f = \frac{W_x}{h_w} - \frac{1}{6} t_w h_w = bt \tag{5-129}$$

翼缘板的宽度 b 通常为 $(1/6 \sim 1/2.5)h$,厚度 $t = A_f/b$,翼缘板厚度过大时,可采用双层板。确定翼缘板的尺寸时,应注意满足局部稳定要求,即翼缘板自由外伸宽度 b_1 应满足 $b_1/t \leqslant 13\varepsilon_k(\gamma_x = 1.05$ 时)或 $b_1/t \leqslant 15\varepsilon_k(\gamma_x = 1.0$ 时)。选择翼缘尺寸时,同样应符合钢板规格,宽度 b 取 10mm 的倍数,厚度 t 取 2mm 的倍数。

5.7.2 截面验算

根据试选的截面尺寸,求出截面的几何特性,然后进行验算。验算包括强度、整体稳定、局部稳定和刚度几个方面。验算公式参见 5.2 节、5.3 节相关内容。

5.7.3 组合梁截面沿跨度方向的改变

除承受纯弯曲的简支梁各截面弯矩相等外,常见的受分布荷载、集中荷载作用的简支梁,弯矩沿跨度方向都是变化的。在选择钢梁截面时,一般根据全梁最大弯矩 M_{max} 按抗弯强度或整体稳定要求选取一个不变的截面模量 W_x 用于梁的全跨,做成等截面梁。显然,在弯矩较小截面处的承载能力有较大的富余。理论上梁的截面模量 W_x 按弯矩图规律变化,最符合受力要求,所制成的梁最省钢材。但实际上按这种要求来制造加工太麻烦。故在工

程实际中,对跨度较小的梁一般不变截面。对于跨度较大的梁,通常在半跨内改变一次截面,可节省 10%~20% 的钢材,如果再多改变一次,再多节约 3%~4%,效果不显著。为了便于制造,一般半跨内只改变一次截面。焊接组合梁的截面沿跨度方向的改变主要有以下几种。

1. 变翼缘板宽度

这是最常用的变截面方法。对于单层翼缘板的梁,改变截面时宜改变翼缘板宽度而不改变其厚度。因为改变板厚会导致梁顶不平,不利于与其他构件的连接,而且会使变厚度处产生应力集中。对于承受均布荷载的简支梁,由理论分析结果可知,截面改变位置离梁两端支座 $l/6$(图 5-42)节省钢材最多。对于承受数个均匀分布在梁上集中荷载的简支梁,则最优的改变位置在离开梁两端支座 $l/6$~$l/4$ 处。梁端附近较窄翼缘板的宽度 b_f' 应由截面开始改变位置处的弯矩 M_1 确定。为了减小应力集中,宽板应从截面开始改变处向弯矩减小的一方以不大于 1:2.5(或对于需验算疲劳的梁为 1:4)的斜度切向延长,然后与窄板对接。宽板与窄板之间的对接焊缝一般采用一级或二级直缝对接焊接。对于焊缝质量等级为三级的受拉翼缘,需要采用斜缝,为保证该斜向对接焊缝与母材等强,应使焊缝长度方向与梁纵向轴线之间的夹角 θ 满足 $\tan\theta \leqslant 1.5$ 的要求。

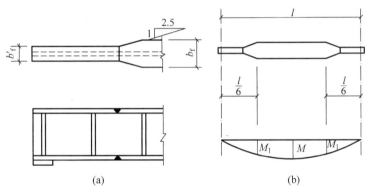

图 5-42 梁翼缘宽度改变形式

应注意的是,按上述截面变更位置要求确定的梁端附近翼缘宽度 b_f' 仍应满足下列构造要求:$b_f' \geqslant h/6$,$b_f' \geqslant 180\text{mm}$,$b_f' \geqslant 90 + 0.07h_0$(mm),$b_f'$ 取 10mm 倍数等。如果初选的 b_f' 不能满足这些要求,则应另选一个满足这些构造要求的宽度,并按此宽度重新确定截面变更位置。

截面改变处,要验算抗弯强度以及腹板计算高度边缘点处的折算应力。

2. 双层翼缘板焊接梁改变翼缘板厚度

对于双层翼缘板的梁,可以采用切断外层翼缘板的方法来改变梁的截面(图 5-43)。

翼缘板采用两层钢板时,梁外层钢板与内层钢板厚度之比宜为 0.5~1.0。不沿梁通长设置的外层钢板,其理论断点的位置 x 可按由单层翼缘板和腹板组成的截面的最大抵抗弯矩 M_1 计算确定。为保证在理论断点处,外层翼缘板能够部分参加工作,实际切断点位置应向弯矩较小一侧延长 l_1 长度,并应具有足够的焊缝。规范规定,理论截断点处的外伸长度

l_1 应符合下列要求。

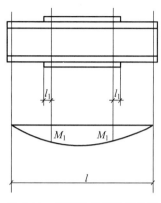

图 5-43 切断外层翼缘板的梁

端部有正面角焊缝：

$$当 h_f \geqslant 0.75t 时, \quad l_1 \geqslant b \quad (5\text{-}130)$$
$$当 h_f < 0.75t 时, \quad l_1 \geqslant 1.5b \quad (5\text{-}131)$$

端部无正面角焊缝：

$$l_1 \geqslant 2b \quad (5\text{-}132)$$

式中, b、t——分别为外层翼缘板的宽度(mm)和厚度(mm)；

h_f——侧面角焊缝和正面角焊缝的焊脚尺寸(mm)。

应注意的是,需要验算疲劳的焊接吊车梁的翼缘板宜用一层钢板,当采用两层钢板时,外层钢板宜沿梁通长设置,并应在设计与施工中采取措施使上翼缘两层钢板紧密接触。

3. 改变腹板高度

有时为了降低梁的建筑高度或满足梁支座处的构造要求,简支梁可以在靠近支座处减小其高度,而使翼缘截面保持不变(图 5-44)。梁端部的高度根据抗剪强度要求确定,但不宜小于跨中高度的 1/2。

图 5-44(a)所示的做法构造简单,制作方便,可优先采用。图 5-44(b)是逐步改变腹板高度的做法,下翼缘板弯折点一般取在距梁端$(1/6 \sim 1/5)l$ 处,在下翼缘由水平方向转为倾斜方向的两个转折点处均需设置腹板加劲肋。

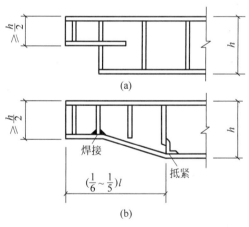

图 5-44 变腹板高度的梁

应说明的是,以上有关梁截面变化的分析只是从梁的强度需要考虑的,只适合于梁顶面上有刚性铺板而不需考虑整体稳定的梁。对于由整体稳定控制设计的梁,如果它的截面向两端逐渐变小,特别是受压翼缘变窄,则梁的整体稳定承载力将受到较大削弱。所以,对于由整体稳定控制设计的梁,一般不宜采用沿梁跨度方向改变截面的做法。规范规定,起重量 $Q \geqslant 1000\text{kN}$(包括吊具重量)的重级工作制(A6~A8 级)吊车梁,不宜采用变截面梁。

5.7.4 焊接组合梁翼缘焊缝的计算

1. 翼缘焊缝的作用与类别

由于梁弯曲时,相邻截面作用在翼缘截面的弯曲正应力存在差值,因此翼缘和腹板之间将产生水平剪力。为防止翼缘和腹板之间由于水平剪力的作用而出现相互滑移,必须在此处设置连接,焊接组合梁在此处一般设置翼缘焊缝。可见,翼缘焊缝的作用就是保证梁受弯时翼缘和腹板共同工作,不致分离。

对于大多数承受静力荷载或间接承受不太大动力荷载的焊接组合梁,翼缘焊缝采用角焊缝,其优点是加工费用低,构造简单。对于需要进行疲劳计算的钢梁翼缘焊缝,以及承受较大动力荷载的钢梁,如重级工作制和起重量 $Q \geqslant 50t$ 的中级工作制吊车梁,腹板与上翼缘之间的连接焊缝应采用焊透的 T 形接头焊缝,焊缝形式一般为对接与角接的组合焊缝。此种焊缝的质量等级一般为一级或二级,焊缝与基本金属等强,不用计算。下面只讨论焊缝采用角焊缝的计算问题。

2. 承受水平剪力的翼缘焊缝

工字形截面梁弯曲剪应力在腹板上按抛物线规律分布(图 5-45),腹板边缘的剪应力为

$$\tau_1 = \frac{VS_1}{I_x t_w} \tag{5-133}$$

式中,V——计算截面的剪力设计值(N);

S_1——翼缘截面对梁中和轴的面积矩(mm^3)。

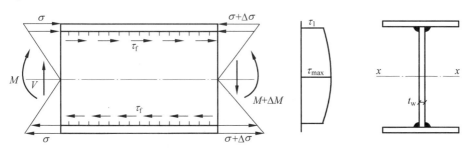

图 5-45 翼缘与腹板的连接焊缝

式(5-133)中的剪应力 τ_1 的方向是铅垂的,根据剪应力互等定理,在翼缘与腹板连接处的水平剪应力大小也为 τ_1,故沿梁单位长度上的水平剪力为

$$V_h = \tau_1 t_w = \frac{VS_1}{I_x t_w} \times t_w = \frac{VS_1}{I_x} \tag{5-134}$$

为保证翼缘焊缝安全工作,角焊缝有效截面上承受的剪应力 τ_1 不应超过角焊缝的强度设计值 f_f^w:

$$\tau_f = \frac{V_h}{2 \times 0.7 h_f \times 1} = \frac{VS_1}{1.4 h_f I_x} \leqslant f_f^w \tag{5-135}$$

由此得所需焊缝的焊脚尺寸为

$$h_f \geqslant \frac{VS_1}{1.4 I_x f_f^w} \tag{5-136}$$

对具有双层翼缘板的梁,当计算外层翼缘板与内层翼缘板之间的侧面连接焊缝时(图 5-46),式(5-136)中的 S_1 应取外层翼缘板对梁中和轴的面积矩;当计算内层翼缘板与腹板之间的连接焊缝时,则 S_1 应取内外两层翼缘板面积对梁中和轴的面积矩之和。

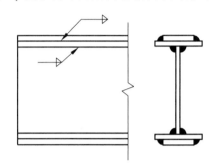

图 5-46 双层翼缘板的连接焊缝

3. 水平剪力和局部压力共同作用的翼缘焊缝

当梁的上翼缘承受固定集中荷载且在荷载作用点截面处未在腹板上设置支承加劲肋,或当梁承受移动集中荷载(如吊车梁情况)时,翼缘和腹板间的连接焊缝不仅承受水平方向的剪力 V_h 作用,同时还承受集中压力 F 所产生的垂直方向剪力 V_v 的作用(图 5-47)。单位长度上的垂直方向剪力 V_v 可按式(5-137)计算

$$V_v = \sigma_c \times t_w \times 1 = \frac{\psi F}{t_w l_z} \times t_w \times 1 = \frac{\psi F}{l_z} \tag{5-137}$$

式(5-139)中的 σ_c 为集中力 F 在腹板计算高度边缘处产生的局部压应力,按式(5-8)计算。

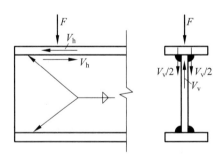

图 5-47 双向剪力作用下的翼缘焊缝

在剪力 V_v 的作用下,上翼缘与腹板之间的两条角焊缝为正面角焊缝,在焊缝有效截面上产生的应力为

$$\sigma_f = \frac{V_v}{2 \times 0.7 h_f \times 1} = \frac{\psi F}{1.4 h_f l_z} \tag{5-138}$$

因此,在水平方向的剪力 V_h 和垂直方向的剪力 V_v 共同作用下,上翼缘与腹板之间的角焊缝安全工作的强度条件为 $\sqrt{(\sigma_f/\beta_f)^2 + \tau_f^2} \leqslant f_f^w$,将式(5-135)和式(5-138)代入其中,整理

后可得

$$h_{f} \geqslant \frac{1}{1.4 f_{f}^{w}} \sqrt{\left(\frac{\psi F}{\beta_{f} l_{z}}\right)^{2} + \left(\frac{V S_{1}}{I_{x}}\right)^{2}}$$

(5-139)

式中，β_{f}——正面角焊缝强度设计值增大系数，对直接承受动力荷载的梁，$\beta_{f}=1.0$；对其他
　　　　情况的梁，$\beta_{f}=1.22$。

式(5-139)适用梁上翼缘与腹板之间的焊缝计算。对于下翼缘与腹板之间的连接角焊
缝仍按式(5-136)计算。

用作翼缘焊缝的角焊缝应符合以下构造要求：

(1) 全梁翼缘焊缝的焊脚尺寸 h_{f} 不变，采用连续焊缝。

(2) h_{f} 应满足 $h_{f,max}$ 和 $h_{f,min}$ 的构造要求。

5.8　梁的拼接、连接和支座

5.8.1　梁的拼接

根据施工条件的不同，梁的拼接有工厂拼接(图 5-48)和工地拼接(图 5-49)两种。由于
钢材规格或尺寸的限制，必须将钢材接长或拼大，这种拼接常在工厂中进行，称为工厂拼接。
由于运输或安装条件的限制，梁必须分段运输，然后在工地拼装连接，称为工地拼接。

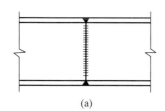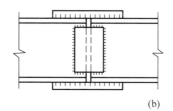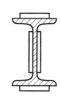

图 5-48　型钢梁的工厂拼接示意

型钢梁的工厂拼接可采用对接焊缝连接(图 5-48(a))，但翼缘与腹板连接处不易焊透，
故有时采用拼接板拼接(图 5-48(b))。拼接位置均宜在弯矩较小截面处，且应使焊缝和拼
接板都满足承载力要求。

组合梁的工厂拼接，一般先将梁的上、下翼缘板和腹板分别接长，然后再通过翼缘焊缝
拼接成整体，以减小焊接残余应力。此时，翼缘和腹板的拼接位置最好错开，并应与加劲肋
和连接次梁的位置错开，以避免焊缝过分集中，腹板的拼接焊缝与横向加劲肋之间的距离应
小于 $10t_{w}$，其中，t_{w} 为腹板的厚度。对接焊缝施焊时宜加引弧板，并采用一级或二级焊缝，
这样焊缝可与基本金属等强。

工地拼接应使翼缘和腹板基本在同一截面断开，以便分段运输。高大的梁在工地施焊
时不便翻身，应将上、下翼缘的拼接边缘均做成向上开口的 V 形坡口，以便俯焊。有时将翼
缘和腹板的接头略错开一些，受力情况较好，但运输单元突出部分应特别保护，以免碰损。

由于现场施焊条件较差，焊缝质量难以保证，较重要或受动力荷载的大型梁，其工地拼
接宜采用高强度螺栓。

梁的工地拼接示意如图 5-49 所示。

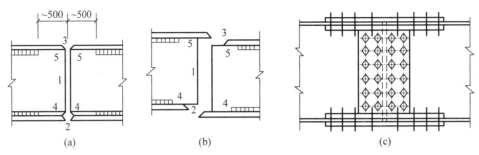

图 5-49　梁的工地拼接示意

拼接处采用三级对接焊缝时,应对受拉区翼缘焊缝进行计算,使拼接处弯曲拉应力不超过焊缝抗拉强度设计值。用拼接板的接头,应按等强度原则进行设计。翼缘拼接板及其连接所承受的内力为翼缘板的最大承载力:

$$N_1 = A_{fn} \cdot f \tag{5-140}$$

$$M_w = M \frac{I_w}{I} \tag{5-141}$$

式中,A_{fn}——被拼接的翼缘板净截面面积(mm^2);

　　I_w——腹板的净截面惯性矩(mm^4);

　　I——腹板的毛截面惯性矩(mm^4)。

5.8.2　次梁与主梁的连接

次梁与主梁的连接形式有叠接和平接两种。

(1) 叠接:将次梁直接搁置在主梁顶面上,用螺栓或焊缝固定其位置,此时,连接螺栓或连接焊缝按构造要求设置,不必进行强度验算。该种连接构造简单,但结构高度较大,应用受到限制。图 5-50(a)为次梁与主梁铰接连接;图 5-50(b)为次梁与主梁连接的刚性连接。当次梁截面较大时,应采取构造措施防止支承处截面的扭转。

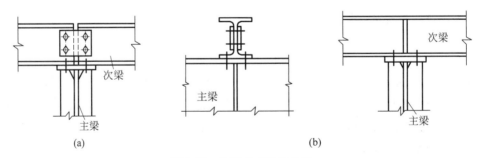

图 5-50　次梁与主梁的叠接

(2) 平接:次梁顶面与主梁顶面处于同一水平面或略高、略低于主梁顶面,次梁从侧面与主梁的加劲肋或腹板上专设的短角钢或支托相连,如图 5-51 所示。该种连接构造虽复杂,但可降低结构高度,故应用广泛。

次梁支座的压力传给主梁,为主梁的剪力。由于梁腹板的主要作用是抗剪,所以应将次梁腹板连于主梁的腹板上,或连接于与主梁腹板相连的竖向抗剪刚度较大的加劲肋上或支托的竖直板上。

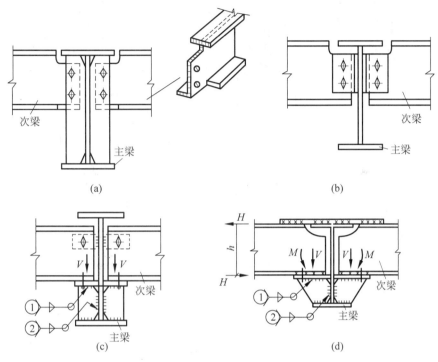

图 5-51　次梁与主梁的平接
① 代表翼缘角焊缝;② 代表腹板角焊缝。

因为主、次梁连接处并非理想铰接,而存在一定的约束作用,所以宜将次梁支座反力加大 20%~30% 后计算所需连接的螺栓数目或焊缝尺寸。当同时使用焊缝和普通螺栓连接主、次梁时,仅考虑焊缝受力,螺栓只起临时固定的作用。

5.8.3　梁的支座

钢结构与其支承结构或基础的连接节点称为支座节点。支座节点的构造形式可分为固支(如与基础刚接的柱脚)、不动铰支和可动铰支等。总体上说,支座节点构造应与结构计算时采用的约束条件相符,能够安全、准确地传递支座反力,同时还应做到受力明确、传力简捷、构造简单、制造安装方便。铰支支座节点有三种基本形式:平板支座、弧形支座(或辊轴支座)和铰轴支座,如图 5-52 所示。

1. 平板支座

平板支座是在简支钢梁的梁端下面垫上平钢板做成,如图 5-52(a)所示。这种支座梁端面不能灵活地移动和转动,一般应用于跨度<20m 的钢梁中或跨度<30m 的网架中。

为了防止平板支座钢板下的支承材料被压坏,支座板与支承结构的接触面积应按式(5-142)计算确定:

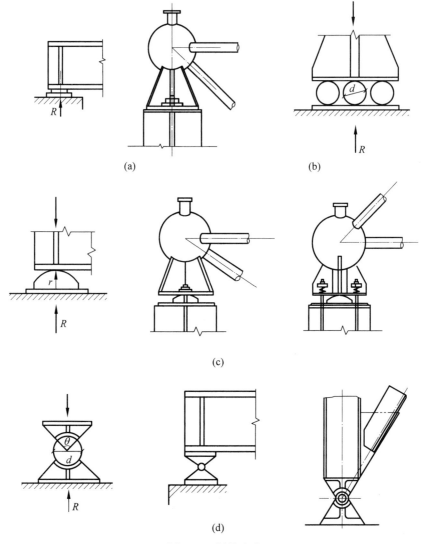

图 5-52　梁的支座

(a) 平板支座；(b) 辊轴支座；(c) 弧形支座；(d) 铰轴支座

$$A = a \times b \geqslant \frac{R}{f_c} \tag{5-142}$$

式中，R——支座反力（N）；

　　f_c——支承材料的抗压强度设计值（N/mm^2）；

　　a、b——分别为支座垫板的宽度（mm）和长度（mm）。

　　支座底板的厚度应根据均布支座反力在平板中产生的最大弯矩计算确定且不宜小于 12mm。

2. 弧形支座或辊轴支座

　　弧形支座由厚度 40～50mm 顶面削成圆弧的钢垫板做成，如图 5-52(c)所示。这种支座使梁端能自由转动并可产生适量的移动，并使下部结构在支承面上的受力较均匀，弧形支座常用于跨度为 20～40m,且支座反力设计值不超过 750kN 的钢梁。辊轴支座是在梁端底部设置辊轴而做成,如图 5-52(b)所示。这种支座使梁端能自由转动和移动,只能安装在简支梁的一端。

为了防止弧形支座的弧形垫块和辊轴支座的辊轴被劈裂,其弧形面与钢板接触面的承压力应满足式(5-143)的要求:

$$R \leqslant 40ndlf^2/E \tag{5-143}$$

式中,d——弧形支座板表面曲率半径 r 的 2 倍,或辊轴支座的辊轴直径(mm);

$\quad\quad l$——弧形表面或辊轴与平板的接触长度(mm);

$\quad\quad n$——辊轴个数,对于弧形支座 $n=1$;

$\quad\quad f$——钢材强度设计值(N/mm^2);

$\quad\quad E$——钢材的弹性模量(N/mm^2)。

3. 铰轴支座

铰轴支座如图 5-52(d)所示,完全符合梁简支支座的力学模型,可以自由转动。适用于跨度大于 40m 的钢梁或格构式拱支座。它的圆柱形枢轴,当接触面中心角 $\theta \geqslant 90°$时,其承压应力应满足式(5-144)的要求:

$$\sigma = \frac{2R}{dl} \leqslant f \tag{5-144}$$

式中,d——枢轴直径(mm);

$\quad\quad l$——枢轴纵向接触长度(mm);

$\quad\quad R$——支座反力(N)。

在设计钢梁支座时,除了应保证梁端能可靠地传递支座反力并符合梁的力学计算模型外,还应采取必要的构造措施使梁支座有足够的水平抗震能力和防止梁端截面侧移和扭转的能力。

【例 5-3】 试设计图 5-53 所示平台主梁(受压翼缘有牢固相连的密铺板),采用焊接工字形截面组合梁,改变翼缘宽度一次。材料 Q355 钢,E50 系列焊条,$F = 502.9$kN。

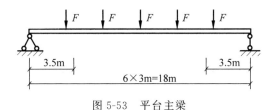

图 5-53　平台主梁

【解】

1. 跨中截面选择

最大剪力设计值(不包括自重):$V_{max} = (2.5 \times 502.9)$kN $= 1257$kN

最大弯矩设计值(不包括自重):$M_{max} = \left[\frac{1}{2} \times 5 \times 502.9 \times 9 - 502.9 \times (6+3)\right]$kN · m $=$ 6789kN · m

需要的截面抵抗矩:设翼缘 $16 < t \leqslant 40$mm,由附表 1-1 可知 $f = 295$N/mm^2

$$W_x = \frac{M_{max}}{\gamma_x f} = \frac{6789 \times 10^6}{1.05 \times 295} \, mm^3 = 21917675 \, mm^3$$

1）确定梁高

（1）按刚度要求确定梁的最小高度

根据受弯构件允许挠度及式(5-121)：

$$h_{min} = l \frac{f}{1.34 \times 10^6} \frac{l}{[v]} = l \frac{f}{1.34 \times 10^6} \frac{l}{l/400} = \frac{18000 \times 295 \times 400}{1.34 \times 10^6} \, mm = 1585 \, mm$$

（2）梁的经济高度

由式(5-122)可得：

$$h_e = 7 \sqrt[3]{W_x} - 300 = 7 \times \sqrt[3]{21917675} - 300 \, mm = 1659 \, mm，取 \ h_0 = 1700 \, mm，梁高 \ h$$
约 1750mm。

2）确定腹板厚度

由附表 1-1 可知 $f_v = 170 \, N/mm^2$

$$t_w = 1.2 \frac{V_{max}}{h_0 f_v} = 1.2 \times \frac{1257 \times 10^3}{1700 \times 170} \, mm = 5.2 \, mm \ 或 \ t_w = \frac{\sqrt{h_0}}{3.5} = \frac{\sqrt{1700}}{3.5} \, mm = 11.8 \, mm，$$

取 $t_w = 12 \, mm$。

3）翼缘尺寸

由式(5-129)可知，$A_f = bt = \dfrac{W_x}{h_0} - \dfrac{t_w h_0}{6} = \left(\dfrac{21917675}{1700} - \dfrac{12 \times 1700}{6} \right) mm^2 = 9493 \, mm^2$

因为 $b = \left(\dfrac{1}{5} \sim \dfrac{1}{3} \right) h = \left(\dfrac{1}{5} \sim \dfrac{1}{3} \right) \times 1750 \, mm = 350 \sim 583 \, mm，取 \ b = 450 \, mm$

所以 $t = \dfrac{A_f}{b} = \dfrac{9493}{450} \, mm = 21 \, mm，取 \ t = 24 \, mm$

截面尺寸如图 5-54 所示。

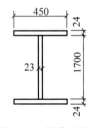

图 5-54　梁截面尺寸

2. 截面验算

截面面积：$A = (1700 \times 12 + 2 \times 450 \times 24) \, mm^2 = 42000 \, mm^2$

梁自重：$g = (1.1 \times 42000 \times 10^{-6} \times 7.85 \times 10^3 \times 9.8) \, kN/m = 3.554 \, kN/m$（考虑焊缝等因素乘 1.1）

注：7.85×10^3 为钢材密度 ρ 由附表 1-5 查得。

最大剪力设计值（加上自重后）：$V_{max} = (1257 + 1.3 \times 3.554 \times 9) \, kN = 1298.6 \, kN$

最大弯矩设计值（加上自重后）：$M_{max} = \left(6789 + \dfrac{1}{8} \times 1.3 \times 3.554 \times 18^2 \right) kN \cdot m = 6976 \, kN \cdot m$

$$I_x = \left[\frac{1}{12} \times 12 \times 1700^3 + 2 \times 450 \times 24 \times (1700/2 + 24/2)^2 \right] mm^4 = 2.096 \times 10^{10} \, mm^4$$

$$W_x = \frac{I_x}{h/2} = \frac{2.096 \times 10^{10}}{\dfrac{(1700 + 24 + 24)}{2}} \, mm^3 = 2.398 \times 10^7 \, mm^3$$

梁的剪力图和弯矩图(加上自重后)如图 5-55 所示。

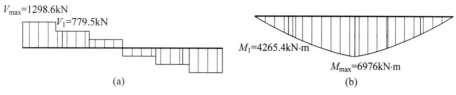

图 5-55　梁的剪力和弯矩

（a）剪力图；（b）弯矩图

（1）抗弯强度验算

$$\sigma = \frac{M_x}{\gamma_x W_x} = \frac{6976 \times 10^6}{1.05 \times 2.398 \times 10^7} \text{N/mm}^2 = 277 \text{N/mm}^2 < f = 295 \text{N/mm}^2 \text{,抗弯强度满足}$$

要求。

（2）整体稳定性

受压翼缘有密铺板,所以不须计算梁的整体稳定。

（3）抗剪强度、刚度等的验算待截面改变后进行。

3. 截面改变

1）确定改变截面的位置和截面尺寸

取 $a = l/6 = 18/6 \text{m} = 3\text{m}$

改变截面处的弯矩设计值：$M = \left(1298.6 \times 3 - \frac{1}{2} \times 1.3 \times 3.554 \times 3^2\right) \text{kN} \cdot \text{m} = 3875 \text{kN} \cdot \text{m}$

需要的 W_x：$W_x = \frac{M}{\gamma_x f} = \frac{3875 \times 10^6}{1.05 \times 295} \text{mm}^3 = 1.25 \times 10^7 \text{mm}^3$

翼缘尺寸：$A' = b't = \frac{W_x}{h_0} - \frac{t_w h_0}{6} = \left(\frac{1.25 \times 10^7}{1700} - \frac{12 \times 1700}{6}\right) \text{mm}^2 = 3953 \text{mm}^2$

$$b' = \frac{A'}{t} = \frac{3953}{24} \text{mm} = 165 \text{mm}$$

实取 $b' = 200\text{mm}$,并将改变截面的位置向跨中移动至距支座距离为 3.5m 处。但考虑到截面改变处有 1:4 的斜度,故实际改变截面位置距支座距离为：$(3.5 - 4 \times 0.125)\text{m} = 3.0\text{m}$。

2）改变截面后梁的验算

（1）抗弯强度：$M_1 = \left(1298.6 \times 3.5 - 502.9 \times 0.5 - \frac{1}{2} \times 1.3 \times 3.554 \times 3.5^2\right) \text{kN} \cdot \text{m} = 4265.4 \text{kN} \cdot \text{m}$

$$I_{x1} = \left[\frac{1}{12} \times 200 \times 1748^3 - \frac{1}{12} \times (200-12) \times 1700^3\right] \text{mm}^4 = 1.205 \times 10^{10} \text{mm}^4$$

$$W_{x1} = I_{x1} / \frac{h}{2} = \frac{1.205 \times 10^{10}}{1748/2} \text{mm}^3 = 1.379 \times 10^7 \text{mm}^3$$

$$\sigma_1 = \frac{M_1}{\gamma_x W_x} = \frac{4265.4 \times 10^6}{1.05 \times 1.379 \times 10^7} \text{N/mm}^2 = 294.6 \text{N/mm}^2 < f = 295 \text{N/mm}^2 \text{,抗弯强度}$$

满足要求。

（2）折算应力

$$V_1 = (1298.6 - 502.9 - 1.3 \times 3.554 \times 3.5) \text{kN} = 779.5 \text{kN}$$

$$\sigma'_1 = \sigma_1 \frac{h_0}{h} = 294.6 \times \frac{1700}{1700 + 24 \times 2} \text{N/mm}^2 = 286.5 \text{N/mm}^2$$

$$S_1 = 24 \times 240 \times (850 + 12) \text{mm}^3 = 4965 \times 10^3 \text{mm}^3$$

$$\tau_1 = \frac{V_1 S_1}{I_{x1} t_w} = \frac{779.5 \times 10^3 \times 4965 \times 10^3}{1.205 \times 10^{10} \times 12} \text{N/mm}^2 = 26.8 \text{N/mm}^2$$

$\sqrt{\sigma'^2_1 + 3\tau^2_1} = \sqrt{286.5^2 + 26.8^2 \times 3} \text{N/mm}^2 = 290.2 \text{N/mm}^2 < 1.1f = 1.1 \times 295 \text{N/mm}^2 = 324.5 \text{N/mm}^2$，折算应力满足要求。

（3）抗剪强度（支座处）

$$S = S_1 + S_w = (4965 \times 10^3 + 850 \times 12 \times 425) \text{mm}^3 = 9300 \times 10^3 \text{mm}^3$$

$\tau = \dfrac{V_{max} S}{I_{x1} t_w} = \dfrac{1298.6 \times 10^3 \times 9300 \times 10^3}{1.205 \times 10^{10} \times 12} \text{N/mm}^2 = 83.5 \text{N/mm}^2 < f_v = 170 \text{N/mm}^2$，抗剪强度满足要求。

（4）整体稳定：

不必验算。

（5）刚度验算（略，提示：计算时应采用荷载的标准值）。

4. 翼缘焊缝，由式(5-136)，$h_f \geqslant \dfrac{VS_1}{1.4 I_x \cdot f_f^w}$，$f_f^w$ 由附表 1-4 查得。

$$h_f = \frac{1}{1.4 f_f^w} \frac{V_{max} S_1}{I_{x1}} = \frac{1}{1.4 \times 200} \times \frac{1298.6 \times 10^3 \times 4965 \times 10^3}{1.205 \times 10^{10}} \text{mm} = 1.9 \text{mm}$$

$h_{fmin} = 5\text{mm}$，取 $h_f = 8\text{mm}$。

5. 加劲肋设计

截面尺寸：腹板—1700×12，翼缘—450×24（跨中）、—200×24（端部）

$$\frac{h_0}{t_w} = \frac{1700}{12} = 142 > 170\sqrt{235/f_y} = 170\sqrt{235/355} = 138.3$$

故应配置横向加劲肋和纵向加劲肋，具体内容可参照 5.4 节。

【例 5-4】 已知单向受弯简支钢梁，跨度为 6m，采用三块钢板焊成的工字形截面，上下翼缘尺寸均为 200mm×10mm，腹板尺寸为 250mm×8mm，钢材选用为 Q355，$f = 305 \text{N/mm}^2$，$f_v = 175 \text{N/mm}^2$，该梁承受均布恒载标准值 $g_k = 10 \text{kN/m}$（包括自重），承受均布活载标准值 $p_k = 5 \text{kN/m}$，均为静载，作用在梁的上翼缘，受压翼缘未与屋面板固结在一起，梁跨中及支座处均有侧向支承点（简支）。恒载、活载分项系数分别为 $\gamma_G = 1.3$，$\gamma_Q = 1.5$。

求：（1）验算该梁抗弯强度、抗剪强度是否满足要求；

（2）验算该梁挠度是否符合要求；

（3）判断翼缘是否满足局部稳定要求，并说明应采用哪种加劲肋。

（4）试验算梁的整体稳定性。

【解】

梁承受的设计荷载：$q = 1.3g_k + 1.5p_k = (1.3 \times 10 + 1.5 \times 5) \text{kN/m} = 20.5 \text{kN/m}$

标准荷载：$q_k = g_k + p_k = (10+5) \text{kN/m} = 15 \text{kN/m}$

梁跨中最大弯矩：$M_{max} = \frac{1}{8}ql^2 = \frac{1}{8} \times 20.5 \times 6^2 \text{kN} \cdot \text{m} = 92.25 \text{kN} \cdot \text{m}$

支座处最大剪力：$V_{max} = \frac{1}{2}ql = \frac{1}{2} \times 20.5 \times 6 \text{kN} = 61.5 \text{kN}$

梁截面惯性矩：$I_x = \left[\frac{1}{12} \times 200 \times 270^3 - \frac{1}{12} \times (200-8) \times 250^3\right] \text{mm}^4 = 7.805 \times 10^7 \text{mm}^4$

梁净截面模量：$W_{nx} = \frac{I_x}{h/2} = \frac{7.805 \times 10^7}{270/2} \text{mm}^3 = 5.78 \times 10^5 \text{mm}^3$

（1）抗弯强度、抗剪强度验算

$$\sigma = \frac{M_{max}}{\gamma_x W_{nx}} = \frac{92.25 \times 10^6}{1.05 \times 5.78 \times 10^5} \text{MPa} = 152 \text{MPa} < f = 305 \text{MPa}，抗弯强度满足要求。$$

$$\tau = \frac{V_{max}S}{I_x t_w} = \frac{61.5 \times 10^3 \times (200 \times 10 \times 130 + 125 \times 8 \times 125/2)}{7.805 \times 10^7 \times 8} \text{MPa} = 31.8 \text{MPa} < f_v =$$

175MPa，抗剪强度满足要求。

（2）梁挠度验算

$$v = \frac{5}{384} \cdot \frac{q_k l^4}{EI_x} = \frac{5 \times 15 \times 6000^4}{384 \times 2.06 \times 10^5 \times 7.805 \times 10^7} \text{mm} = 15.7 \text{mm} < \frac{l}{250} = \frac{6000}{25} \text{mm} =$$

24mm，挠度满足要求。

（3）受压翼缘局部稳定验算及腹板设计

$$\frac{b_1}{t} = \frac{(200-8)/2}{10} = 9.6 < 13\varepsilon_k = 13\sqrt{235/355} = 10.6，翼缘的局部稳定满足要求。$$

$$\frac{h_0}{t_w} = \frac{250}{8} = 31.25 < 80\varepsilon_k = 80\sqrt{235/355} = 65.1，且无集中荷载，可不设加劲肋。$$

（4）整体稳定验算

$$I_y = \left(\frac{1}{12} \times 10 \times 200^3 \times 2 + \frac{1}{12} \times 250 \times 8^3\right) \text{mm}^4 = 1.33 \times 10^7 \text{mm}^4,$$

$$A = (2 \times 200 \times 10 + 250 \times 8) \text{mm}^2 = 6000 \text{mm}^2$$

$$i_y = \sqrt{\frac{I_y}{A}} = \sqrt{\frac{1.33 \times 10^7}{6000}} \text{mm} = 47.1 \text{mm},$$

$$\lambda_y = \frac{l_{0y}}{i_y} = \frac{3000}{47.1} = 63.7 < 120\varepsilon_k = 120\sqrt{235/355} = 97.6$$

$$\varphi_b = 1.07 - \frac{\lambda_y^2}{44000\varepsilon_k^2} = 1.07 - \frac{63.7^2}{44000 \times (\sqrt{235/355})^2} = 0.935 < 1.0$$

$$W_x = W_{nx}$$

$$\frac{M_x}{\varphi_b W_x f} = \frac{M_{max}}{\varphi_b W_{nx} f} = \frac{92.25 \times 10^6}{0.935 \times 5.78 \times 10^5 \times 305} = 0.56 < 1.0，整体稳定满足要求。$$

【例 5-5】 图 5-56 为焊接工字形截面悬臂梁，跨度 $l = 3 \text{m}$，截面尺寸为 $(2 \times 200 \times 10 +$ $480 \times 8) \text{mm}$，下翼缘与密铺的刚性铺板牢固连接在一起，钢材为 Q235，$f = 215 \text{N/mm}^2$，

$f_v = 125 \text{N/mm}^2$，$[v/l] = 1/250$，$E = 2.06 \times 10^5 \text{N/mm}^2$，梁上均布荷载设计值 $q = 50 \text{kN/m}$（其对应的标准组合值为 $q_k = 45 \text{kN/m}$，均已考虑自重）。

（1）验算该梁抗弯强度、抗剪强度是否满足要求。

（2）验算该梁挠度是否符合要求。

（3）该梁是否需要验算整体稳定性？

（4）判断翼缘是否满足局部稳定要求，并说明应采用哪种加劲肋。

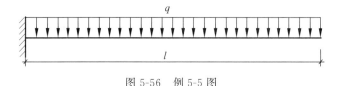

图 5-56　例 5-5 图

【解】

梁承受的最大弯矩：$M_{max} = \dfrac{1}{2} q l^2 = \dfrac{1}{2} \times 50 \times 3^2 \text{kN} \cdot \text{m} = 225 \text{kN} \cdot \text{m}$

梁承受最大剪力：$V_{max} = q l = 50 \times 3 \text{kN} = 150 \text{kN}$

梁截面惯性矩：$I_x = \left[\dfrac{1}{12} \times 200 \times 500^3 - \dfrac{1}{12} \times (200-8) \times 480^3 \right] \text{mm}^4 = 3.1386 \times 10^8 \text{mm}^4$

梁净截面模量：$W_{nx} = \dfrac{I_x}{h/2} = \dfrac{3.1386 \times 10^8}{500/2} \text{mm}^3 = 1.2554 \times 10^6 \text{mm}^3$

（1）抗弯强度、抗剪强度验算

$\sigma = \dfrac{M_{max}}{\gamma_x W_{nx}} = \dfrac{225 \times 10^6}{1.05 \times 1.2554 \times 10^6} \text{MPa} = 170.7 \text{MPa} < f = 215 \text{MPa}$，抗弯强度满足要求。

$\tau = \dfrac{V_{max} \cdot S}{I_x \cdot t_w} = \dfrac{150 \times 10^3 \times (200 \times 10 \times 245 + 240 \times 8 \times 120)}{3.1386 \times 10^8 \times 8} \text{MPa} = 43.0 \text{MPa} < f_v = 125 \text{MPa}$，抗剪强度满足要求。

（2）梁挠度验算

$\nu = \dfrac{1}{8} \cdot \dfrac{q_k l^4}{E I_x} = \dfrac{45 \times 3000^4}{8 \times 2.06 \times 10^5 \times 3.1386 \times 10^8} \text{mm} = 7.1 \text{mm} < \dfrac{l}{250} = \dfrac{6000}{25} \text{mm} = 24 \text{mm}$，挠度满足要求。

应该说明的是，根据表 5-3 注 1，对于悬臂梁，$l = 2 \times 3000 \text{mm} = 6000 \text{mm}$。

（3）由于梁的受压翼缘与铺板牢固连接在一起，能阻止其发生侧向位移，可不计算梁的整体稳定性。

（4）受压翼缘局部稳定验算及腹板设计

$\dfrac{b_1}{t} = \dfrac{(200-8)/2}{10} = 9.6 < 13 \sqrt{\dfrac{235}{f_y}} = 13$，翼缘的局部稳定满足要求。

$\dfrac{h_0}{t_w} = \dfrac{480}{8} = 60 < 80 \sqrt{\dfrac{235}{f_y}} = 80$，且无集中荷载，可不设加劲肋。

5.9　补充阅读：伟大的数学家、力学家——莱昂哈德·欧拉

1. 人物生平

莱昂哈德·欧拉 1707 年 4 月 15 日生于瑞士巴塞尔，1783 年 9 月 18 日卒于俄国圣彼得堡，数学家、自然科学家。欧拉是 18 世纪数学界最杰出的人物之一，他不但为数学界作出了贡献，更把整个数学推至物理的领域。他是数学史上最多产的数学家，平均每年写出 800 多页的论文，还写了大量的力学、分析学、几何学、变分法等的课本，《无穷小分析引论》《微分学原理》《积分学原理》等都成为数学界中的经典著作。欧拉对数学的研究如此之广泛，因此在许多数学的分支中也可经常见到以他的名字命名的重要常数、公式和定理。此外欧拉还涉猎建筑学、弹道学、航海学等领域。瑞士教育与研究国务秘书查尔斯·克莱伯(Charles Kleiber)曾表示："没有欧拉的众多科学发现，我们将过着完全不一样的生活"。法国数学家拉普拉斯则认为：读读欧拉，他是所有人的老师。

欧拉生于牧师家庭，15 岁在巴塞尔大学获学士学位，翌年获硕士学位。1727 年，欧拉应圣彼得堡科学院的邀请到俄国。1731 年他接替丹尼尔·伯努利成为物理教授。他以旺盛的精力投入研究，在俄国的 14 年中，他在分析学、数论和力学方面作了大量出色的工作。1741 年受普鲁士腓特烈大帝的邀请，欧拉到柏林科学院工作，达 25 年之久。在柏林期间他的研究内容更加广泛，涉及行星运动、刚体运动、热力学、弹道学、人口学等领域，这些工作和他的数学研究相互推动。欧拉这个时期在微分方程、曲面微分几何以及其他数学领域的研究都是开创性的。1766 年他又回到了圣彼得堡。

18 世纪中叶，欧拉和其他数学家在解决物理问题过程中，创立了微分方程这门学科。值得一提的是，偏微分方程的纯数学研究的第一篇论文是欧拉写的《方程的积分法研究》。欧拉还研究了函数用三角级数表示的方法和解微分方程的级数法等。

欧拉引入了空间曲线的参数方程，给出了空间曲线曲率半径的解析表达式。1766 年他出版了《关于曲面上曲线的研究》，建立了曲面理论。这篇著作是欧拉对微分几何最重要的贡献，是微分几何发展史上的一个里程碑。欧拉在分析学上的贡献不胜枚举。如他引入了 Γ 函数和 B 函数，证明了椭圆积分的加法定理，最早引入了二重积分等。数论作为数学中一个独立分支的基础是由欧拉的一系列成果所奠定的。他还解决了著名的组合问题：柯尼斯堡七桥问题。在数学的许多分支中都常见到以他的名字命名的重要常数、公式和定理。

欧拉小时候就特别喜欢数学，不满 10 岁就开始自学《代数学》。这本书连他的几位老师都没读过，可小欧拉却读得津津有味，遇到不懂的地方，就用笔作个记号，事后再向别人请教。1720 年，13 岁的欧拉靠自己的努力考入了巴塞尔大学，得到当时最有名的数学家约翰·伯努利(Johann Bernoulli，1667—1748 年)的精心指导。这在当时是个奇迹，曾轰动了数学界。小欧拉是这所大学，也是整个瑞士大学校园里年龄最小的学生。

欧拉渊博的知识，无穷无尽的创作精力和空前丰富的著作，都是令人惊叹不已的！他从19 岁开始发表论文，直到 76 岁，半个多世纪撰写下了众多书籍和论文。至今几乎每一个数学领域都可以看到欧拉的名字，从初等几何的欧拉线、多面体的欧拉定理、立体解析几何的

欧拉变换公式、四次方程的欧拉解法到数论中的欧拉函数、微分方程的欧拉方程、级数论的欧拉常数、变分学的欧拉方程、复变函数的欧拉公式等,数也数不清。他对数学分析的贡献更独具匠心,《无穷小分析引论》一书便是他划时代的代表作,当时数学家们称他为"分析学的化身"。

欧拉是科学史上最多产的一位杰出的数学家,据统计他那不倦的一生,共写下了886(篇)本书籍和论文,其中分析、代数、数论占40%,几何占18%,物理和力学占28%,天文学占11%,弹道学、航海学、建筑学等占3%,圣彼得堡科学院为了整理他的著作,足足忙碌了47年。

欧拉曾任圣彼得堡科学院教授,是柏林科学院的创始人之一。他是刚体力学和流体力学的奠基者,弹性系统稳定性理论的开创人。

小行星欧拉2002就是为了纪念欧拉而命名的。

2. 主要贡献

在数学领域,18世纪可被称为欧拉世纪。欧拉是18世纪数学界的中心人物。他是继牛顿之后最重要的数学家之一。在他的数学研究成果中,首推的是分析学。欧拉把由伯努利家族继承下来的莱布尼茨学派的分析学内容进行整理,为19世纪数学的发展打下了基础。他还把微积分法在形式上进一步发展到复数范围,并对偏微分方程、椭圆函数论、变分法的创立和发展留下先驱的业绩。在《欧拉全集》中,有17卷属于分析学领域。他被同时代的人誉为"分析的化身"。

(1)数论

欧拉的一系列成就奠定了作为数学中一个独立分支的数论的基础。欧拉的著作有很大一部分同数的可除性理论有关。欧拉在数论中最重要的发现是二次反律。

在数论里他引入了欧拉函数。自然数 n 的欧拉函数被定义为小于 n 并且与 n 互质的自然数的个数。例如 $\varphi(8)=4$,因为有4个自然数1,3,5和7与8互质。在计算机领域中广泛使用的RSA公钥密码算法也是以欧拉函数为基础的。

(2)代数

欧拉《代数学入门》一书,是16世纪中期开始发展的代数学的一个系统总结。

(3)无穷级数

欧拉的《微分学原理》(*Introductio Calculi Differentialis*,1755年)是有限差演算的第一部论著,他第一个引进差分算子。欧拉在大量应用幂级数时,还引进了新的极其重要的傅里叶三角级数类。1777年,为了把一个给定函数展成在(0,"180")区间上的余弦级数,欧拉又推出了傅里叶系数公式。欧拉还把函数展开式引入无穷乘积以及求初等分式的和,这些成果在后来的解析函数一般理论中占有重要的地位。他对级数的和这一概念提出了新的更广泛的定义。他还提出了两种求和法。这些丰富的思想,对19世纪末20世纪初发散级数理论中的两个主题,即渐近级数理论和可和性的概念产生了深远影响。

(4)函数概念

18世纪中叶,分析学领域有许多新的发现,其中不少是欧拉自己的工作。它们被系统地概括在欧拉的《无穷分析引论》《微分学原理》《积分学原理》组成的分析学三部曲中。这三部书是分析学发展的里程碑式的著作。

（5）初等函数

《无穷分析引论》第一卷共18章，主要研究初等函数论。其中，第八章研究圆函数，第一次阐述了三角函数的解析理论，并且给出了棣莫弗（de Moivre）公式的一个推导。欧拉在《无穷分析引论》中研究了指数函数和对数函数，他给出著名的表达式——欧拉恒等式（表达式中用i表示趋向无穷大的数；1777年后，欧拉用i表示虚数单位），但仅考虑了正自变量的对数函数。1751年，欧拉发表了完备的复数理论。

（6）单复变函数

通过对初等函数的研究，达朗贝尔和欧拉在1747—1751年间先后得到了（用现代数学语言表达的）复数域关于代数运算和超越运算封闭的结论。他们两人还在分析函数的一般理论方面取得了最初的进展。

（7）微积分学

欧拉的《微分学原理》和《积分学原理》二书对当时的微积分方法作了最详尽、最系统的解说，他以其众多的发现丰富可无穷小分析的这两个分支。

（8）微分方程

1735年，他定义了微分方程中有用的欧拉-马歇罗尼常数。他是欧拉-马歇罗尼公式的发现者之一，这一公式在计算难以计算的积分、求和与级数的时候极为有效。

《积分原理》还展示了欧拉在常微分方程和偏微分方程理论方面的众多发现。他和其他数学家在解决力学、物理问题的过程中创立了微分方程这门学科。

在常微分方程方面，欧拉在1743年发表的论文中，用代换给出了任意阶常系数线性齐次方程的古典解法，最早引入了"通解"和"特解"的名词。1753年，他又发表了常系数非齐次线性方程的解法，其方法是将方程的阶数逐次降低。

欧拉在18世纪30年代就开始了对偏微分方程的研究，他在这方面最重要的工作是关于二阶线性方程的。

（9）变分法

1734年，他推广了最速降线问题。然后，着手寻找关于这种问题的更一般方法。1744年，欧拉的《寻求具有某种极大或极小性质的曲线的方法》一书出版。这是变分学史上的里程碑，它标志着变分法作为一个新的数学分析的诞生。

（10）几何学

坐标几何方面，欧拉的主要贡献是第一次在相应的变换里应用欧拉角，彻底地研究了二次曲面的一般方程。

微分几何方面，欧拉于1736年首先引进平面曲线的内在坐标概念，即以曲线弧长这一几何量作为曲线上点的坐标，从而开始了曲线的内在几何研究。1760年，欧拉在《关于曲面上曲线的研究》中建立了曲面的理论。这本著作是欧拉对微分几何最重要的贡献，是微分几何发展史上的里程碑。

欧拉对拓扑学的研究也具有很高的水平。1735年，欧拉用简化（或理想化）的表示法解决了著名的歌尼斯堡七桥游戏问题，得到了具有拓扑意义的河-桥图的判断法则，即现今网络论中的欧拉定理。

（11）力学

欧拉将数学分析方法用于力学，在力学各个领域中都有突出贡献；他是刚体动力学和流体力学的奠基者,弹性系统稳定性理论的开创人。在 1736 年出版的两卷集《力学或运动科学的分析解说》中,他考虑了自由质点和受约束质点的运动微分方程及其解。欧拉在书中把力学解释为"运动的科学",不包括"平衡的科学"即静力学。在力学原理方面,欧拉赞成皮埃尔-路易·莫罗·莫佩尔蒂(Pierre-Louis Moreau Maupertuis)的最小作用量原理。在研究刚体运动学和刚体动力学中,他得出最基本的结论,其中有:刚体定点有限转动等价于绕过定点某一轴的转动,刚体定点运动可用三个角度(称为欧拉角)的变化来描述;刚体定点转动时角速度变化和外力矩的关系;定点刚体在不受外力矩时的运动规律(称为定点运动的欧拉情况,这一成果 1834 年由 L.潘索作出几何解释),以及自由刚体的运动微分方程等。这些成果均记录于他的专著《刚体运动理论》(1765 年)中。欧拉认为,质点动力学微分方程可以应用于液体(1750 年)。他曾用两种方法来描述流体的运动,即分别根据空间固定点(1755 年)和确定流体质点(1759 年)描述流体速度场。这两种方法通常称为欧拉表示法和拉格朗日表示法。欧拉奠定了理想流体(假设流体不可压缩,且其黏性可忽略)的运动理论基础,给出反映质量守恒的连续性方程(1752 年)和反映动量变化规律的流体动力学方程(1755 年)。欧拉研究过弦、杆等弹性系统的振动。他和丹尼尔·伯努利一起分析过上端悬挂着的重链的振动以及相应的离散模型(挂有一串质量的线)的振动。他在丹尼尔·伯努利的帮助下,得到弹性受压细杆在失稳后的挠曲线——弹性曲线的精确解。能使细杆产生这种挠曲的最小压力后被称为细杆的欧拉临界荷载。欧拉在应用力学如弹道学、船舶理论、月球运动理论等方面也有研究。欧拉和丹尼尔·伯努利一起,建立了弹性体的力矩定律:作用在弹性细长杆上的力矩正比于物质的弹性和通过质心轴与垂直于两者的截面的惯性动量。

他还直接从牛顿运动定律出发,建立了流体力学里的欧拉方程。这些方程组在形式上等价于黏度为 0 的纳维-斯托克斯方程。人们对这些方程的主要兴趣在于它们能被用来研究冲击波。

(12) 其他贡献

欧拉的一生,是为数学发展而奋斗的一生,他那杰出的智慧、顽强的毅力、孜孜不倦的奋斗精神和高尚的科学道德,永远值得我们学习。欧拉还创设了许多数学符号,例如 π(1736 年)、i(1777 年)、e(1748 年)、sin 和 cos(1748 年)、tg(1753 年)、Δx(1755 年)、Σ(1755 年)、$f(x)$(1734 年)等。

他在 1735 年由于解决了长期悬而未决的贝塞尔问题而获得名声。

1739 年,欧拉写下了《音乐新理论的尝试》,书中试图把数学和音乐结合起来。一位传记作家写道:这是一部"为精通数学的音乐家和精通音乐的数学家"而写的著作。

在经济学方面,欧拉证明,如果产品的每个要素正好用于支付它自身的边际产量,在规模报酬不变的情形下,总收入和产出将完全耗尽。

3. 所获评价

欧拉是人类历史上最有影响的一百人之一。

欧拉是 18 世纪最优秀的数学家,也是历史上最伟大的数学家之一。他的全部创造在整个物理学和许多工程领域里都有着广泛的应用。欧拉的数学和科学成果简直多得令人难以相信。欧拉的贡献使纯数学和应用数学的每一个领域都得到了拓展,他的数学物理成果有着无限广阔的应用领域。

欧拉的著述浩瀚,不仅包含科学创见,而且富有科学思想,他给后人留下了极其丰富的科学遗产和为科学献身的精神。历史学家把欧拉同阿基米德、牛顿、高斯并列为数学史上的"四杰"。如今,在数学的许多分支中经常可以看到以他的名字命名的重要常数、公式和定理。

习题

5-1　梁的类型有哪些? 如何分类?

5-2　梁的强度、刚度如何验算?

5-3　梁如何丧失整体稳定? 整体稳定性与哪些因素有关?

5-4　梁的整体稳定如何验算? 提高梁的整体稳定性可采用哪些措施?

5-5　梁受压翼缘和腹板的局部稳定如何保证? 简述腹板加劲肋的种类及配置规定。

5-6　实腹梁的构造特点是什么? 梁截面沿长度改变的设计原则是什么?

5-7　如图 5-57 所示支座嵌固、承受静力均布荷载作用的悬臂梁,设计荷载 $q = 55\text{N/mm}$（其对应的标准组合值为 $q_k = 45\text{kN/m}$,均已考虑自重)。钢材 Q235B,$f = 215\text{N/mm}^2$,$f_v = 125\text{N/mm}^2$,截面无削弱。试验算此梁的强度、刚度是否满足要求。

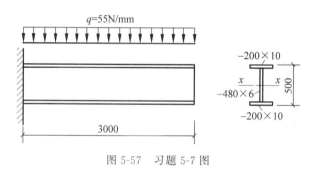

图 5-57　习题 5-7 图

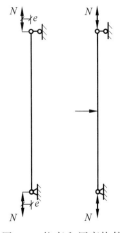

第6章

拉弯和压弯构件

6.1 拉弯、压弯构件的应用、截面形式及破坏形式

在建筑结构中,拉弯构件和压弯构件应用较多,尤其是压弯构件应用十分广泛,如有节间荷载作用的桁架上弦杆、天窗架的侧钢立柱、厂房框架柱及多层和高层建筑的框架柱等。

6.1.1 拉弯、压弯构件的应用

构件受到沿杆轴方向的拉力(或压力)和绕截面形心主轴的弯矩联合作用,称为拉弯(或压弯)构件。弯矩可以由偏心轴力引起,也可以由横向荷载作用引起,如图 6-1 所示。其中,弯矩由轴向力偏心作用产生的,则又可称为偏心受拉或偏心受压构件。如果只有绕截面一个形心主轴的弯矩,称为单向拉弯(或压弯)构件;绕两个形心主轴均有弯矩,称为双向拉弯(或压弯)构件。

一般工业厂房和多层房屋的框架柱以及海洋平台的立柱均为压弯构件,钢屋架的下弦杆一般属于轴心拉杆,如果其节点之间存在横向荷载就属于拉弯构件,如图 6-2 所示。

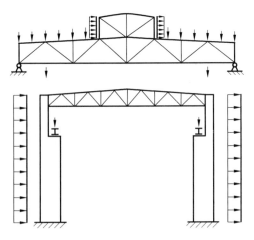

图 6-1　拉弯和压弯构件　　　　图 6-2　拉弯和压弯构件

6.1.2 拉弯、压弯构件的截面形式

拉弯、压弯构件的截面形式很多,总的来说可以分为型钢截面和组合截面两大类(图 6-3)。型钢截面直接用作构件时,制造工作量小,成本较低,但受型钢成品规格的限制,只能用于受力相对较小的场合。组合截面是由型钢或钢板连接而成,按构造形式分为实腹式组合截面和格构式组合截面两种。组合截面的形状和尺寸不受限制,灵活机动,可以根据受力大小和性质组合合适的截面来满足设计要求,应用广泛。

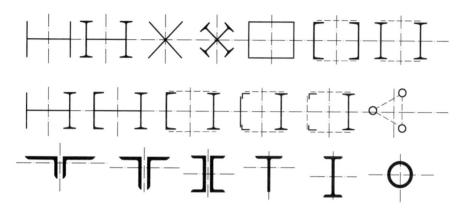

图 6-3 拉弯和压弯构件截面形式

当构件计算长度较大且受力较大时,为了提高截面的抗弯刚度,还常常采用格构式截面。压弯构件的截面通常做成在弯矩作用方向具有较大的截面尺寸。

6.1.3 压弯构件的破坏形式

压弯构件的整体破坏形式有三种:一种是因为杆端弯矩很大而发生的强度破坏,多发生于杆件截面局部有较大削弱时;另外两种都属于失稳破坏。如果在一个对称轴的平面内作用有弯矩的压弯构件,如果在非弯矩作用的方向有足够支承能阻止构件发生侧向位移和扭转,就只会在弯矩作用的平面内产生弯曲变形,发生弯曲失稳破坏;如果压弯构件的侧向缺乏足够支承,也有可能发生弯扭失稳破坏,即除弯矩作用平面存在弯曲变形外,垂直于弯矩作用的方向会突然产生弯曲变形,同时截面绕杆轴发生扭转。

组成压弯构件的板件中有一部分是受压的,与轴心受压构件一样,压弯构件也存在局部屈曲问题。

另外,拉弯、压弯构件在正常使用极限状态方面,是通过限制其长细比来满足刚度要求的,这与轴心受力构件也是一样的。

因此,设计拉弯构件时,需计算强度和刚度(限制长细比);设计压弯构件时,需计算强度、整体稳定(弯矩作用平面内稳定和弯矩作用平面外稳定)、局部稳定和刚度(限制长细比)。拉弯和压弯构件的容许长细比分别与轴心受拉构件和轴心受压构件相同。

6.2 拉弯、压弯构件的强度与刚度计算

6.2.1 拉弯、压弯构件刚度计算

拉弯和压弯构件,一般用作柱等竖向受力构件,其刚度要求与轴心受力构件一样,分别验算构件的长细比不得超过给定的受拉构件和受压构件的容许长细比。受拉、受压构件的容许长细比分别见表 4-1 和表 4-2。拉弯构件和压弯构件有时也用作梁等横向受力构件。其刚度要求和第 5 章的受弯构件一样,需要验算其挠度不得超过容许挠度值。本章如未特别说明,刚度计算按式(6-1)进行:

$$\lambda_{max} = \max\{\lambda_x, \lambda_y\} \leqslant [\lambda] \tag{6-1}$$

式中,容许长细比$[\lambda]$取值同轴心受力构件。

6.2.2 拉弯、压弯构件强度计算准则

进行拉弯、压弯构件的强度计算时,根据不同的情况,可以采用以下三种不同的强度计算准则。

1. 边缘纤维屈服准则

在构件受力最大的截面上,截面边缘处的最大应力达到屈服时即认为构件达到了强度极限。按此准则,构件始终在弹性段工作。

我国的《钢结构设计标准》(GB 50017—2017)中对需要进行疲劳计算的构件和部分格构式构件的强度计算采用了这一准则;《冷弯薄壁型钢结构技术规范》(GB 50018—2002)也采用了这一准则。

2. 全截面屈服准则

构件最大受力截面的全部受拉和受压区的应力都达到屈服,此时,这一截面在轴力和弯矩的共同作用下形成塑性铰,并以此作为强度极限状态。

3. 部分发展塑性准则

构件最大受力截面的部分受拉和受压区的应力达到屈服点,至于截面中塑性区发展的深度根据具体情况给定。此时,构件在弹塑性段工作。

《钢结构设计标准》(GB 50017—2017)中规定,一般构件以这一准则作为强度极限。与受弯构件一样,采用$\gamma_x W_{nx}$ 和 $\gamma_y W_{ny}$ 分别代替截面对两个主轴的塑性抵抗矩。

6.2.3 拉弯、压弯构件的强度计算

承受静力荷载作用的实腹式拉弯、压弯构件,在轴力和弯矩共同作用下,受力最不利截面出现塑性铰时即达到构件的强度极限状态。下面以工字形截面压弯构件为例,分析截面应力的发展过程。

如图 6-4 所示,工字形截面在轴力和弯矩共同作用下,当截面边缘纤维的压应力小于钢材的屈服强度时,整个截面处于弹性状态(图 6-4(a));随着荷载逐渐增加,截面受压区和受拉区先后进入塑性状态(图 6-4(b)、(c));最后整个截面进入塑性状态,截面形成塑性铰(图 6-4(d))。

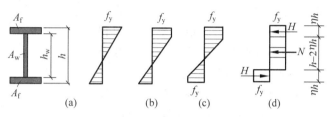

图 6-4 压弯构件截面应力的发展过程

(a) 弹性工作阶段;(b) 最大压应力一侧截面部分屈服;(c) 截面两侧均有部分屈服;(d) 塑性工作阶段——塑性铰(强度极限)

1. 边缘纤维屈服准则

当截面边缘处的最大应力达到屈服点时:

$$\sigma = \frac{N}{A} + \frac{M_x}{W_{ex}} = f_y \tag{6-2}$$

式中,N、M_x——分别为验算截面处的轴力和弯矩;

A——验算截面处的截面面积;

W_{ex}——验算截面处绕截面主轴 x 轴的截面抵抗矩。

令截面屈服轴力 $N_p = A f_y$,屈服弯矩 $M_{ex} = W_{ex} f_y$,则得 N 和 M_x 的线性相关公式:

$$\frac{N}{N_p} + \frac{M_x}{M_{ex}} = 1 \tag{6-3}$$

2. 全截面屈服准则

构件最危险截面处于塑性工作阶段时,塑性中和轴可能在腹板或翼缘内。根据内外力平衡条件,可得轴力和弯矩的关系式。

当轴力较小($N \leqslant A_w f_y$)时,塑性中和轴在腹板内,截面应力分布如图 6-4(d)所示,取 $h \approx h_w$,并令一个翼缘面积 $A_f = \alpha A_w$,则:

仅压力作用时,截面屈服轴力:

$$N_p = A f_y = (2\alpha + 1) A_w f_y \tag{6-4}$$

仅弯矩作用时,截面塑性屈服弯矩:

$$M_p = W_{px} f_y = \alpha A_w f_y h + 0.5 A_w f_y h_w / 2 = (\alpha + 0.25) A_w h f_y \tag{6-5}$$

将应力图分解为与 M 和 N 相平衡两部分,由平衡条件得:

$$N = (1 - 2\eta) h t_w f_y \approx (1 - 2\eta) A_w f_y \tag{6-6(a)}$$

$$M_x = A_f f_y (h - t) + (\eta h - t) t_w f_y (h - \eta h - t) \approx A_w f_y h (\alpha + \eta - \eta^2) \tag{6-6(b)}$$

消去以上两式中的 η,则得 N 和 M_x 的相关公式:

$$\frac{(2\alpha + 1)^2}{4\alpha + 1} \cdot \left(\frac{N}{N_p}\right)^2 + \frac{M_x}{M_{px}} = 1 \tag{6-7(a)}$$

当轴力很大（$N > A_w f_y$）时，塑性中和轴位于翼缘内，按上述相同方法可以得到：

$$\frac{N}{N_p} + \frac{(4\alpha + 1)}{2(2\alpha + 1)} \cdot \frac{M_x}{M_{px}} = 1 \qquad (6\text{-}7(b))$$

构件的 N/N_p 与 M_x/M_{px} 的关系式（6-7(a)）和式（6-7(b)）均为外凸的曲线，如图 6-5 所示。外凸的程度不仅与构件的截面形状有关，而且与腹板和翼缘的面积比（$\alpha = A_f/A_w$）有关，α 越小外凸越多。常用工字形截面 $\alpha = A_f/A_w \approx 1.5$，曲线外凸不多，可用直线近似。为设计简便，当 N/N_p 很小时按 $M_x = M_{px}$ 计算，当 N/N_p 较大时在式（6-7(b)）中取 $\alpha = A_f/A_w = 1.5$ 计算。因此，将式（6-7(a)）和式（6-7(b)）简化为以下两条直线公式，即

当 $N/N_p \leqslant 0.13$ 时

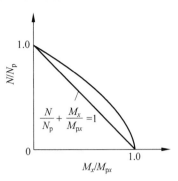

图 6-5　构件 N/N_p-M_x/M_{px} 关系曲线

$$\frac{M_x}{M_{px}} = 1 \qquad (6\text{-}8(a))$$

当 $N/N_p > 0.13$ 时

$$\frac{N}{A f_y} + \frac{1}{1.15} \frac{M_x}{M_{px}} = 1 \qquad (6\text{-}8(b))$$

3. 部分发展塑性准则——弹塑性阶段

上述全截面塑性分析中没有计入轴心力对变形引起的附加弯矩以及剪力的不利影响，为了考虑其不利影响和便于计算，也可以偏安全地采用一条斜直线代替曲线：

$$\frac{N}{N_p} + \frac{M_x}{M_{px}} = 1 \qquad (6\text{-}9)$$

式中，$N_p = A f_y$，$M_{px} = W_{px} f_y$。

比较式（6-3）和式（6-9）可以看出，两者都是直线关系式，差别仅在于左端第二项。在式（6-3）中因截面在弹性阶段，用的是截面的弹性抵抗矩 W_{ex}；而在式（6-9）中因截面在全塑性阶段，用的则是截面的塑性抵抗矩 W_{px}。因此，当构件介于弹性和全塑性阶段之间的弹塑性阶段也可以采用如下直线关系式，引入塑性发展系数 γ_x，即

$$\frac{N}{N_p} + \frac{M_x}{\gamma_x M_{px}} = 1 \qquad (6\text{-}10)$$

由于全截面达到塑性状态后变形过大，因此，我国《钢结构设计标准》（GB 50017—2017）对不同截面限制其塑性发展区域为 $(1/8 \sim 1/4)h$。

因此，弯矩作用在一个主平面内的拉弯、压弯构件，按式（6-11）计算截面强度：

$$\frac{N}{A_n} + \frac{M_x}{\gamma_x W_{nx}} \leqslant f \qquad (6\text{-}11)$$

对弯矩作用在两个主平面内的拉弯、压弯构件，采用与式（6-11）相衔接的计算公式：

$$\frac{N}{A_n} \pm \frac{M_x}{\gamma_x W_{nx}} \pm \frac{M_y}{\gamma_y W_{ny}} \leqslant f \qquad (6\text{-}12)$$

式中，M_x、M_y——分别为同一截面处对 x 轴和 y 轴的弯矩设计值（kN·m）；

γ_x、γ_y——截面塑性发展系数,根据其受压板件的内力分布情况确定其截面板件宽厚
比等级,当截面板件宽厚比等级不满足 S3 级要求时,取 1.0,满足 S3 级要
求时可按表 5-2 采用;需要验算疲劳强度的拉弯、压弯构件,宜采取 1.0。

A_n——构件的净截面面积(mm^2);

W_{nx},W_{ny}——分别为构件对 x 轴、y 轴的净截面模量(mm^3)。

【例 6-1】 如图 6-6 所示某钢结构构件,选用 I22a,构件为 Q355 钢,承受轴向拉力设计
值 $N = 800kN$,横向均布荷载设计值 $q = 7kN/m$,截面无削弱。梁自重标准值 $g_k = 0.33kN/m$。计算该构件强度及刚度。(I22a 截面特性:$W_x = 310cm^3$,$A = 42.1cm^2$,$i_x = 8.99cm$,$i_y = 2.32cm$)

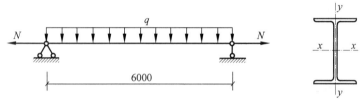

图 6-6　例 6-1 图

【解】

(1) 强度计算

轧制工字钢截面塑性发展系数取 $\gamma_x = 1.05$,$\gamma_y = 1.20$。

弯矩设计值:$M_x = \left[\dfrac{1}{8} \times (7 + 0.33 \times 1.3) \times 6^2\right] kN \cdot m = 33.43 kN \cdot m$

强度计算:

由于截面无削弱,故 $A_n = A$,$W_{nx} = W_x$

$\dfrac{N}{A_n} + \dfrac{M_x}{\gamma_x W_{nx}} = \left(\dfrac{800 \times 1000}{42.1 \times 100} + \dfrac{33.43 \times 10^6}{1.05 \times 310 \times 10^3}\right) N/mm^2 = 292.7 N/mm^2 < f = 305 N/mm^2$,

满足要求。

(2) 刚度计算

由于两个方向约束条件相同,y 轴为弱轴,长细比可仅计算 λ_y;

$\lambda_y = \dfrac{l_{0y}}{i_y} = \dfrac{6000}{23.2} = 259 < [\lambda] = 350$,满足要求。

6.3　实腹式压弯构件在弯矩作用平面内的稳定计算

6.3.1　压弯构件整体失稳形式

压弯构件的整体失稳破坏有多种形式,单向压弯构件的整体失稳分为弯矩作用平面内
和弯矩作用平面外两种情况。对于两个主平面内都有弯矩作用的双向压弯构件,构件的失
稳形式只有弯扭失稳一种。

　　压弯构件弯矩作用平面内失稳——在 N 和 M 同时作用下，一开始构件就在弯矩作用平面内发生变形，呈弯曲状态，当 N 和 M 同时增加到一定大小时则达到极限，超过此极限，要维持内外力平衡，只能减小 N 和 M。在弯矩作用平面内只产生弯曲变形（弯曲失稳），属于极值失稳。轴压力 N 与跨中挠度 v 之间关系曲线如图 6-7 所示。曲线由上升段和下降段组成。在上升段：平衡是稳定的，因为增加挠度，必须增加荷载。在下降段：平衡是不稳定的。偏心受压时的临界荷载恒低于轴心受压时的临界荷载，相当于长度加大到 l_1 的轴心受压构件（图 6-8）。

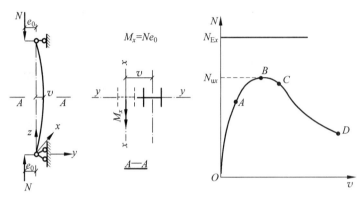

图 6-7　单向压弯构件弯矩作用平面内失稳变形和 $N\text{-}v$ 曲线

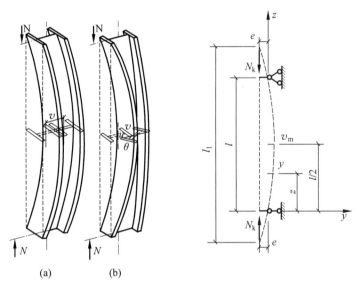

图 6-8　压弯构件的失稳

　　压弯构件弯矩作用平面外失稳——当构件在弯矩作用平面外没有足够的支承阻止其产生侧向位移和扭转时，构件可能发生弯扭屈曲（弯扭失稳）而破坏，这种弯扭屈曲又称为压弯构件弯矩作用平面外的整体失稳（图 6-9）。对于理想压弯构件，它具有分枝点失稳的特征。

　　双向压弯构件的失稳——同时产生双向弯曲变形并伴随有扭转变形属弯扭失稳。弯矩作用平面内的稳定属第二类稳定，偏心压杆的临界力与其相对偏心率 $\varepsilon = e/\rho$ 有关，$\rho = W/A$ 为截面核心矩，$\varepsilon = e/\rho$ 大则临界力低。

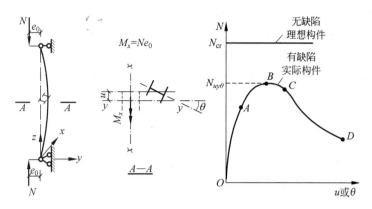

图 6-9　单向压弯构件弯矩作用平面外失稳变形和 $N\text{-}u$ 或 θ 曲线

6.3.2　单向压弯构件弯矩作用平面内的整体稳定

　　实腹式压弯构件在弯矩作用平面内失稳时已经出现塑性,弹性平衡微分方程不再适用。同时承受轴力和端弯矩作用的杆件,在平面内失稳时塑性区的分布如图 6-10 所示,弯曲刚度 EI 不再保持常数。

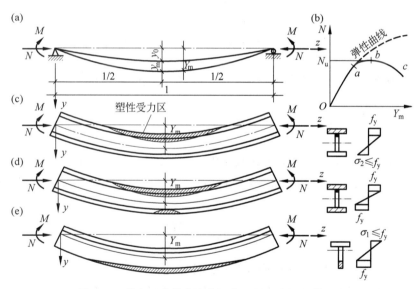

图 6-10　单向压弯构件在弯矩作用平面内的整体屈曲

　　目前确定压弯构件弯矩作用平面内极限承载力的方法很多,可分为两大类。一类是极限荷载计算方法,即采用解析法或数值法直接求解压弯构件弯矩作用平面内的极限荷载 N_{ux};另一类是相关公式计算法,即建立轴力和弯矩相关公式来验算压弯构件弯矩作用平面内的极限承载力。

1. 极限荷载计算法

　　计算压弯构件弯矩作用平面内极限荷载的方法有解析法和数值法。解析法是在各种近似假定的基础上,通过理论方法求得构件在弯矩作用平面内稳定承载力 N_{ur} 的解析解,如耶硕克(Jezek)近似解析法。一般情况下,解析法很难得到稳定承载力的闭合解,即使得到了,表达式也很复杂,使用很不方便。数值计算方法可求得单一构件弯矩作用平面内稳定承载力 N_{ur} 的数值解,可以考虑构件的几何缺陷和残余应力影响,适用于各种边界条件以及弹塑性工作阶段,尽管如此,实际应用中仍存在诸多局限。

2. 相关公式计算法

目前各国设计规范多采用此方法,即通过理论分析,建立轴力与弯矩的相关公式,并在大量数值计算和试验数据的统计分析基础上,对相关公式中的参数进行修正,得到一个半经验半理论公式。利用边缘屈服准则,可以建立压弯构件弯矩作用平面内稳定计算的轴力与弯矩的相关公式。

在分析初偏心对轴心受压构件影响时(图 4-17 及式(4-49)),利用弹性弯曲状态下的挠度曲线方程,可得到受偏心压力(均匀弯矩)作用的压弯构件中点挠度为

$$y_m = y_{(z=l/2)} = e_0 \left[\sec\left(\frac{\pi}{2} \sqrt{\frac{N}{N_E}} \right) - 1 \right] = \frac{M}{N} \left[\sec\left(\frac{kl}{2} \right) - 1 \right]$$

$$= \frac{Ml^2}{8EI} \frac{8EI}{Nl^2} \left[\sec\left(\frac{kl}{2} \right) - 1 \right] = \delta_0 \left[\frac{2(\sec(kl/2) - 1)}{(kl/2)^2} \right] \tag{6-13}$$

式中,$k^2 = \frac{N}{EI}$,$e_0 = \frac{M}{N}$,$\delta_0 = \frac{Ml^2}{8EI}$ 为不考虑 N(仅受均匀弯矩 M)时简支梁的中点挠度,方括号项为压弯构件考虑轴力 N 影响的跨中挠度放大系数。把式(6-13)中的 $\sec(kl/2)$ 展开成幂级数,可得

$$\frac{2[\sec(kl/2) - 1]}{(kl/2)^2} \approx \frac{1}{1 - N/N_{Ex}} = \frac{1}{1 - \alpha} \tag{6-14}$$

这与 4.3 节是一致的。对于其他荷载作用的压弯构件,也可导出挠度放大系数近似为 $1/(1 - N/N_{Ex})$。同理,考虑二阶效应后,两端铰支构件由横向力或端弯矩引起的最大弯矩应为

$$M_{x\max1} = \frac{\beta_{mx} M_x}{1 - N/N_{Ex}} \tag{6-15}$$

式中,M_x——构件截面上由横向力或端弯矩引起的一阶弯矩。

β_{mx}——等效弯矩系数,将横向力或端弯矩引起的非均匀分布弯矩当量化为均匀分布弯矩,对均匀弯矩作用的压弯构件,$\beta_{mx} = 1$。

$\dfrac{1}{1 - N/N_{Ex}}$——考虑轴力 N 引起二阶效应的弯矩增大系数,$N_{Ex} = \dfrac{\pi^2 EA}{\lambda_x^2}$ 为欧拉临界荷载。

考虑初始缺陷 v_0 的影响,同时考虑二阶效应后,由初弯曲产生最大弯矩为

$$M_{x\max2} = \frac{N v_0}{1 - N/N_{Ex}} \tag{6-16}$$

因此,根据边缘屈曲准则,压弯构件弯矩作用平面内截面最大应力应满足

$$\frac{N}{A} + \frac{M_{x\max1} + M_{x\max2}}{W_{1x}} = \frac{N}{A} + \frac{\beta_{mx}M_x + Nv_0}{W_{1x}(1 - N/N_{Ex})} = f_y \tag{6-17}$$

式中，A、W_{1x}——分别为压弯构件截面面积和最大受压纤维的毛截面抵抗矩。

令式(6-17)中 $M_x = 0$，则满足式(6-16)关系的 N 即为有初始缺陷的轴心压杆的临界力 N_{0x}，在此情况下，由式(6-17)解出等效初始缺陷 v_0 为

$$v_0 = \frac{W_{1x}(Af_y - N_{0x})(N_{Ex} - N_{0x})}{AN_{0x}N_{Ex}} \tag{6-18}$$

将式(6-18)代入式(6-17)，并注意到 $N_{0x} = \varphi_x N_p = \varphi_x Af_y$，可得

$$\frac{N}{\varphi_x Af_y} + \frac{\beta_{mx}M_x}{W_{1x}f_y(1 - \varphi_x N/N_{Ex})} = 1 \tag{6-19}$$

从概念上讲，上述边缘屈服准则的应用属于二阶应力问题，不是稳定问题，但由于在推导过程中引入了有初始缺陷的轴心压杆稳定承载力的结果，因此，式(6-19)就等于采用应力问题的表达式来建立稳定问题的相关公式。

相关公式(6-19)考虑了压弯构件二阶效应和构件的综合缺陷，是按边缘屈服准则得到的，由于边缘屈服准则以构件截面边缘纤维屈服的弹性受力阶段极限状态作为稳定承载能力极限状态，因此，对于绕虚轴弯曲的格构式压弯构件以及截面发展塑性可能性较小的构件(如冷弯薄壁型钢压弯构件)，可以直接采用式(6-19)作为设计依据。对于实腹式压弯构件，应允许利用截面上的塑性发展，经与试验资料和数值计算结果比较，可采用下列修正公式：

$$\frac{N}{\varphi_x Af_y} + \frac{\beta_{mx}M_x}{\gamma_x W_{1x}f_y(1 - 0.8N/N_{Ex})} = 1 \tag{6-20}$$

式中，γ_x——塑性发展系数。

6.3.3 压弯构件弯矩作用平面内整体稳定的计算公式

在式(6-19)和式(6-20)中考虑抗力分项系数后，《钢结构设计标准》(GB 50017—2017)规定单向压弯构件弯矩作用平面内整体稳定验算公式为：

弯矩绕虚轴(x 轴)作用的格构式压弯构件，

$$\frac{N}{\varphi_x Af} + \frac{\beta_{mx}M_x}{W_{1x}(1 - N/N'_{Ex})f} \leqslant 1.0 \tag{6-21}$$

实腹式压弯构件和弯矩绕实轴作用的格构式压弯构件，

$$\frac{N}{\varphi_x Af} + \frac{\beta_{mx}M_x}{\gamma_x W_{1x}(1 - 0.8N/N'_{Ex})f} \leqslant 1.0 \tag{6-22}$$

式中，N——压弯构件的轴向压力设计值；

N'_{Ex}——考虑抗力分项系数的欧拉临界力，$N'_{Ex} = \dfrac{N_{Ex}}{1.1} = \dfrac{\pi^2 EA}{1.1\lambda_x^2}$，其中 1.1 为抗力分项

系数近似值，不分钢种取为 1.1；

φ_x——在弯矩作用平面内，不计弯矩作用时轴心受压构件的稳定系数；

M_x——所计算构件段范围内的最大弯矩设计值；

W_{1x}——在弯矩作用平面内对较大受压纤维的毛截面抵抗矩；

β_{mx}——等效弯矩系数,应按下列规定采用。

(1) 无侧移框架柱和两端支承构件

① 无横向荷载作用时:$\beta_{mx}=0.6+0.4\dfrac{M_2}{M_1}$,$M_1$、$M_2$ 为端弯矩,构件无反弯点时取同号,构件有反弯点时取异号,$|M_1|\geqslant|M_2|$。

② 无端弯矩但有横向荷载作用时,β_{mx} 应按下列公式计算:

跨中单个集中荷载:$\beta_{mx}=1-0.36N/N_{cr}$

全跨均布荷载:$\beta_{mx}=1-0.18N/N_{cr}$

式中,N_{cr}——弹性临界力,$N_{cr}=\pi^2EI/(\mu l)^2$;其中 μ 为构件的计算长度系数。

③ 端弯矩和横向荷载同时作用时,式(6-21)的 $\beta_{mx}M_x$ 应按式(6-23)计算:

$$\beta_{mx}M_x=\beta_{mqx}M_{qx}+\beta_{m1x}M_1 \tag{6-23}$$

式中,M_{qx}——横向均布荷载产生的弯矩最大值;

　　　M_1——跨中单个横向集中荷载产生的弯矩;

　　　β_{m1x}——取①中计算的等效弯矩系数;

　　　β_{mqx}——取②中计算的等效弯矩系数;

(2) 有侧移框架柱和悬臂构件

等效弯矩系数 β_{mx} 应按下列规定采用:

① 除本款第 2 项规定之外的框架柱,β_{mx} 应按下式计算:$\beta_{mx}=1-0.36N/N_{cr}$;

② 有横向荷载的柱脚铰接的单层框架柱和多层框架的底层柱,$\beta_{mx}=1.0$;

③ 自由端作用有弯矩的悬臂柱,$\beta_{mx}=1-0.36(1-m)N/N_{cr}$。

式中,m——自由端弯矩与固定端弯矩之比,当弯矩图无反弯点时取正号,有反弯点时取负号。

当框架内力采用二阶弹性分析时,柱弯矩由无侧移弯矩和放大的侧移弯矩组成,此时可对两部分弯矩分别乘以无侧移柱和有侧移柱的等效弯矩系数。

对于单对称轴截面压弯构件,当弯矩作用在对称轴平面且使较大翼缘受压失稳时,构件有可能在较小翼缘(或无翼缘)一侧产生较大的拉应力而出现受拉破坏,对这种情况,除应满足式(6-22)外,还需按式(6-24)作补充计算:

$$\left|\frac{N}{Af}-\frac{\beta_{mx}M_x}{\gamma_x W_{2x}(1-1.25N/N'_{Ex})f}\right|\leqslant 1 \tag{6-24}$$

式中,W_{2x}——较小翼缘最外纤维的毛截面模量,$W_{2x}=I_x/y_0$;y_0 为较小翼缘最外纤维到中和轴的距离;

　　　1.25——引入的修正系数。

6.4   实腹式压弯构件在弯矩作用平面外的稳定计算

6.4.1   单向压弯构件弯矩作用平面外整体稳定

开口薄壁截面压弯构件的抗扭刚度及弯矩作用平面外的抗弯刚度通常较小,当构件在弯矩作用平面外没有足够的支承以阻止其产生侧向位移和扭转时,构件可能发生弯扭屈曲(弯扭失稳)而破坏,这种弯扭屈曲又称为压弯构件弯矩作用平面外的整体失稳;对于理想的压弯构件,其弯矩作用平面外失稳机理与梁失稳机理相同,如图 6-11 所示。

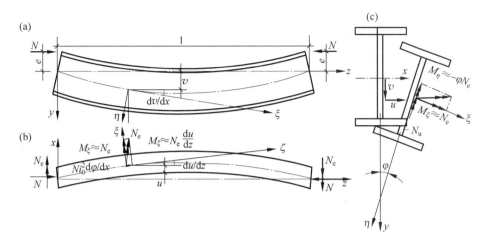

图 6-11　平面外弯扭屈曲

1. 压弯构件在弯矩作用平面外的弯扭屈曲

根据弹性稳定理论,受轴心压力和均匀弯矩作用的双轴对称截面实腹式压弯构件,假定:

① 由于平面内截面刚度很大,故忽略该平面的挠曲变形。

② 杆件两端铰接,但不能绕纵轴转动。

③ 材料为弹性,无初始缺陷。

则弯矩作用平面外弯扭屈曲的临界条件可用式(6-25)表达:

$$\left(1 - \frac{N}{N_{Ey}}\right)\left(1 - \frac{N}{N_\theta}\right) - \frac{M_x^2}{M_{crx}^2} = 0 \tag{6-25}$$

式中,N_{Ey}——构件轴心受压时绕 y 轴弯曲屈曲的临界力,即欧拉临界力;

N_θ——构件绕纵轴 z 轴扭转屈曲的临界力;

M_{crx}——构件受绕 x 轴均匀弯矩作用时的弯扭屈曲临界弯矩。

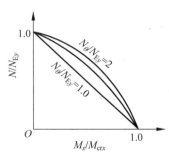

图 6-12　单向压弯构件在弯矩作用
平面外失稳的相关曲线

由式(6-25)可绘出相关曲线,如图 6-12 所示。根据钢结构构件常用的截面形式分析,绝大多数情况下 N_θ / N_{Ey} 都大于 1,取 $N_\theta / N_{Ey} = 1$ 进行设计是偏于安全的,于是有相关方程:

$$\frac{N}{N_{Ey}} + \frac{M_x}{M_{crx}} = 1 \tag{6-26}$$

将 $N_{Ey} = \varphi_y A f_y$,$M_{crx} = \varphi_b W_{1x} f_y$ 代入式(6-26)并考虑引入弯矩等效系数 β_{tx} 和截面影响系数 η,即得到压弯构件在弯矩作用平面外稳定承载力的实用相关公式:

$$\frac{N}{\varphi_y A f_y} + \eta \frac{\beta_{tx} M_x}{\varphi_b W_{1x} f_y} = 1 \tag{6-27}$$

2. 压弯构件弯矩作用平面外整体稳定计算公式

在式(6-27)中考虑抗力分项系数后,《钢结构设计标准》(GB 50017—2017)采用式(6-28)进行压弯构件弯矩作用平面外整体稳定的验算:

$$\frac{N}{\varphi_y A f} + \eta \frac{\beta_{tx} M_x}{\varphi_b W_{1x} f} \leqslant 1.0 \tag{6-28}$$

式中,M_x——所计算构件段范围内的最大弯矩设计值;

　　η——截面影响系数,闭口截面 $\eta = 0.7$,其他截面 $\eta = 1.0$;

　　W_{1x}——在弯矩作用平面内对受压最大纤维的毛截面模量;

　　N——所计算构件范围内轴心压力设计值;

　　φ_y——弯矩作用平面外的轴心受压构件稳定系数;

　　φ_b——受均布弯矩的受弯构件的整体稳定系数,取值方法详见5.3节;

　　β_{tx}——计算弯矩作用平面外稳定时的弯矩等效系数,应按下列规定采用。

(1) 在弯矩作用平面外有支承的构件,应根据两相邻支承间构件段内的荷载和内力情况确定:

① 构件段无横向荷载作用时,$\beta_{tx} = 0.65 + 0.35 \dfrac{M_2}{M_1}$,$M_1$、$M_2$ 为端弯矩,构件无反弯点时取同号,构件有反弯点时取异号,$|M_1| \geqslant |M_2|$。

② 构件段内有端弯矩和横向荷载同时作用时,使构件产生同向曲率时取 $\beta_{tx} = 1.0$;使构件产生反向曲率时:$\beta_{tx} = 0.85$。

③ 构件段内仅有横向荷载时:$\beta_{tx} = 1.0$。

(2) 弯矩作用平面外为悬臂构件,$\beta_{tx} = 1.0$。

【例 6-2】 某压弯构件为 I36a,如图 6-13 所示,材料为 Q235,长度为 10m,两端铰接,设有 4 个侧向支承点,承受轴心压力设计值 $N = 650\text{kN}$,横向均布荷载设计值 $q = 6.24\text{kN/m}$,计算该构件整体稳定性。(I36a 截面特性:$W_x = 875\text{cm}^3$,$A = 76.48\text{cm}^2$,$I_x = 15800\text{cm}^4$,$i_x = 14.4\text{cm}$,$I_y = 552\text{cm}^4$,$i_y = 2.69\text{cm}$,$b = 13.6\text{cm}$)

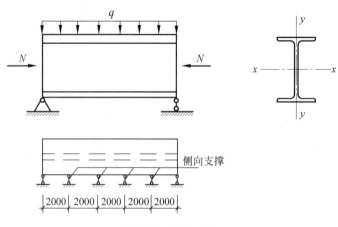

图 6-13 例 6-2 图

【解】

(1) 跨中最大弯矩设计值计算

$$M_x = \frac{1}{8}ql^2 = \frac{1}{8} \times 6.24 \times 10^2 \text{kN} \cdot \text{m} = 78\text{kN} \cdot \text{m}$$

(2) 平面内稳定性计算

长细比计算：$\lambda_x = \dfrac{l_{0x}}{i_x} = \dfrac{1000}{14.4} = 69.4$

稳定系数计算：轧制，$b/h = 13.6/36 = 0.38 < 0.8$，对 x 轴属 a 类，对 y 轴属 b 类。

$\lambda_x/\varepsilon_k = 69.4\sqrt{235/f_y} = 69.4$，查附表 3-1 得 $\varphi_x = 0.842$

$$N'_{Ex} = \frac{\pi^2 EA}{1.1\lambda_x^2} = \frac{\pi^2 \times 206 \times 10^3 \times 76.48 \times 100}{1.1 \times 69.4^2}\text{N} = 2935\text{kN}（其中 } E = 206 \times 10^3 \text{N/mm}^2）$$

无端弯矩，有横向荷载作用时：

$$N_{cr} = \pi^2 EI/(\mu l)^2 = \frac{\pi^2 \times 2.06 \times 10^5 \times 15800 \times 10^4}{(1.0 \times 10000)^2}\text{N} = 3212.4\text{kN}，（其中，} I = I_x，\mu \text{ 由两}$$

端铰接可知 $\mu = 1.0$)

$\beta_{mx} = 1 - 0.18N/N_{cr} = 1 - 0.18 \times 650/3212.4 = 0.964$

平面内稳定性计算

$$\frac{N}{\varphi_x A f} + \frac{\beta_{mx} M_x}{\gamma_x W_{1x}(1 - 0.8N/N'_{Ex})f} = \frac{650 \times 1000}{0.842 \times 76.48 \times 100 \times 215} +$$

$$\frac{0.964 \times 78 \times 10^6}{1.05 \times 875 \times 1000 \times \left(1 - 0.8 \times \dfrac{650}{2935}\right) \times 215} = 0.932 < 1.0，满足要求。（其中，} W_{1x} = W_x，$$

$\gamma_x = 1.05，f = 215\text{N/mm}^2$)

(3) 平面外稳定性计算

长细比计算：$\lambda_y = \dfrac{l_{0y}}{i_y} = \dfrac{2000}{26.9} = 74.3$

稳定系数计算：对 y 轴属 b 类，$\lambda_y/\varepsilon_k = 74.3\sqrt{235/f_y} = 74.3$，查附表 3-2 得：$\varphi_y = 0.724$

$$\lambda_y\sqrt{\frac{235}{f_y}} = 74.3 < 120\sqrt{\frac{235}{f_y}} = 120，$$

$$\varphi_b = 1.07 - \frac{\lambda_y^2}{44000} \cdot \frac{f_y}{235} = 1.07 - \frac{74.3^2}{44000} \cdot \frac{235}{235} = 0.94$$

跨中段有端弯矩，横向荷载作用，取 $\beta_{tx} = 1.0，\eta = 1.0$

平面外稳定性计算：$W_{1x} = W_x$

$$\frac{N}{\varphi_y A f} + \eta\frac{\beta_{tx} M_x}{\varphi_b W_{1x}f} = \frac{650 \times 1000}{0.724 \times 76.48 \times 100 \times 215} + 1.0 \times \frac{1.0 \times 78 \times 10^6}{0.94 \times 875 \times 1000 \times 215} = 0.987 <$$

1.0，满足要求。

6.4.2 双向压弯构件的稳定承载力计算

当弯矩作用在两个主轴平面内为双向弯曲压弯构件，其整体失稳常伴随构件的扭转变形,其稳定承载力与 N、M_x 和 M_y 三者的比例有关,往往无法给出解析解,一般采用数值解。因为双向压弯构件当两个方向弯矩很小时,应接近轴心受压构件的受力情况,当某一方向的弯矩很小时,应接近单向压弯构件的受力情况。为了设计方便,并与轴心受压构件和单向压弯构件计算衔接,采用相关公式来计算。《钢结构设计标准》(GB 50017—2017)规定,弯矩作用在两个主平面内的双轴对称实腹式工字形截面(含 H 形)和箱形(闭口)截面的压弯构件,其稳定按下列公式计算:

$$\frac{N}{\varphi_x Af} + \frac{\beta_{mx} M_x}{\gamma_x W_x (1 - 0.8 N/N'_{Ex}) f} + \eta \frac{\beta_{ty} M_y}{\varphi_{by} W_y f} \leqslant 1.0 \tag{6-29}$$

$$\frac{N}{\varphi_y Af} + \eta \frac{\beta_{tx} M_x}{\varphi_{bx} W_y f} + \frac{\beta_{my} M_y}{\gamma_y W_y (1 - 0.8 N/N'_{Ey}) f} \leqslant 1.0 \tag{6-30}$$

式中,φ_x、φ_y——分别为对强轴 x—x 和弱轴 y—y 的轴心受压构件稳定系数;

　　　　φ_{bx}、φ_{by}——均匀弯曲的受弯构件整体稳定性系数,对工字形(含 H 型钢)截面的非悬臂构件,φ_{bx} 可按受弯构件整体稳定性近似公式计算,φ_{by} 可取 1.0;对闭口截面,$\varphi_{bx} = \varphi_{by} = 1.0$;

　　　　M_x、M_y——分别为所计算构件段范围内对强轴和弱轴的最大弯矩;

　　　　W_x、W_y——分别为对强轴和弱轴的毛截面模量;

　　　　N'_{Ex}、N'_{Ey}——参数,$N'_{Ex} = \dfrac{N_{Ex}}{1.1} = \dfrac{\pi^2 EA}{1.1 \lambda_x^2}$,$N'_{Ey} = \dfrac{N_{Ey}}{1.1} = \dfrac{\pi^2 EA}{1.1 \lambda_y^2}$;

　　　　β_{mx}、β_{my}——等效弯矩系数,应按弯矩作用平面内稳定计算的有关规定采用;

　　　　β_{tx}、β_{ty}——等效弯矩系数,应按弯矩作用平面外稳定计算的有关规定采用;

　　　　η——截面影响系数,闭口截面 $\eta = 0.7$,其他截面 $\eta = 1.0$。

6.5　实腹式压弯构件的局部稳定

　　实腹式压弯构件的板件与轴压和受弯构件的板件的受力情况相似,其局部稳定也是采用限制板件的宽(高)厚比的办法来保证。

　　压弯构件的受压翼缘板主要承受正应力,当考虑截面部分塑性发展时,受压翼缘全部形成塑性区。可见压弯构件翼缘的应力状态与轴心受压构件或梁的受压翼缘基本相同,在均匀压应力作用下局部失稳形式也一样。因此,其自由外伸宽度与厚度之比以及箱形截面翼缘在腹板之间的宽厚比均与梁受压翼缘的宽厚比限值相同,《钢结构设计标准》(GB 50017—2017)对压弯构件翼缘宽厚比的限制规定如下:

　　(1)实腹压弯构件要求不出现局部失稳者,其腹板高厚比、翼缘宽厚比应符合表 5-1 规定的压弯构件 S4 级截面要求。

　　(2)工字形和箱形截面压弯构件的腹板高厚比超过表 5-1 规定的 S4 级截面要求时,其构件设计应符合下列规定。

　　① 应以有效截面代替实际截面按 b 中公式计算杆件的承载力。有效截面的相应计算方法如下。

a. 工字形截面腹板受压区的有效宽度应取为

$$h_{\mathrm{e}} = \rho h_{\mathrm{c}} \qquad (6\text{-}31)$$

当 $\lambda_{\mathrm{n,p}} \leqslant 0.75$ 时：$\rho = 1.0$

当 $\lambda_{\mathrm{n,p}} > 0.75$ 时：$\rho = \dfrac{1}{\lambda_{\mathrm{n,p}}}\left(1 - \dfrac{0.19}{\lambda_{\mathrm{n,p}}}\right)$

式中，$\lambda_{\mathrm{n,p}} = \dfrac{h_{\mathrm{w}}/t_{\mathrm{w}}}{28.1\sqrt{k_{\sigma}}} \cdot \dfrac{1}{\varepsilon_{\mathrm{k}}}$，$k_{\sigma} = \dfrac{16}{2 - \alpha_0 + \sqrt{(2 - \alpha_0)^2 + 0.112\alpha_0^2}}$；

h_{c}、h_{e}——分别为腹板受压区宽度和有效宽度，当腹板全部受压时，$h_{\mathrm{c}} = h_{\mathrm{w}}$；

ρ——有效宽度系数；

α_0——参数，应按式(5-5)计算。

b. 工字形截面腹板有效宽度 h_{e} 应按下列公式计算：

当截面全部受压，即 $\alpha_0 \leqslant 1.0$ 时(图 6-14(a))：

$$h_{\mathrm{e}1} = 2h_{\mathrm{e}}/(4 + \alpha_0) \qquad (6\text{-}32)$$

$$h_{\mathrm{e}2} = h_{\mathrm{e}} - h_{\mathrm{e}1} \qquad (6\text{-}33)$$

当截面部分受拉，即 $\alpha_0 > 1.0$ 时(图 6-14(b))：

$$h_{\mathrm{e}1} = 0.4h_{\mathrm{e}} \qquad (6\text{-}34)$$

$$h_{\mathrm{e}2} = 0.6h_{\mathrm{e}} \qquad (6\text{-}35)$$

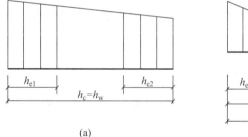
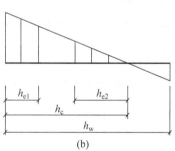

(a)　　　　　　　　　　　(b)

图 6-14　有效宽度分布

(a) 截面全部受压；(b) 截面部分受拉

c. 箱形截面压弯构件翼缘宽厚比超限时也应按式(6-31)计算其有效宽度，计算时取 $k_{\sigma} = 4.0$。有效宽度在两侧均等分布。

② 应采用下列公式计算其承载力。

强度计算：

$$\frac{N}{A_{\mathrm{ne}}} \pm \frac{M_x + Ne}{\gamma_x W_{\mathrm{ne}x}} \leqslant f \qquad (6\text{-}36)$$

平面内稳定计算：

$$\frac{N}{\varphi_x A_{\mathrm{e}} f} + \frac{\beta_{\mathrm{m}x} M_x + Ne}{\gamma_x W_{\mathrm{e}1x}(1 - 0.8N/N'_{\mathrm{E}x})f} \leqslant 1.0 \qquad (6\text{-}37)$$

平面外稳定计算：

$$\frac{N}{\varphi_y A_{\mathrm{e}} f} + \eta\frac{\beta_{\mathrm{t}x} M_x + Ne}{\varphi_{\mathrm{b}} W_{\mathrm{e}1x} f} \leqslant 1.0 \qquad (6\text{-}38)$$

式中，A_{ne}、A_e——分别为有效净截面面积和有效毛截面面积（mm^2）；

$\quad\quad W_{nex}$——有效截面的净截面模量（mm^3）；

$\quad\quad W_{elx}$——有效截面对较大受压纤维的毛截面模量（mm^3）；

$\quad\quad e$——有效截面形心至原截面形心的距离（mm）。

压弯构件的板件当用纵向加劲肋加强以满足宽厚比限值时，加劲肋宜在板件两侧成对配置，其一侧外伸宽度不应小于板件厚度 t 的 10 倍，厚度不宜小于 $0.75t$。

6.6　格构式压弯构件的稳定

当偏心受压柱的宽度很大时，采用实腹式截面已不经济，通常采用格构式截面。当柱中弯矩不大，或柱中可能出现正负号的弯矩但二者的绝对值相差不大时，可用对称的截面形式；当弯矩较大且弯矩符号不变，或者正、负弯矩的绝对值相差较大时，常采用不对称截面，并将截面较大的肢件放在弯矩产生压应力的一侧。

由于截面的高度较大且受到较大的外剪力，所以格构式构件常采用缀条连接，而很少采用缀板连接。

6.6.1　弯矩绕虚轴作用的格构式压弯构件

格构式压弯构件当弯矩绕虚轴（x 轴）作用时，应进行弯矩作用平面内的整体稳定计算和分肢的稳定计算。

1. 弯矩作用平面内的整体稳定计算

格构式压弯构件当弯矩绕虚轴（x 轴）作用时（图 6-15），截面中部空心，不能考虑塑性的深入发展，故弯矩作用平面内的整体稳定计算适宜采用边缘屈服准则，按式（6-21）计算。即

$$\frac{N}{\varphi_x A f} + \frac{\beta_{mx} M_x}{W_{1x}(1 - N/N'_{Ex})f} \leqslant 1.0 \tag{6-39}$$

式中，W_{1x}——在弯矩作用平面内对较大受压纤维的毛截面抵抗矩，$W_{1x} = I_x/y_0$；其中，I_x 为对虚轴（x 轴）的毛截面惯性矩；y_0 为由虚轴（x 轴）到压力较大分肢轴线的距离或者到压力较大分肢腹板边缘的距离，二者取较大值，见图 6-15；

$\quad\quad \varphi_x$——轴心压杆的整体稳定系数，由对虚轴（x 轴）的换算长细比 λ_{0x} 确定。

2. 弯矩作用平面外稳定

因为格构式压弯构件两个分肢之间只靠缀件联系，而缀件只在平面内对两个分肢起联系作用，要保证构件在弯矩作用平面外的整体稳定，主要是要求保证两个分肢在弯矩作用平面外都不发生失稳，即可用验算每个分肢的稳定来代替验算整个构件在弯矩作用平面外的整体稳定。

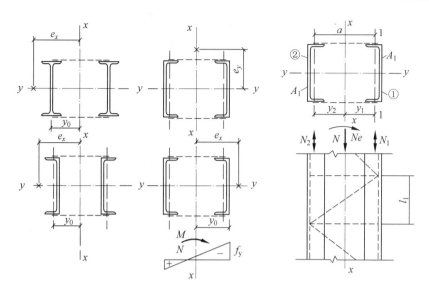

图 6-15 弯矩绕虚轴作用的格构式压弯构件截面

3. 分肢的稳定计算

计算缀条式压弯构件的分肢时,将整个构件视为一平行弦桁架,将构件的两个分肢看作桁架体系的弦杆,两分肢的轴心力应按式(6-40)计算(图 6-16):

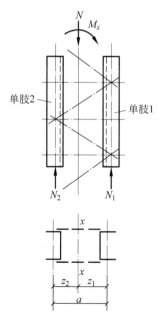

图 6-16 格构式压弯构件截面

分肢 1:

$$N_1 = \frac{N y_2}{a} + \frac{M_x}{a} \qquad (6\text{-}40(a))$$

分肢 2:

$$N_2 = N - N_1 \qquad (6\text{-}40(b))$$

缀条式压弯构件的分肢按轴心压杆计算。分肢的计算长度,在缀条平面内(分肢绕 1—1 轴)取缀条体系的节间长度;缀条平面外(分肢绕 y—y 轴),取整个构件两侧向支承点间的距离。

对于缀板式压弯构件,在分肢计算时,除轴心力 $N_1(N_2)$ 外,尚应考虑由缀板的剪力作用产生的局部弯矩,按实腹式压弯构件验算单肢的稳定性。在缀板平面内分肢的计算长度(分肢绕 1—1 轴)取缀板间净距。

4. 缀材的计算

计算压弯构件的缀材时,应取构件实际剪力和按式(4-141)计算所得剪力两者的较大值,这与格构式轴心受压构件相同。

6.6.2 弯矩绕实轴作用的格构式压弯构件

格构式压弯构件当弯矩绕实轴(y 轴)作用时(图 6-17),其受力性能与实腹式压弯构件相同,故其平面内、平面外的整体稳定计算均与实腹式压弯构件相同,但在计算弯矩作用平面外的整体稳定时,构件的长细比取换算长细比,整体稳定系数取 $\varphi_b=1.0$。即:

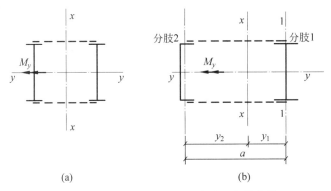

图 6-17　弯矩绕实轴作用的格构式压弯构件截面

弯矩作用平面内的整体稳定:

$$\frac{N}{\varphi_y Af}+\frac{\beta_{my}M_y}{\gamma_y W_{1y}(1-0.8N/N'_{Ey})f}\leqslant 1.0 \tag{6-41}$$

弯矩作用平面外的整体稳定:

$$\frac{N}{\varphi_x Af}+\eta\frac{\beta_{ty}M_y}{\varphi_b W_{1y}f}\leqslant 1.0 \tag{6-42}$$

分肢稳定按实腹式压弯构件计算,内力按以下原则分配(图 6-17):轴心压力 N 在两分肢间的分配与分肢轴线至虚轴 x 轴的距离成反比;弯矩 M_y 在两分肢间的分配与分肢对实轴(y 轴)的惯性矩成正比、分肢轴线至虚轴 x 轴的距离成反比。

分肢 1 的轴心力和弯矩:

$$N_1=\frac{Ny_2}{a} \tag{6-43}$$

$$M_{y1}=\frac{I_{y1}/y_1}{I_{y1}/y_1+I_{y2}/y_2}\cdot M_y \tag{6-44}$$

分肢 2 的轴心力:

$$N_2=N-N_1 \tag{6-45}$$

$$M_{y2}=M_y-M_{y1} \tag{6-46}$$

式中,I_{y1}、I_{y2}——分别为分肢 1 和分肢 2 对 y 轴的惯性矩;

　　　　y_1、y_2——分别为 x 轴到分肢 1 和分肢 2 的距离。

6.6.3　双向受弯格构式压弯构件的整体稳定计算

弯矩作用在两个主平面内的双肢格构式压弯构件(图 6-18),其稳定性按下列规定计算。

1. 整体稳定计算

整体稳定计算采用弯矩绕虚轴作用时压弯构件的整体稳定计算公式:

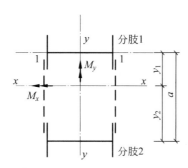

图 6-18　弯矩绕实轴作用的格构式压弯构件截面

$$\frac{N}{\varphi_x A f}+\frac{\beta_{\mathrm{m}x} M_x}{W_{1x}\left(1-N/N'_{\mathrm{E}x}\right)f}+\frac{\beta_{\mathrm{t}y} M_y}{W_{1y} f}\leqslant 1.0 \tag{6-47}$$

式中，W_{1y}——在 M_y 作用下，对较大受压纤维的毛截面模量；其余符号同前。

2．分肢稳定计算

在 N 和 M_x 作用下，将分肢作为桁架弦杆计算其轴心力，M_y 按式(6-44)和式(6-46)分配给两分肢(图 6-18)，然后按实腹式压弯构件相关规定计算分肢稳定性。

【例 6-3】　某支架为一单向压弯格构式双肢缀条柱结构，如图 6-19 所示，截面无削弱；材料采用 Q235-B 钢，E43 型焊条，手工焊接，柱肢采用 HA300×200×6×10(翼缘为焰切

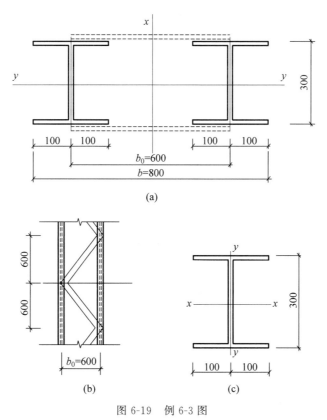

图 6-19　例 6-3 图

边),缀条采用∟63×6。该柱承受的荷载设计值为:轴心压力 $N = 960\text{kN}$,弯矩 $M_x = 210\text{kN} \cdot \text{m}$,剪力 $V = 25\text{kN}$。柱在弯矩作用平面内有侧移,计算长度 $l_{0x} = 17.5\text{m}$;在弯矩作用平面外计算长度 $l_{0y} = 8\text{m}$。提示:双肢缀条柱组合截面 $I_x = 104900 \times 10^4 \text{mm}^4$,$i_x = 304\text{mm}$。(注:2008 年全国一级注册结构工程师考题)

HA$300 \times 200 \times 6 \times 10$ 截面特性:$I_x = 9510 \times 10^4 \text{mm}^4$,$I_y = 1330 \times 10^4 \text{mm}^4$,$W_x = 634 \times 10^3 \text{mm}^3$,$W_y = 133 \times 10^3 \text{mm}^3$,$A = 56.8 \times 10^2 \text{mm}^2$,$i_x = 129\text{mm}$,$i_y = 48.5\text{mm}$。

∟63×6 截面特性:$A = 7.29 \times 10^2 \text{mm}^2$,$i_x = 19.3\text{mm}$,$i_{x0} = 24.3\text{mm}$,$i_{y0} = 12.4\text{mm}$。

(1)试问,强度计算时,该格构式双肢缀条柱柱肢翼缘外侧最大压应力设计值(N/mm^2)与下列何项数值最为接近?(　　)。(提示:$W_{nx} = \dfrac{2I_x}{b} = 2622.5 \times 10^3 \text{mm}^3$。)

(A)165　　　　(B)173　　　　(C)178　　　　(D)183

(2)试问,验算格构式双肢缀条柱弯矩作用平面内的整体稳定性,并指出其最大压应力设计值(N/mm^2),与下列何项数值最为接近?提示:$W_{1x} = \dfrac{2I_x}{b_0} = 3497 \times 10^3 \text{mm}^3$,$\varphi_x \dfrac{N}{N'_{Ex}} = 0.131$,$\beta_{mx} = 1.0$。(　　)。

(A)165　　　　(B)173　　　　(C)181　　　　(D)190

(3)试验算格构式柱缀条的稳定性,并指出其最大压应力设计值(N/mm^2),与下列何项数值最为接近?(　　)。(提示:计算缀条时,应取实际剪力和按规范指定公式计算的剪力两者中的较大值。)

(A)29　　　　(B)35　　　　(C)41　　　　(D)45

【解】

(1)双肢缀条柱柱肢翼缘外侧最大压应力设计值计算

柱截面无削弱 $A_n = 2A = 2 \times 56.8 \times 10^2 \text{mm}^2 = 113.6 \times 10^2 \text{mm}^2$

$\dfrac{N}{A_n} + \dfrac{M_x}{\gamma_x W_{nx}} = \left(\dfrac{960 \times 10^3}{113.6 \times 10^2} + \dfrac{210 \times 10^6}{1.0 \times 2622.5 \times 10^3} \right) \text{N/mm}^2 = 165\text{N/mm}^2$(式中由于格构柱应按弹性设计,故 $\gamma_x = 1.0$)

所以选(A)。

(2)最大压应力计算

缀条截面 $A_1 = 2 \times 7.29 \times 10^2 \text{mm}^2 = 14.58 \times 10^2 \text{mm}^2$

长细比计算

$$\lambda_x = \frac{l_{0x}}{i_x} = \frac{17500}{304} = 57.6$$

换算长细比计算

$$\lambda_{0x} = \sqrt{\lambda_x^2 + 27 \frac{A_n}{A_1}} = \sqrt{57.6^2 + 27 \times \frac{113.6 \times 10^2}{14.58 \times 10^2}} = 59.4$$

由换算长细比查附表得 $\varphi_x = 0.81$。

压应力计算

$$\frac{N}{\varphi_x A_n} + \frac{\beta_{mx} M_x}{W_{1x}\left(1 - \varphi_x \dfrac{N}{N'_{Ex}}\right)} = \left[\frac{960 \times 10^3}{0.81 \times 113.6 \times 100} + \frac{1.0 \times 210 \times 10^6}{3497 \times 10^3 \times (1 - 0.131)}\right] N/mm^2$$

$$= 173 N/mm^2$$

所以选(B)。

（3）缀条的稳定性

柱截面无削弱 $A_n = 2A = 2 \times 56.8 \times 10^2 \, mm^2 = 113.6 \times 10^2 \, mm^2$

剪力计算

$$V = \frac{A_n f}{85}\sqrt{\frac{f_y}{235}} = \frac{113.6 \times 100 \times 215}{85} N = 28.7 kN > 25 kN, \text{取 } 28.7 kN.$$

缀条柱内力 $N_t = \dfrac{V_1}{\cos\alpha} = \dfrac{28.7/2}{\sqrt{2}/2} kN = 20.3 kN (V_1 = V/2, \text{由图 6-19(b)可知 } \alpha = 45°)$

缀条的长度 $l_t = 600 \times \sqrt{2} \, mm = 848.5 mm$，回转半径 $i_{y0} = 12.4 mm$，$A = 7.29 \times 10^2 \, mm^2$

$$\lambda_0 = \frac{0.9 l_t}{i_{y0}} = \frac{0.9 \times 848.5}{12.4} = 61.6, \text{b 类截面，查附表 3-2 得 } \varphi_0 = 0.80$$

$$\frac{N_t}{\varphi_0 A} = \frac{20.3 \times 10^3}{0.80 \times 7.29 \times 100} N/mm^2 = 35 N/mm^2$$

所以选(B)。

6.7　压弯构件的设计步骤

6.7.1　实腹式压弯构件的设计

实腹式压弯构件的设计包括以下基本步骤：

1. 截面选择

实腹式压弯构件，要根据受力大小、使用要求和构造要求合理选择截面形式。当承受的轴力较大、弯矩较小时，其截面形式与一般轴心受压构件相同，可采用对称截面；当承受轴力较小、弯矩较大时，应采用在弯矩作用平面内截面高度较大的双轴对称截面，或截面一侧翼缘加大的单轴对称截面。在满足局部稳定等条件下，尽量选择宽肢薄壁截面。

实腹式压弯构件的设计影响因素较多，很难一次确定，因此读者应根据经验初步拟定，然后反复验算后确定。

2. 截面验算

对初选截面进行如下验算：强度验算；整体稳定验算，包括平面内、平面外稳定性验算；局部稳定验算；刚度验算。

如果验算不满足，需对初选截面进行修改，直至验算满足要求为止。

3. 构造要求

实腹式压弯构件的设计与实腹式轴心受压构件相似。

6.7.2 格构式压弯构件的设计

格构式压弯构件的设计与格构式轴心受压构件相似,也可参见 6.6 节。

习题

6-1 偏心受力构件有哪些种类和截面形式?

6-2 偏心受力构件各需验算哪几个方面的内容?

6-3 实腹式偏心受压构件的计算特点是什么? 公式中各符号的意义及取值原则是什么?

6-4 格构式偏心受压构件的计算特点是什么? 公式中各符号的意义及取值原则是什么?

6-5 实腹式偏心受压柱柱头的传力和计算特点是什么?

6-6 如图 6-20 所示,两端铰支格构式构件,截面由两个 $\lbrack$32a 型钢组成,单系缀条采用 $\llcorner$ 50×5 角钢,柱的计算长度 $l_0=l$,承受轴心压力设计值 $N=500\text{kN}$,跨中横向荷载设计值 $F=80\text{kN}$,Q235 钢材,b 类截面,已知构件的截面参数为 $A=97\text{cm}^2$,$I_x=31343\text{cm}^4$,$i_x=17.98\text{cm}$,单个 $\llcorner$ 50×5 角钢的截面面积 $A_{01}=4.8\text{cm}^2$,$\beta_{mx}=1.0$。试验算该柱弯矩作用平面内的整体稳定是否满足要求。

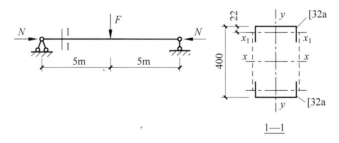

图 6-20 习题 6-6

参 考 文 献

[1] 何若全.钢结构基本原理[M].2版.北京:中国建筑工业出版社,2018.

[2] 崔佳,熊刚.钢结构基本原理[M].2版.北京:中国建筑工业出版社,2019.

[3] 陈绍蕃,顾强.钢结构(上册)[M].4版.北京:中国建筑工业出版社,2018.

[4] 张耀春,周绪红.钢结构设计原理[M].北京:高等教育出版社,2011.

[5] 赵根田,孙德发.钢结构[M].2版.北京:机械工业出版社,2010.

[6] 戴国欣.钢结构[M].5版.武汉:武汉理工大学出版社,2019.

[7] 中华人民共和国住房和城乡建设部.钢结构设计标准:GB 50017—2017[S].北京:中国建筑工业出版社,2018.

[8] 中华人民共和国住房和城乡建设部.建筑结构荷载规范:GB 50009—2012[S].北京:中国建筑工业出版社,2012.

[9] 中冶建筑研究总院有限公司,中建八局第二建设有限公司.钢结构工程施工质量验收标准:GB 50205—2020[S].北京:中国计划出版社,2020.

[10] 中南建筑设计院.冷弯薄壁型钢结构技术规范:GB 50018—2002[S].北京:中国计划出版社,2016.

[11] 中华人民共和国住房和城乡建设部.建筑结构可靠性设计统一标准:GB 50068—2018[S].北京:中国建筑工业出版社,2018.

[12] 中华人民共和国住房和城乡建设部.钢结构通用规范:GB 55006—2021[S].北京:中国建筑工业出版社,2021.

[13] 中华人民共和国住房和城乡建设部.工程结构通用规范:GB 55001—2021[S].北京:中国建筑工业出版社,2021.

[14] 中国钢铁工业协会.低合金高强度结构钢:GB/T 1591—2018[S].北京:中国标准出版社,2018.

[15] 中华人民共和国住房和城乡建设部.钢结构焊接规范:GB 50661—2011[S].北京:中国建筑工业出版社,2011.

[16] 周维富.中国钢铁工业百年发展的伟大成就和主要经验分析[J].中国经贸导刊,2021(22):38-40.

[17] 茅以升.中国杰出的爱国工程师:詹天佑[J].建筑学报,1961(5):4-5.

[18] 宁滨.茅以升:桥梁·栋梁·脊梁[N].光明日报,2017-02-13(16).

附　录

附录 1　钢材的强度设计值

附表 1-1　钢材的设计用强度指标

钢材牌号		厚度或直径/mm	钢材强度		钢材强度设计值		
钢种	牌号		抗拉强度最小值 f_u/(N/mm²)	屈服强度最小值 f_y/(N/mm²)	抗拉、抗压和抗弯 f/(N/mm²)	抗剪 f_v/(N/mm²)	端面承压(刨平顶紧) f_{ce}/(N/mm²)
碳素结构钢 (GB/T 700)	Q235	≤16	370	235	215	125	320
		>16,≤40		225	205	120	
		>40,≤100		215	200	115	
低合金高强度结构钢 (GB/T 1591)	Q355	≤16	470	355	305	175	400
		>16,≤40		345	295	170	
		>40,≤63		335	290	165	
		>63,≤80		325	280	160	
		>80,≤100		315	270	155	
	Q390	≤16	490	390	345	200	415
		>16,≤40		380	330	190	
		>40,≤63		360	310	180	
		>63,≤100		340	295	170	
	Q420	≤16	520	420	375	215	440
		>16,≤40		410	355	205	
		>40,≤63		390	320	185	
		>63,≤100		370	305	175	
	Q460	≤16	550	460	410	235	470
		>16,≤40		450	390	225	
		>40,≤63		430	355	205	
		>63,≤100		410	340	195	
建筑结构用钢板 (GB/T 19879)	Q345GJ	>16,≤50	490	345	325	190	415
		>50,≤100		335	300	175	

注：表中直径指实芯棒材,厚度系指计算点的钢材厚度或钢管厚度,对轴心受拉和受压构件系指截面中较厚板件的厚度。

附表 1-2　结构用无缝钢管的强度指标　　　　　　　　　　　　　　　　N/mm²

钢管钢材牌号	壁厚/mm	强度设计值			屈服强度 f_y	抗拉强度 f_u
		抗拉、抗压和抗弯 f	抗剪 f_v	端面承压（刨平顶紧）f_{ce}		
Q235	≤16	215	125	320	235	375
	>16,≤30	205	120		225	
	>30	195	115		215	
Q345	≤16	305	175	400	345	470
	>16,≤30	290	170		325	
	>30	260	150		295	
Q390	≤16	345	200	415	390	490
	>16,≤30	330	190		370	
	>30	310	180		350	
Q420	≤16	375	220	445	420	520
	>16,≤30	355	205		400	
	>30	340	195		380	

附表 1-3　铸钢件的强度设计值　　　　　　　　　　　　　　　　N/mm²

类别	钢号	铸件厚度/mm	抗拉、抗压和抗弯 f	抗剪 f_v	端面承压（刨平顶紧）f_{ce}
非焊接结构用铸钢件	ZG230-450	≤100	180	105	290
	ZG270-500		210	120	325
	ZG310-570		240	140	370
焊接结构用铸钢件	ZG230-450H	≤100	180	105	290
	ZG270-480H		210	120	310
	ZG300-500H		235	135	325
	ZG340-550H		265	150	355

附表 1-4　焊缝的设计用强度指标　　　　　　　　　　　　　　　　N/mm²

焊接方法和焊条型号	构件钢材		对接焊缝强度设计值				角焊缝强度设计值	对接焊缝抗拉强度 f_u^w	角焊缝抗拉、抗压和抗剪强度 f_u^f
	牌号	厚度或直径/mm	抗压 f_c^w	焊缝质量为下列等级时,抗拉 f_t^w		抗剪 f_v^w	抗拉、抗压和抗剪 f_f^w		
				一级、二级	三级				
自动焊、半自动焊和E43型焊条手工焊	Q235	≤16	215	215	185	125	160	415	240
		>16,≤40	205	205	175	120			
		>40,≤100	200	200	170	115			

焊接方法和焊条型号	构件钢材		对接焊缝强度设计值				角焊缝强度设计值	对接焊缝抗拉强度 f_u^w	角焊缝抗拉、抗压和抗剪强度 f_u^f
	牌号	厚度或直径/mm	抗压 f_c^w	焊缝质量为下列等级时,抗拉 f_t^w		抗剪 f_v^w	抗拉、抗压和抗剪 f_f^w		
				一级、二级	三级				
自动焊、半自动焊和 E50、E55 型焊条手工焊	Q355	≤16	305	305	260	175	200	480(E50) 540(E55)	280(E50) 315(E55)
		>16,≤40	295	295	250	170			
		>40,≤63	290	290	245	165			
		>63,≤80	280	280	240	160			
		>80,≤100	270	270	230	155			
	Q390	≤16	345	345	295	200	200(E50) 220(E55)		
		>16,≤40	330	330	280	190			
		>40,≤63	310	310	265	180			
		>63,≤100	295	295	250	170			
自动焊、半自动焊和 E55、E60 型焊条手工焊	Q420	≤16	375	375	320	215	220(E55) 240(E60)	540(E55) 590(E60)	315(E55) 340(E55)
		>16,≤40	355	355	300	205			
		>40,≤63	320	320	270	185			
		>63,≤100	305	305	260	175			
自动焊、半自动焊和 E55、E60 型焊条手工焊	Q460	≤16	410	410	350	235	220(E55) 240(E60)	540(E55) 590(E60)	315(E55) 340(E55)
		>16,≤40	390	390	330	225			
		>40,≤63	355	355	300	205			
		>63,≤100	340	340	290	195			
自动焊、半自动焊和 E50、E55 型焊条手工焊	Q345GJ	>16,≤35	310	310	265	180	200	480(E50) 540(E55)	280(E50) 315(E55)
		>35,≤50	290	290	245	170			
		>50,≤100	285	285	240	165			

注:表中厚度系指计算点的钢材厚度,对轴心受拉和轴心受压构件系指截面中较厚板件的厚度。

附表 1-5　钢材和铸钢件的物理性能指标

弹性模量 $E/(\text{N/mm}^2)$	剪变模量 $G/(\text{N/mm}^2)$	线膨胀系数 α(以每摄氏度计)	质量密度 $\rho/(\text{kg/m}^3)$
206×10^3	79×10^3	12×10^{-6}	7850

附表 1-6　螺栓连接的强度指标　　　　　　　　　　　N/mm²

螺栓的性能等级、锚栓和构件钢材的牌号		强度设计值											高强度螺栓的抗拉强度 f_u^b
		普通螺栓						锚栓	承压型连接或网架用高强度螺栓				
		C 级螺栓			A 级、B 级螺栓								
		抗拉 f_t^b	抗剪 f_v^b	承压 f_c^b	抗拉 f_t^b	抗剪 f_v^b	承压 f_c^b	抗拉 f_t^n	抗拉 f_t^b	抗剪 f_v^b	承压 f_c^b		
普通螺栓	4.6 级、4.8 级	170	140	—	—	—	—	—	—	—	—		—
	5.6 级	—	—	—	210	190	—	—	—	—	—		—
	8.8 级	—	—	—	400	320	—	—	—	—	—		—

续表

螺栓的性能等级、锚栓和构件钢材的牌号		强度设计值										高强度螺栓的抗拉强度 f_u^b
		普通螺栓						锚栓	承压型连接或网架用高强度螺栓			
		C 级螺栓			A 级、B 级螺栓							
		抗拉 f_t^b	抗剪 f_v^b	承压 f_c^b	抗拉 f_t^b	抗剪 f_v^b	承压 f_c^b	抗拉 f_t^n	抗拉 f_t^b	抗剪 f_v^b	承压 f_c^b	
锚栓	Q235	—	—	—	—	—	—	140	—	—	—	—
	Q345	—	—	—	—	—	—	180	—	—	—	—
	Q390	—	—	—	—	—	—	185	—	—	—	—
承压型连接高强度螺栓	8.8 级	—	—	—	—	—	—	—	400	250	—	830
	10.9 级	—	—	—	—	—	—	—	500	310	—	1040
螺栓球节点用高强度螺栓	9.8 级	—	—	—	—	—	—	—	385			
	10.9 级	—	—	—	—	—	—	—	430			
构件钢材牌号	Q235	—	—	305	—	—	405	—	—	—	470	—
	Q345	—	—	385	—	—	510	—	—	—	590	—
	Q390	—	—	400	—	—	530	—	—	—	615	—
	Q420	—	—	425	—	—	560	—	—	—	655	—
	Q460	—	—	450	—	—	595	—	—	—	695	—
	Q345GJ	—	—	400	—	—	530	—	—	—	615	—

注：1. A 级螺栓用于 $d \leqslant 24mm$ 和 $L \leqslant 10d$ 或 $L \leqslant 150mm$（按较小值）的螺栓；B 级螺栓用于 $d > 24mm$ 和 $L > 10d$ 或 $L > 150mm$（按较小值）的螺栓；d 为公称直径，L 为螺栓公称长度。

2. A 级、B 级螺栓孔的精度和孔壁表面粗糙度，C 级螺栓孔的允许偏差和孔壁表面粗糙度，均应符合现行国家标准《钢结构工程施工质量验收标准》(GB 50205—2020)的要求。

3. 用于螺栓球节点网架的高强度螺栓，M12～M36 为 10.9 级，M39～M64 为 9.8 级。

铆钉连接的强度设计值应按表 1-7 采用，并应按下列规定乘以相应的折减系数，当下列几种情况同时存在时，其折减系数应连乘：

1. 施工条件较差的铆钉连接应乘以系数 0.9；

2. 沉头和半沉头铆钉连接应乘以系数 0.8。

附表 1-7　铆钉连接的强度设计值　　　　　　　　　　　　　N/mm²

铆钉钢号和构件钢材牌号		抗拉（钉头拉脱）f_t^r	抗剪 f_v^r		承压 f_c^r	
			Ⅰ 类孔	Ⅱ 类孔	Ⅰ 类孔	Ⅱ 类孔
铆钉	BL2 或 BL3	120	185	155	—	—
构件钢材牌号	Q235	—	—	—	450	365
	Q345	—	—	—	565	460
	Q390	—	—	—	590	480

注：1. 属于下列情况者为 Ⅰ 类孔：

　　① 在装配好的构件上按设计孔径钻成的孔；

　　② 在单个零件和构件上按设计孔径分别用钻模钻成的孔；

　　③ 在单个零件上先钻成或冲成较小的孔径，然后在装配好的构件上再扩钻至设计孔径的孔。

2. 在单个零件上一次冲成或不用钻模钻成设计孔径的孔属于 Ⅱ 类孔。

附录 2　螺栓和锚栓规格

附表 2-1　螺栓螺纹处的有效截面面积

螺栓直径 d/mm	螺距 p/mm	螺栓有效直径 d_e/mm	螺栓有效面积 A_e/mm^2
16	2	14.1236	156.7
18	2.5	15.6545	192.5
20	2.5	17.6545	244.8
22	2.5	19.6545	303.4
24	3	21.1854	352.5
27	3	24.1854	459.4
30	3.5	26.7163	560.6
33	3.5	29.7163	693.6
36	4	32.2472	816.7
39	4	35.2472	975.8
42	4.5	37.7781	1121
45	4.5	40.7781	1306
48	5	43.3090	1473
52	5	47.3090	1758
56	5.5	50.8399	2030
60	5.5	54.8399	2362
64	6	58.3708	2676
68	6	62.3708	3055
72	6	66.3708	3460
76	6	70.3708	3889
80	6	74.3708	4344
85	6	79.3708	4948
90	6	84.3708	5591
95	6	89.3708	6273
100	6	94.3708	6995

注：螺栓有效面积按下式计算得：$A_e = \dfrac{\pi}{4}\left(d - \dfrac{13}{24}\sqrt{3}\,p\right)^2$。

附录 3　轴心受压构件的稳定系数

附表 3-1　a 类截面轴心受压构件的稳定系数 φ

λ/ε_k	0	1	2	3	4	5	6	7	8	9
0	1.000	1.000	1.000	1.000	0.999	0.999	0.998	0.998	0.997	0.996
10	0.995	0.994	0.993	0.992	0.991	0.989	0.988	0.986	0.985	0.983

λ/ε_k	0	1	2	3	4	5	6	7	8	9
20	0.981	0.979	0.977	0.976	0.974	0.972	0.970	0.968	0.966	0.964
30	0.963	0.961	0.959	0.957	0.954	0.952	0.950	0.948	0.946	0.944
40	0.941	0.939	0.937	0.934	0.932	0.929	0.927	0.924	0.921	0.918
50	0.916	0.913	0.910	0.907	0.903	0.900	0.897	0.893	0.890	0.886
60	0.883	0.879	0.875	0.871	0.867	0.862	0.858	0.854	0.849	0.844
70	0.839	0.834	0.829	0.824	0.818	0.813	0.807	0.801	0.795	0.789
80	0.783	0.776	0.770	0.763	0.756	0.749	0.742	0.735	0.728	0.721
90	0.713	0.706	0.698	0.691	0.683	0.676	0.668	0.660	0.653	0.645
100	0.637	0.630	0.622	0.614	0.607	0.599	0.592	0.584	0.577	0.569
110	0.562	0.555	0.548	0.541	0.534	0.527	0.520	0.513	0.507	0.500
120	0.494	0.487	0.481	0.475	0.469	0.463	0.457	0.451	0.445	0.439
130	0.434	0.428	0.423	0.417	0.412	0.407	0.402	0.397	0.392	0.387
140	0.382	0.378	0.373	0.368	0.364	0.360	0.355	0.351	0.347	0.343
150	0.339	0.335	0.331	0.327	0.323	0.319	0.316	0.312	0.308	0.305
160	0.302	0.298	0.295	0.292	0.288	0.285	0.282	0.279	0.276	0.273
170	0.270	0.267	0.264	0.261	0.259	0.256	0.253	0.250	0.248	0.245
180	0.243	0.240	0.238	0.235	0.233	0.231	0.228	0.226	0.224	0.222
190	0.219	0.217	0.215	0.213	0.211	0.209	0.207	0.205	0.203	0.201
200	0.199	0.197	0.196	0.194	0.192	0.190	0.188	0.187	0.185	0.183
210	0.182	0.180	0.178	0.177	0.175	0.174	0.172	0.171	0.169	0.168
220	0.166	0.165	0.163	0.162	0.161	0.159	0.158	0.157	0.155	0.154
230	0.153	0.151	0.150	0.149	0.148	0.147	0.145	0.144	0.143	0.142
240	0.141	0.140	0.139	0.137	0.136	0.135	0.134	0.133	0.132	0.131

附表 3-2　b 类截面轴心受压构件的稳定系数 φ

λ/ε_k	0	1	2	3	4	5	6	7	8	9
0	1.000	1.000	1.000	0.999	0.999	0.998	0.997	0.996	0.995	0.994
10	0.992	0.991	0.989	0.987	0.985	0.983	0.981	0.978	0.976	0.973
20	0.970	0.967	0.963	0.960	0.957	0.953	0.950	0.946	0.943	0.939
30	0.936	0.932	0.929	0.925	0.921	0.918	0.914	0.910	0.906	0.903
40	0.899	0.895	0.891	0.886	0.882	0.878	0.874	0.870	0.865	0.861
50	0.856	0.852	0.847	0.842	0.837	0.833	0.828	0.823	0.818	0.812
60	0.807	0.802	0.796	0.791	0.785	0.780	0.774	0.768	0.762	0.757
70	0.751	0.745	0.738	0.732	0.726	0.720	0.713	0.707	0.701	0.694
80	0.687	0.681	0.674	0.668	0.661	0.654	0.648	0.641	0.634	0.628
90	0.621	0.614	0.607	0.601	0.594	0.587	0.581	0.574	0.568	0.561
100	0.555	0.548	0.542	0.535	0.529	0.523	0.517	0.511	0.504	0.498
110	0.492	0.487	0.481	0.475	0.469	0.464	0.458	0.453	0.447	0.442
120	0.436	0.431	0.426	0.421	0.416	0.411	0.406	0.401	0.396	0.392

续表

λ/ε_k	0	1	2	3	4	5	6	7	8	9
130	0.387	0.383	0.378	0.374	0.369	0.365	0.361	0.357	0.352	0.348
140	0.344	0.340	0.337	0.333	0.329	0.325	0.322	0.318	0.314	0.311
150	0.308	0.304	0.301	0.297	0.294	0.291	0.288	0.285	0.282	0.279
160	0.276	0.273	0.270	0.267	0.264	0.262	0.259	0.256	0.253	0.251
170	0.248	0.246	0.243	0.241	0.238	0.236	0.234	0.231	0.229	0.227
180	0.225	0.222	0.220	0.218	0.216	0.214	0.212	0.210	0.208	0.206
190	0.204	0.202	0.200	0.198	0.196	0.195	0.193	0.191	0.189	0.188
200	0.186	0.184	0.183	0.181	0.179	0.178	0.176	0.175	0.173	0.172
210	0.170	0.169	0.167	0.166	0.164	0.163	0.162	0.160	0.159	0.158
220	0.156	0.155	0.154	0.152	0.151	0.150	0.149	0.147	0.146	0.145
230	0.144	0.143	0.142	0.141	0.139	0.138	0.137	0.136	0.135	0.134
240	0.133	0.132	0.131	0.130	0.129	0.128	0.127	0.126	0.125	0.124
250	0.123	—	—	—	—	—	—	—	—	—

附表 3-3　c 类截面轴心受压构件的稳定系数 φ

λ/ε_k	0	1	2	3	4	5	6	7	8	9
0	1.000	1.000	1.000	0.999	0.999	0.998	0.997	0.996	0.995	0.993
10	0.992	0.990	0.988	0.986	0.983	0.981	0.978	0.976	0.973	0.970
20	0.966	0.959	0.953	0.947	0.940	0.934	0.928	0.921	0.915	0.909
30	0.902	0.896	0.890	0.883	0.877	0.871	0.865	0.858	0.852	0.845
40	0.839	0.833	0.826	0.820	0.813	0.807	0.800	0.794	0.787	0.781
50	0.774	0.768	0.761	0.755	0.748	0.742	0.735	0.728	0.722	0.715
60	0.709	0.702	0.695	0.689	0.682	0.675	0.669	0.662	0.656	0.649
70	0.642	0.636	0.629	0.623	0.616	0.610	0.603	0.597	0.591	0.584
80	0.578	0.572	0.565	0.559	0.553	0.547	0.541	0.535	0.529	0.523
90	0.517	0.511	0.505	0.499	0.494	0.488	0.483	0.477	0.471	0.467
100	0.462	0.458	0.453	0.449	0.445	0.440	0.436	0.432	0.427	0.423
110	0.419	0.415	0.411	0.407	0.402	0.398	0.394	0.390	0.386	0.383
120	0.379	0.375	0.371	0.367	0.363	0.360	0.356	0.352	0.349	0.345
130	0.342	0.338	0.335	0.332	0.328	0.325	0.322	0.318	0.315	0.312
140	0.309	0.306	0.303	0.300	0.297	0.294	0.291	0.288	0.285	0.282
150	0.279	0.277	0.274	0.271	0.269	0.266	0.263	0.261	0.258	0.256
160	0.253	0.251	0.248	0.246	0.244	0.241	0.239	0.237	0.235	0.232
170	0.230	0.228	0.226	0.224	0.222	0.220	0.218	0.216	0.214	0.212
180	0.210	0.208	0.206	0.204	0.203	0.201	0.199	0.197	0.195	0.194
190	0.192	0.190	0.189	0.187	0.185	0.184	0.182	0.181	0.179	0.178
200	0.176	0.175	0.173	0.172	0.170	0.169	0.167	0.166	0.165	0.163
210	0.162	0.161	0.159	0.158	0.157	0.155	0.154	0.153	0.152	0.151
220	0.149	0.148	0.147	0.146	0.145	0.144	0.142	0.141	0.140	0.139
230	0.138	0.137	0.136	0.135	0.134	0.133	0.132	0.131	0.130	0.129
240	0.128	0.127	0.126	0.125	0.124	0.123	0.123	0.122	0.121	0.120
250	0.119	—	—	—	—	—	—	—	—	—

附表 3-4　d 类截面轴心受压构件的稳定系数 φ

λ/ε_k	0	1	2	3	4	5	6	7	8	9
0	1.000	1.000	0.999	0.999	0.998	0.996	0.994	0.992	0.990	0.987
10	0.984	0.981	0.978	0.974	0.969	0.965	0.960	0.955	0.949	0.944
20	0.937	0.927	0.918	0.909	0.900	0.891	0.883	0.874	0.865	0.857
30	0.848	0.840	0.831	0.823	0.815	0.807	0.798	0.790	0.782	0.774
40	0.766	0.758	0.751	0.743	0.735	0.727	0.720	0.712	0.705	0.697
50	0.690	0.682	0.675	0.668	0.660	0.653	0.646	0.639	0.632	0.625
60	0.618	0.611	0.605	0.598	0.591	0.585	0.578	0.571	0.565	0.559
70	0.552	0.546	0.540	0.534	0.528	0.521	0.516	0.510	0.504	0.498
80	0.492	0.487	0.481	0.476	0.470	0.465	0.459	0.454	0.449	0.444
90	0.439	0.434	0.429	0.424	0.419	0.414	0.409	0.405	0.401	0.397
100	0.393	0.390	0.386	0.383	0.380	0.376	0.373	0.369	0.366	0.363
110	0.359	0.356	0.353	0.350	0.346	0.343	0.340	0.337	0.334	0.331
120	0.328	0.325	0.322	0.319	0.316	0.313	0.310	0.307	0.304	0.301
130	0.298	0.296	0.293	0.290	0.288	0.285	0.282	0.280	0.277	0.275
140	0.272	0.270	0.267	0.265	0.262	0.260	0.257	0.255	0.253	0.250
150	0.248	0.246	0.244	0.242	0.239	0.237	0.235	0.233	0.231	0.229
160	0.227	0.225	0.223	0.221	0.219	0.217	0.215	0.213	0.211	0.210
170	0.208	0.206	0.204	0.202	0.201	0.199	0.197	0.196	0.194	0.192
180	0.191	0.189	0.187	0.186	0.184	0.183	0.181	0.180	0.178	0.177
190	0.175	0.174	0.173	0.171	0.170	0.168	0.167	0.166	0.164	0.163
200	0.162	—	—	—	—	—	—	—	—	—

附录 4　梁的整体稳定系数

附 4.1　等截面焊接工字形和轧制 H 型钢简支梁

等截面焊接工字形和轧制 H 型钢(附图 4-1)简支梁的整体稳定系数 φ_b 应按式(附 4-1)计算:

$$\varphi_b = \beta_b \frac{4320}{\lambda_y^2} \frac{Ah}{W_x} \left[\sqrt{1 + \left(\frac{\lambda_y t_1}{4.4h} \right)^2} + \eta_b \right] \varepsilon_k^2 \qquad (\text{附 } 4\text{-}1)$$

式中, β_b——梁整体稳定的等效临界弯矩系数, 按附表 4-1 采用;

　　λ_y——梁在侧向支承点间对截面弱轴 y—y 的长细比, $\lambda_y = l_1/i_y$, 其中, i_y 为梁毛截面对 y 轴的截面回转半径, l_1 为梁受压翼缘侧向支承点之间的距离;

　　A——梁的毛截面面积;

　　h、t_1——分别为梁截面的全高和受压翼缘厚度;

η_b——截面不对称影响系数,应按下列公式计算:

对双轴对称截面(附图 4-1(a)、附图 4-1(d)):$\eta_b=0$;

对单轴对称工字形截面(附图 4-1(b)、附图 4-1(c)):

加强受压翼缘:$\eta_b=0.8(2\alpha_b-1)$

加强受拉翼缘:$\eta_b=2\alpha_b-1$

$$\alpha_b=I_1/(I_1+I_2)$$

其中,I_1、I_2 分别为受压翼缘和受拉翼缘对 y 轴的惯性矩。

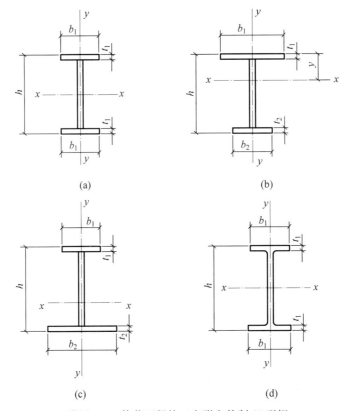

(a)   (b)

(c)   (d)

附图 4-1 等截面焊接工字形和轧制 H 型钢

(a)双轴对称焊接工字形截面;(b)加强受压翼缘的单轴对称焊接工字形截面;

(c)加强受拉翼缘的单轴对称焊接工字形截面;(d)轧制 H 型钢截面

附表 4-1 等截面焊接工字形和 H 型钢截面简支梁系数 β_b

项次	侧向支撑	荷 载		$\xi=\dfrac{l_1 t_1}{b_1 h}$		适用范围
				$\xi \leqslant 2.0$	$\xi > 2.0$	
1	跨中无侧向支承	均布荷载作用在	上翼缘	$0.69+0.13\xi$	0.95	附图 4-1(a)、(b)和(d)截面
2			下翼缘	$1.73-0.20\xi$	1.33	
3		集中荷载作用在	上翼缘	$0.73+0.18\xi$	1.09	
4			下翼缘	$2.23-0.28\xi$	1.67	

续表

项次	侧向支撑	荷　载		$\xi=\dfrac{l_1t_1}{b_1h}$		适用范围
				$\xi\leqslant2.0$	$\xi>2.0$	
5	跨度中点有一个侧向支承点	均布荷载作用在	上翼缘	1.15		附图 4-1 中的所有截面
6			下翼缘	1.40		
7		集中荷载作用在截面高度上任意位置		1.75		
8	跨中有不少于两个等距离侧向支承点	任意荷载作用在	上翼缘	1.20		
9			下翼缘	1.40		
10	梁端有弯矩,但跨中无荷载作用			$1.75-1.05\left(\dfrac{M_2}{M_1}\right)+0.3\left(\dfrac{M_2}{M_1}\right)^2$,但$\leqslant2.3$		

注：① ξ 为参数,$\xi=l_1t_1/(b_1h)$,其中 b_1 为受压翼缘的宽度。

② M_1 和 M_2 为梁的端弯矩,使梁产生同向曲率时,取同号,产生反向曲率时,取异号,且 $|M_1|\geqslant|M_2|$。

③ 表中项次 3、4 和 7 的集中荷载是指一个或少数几个集中荷载位于跨中央附近的情况,对其他情况的集中荷载,应按表中项次 1、2、5、6 内的数值采用。

④ 表中项次 8、9 的 β_b,当集中荷载作用在侧向支承点处时,取 $\beta_b=1.20$。

⑤ 荷载作用在上翼缘是指荷载作用点在翼缘表面,方向指向截面形心;荷载作用在下翼缘是指荷载作用点在翼缘表面,方向背向截面形心。

⑥ 对 $\alpha_b\geqslant0.8$ 的加强受压翼缘工字形截面,下列情况的 β_b 值应乘以相应的系数;项次 1：当 $\xi\leqslant1.0$ 时,乘以 0.95;项次 3：当 $0.5<\xi\leqslant1.0$ 时,乘以 0.95。

当按式(附 4-1)算得的 $\varphi_b\geqslant0.6$ 时,应用式(附 4-2)计算的 φ_b' 代替 φ_b 值

$$\varphi_b'=1.07-\frac{0.282}{\varphi_b}\leqslant1.0 \tag{附 4-2}$$

附 4.2　轧制普通工字钢简支梁

轧制普通工字钢简支梁整体稳定系数 φ_b 应按附表 4-2 采用,当所得的 $\varphi_b\geqslant0.6$ 时,应取式(附 4-2)算得 φ_b' 代替 φ_b 值。

附表 4-2　轧制普通工字钢简支梁整体稳定系数 φ_b

项次	荷　载　情　况			工字钢型号	自由长度 l_1/m								
					2	3	4	5	6	7	8	9	10
1	跨中无侧向支承点的梁	集中荷载作用于	上翼缘	10～20	2.00	1.30	0.99	0.80	0.68	0.58	0.53	0.48	0.43
				22～32	2.40	1.48	1.09	0.86	0.72	0.62	0.54	0.49	0.45
				36～63	2.80	1.60	1.07	0.83	0.68	0.56	0.50	0.45	0.40
2			下翼缘	10～20	3.10	1.95	1.34	1.01	0.82	0.69	0.63	0.57	0.52
				22～40	5.50	2.80	1.84	1.37	1.07	0.86	0.73	0.64	0.56
				45～63	7.30	3.60	2.30	1.62	1.20	0.96	0.80	0.69	0.60

项次	荷载情况			工字钢型号	自由长度 l_1/m								
					2	3	4	5	6	7	8	9	10
3	跨中无侧向支承点的梁	均布荷载作用于	上翼缘	10～20	1.70	1.12	0.84	0.68	0.57	0.50	0.45	0.41	0.37
				22～40	2.10	1.30	0.93	0.73	0.60	0.51	0.45	0.40	0.36
				45～63	2.60	1.45	0.97	0.73	0.59	0.50	0.44	0.38	0.35
4			下翼缘	10～20	2.50	1.55	1.08	0.83	0.68	0.56	0.52	0.47	0.42
				22～40	4.00	2.20	1.45	1.10	0.85	0.70	0.60	0.52	0.46
				45～63	5.60	2.80	1.80	1.25	0.95	0.78	0.65	0.55	0.49
5	跨中有侧向支承点的梁（无论荷载作用点在截面高度上的位置）			10～20	2.20	1.39	1.01	0.79	0.66	0.57	0.52	0.47	0.42
				22～40	3.00	1.80	1.24	0.96	0.76	0.65	0.56	0.49	0.43
				45～63	4.00	2.20	1.38	1.01	0.80	0.66	0.56	0.49	0.43

注：① 同附表 4-1 的注③、⑤。

② 表中的 φ_b 适用于 Q235 钢。对其他钢号，表中数值应乘以 ε_k^2。

附 4.3　轧制槽钢简支梁

轧制槽钢简支梁的整体稳定系数，无论荷载的形式和荷载作用点在截面高度上的位置，均可按式（附 4-3）计算：

$$\varphi_b = \frac{570bt}{l_1 h}\varepsilon_k^2 \qquad\qquad (附 4-3)$$

式中，h、b、t——分别为槽钢截面的高度、翼缘宽度和平均厚度。

当按式（附 4-3）算得的 $\varphi_b \geqslant 0.6$ 时，应按式（附 4-2）算得的 φ_b' 代替 φ_b 值。

附 4.4　双轴对称工字形等截面悬臂梁

双轴对称工字形等截面悬臂梁的整体稳定系数，可按式（附 4-1）计算，但式中系数 β_b 应按附表 4-3 查得，$\lambda_y = l_1/i_y$（l_1 为悬臂梁的悬伸长度）。当算得的 $\varphi_b \geqslant 0.6$ 时，应取式（附 4-2）算得 φ_b' 代替 φ_b 值。

附表 4-3　双轴对称工字形等截面悬臂梁的系数 β_b

项次	荷载形式		$0.60 \leqslant \xi \leqslant 1.24$	$1.24 < \xi \leqslant 1.96$	$1.96 < \xi \leqslant 3.10$
1	自由端一个集中荷载作用在	上翼缘	$0.21 + 0.67\xi$	$0.72 + 0.26\xi$	$1.17 + 0.03\xi$
2		下翼缘	$2.94 - 0.65\xi$	$2.64 - 0.40\xi$	$2.15 - 0.15\xi$
3	均布荷载作用在上翼缘		$0.62 + 0.82\xi$	$1.25 + 0.31\xi$	$1.66 + 0.10\xi$

注：① 本表是按支承端为固定的情况确定的，当用于由邻跨延伸出来的伸臂梁时，应在构造上采取措施加强支承处的抗扭能力。

② 表中 ξ 见附表 4-1 注①。

附 4.5　稳定系数的近似计算公式

均匀弯曲的受弯构件，当 $\lambda_y \leqslant 120\varepsilon_k$ 时，其整体稳定系数 φ_b 可按下列近似公式计算。

（1）工字形截面

双轴对称：

$$\varphi_b = 1.07 - \frac{\lambda_y^2}{44000\varepsilon_k^2}$$ （附 4-4）

单轴对称：

$$\varphi_b = 1.07 - \frac{W_x}{(2\alpha_b + 0.1)Ah} \cdot \frac{\lambda_y^2}{14000\varepsilon_k^2}$$ （附 4-5）

（2）弯矩作用在对称轴平面，绕 x 轴的 T 形截面

① 弯矩使翼缘受压时：

双角钢 T 形截面

$$\varphi_b = 1 - 0.0017\lambda_y/\varepsilon_k$$ （附 4-6）

剖分 T 形钢和两板组合 T 形截面

$$\varphi_b = 1 - 0.0022\lambda_y/\varepsilon_k$$ （附 4-7）

② 弯矩使翼缘受拉且腹板宽厚比≤18ε_k 时：

$$\varphi_b = 1 - 0.0005\lambda_y/\varepsilon_k$$ （附 4-8）

当按式（附 4-4）和式（附 4-5）算得的 φ_b 值＞1.0 时，取 $\varphi_b = 1.0$。

附录 5　各种截面回转半径的近似值

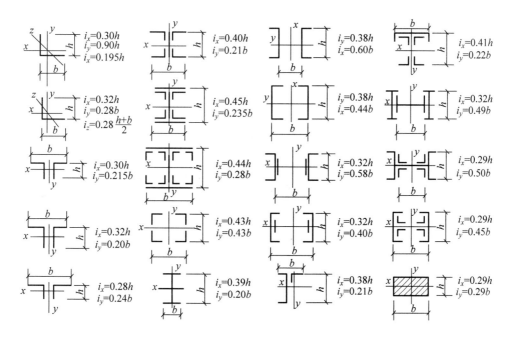

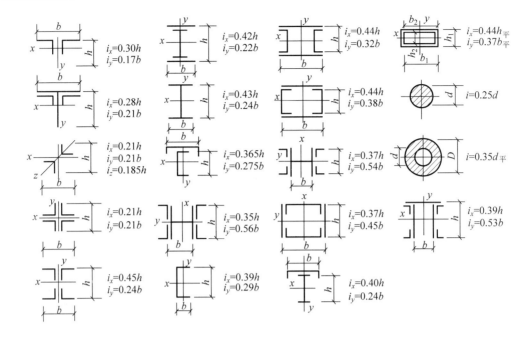

附录6　型钢表

附表 6-1　普通工字钢

符号：h—高度；
　　　b—宽度；
　　　t_w—腹板厚度；
　　　t—翼缘平均厚度；
　　　I—惯性矩；
　　　W—截面模量；
　　　R—圆角半径。

i—回转半径；
S_x—半截面的面积矩；
长度：
　　型号 10～18，长 5～19m；
　　型号 20～63，长 6～19m。

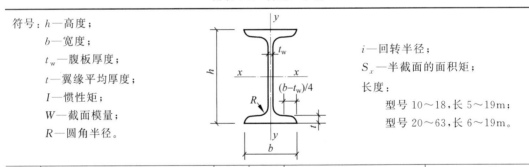

型号		尺寸/mm					截面面积/cm²	理论重量/(kg/m)	x—x 轴				y—y 轴		
		h	b	t_w	t	R			I_x/cm⁴	W_x/cm³	i_x/cm	I_x/S_x/cm	I_y/cm⁴	W_y/cm³	i_y/cm
10		100	68	4.5	7.6	6.5	14.3	11.2	245	49	4.14	8.69	33	9.6	1.51
12.6		126	74	5	8.4	7	18.1	14.2	488	77	5.19	11	47	12.7	1.61
14		140	80	5.5	9.1	7.5	21.5	16.9	712	102	5.75	12.2	64	16.1	1.73
16		160	88	6	9.9	8	26.1	20.5	1127	141	6.57	13.9	93	21.1	1.89
18		180	94	6.5	10.7	8.5	30.7	24.1	1699	185	7.37	15.4	123	26.2	2.00
20	a	200	100	7	11.4	9	35.5	27.9	2369	237	8.16	17.4	158	31.6	2.11
	b		102	9			39.5	31.1	2502	250	7.95	17.1	169	33.1	2.07
22	a	220	110	7.5	12.3	9.5	42.1	33	3406	310	8.99	19.2	226	41.1	2.32
	b		112	9.5			46.5	36.5	3583	326	8.78	18.9	240	42.9	2.27
25	a	250	116	8	13	10	48.5	38.1	5017	401	10.2	21.7	280	48.4	2.4
	b		118	10			53.5	42	5278	422	9.93	21.4	297	50.4	2.36

续表

型号		尺寸/mm					截面面积/cm²	理论重量/(kg/m)	x—x 轴				y—y 轴		
		h	b	t_w	t	R			I_x/cm⁴	W_x/cm³	i_x/cm	I_x/S_x/cm	I_y/cm⁴	W_y/cm³	i_y/cm
28	a	280	122	8.5	13.7	10.5	55.4	43.5	7115	508	11.3	24.3	344	56.4	2.49
	b		124	10.5			61	47.9	7481	534	11.1	24.0	364	58.7	2.44
32	a	320	130	9.5	15	11.5	67.1	52.7	11080	692	12.8	27.7	459	70.6	2.62
	b		132	11.5			73.5	57.7	11626	727	12.6	27.3	484	73.3	2.57
	c		134	13.5			79.9	62.7	12173	761	12.3	26.9	510	76.1	2.53
36	a	360	136	10	15.8	12	76.4	60	15796	878	14.4	31.0	555	81.6	2.69
	b		138	12			83.6	65.6	16574	921	14.1	30.6	584	84.6	2.64
	c		140	14			90.8	71.3	17351	964	13.8	30.2	614	87.7	2.60
40	a	400	142	10.5	16.5	12.5	86.1	67.6	21714	1086	15.9	34.4	660	92.9	2.77
	b		144	12.5			94.1	73.8	22781	1139	15.6	33.9	693	96.2	2.71
	c		146	14.5			102	80.1	23847	1192	15.3	33.5	727	99.7	2.67
45	a	450	150	11.5	18	13.5	102	80.4	32241	1433	17.7	38.5	855	114	2.89
	b		152	13.5			111	87.4	33759	1500	17.4	38.1	895	118	2.84
	c		154	15.5			120	94.5	35278	1568	17.1	37.6	938	122	2.79
50	a	500	158	12	20	14	119	93.6	46472	1859	19.7	42.9	1122	142	3.07
	b		160	14			129	101	48556	1942	19.4	42.3	1171	146	3.01
	c		162	16			139	109	50639	2026	19.1	41.9	1224	151	2.96
56	a	560	166	12.5	21	14.5	135	106	65576	2342	22	47.9	1366	165	3.18
	b		168	14.5			147	115	68503	2447	21.6	47.3	1424	170	3.12
	c		170	16.5			158	124	71430	2551	21.3	46.8	1485	175	3.07
63	a	630	176	13	22	15	155	122	94004	2984	24.7	53.8	1702	194	3.32
	b		178	15			167	131	98171	3117	24.2	53.2	1771	199	3.25
	c		780	17			180	141	102339	3249	23.9	52.6	1842	205	3.20

附表 6-2 H 型钢

类别	H 型钢规格 ($h \times b \times t_1 \times t_2$)	截面面积 A/cm²	质量 q/(kg/m)	x—x 轴			y—y 轴		
				I_x/cm⁴	W_x/cm³	i_x/cm	I_y/cm⁴	W_y/cm³	i_y/cm
HW	100×100×6×8	21.9	17.22	383	76.5	4.18	134	26.7	2.47
	125×125×6.5×9	30.31	23.8	847	136	5.29	294	47	3.11
	150×150×7×10	40.55	31.9	1660	221	6.39	564	75.1	3.73
	175×175×7.5×11	51.43	40.3	2900	331	7.5	984	112	4.37
	200×200×8×12	64.28	50.5	4770	477	8.61	1600	160	4.99
	#200×204×12×12	72.28	56.7	5030	503	8.35	1700	167	4.85
	250×250×9×14	92.18	72.4	10800	867	10.8	3650	292	6.29
	#250×255×14×14	104.7	82.2	11500	919	10.5	3880	304	6.09
	#294×302×12×12	108.3	85	17000	1160	12.5	5520	365	7.14
	300×300×10×15	120.4	94.5	20500	1370	13.1	6760	450	7.49
	300×305×15×15	135.4	106	21600	1440	12.6	7100	466	7.24
	#344×348×10×16	146	115	33300	1940	15.1	11200	646	8.78
	350×350×12×19	173.9	137	40300	2300	15.2	13600	776	8.84

类别	H 型钢规格 （$h \times b \times t_1 \times t_2$）	截面面积 A/cm^2	质量 $q/(\text{kg/m})$	x—x 轴			y—y 轴		
				I_x/cm^4	W_x/cm^3	i_x/cm	I_y/cm^4	W_y/cm^3	i_y/cm
HW	♯388×402×15×15	179.2	141	49200	2540	16.6	16300	809	9.52
	♯394×398×11×18	187.6	147	56400	2860	17.3	18900	951	10
	400×400×13×21	219.5	172	66900	3340	17.5	22400	1120	10.1
	♯400×408×21×21	251.5	197	71100	3560	16.8	23800	1170	9.73
	♯414×405×18×28	296.2	233	93000	4490	17.7	31000	1530	10.2
	♯428×407×20×35	361.4	284	119000	5580	18.2	39400	1930	10.4
HM	148×100×6×9	27.25	21.4	1040	140	6.17	151	30.2	2.35
	194×150×6×9	39.76	31.2	2740	283	8.3	508	67.7	3.57
	244×175×7×11	56.24	44.1	6120	502	10.4	985	113	4.18
	294×200×8×12	73.03	57.3	11400	779	12.5	1600	160	4.69
	340×250×9×14	101.5	79.7	21700	1280	14.6	3650	292	6
	390×300×10×16	136.7	107	38900	2000	16.9	7210	481	7.26
	440×300×11×18	157.4	124	56100	2550	18.9	8110	541	7.18
	482×300×11×15	146.4	115	60800	2520	20.4	6770	451	6.8
	488×300×11×18	164.4	129	71400	2930	20.8	8120	541	7.03
	582×300×12×17	174.5	137	103000	3530	24.3	7670	511	6.63
	588×300×12×20	192.5	151	118000	4020	24.8	9020	601	6.85
	♯594×302×14×23	222.4	175	137000	4620	24.9	10600	701	6.9
HN	100×50×5×7	12.16	9.54	192	38.5	3.98	14.9	5.96	1.11
	125×60×6×8	17.01	13.3	417	66.8	4.95	29.3	9.75	1.31
	150×75×5×7	18.16	14.3	679	90.6	6.12	49.6	13.2	1.65
	175×90×5×8	23.21	18.2	1220	140	7.26	97.6	21.7	2.05
	198×99×4.5×7	23.59	18.5	1610	163	8.27	114	23	2.2
	200×100×5.5×8	27.57	21.7	1880	188	8.25	134	26.8	2.21
	248×124×5×8	32.89	25.8	3560	287	10.4	255	41.1	2.78
	250×125×6×9	37.87	29.7	4080	326	10.4	294	47	2.79
	298×149×5.5×8	41.55	32.6	6460	433	12.4	443	59.4	3.26
	300×150×6.5×9	47.53	37.3	7350	490	12.4	508	67.7	3.27
	346×174×6×9	53.19	41.8	11200	649	14.5	792	91	3.86
	350×175×7×11	63.66	50	13700	782	14.7	985	113	3.93
	♯400×150×8×13	71.12	55.8	18800	942	16.3	734	97.9	3.21
	396×199×7×11	72.16	56.7	20000	1010	16.7	1450	145	4.48
	400×200×8×13	84.12	66	23700	1190	16.8	1740	174	4.54
	♯450×150×9×14	83.41	65.5	27100	1200	18	793	106	3.08
	446×199×8×12	84.95	66.7	29000	1300	18.5	1580	159	4.31
	450×200×9×14	97.41	76.5	33700	1500	18.6	1870	187	4.38
	♯500×150×10×16	98.23	77.1	38500	1540	19.8	907	121	3.04
	496×199×9×14	101.3	79.5	41900	1690	20.3	1840	185	4.27
	500×200×10×16	114.2	89.6	47800	1910	20.5	2140	214	4.33
	♯506×201×11×19	131.3	103	56500	2230	20.8	2580	257	4.43
	596×199×10×15	121.2	95.1	69300	2330	23.9	1980	199	4.04
	600×200×11×17	135.2	106	78200	2610	24.1	2280	228	4.11
	♯606×201×12×20	153.3	120	91000	3000	24.4	2720	271	4.21
	♯692×300×13×20	211.5	166	172000	4980	28.6	9020	602	6.53
	700×300×13×24	235.5	185	201000	5760	29.3	10800	722	6.78

注："♯"表示的规格为非常用规格。

附表 6-3　剖分 T 型钢

符号：h—截面高度；B—翼缘宽度；t_1—腹板厚度；
t_2—翼缘厚度；r—圆角半径；C_x—重心；
TW—宽翼缘剖分 T 型钢；
TM—中翼缘剖分 T 型钢；
TN—窄翼缘剖分 T 型钢；

类别	型号(高度×宽度)/(mm×mm)	截面尺寸/mm h	B	t_1	t_2	r	截面面积/cm²	质量/(kg/m)	惯性矩/cm⁴ I_x	I_y	惯性半径/cm i_x	i_y	截面模量/cm³ W_x	W_y	重心/cm C_x	对应H型钢系列型号
TW	50×100	50	100	6	8	8	10.79	8.47	16.7	67.7	1.23	2.49	4.2	13.5	1.00	100×100
	62.5×125	62.5	125	6.5	9	8	15.00	11.8	35.2	147.1	1.53	3.13	6.9	23.5	1.19	125×125
	75×150	75	150	7	10	8	19.82	15.6	66.6	281.9	1.83	3.77	10.9	37.6	1.37	150×150
	87.5×175	87.5	175	7.5	11	13	25.71	20.2	115.8	494.4	2.12	4.38	16.1	56.5	1.55	175×175
	100×200	100	200	8	12	13	31.77	24.9	185.6	803.3	2.42	5.03	22.4	80.3	1.73	200×200
		100	204	12	12	13	35.77	28.1	256.3	853.6	2.68	4.89	32.4	83.7	2.09	
	125×250	125	250	9	14	13	45.72	35.9	413.0	1827	3.01	6.32	39.6	146.1	2.08	250×250
		125	255	14	14	13	51.97	40.8	589.3	1941	3.37	6.11	59.4	152.2	2.58	
	150×300	147	302	12	12	13	53.17	41.7	855.8	2760	4.01	7.20	72.2	182.8	2.85	300×300
		150	300	10	15	13	59.23	46.5	798.7	3379	3.67	7.55	63.8	225.3	2.47	
		150	305	15	15	13	66.73	52.4	1107	3554	4.07	7.30	92.6	233.1	3.04	
	175×350	172	348	10	16	13	72.01	56.5	1231	5624	4.13	8.84	84.7	323.2	2.67	350×350
		175	350	12	19	13	85.95	67.5	1520	6794	4.21	8.89	103.9	388.2	2.87	
	200×400	194	402	15	15	22	89.23	70.0	2479	8150	5.27	9.56	157.9	405.5	3.70	400×400
		197	398	11	18	22	93.41	73.3	2052	9481	4.69	10.07	122.9	476.4	3.01	
		200	400	13	21	22	109.35	85.8	2483	11227	4.77	10.13	147.9	561.3	3.21	
		200	408	21	21	22	125.35	98.4	3654	11928	5.40	9.75	229.4	584.7	4.07	
		207	405	18	28	22	147.70	115.9	3634	15535	4.96	10.26	213.6	767.2	3.68	
		214	407	20	35	22	180.33	141.6	4393	19704	4.94	10.45	251.0	968.2	3.90	

续表

类别	型号 (高度×宽度)/(mm×mm)	截面尺寸/mm					截面面积/cm²	质量/(kg/m)	惯性矩/cm⁴		惯性半径/cm		截面模量/cm³		重心 C_x/cm	对应H型钢系列型号
		h	B	t_1	t_2	r			I_x	I_y	i_x	i_y	W_x	W_y		
TM	75×100	74	100	6	9	8	13.17	10.3	51.7	75.6	1.99	2.39	8.9	15.1	1.56	150×100
	100×150	97	150	6	9	8	19.05	15.0	124.4	253.7	2.56	3.65	15.8	33.8	1.80	200×150
	125×175	122	175	7	11	13	27.75	21.8	288.3	494.4	3.22	4.22	29.1	56.5	2.28	250×175
	150×200	147	200	8	12	13	35.53	27.9	570.0	803.5	4.01	4.76	48.1	80.3	2.85	300×200
	175×250	170	250	9	14	13	49.77	39.1	1016	1827	4.52	6.06	73.1	146.1	3.11	350×250
	200×300	195	300	10	16	13	66.63	52.3	1730	3605	5.10	7.36	107.7	240.3	3.43	400×300
	225×300	220	300	11	18	13	76.95	60.4	2680	4056	5.90	7.26	149.6	270.4	4.09	450×300
	250×300	241	300	11	15	13	70.59	55.4	3399	3381	6.94	6.92	178.0	225.4	5.00	500×300
		244	300	11	18	13	79.59	62.5	3615	4056	6.74	7.14	183.7	270.4	4.72	
	275×300	272	300	11	15	13	74.00	58.1	4789	3381	8.04	6.76	225.4	225.4	5.96	550×300
		275	300	11	18	13	83.00	65.2	5093	4056	7.83	6.99	232.5	270.4	5.59	
	300×300	291	300	12	17	13	84.61	66.4	6324	3832	8.65	6.73	280.0	255.5	6.51	600×300
		294	300	12	20	13	93.61	73.5	6691	4507	8.45	6.94	288.1	300.5	6.17	
		297	302	14	23	13	108.55	85.2	7917	5289	8.54	6.98	339.9	350.3	6.41	
TN	50×50	50	50	5	7	8	5.92	4.7	11.9	7.8	1.42	1.14	3.2	3.1	1.28	100×50
	62.5×60	62.5	60	6	8	8	8.34	6.6	27.5	14.9	1.81	1.34	6.0	5.0	1.64	125×60
	75×75	75	75	5	7	8	8.92	7.0	42.4	25.1	2.18	1.68	7.4	6.7	1.79	150×75
	87.5×90	87.5	90	5	8	8	11.45	9.0	70.5	49.1	2.48	2.07	10.3	10.9	1.93	175×90
	100×100	99	99	4.5	7	8	11.34	8.9	93.1	57.1	2.87	2.24	12.0	11.5	2.17	200×100
		100	100	5.5	8	8	13.33	10.5	113.9	67.2	2.92	2.25	14.8	13.4	2.31	
	125×125	124	124	5	8	8	15.99	12.6	206.7	127.6	3.59	2.82	21.2	20.6	2.66	250×125
		125	125	6	9	8	18.48	14.5	247.5	147.1	3.66	2.82	25.5	23.5	2.81	
	150×150	149	149	5.5	8	13	20.40	16.0	390.4	223.3	4.37	3.31	33.5	30.0	3.26	300×15
		150	150	6.5	9	13	23.39	18.4	460.4	256.1	4.44	3.31	39.7	34.2	3.41	
	175×175	173	174	6	9	13	26.23	20.6	674.7	398.0	5.07	3.90	49.7	45.8	3.72	350×175
		175	175	7	11	13	31.46	24.7	811.1	494.5	5.08	3.96	59.0	56.5	3.76	

续表

类别	型号（高度×宽度）/（mm×mm）	截面尺寸/mm					截面面积/cm²	质量/（kg/m）	惯性矩/cm⁴		惯性半径/cm		截面模量/cm³		重心 C_x/cm	对应 H 型钢系列型号
		h	B	t_1	t_2	r			I_x	I_y	i_x	i_y	W_x	W_y		
TN	200×200	198	199	7	11	13	35.71	28.0	1188	725.7	5.77	4.51	76.2	72.9	4.20	400×200
		200	200	8	13	13	41.69	32.7	1392	870.3	5.78	4.57	88.4	87.0	4.26	400×200
	225×200	223	199	8	12	13	41.49	32.6	1863	791.8	6.70	4.37	108.7	79.6	5.15	450×200
		225	200	9	14	13	47.72	37.5	2148	937.6	6.71	4.43	124.1	93.8	5.19	450×200
	250×200	248	199	9	14	13	49.65	39.0	2820	923.8	7.54	4.31	149.8	92.8	5.97	500×200
		250	200	10	16	13	56.13	44.1	3201	1072	7.55	4.37	168.7	107.2	6.03	500×200
		253	201	11	19	13	64.66	50.8	3666	1292	7.53	4.47	189.9	128.5	6.00	500×200
	275×200	273	199	9	14	13	51.90	40.7	3689	924.0	8.43	4.22	180.3	92.9	6.85	550×200
		275	200	10	16	13	58.63	46.0	4182	1072	8.45	4.28	202.9	107.2	6.89	550×200
	300×200	298	199	10	15	13	58.88	46.2	5148	990.6	9.35	4.10	235.3	99.6	7.92	600×200
		300	200	11	17	13	65.86	51.7	5779	1140	9.37	4.16	262.1	114.0	7.95	600×200
		303	201	12	20	13	74.89	58.8	6554	1361	9.36	4.26	292.4	135.4	7.88	600×200
	325×300	323	299	10	15	12	76.27	59.9	7230	3346	9.74	6.62	289.0	223.8	7.28	650×300
		325	300	11	17	13	85.61	67.2	8095	3832	9.72	6.69	321.1	255.4	7.29	650×300
		328	301	12	20	13	97.89	76.8	9139	4553	9.66	6.82	357.0	302.5	7.20	650×300
	350×300	346	300	13	20	13	103.11	80.9	11263	4510	10.45	6.61	425.3	300.6	8.12	700×300
		350	300	13	24	13	115.11	90.4	12018	5410	10.22	6.86	439.5	360.6	7.65	700×300
	400×300	396	300	14	22	18	119.75	94.0	17660	4970	12.14	6.44	592.1	331.3	9.77	800×300
		400	300	14	26	18	131.75	103.4	18771	5870	11.94	6.67	610.8	391.3	9.27	800×300
	450×300	445	299	15	23	18	133.46	104.8	25897	5147	13.93	6.21	790.0	344.3	11.72	900×300
		450	300	16	28	18	152.91	120.0	29223	6327	13.82	6.43	868.5	421.8	11.35	900×300
		456	302	18	34	18	180.03	141.3	34345	7838	13.81	6.60	1002	519.0	11.34	900×300

附表 6-4　普通槽钢

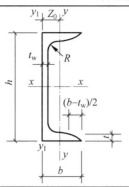

符号：
同普通工字钢
但 W_y 为对应翼缘肢尖

长度：
型号 5～8，长 5～12m；
型号 10～18，长 5～19m；
型号 20～20，长 6～19m。

型号		尺寸/mm					截面面积/cm²	理论质量/(kg/m)	x—x 轴			y—y 轴			y—y₁ 轴	Z₀/cm
		h	b	t_w	t	R	积/cm²	(kg/m)	I_x/cm⁴	W_x/cm³	i_x/cm	I_y/cm⁴	W_y/cm³	i_y/cm	I_{y1}/cm⁴	Z_0/cm
5		50	37	4.5	7	7	6.92	5.44	26	10.4	1.94	8.3	3.5	1.1	20.9	1.35
6.3		63	40	4.8	7.5	7.5	8.45	6.63	51	16.3	2.46	11.9	4.6	1.19	28.3	1.39
8		80	43	5	8	8	10.24	8.04	101	25.3	3.14	16.6	5.8	1.27	37.4	1.42
10		100	48	5.3	8.5	8.5	12.74	10	198	39.7	3.94	25.6	7.8	1.42	54.9	1.52
12.6		126	53	5.5	9	9	15.69	12.31	389	61.7	4.98	38	10.3	1.56	77.8	1.59
14	a	140	58	6	9.5	9.5	18.51	14.53	564	80.5	5.52	53.2	13	1.7	107.2	1.71
	b		60	8	9.5	9.5	21.31	16.73	609	87.1	5.35	61.2	14.1	1.69	120.6	1.67
16	a	160	63	6.5	10	10	21.95	17.23	866	108.3	6.28	73.4	16.3	1.83	144.1	1.79
	b		65	8.5	10	10	25.15	19.75	935	116.8	6.1	83.4	17.6	1.82	160.8	1.75
18	a	180	68	7	10.5	10.5	25.69	20.17	1273	141.4	7.04	98.6	20	1.96	189.7	1.88
	b		70	9	10.5	10.5	29.29	22.99	1370	152.2	6.84	111	21.5	1.95	210.1	1.84
20	a	200	73	7	11	11	28.83	22.63	1780	178	7.86	128	24.2	2.11	244	2.01
	b		75	9	11	11	32.83	25.77	1914	191.4	7.64	143.6	25.9	2.09	268.4	1.95
22	a	220	77	7	11.5	11.5	31.84	24.99	2394	217.6	8.67	157.8	28.2	2.23	298.2	2.1
	b		79	9	11.5	11.5	36.24	28.45	2571	233.8	8.42	176.5	30.1	2.21	326.3	2.03
25	a	250	78	7	12	12	34.91	27.4	3359	268.7	9.81	175.9	30.7	2.24	324.8	2.07
	b		80	9	12	12	39.91	31.33	3619	289.6	9.52	196.4	32.7	2.22	355.1	1.99
	c		82	11	12	12	44.91	35.25	3880	310.4	9.3	215.9	34.6	2.19	388.6	1.96
28	a	280	82	7.5	12.5	12.5	40.02	31.42	4753	339.5	10.9	217.9	35.7	2.33	393.3	2.09
	b		84	9.5	12.5	12.5	45.62	35.81	5118	365.6	10.59	241.5	37.9	2.3	428.5	2.02
	c		86	11.5	12.5	12.5	51.22	40.21	5484	391.7	10.35	264.1	40	2.27	467.3	1.99
32	a	320	88	8	14	14	48.5	38.07	7511	469.4	12.44	304.7	46.4	2.51	547.5	2.24
	b		90	10	14	14	54.9	43.1	8057	503.5	12.11	335.6	49.1	2.47	592.9	2.16
	c		92	12	14	14	61.3	48.12	8603	537.7	11.85	365	51.6	2.44	642.7	2.13
36	a	360	96	9	16	16	60.89	47.8	11874	659.7	13.96	455	63.6	2.73	818.5	2.44
	b		98	11	16	16	68.09	53.45	12652	702.9	13.63	496.7	66.9	2.7	880.5	2.37
	c		100	13	16	16	75.29	59.1	13429	746.1	13.36	536.6	70	2.67	948	2.34
40	a	400	100	10.5	18	18	75.04	58.91	17578	878.9	15.3	592	78.8	2.81	1057.9	2.49
	b		102	12.5	18	18	83.04	65.19	18644	932.2	14.98	640.6	82.6	2.78	1135.8	2.44
	c		104	14.5	18	18	91.04	71.47	19711	985.6	14.71	687.8	86.2	2.75	1220.3	2.42

附表 6-5　等边角钢

单角钢　　双角钢

型号		圆角	重心矩	截面面积	质量	惯性矩	截面模量		回转半径			i_y，当 a 为下列数值				
		R	Z_0	A		I_x	$W_{x\max}$	$W_{x\min}$	i_x	i_{x0}	i_{y0}	6mm	8mm	10mm	12mm	14mm
		（mm）		（cm²）	（kg/m）	（cm⁴）	（cm³）		（cm）			（cm）				
L20×	3	3.5	6	1.13	0.89	0.40	0.66	0.29	0.59	0.75	0.39	1.08	1.17	1.25	1.34	1.43
	4		6.4	1.46	1.15	0.50	0.78	0.36	0.58	0.73	0.38	1.11	1.19	1.28	1.37	1.46
L25×	3	3.5	7.3	1.43	1.12	0.82	1.12	0.46	0.76	0.95	0.49	1.27	1.36	1.44	1.53	1.61
	4		7.6	1.86	1.46	1.03	1.34	0.59	0.74	0.93	0.48	1.30	1.38	1.47	1.55	1.64
L30×	3	4.5	8.5	1.75	1.37	1.46	1.72	0.68	0.91	1.15	0.59	1.47	1.55	1.63	1.71	1.8
	4		8.9	2.28	1.79	1.84	2.08	0.87	0.90	1.13	0.58	1.49	1.57	1.65	1.74	1.82
L36×	3	4.5	10	2.11	1.66	2.58	2.59	0.99	1.11	1.39	0.71	1.70	1.78	1.86	1.94	2.03
	4		10.4	2.76	2.16	3.29	3.18	1.28	1.09	1.38	0.70	1.73	1.8	1.89	1.97	2.05
	5		10.7	2.38	2.65	3.95	3.68	1.56	1.08	1.36	0.70	1.75	1.83	1.91	1.99	2.08
L40×	3	5	10.9	2.36	1.85	3.59	3.28	1.23	1.23	1.55	0.79	1.86	1.94	2.01	2.09	2.18
	4		11.3	3.09	2.42	4.60	4.05	1.60	1.22	1.54	0.79	1.88	1.96	2.04	2.12	2.2
	5		11.7	3.79	2.98	5.53	4.72	1.96	1.21	1.52	0.78	1.90	1.98	2.06	2.14	2.23
L45×	3	5	12.2	2.66	2.09	5.17	4.25	1.58	1.39	1.76	0.90	2.06	2.14	2.21	2.29	2.37
	4		12.6	3.49	2.74	6.65	5.29	2.05	1.38	1.74	0.89	2.08	2.16	2.24	2.32	2.4
	5		13	4.29	3.37	8.04	6.20	2.51	1.37	1.72	0.88	2.10	2.18	2.26	2.34	2.42
	6		13.3	5.08	3.99	9.33	6.99	2.95	1.36	1.71	0.88	2.12	2.2	2.28	2.36	2.44
L50×	3	5.5	13.4	2.97	2.33	7.18	5.36	1.96	1.55	1.96	1.00	2.26	2.33	2.41	2.48	2.56
	4		13.8	3.90	3.06	9.26	6.70	2.56	1.54	1.94	0.99	2.28	2.36	2.43	2.51	2.59
	5		14.2	4.80	3.77	11.21	7.90	3.13	1.53	1.92	0.98	2.30	2.38	2.45	2.53	2.61
	6		14.6	5.69	4.46	13.05	8.95	3.68	1.51	1.91	0.98	2.32	2.4	2.48	2.56	2.64
L56×	3	6	14.8	3.34	2.62	10.19	6.86	2.48	1.75	2.2	1.13	2.50	2.57	2.64	2.72	2.8
	4		15.3	4.39	3.45	13.18	8.63	3.24	1.73	2.18	1.11	2.52	2.59	2.67	2.74	2.82
	5		15.7	5.42	4.25	16.02	10.22	3.97	1.72	2.17	1.10	2.54	2.61	2.69	2.77	2.85
	8		16.8	8.37	6.57	23.63	14.06	6.03	1.68	2.11	1.09	2.60	2.67	2.75	2.83	2.91
L63×	4	7	17	4.98	3.91	19.03	11.22	4.13	1.96	2.46	1.26	2.79	2.87	2.94	3.02	3.09
	5		17.4	6.14	4.82	23.17	13.33	5.08	1.94	2.45	1.25	2.82	2.89	2.96	3.04	3.12
	6		17.8	7.29	5.72	27.12	15.26	6.00	1.93	2.43	1.24	2.83	2.91	2.98	3.06	3.14
	8		18.5	9.51	7.47	34.45	18.59	7.75	1.90	2.39	1.23	2.87	2.95	3.03	3.1	3.18
	10		19.3	11.66	9.15	41.09	21.34	9.39	1.88	2.36	1.22	2.91	2.99	3.07	3.15	3.23
L70×	4	8	18.6	5.57	4.37	26.39	14.16	5.14	2.18	2.74	1.4	3.07	3.14	3.21	3.29	3.36
	5		19.1	6.88	5.40	32.21	16.89	6.32	2.16	2.73	1.39	3.09	3.16	3.24	3.31	3.39
	6		19.5	8.16	6.41	37.77	19.39	7.48	2.15	2.71	1.38	3.11	3.18	3.26	3.33	3.41
	7		19.9	9.42	7.40	43.09	21.68	8.59	2.14	2.69	1.38	3.13	3.2	3.28	3.36	3.43
	8		20.3	10.67	8.37	48.17	23.79	9.68	2.13	2.68	1.37	3.15	3.22	3.30	3.38	3.46
L75×	5	9	20.3	7.41	5.82	39.96	19.73	7.30	2.32	2.92	1.5	3.29	3.36	3.43	3.5	3.58
	6		20.7	8.80	6.91	46.91	22.69	8.63	2.31	2.91	1.49	3.31	3.38	3.45	3.53	3.6
	7		21.1	10.16	7.98	53.57	25.42	9.93	2.30	2.89	1.48	3.33	3.4	3.47	3.55	3.63
	8		21.5	11.50	9.03	59.96	27.93	11.2	2.28	2.87	1.47	3.35	3.42	3.50	3.57	3.65
	10		22.2	14.13	11.09	71.98	32.40	13.64	2.26	2.84	1.46	3.38	3.46	3.54	3.61	3.69

续表

单角钢　　双角钢

型号		圆角	重心矩	截面面积	质量	惯性矩	截面模量		回转半径			i_y，当 a 为下列数值				
		R	Z_0	A		I_x	$W_{x\max}$	$W_{x\min}$	i_x	i_{x0}	i_{y0}	6mm	8mm	10mm	12mm	14mm
		（mm）		（cm²）	（kg/m）	（cm⁴）	（cm³）		（cm）			（cm）				
L80×	5	9	21.5	7.91	6.21	48.79	22.70	8.34	2.48	3.13	1.6	3.49	3.56	3.63	3.71	3.78
	6		21.9	9.40	7.38	57.35	26.16	9.87	2.47	3.11	1.59	3.51	3.58	3.65	3.73	3.8
	7		22.3	10.86	8.53	65.58	29.38	11.37	2.46	3.1	1.58	3.53	3.60	3.67	3.75	3.83
	8		22.7	12.30	9.66	73.50	32.36	12.83	2.44	3.08	1.57	3.55	3.62	3.70	3.77	3.85
	10		23.5	15.13	11.87	88.43	37.68	15.64	2.42	3.04	1.56	3.58	3.66	3.74	3.81	3.89
L90×	6	10	24.4	10.64	8.35	82.77	33.99	12.61	2.79	3.51	1.8	3.91	3.98	4.05	4.12	4.2
	7		24.8	12.3	9.66	94.83	38.28	14.54	2.78	3.5	1.78	3.93	4	4.07	4.14	4.22
	8		25.2	13.94	10.95	106.5	42.3	16.42	2.76	3.48	1.78	3.95	4.02	4.09	4.17	4.24
	10		25.9	17.17	13.48	128.6	49.57	20.07	2.74	3.45	1.76	3.98	4.06	4.13	4.21	4.28
	12		26.7	20.31	15.94	149.2	55.93	23.57	2.71	3.41	1.75	4.02	4.09	4.17	4.25	4.32
L100×	6	12	26.7	11.93	9.37	115	43.04	15.68	3.1	3.91	2	4.3	4.37	4.44	4.51	4.58
	7		27.1	13.8	10.83	131	48.57	18.1	3.09	3.89	1.99	4.32	4.39	4.46	4.53	4.61
	8		27.6	15.64	12.28	148.2	53.78	20.47	3.08	3.88	1.98	4.34	4.41	4.48	4.55	4.63
	10		28.4	19.26	15.12	179.5	63.29	25.06	3.05	3.84	1.96	4.38	4.45	4.52	4.6	4.67
	12		29.1	22.8	17.9	208.9	71.72	29.47	3.03	3.81	1.95	4.41	4.49	4.56	4.64	4.71
	14		29.9	26.26	20.61	236.5	79.19	33.73	3	3.77	1.94	4.45	4.53	4.6	4.68	4.75
	16		30.6	29.63	23.26	262.5	85.81	37.82	2.98	3.74	1.93	4.49	4.56	4.64	4.72	4.8
L110×	7	12	29.6	15.2	11.93	177.2	59.78	22.05	3.41	4.3	2.2	4.72	4.79	4.86	4.94	5.01
	8		30.1	17.24	13.53	199.5	66.36	24.95	3.4	4.28	2.19	4.74	4.81	4.88	4.96	5.03
	10		30.9	21.26	16.69	242.2	78.48	30.6	3.38	4.25	2.17	4.78	4.85	4.92	5	5.07
	12		31.6	25.2	19.78	282.6	89.34	36.05	3.35	4.22	2.15	4.82	4.89	4.96	5.04	5.11
	14		32.4	29.06	22.81	320.7	99.07	41.31	3.32	4.18	2.14	4.85	4.93	5	5.08	5.15
L125×	8	14	33.7	19.75	15.5	297	88.2	32.52	3.88	4.88	2.5	5.34	5.41	5.48	5.55	5.62
	10		34.5	24.37	19.13	361.7	104.8	39.97	3.85	4.85	2.48	5.38	5.45	5.52	5.59	5.66
	12		35.3	28.91	22.7	423.2	119.9	47.17	3.83	4.82	2.46	5.41	5.48	5.56	5.63	5.7
	14		36.1	33.37	26.19	481.7	133.6	54.16	3.8	4.78	2.45	5.45	5.52	5.59	5.67	5.74
L140×	10	14	38.2	27.37	21.49	514.7	134.6	50.58	4.34	5.46	2.78	5.98	6.05	6.12	6.2	6.27
	12		39	32.51	25.52	603.7	154.6	59.8	4.31	5.43	2.77	6.02	6.09	6.16	6.23	6.31
	14		39.8	37.57	29.49	688.8	173	68.75	4.28	5.4	2.75	6.06	6.13	6.2	6.27	6.34
	16		40.6	42.54	33.39	770.2	189.9	77.46	4.26	5.36	2.74	6.09	6.16	6.23	6.31	6.38
L160×	10	16	43.1	31.5	24.73	779.5	180.8	66.7	4.97	6.27	3.2	6.78	6.85	6.92	6.99	7.06
	12		43.9	37.44	29.39	916.6	208.6	78.98	4.95	6.24	3.18	6.82	6.89	6.96	7.03	7.1
	14		44.7	43.3	33.99	1048	234.4	90.95	4.92	6.2	3.16	6.86	6.93	7	7.07	7.14
	16		45.5	49.07	38.52	1175	258.3	102.6	4.89	6.17	3.14	6.89	6.96	7.03	7.1	7.18
L180×	12	16	48.9	42.24	33.16	1321	270	100.8	5.59	7.05	3.58	7.63	7.7	7.77	7.84	7.91
	14		49.7	48.9	38.38	1514	304.6	116.3	5.57	7.02	3.57	7.67	7.74	7.81	7.88	7.95
	16		50.5	55.47	43.54	1701	336.9	131.4	5.54	6.98	3.55	7.7	7.77	7.84	7.91	7.98
	18		51.3	61.95	48.63	1881	367.1	146.1	5.51	6.94	3.53	7.73	7.8	7.87	7.95	8.02

单角钢

双角钢

型号		圆角	重心矩	截面面积	质量	惯性矩	截面模量		回转半径			i_y，当 a 为下列数值				
		R	Z_0	A		I_x	$W_{x\max}$	$W_{x\min}$	i_x	i_{x0}	i_{y0}	6mm	8mm	10mm	12mm	14mm
		（mm）		（cm²）	（kg/m）	（cm⁴）	（cm³）		（cm）			（cm）				
	14		54.6	54.64	42.89	2104	385.1	144.7	6.2	7.82	3.98	8.47	8.54	8.61	8.67	8.75
	16		55.4	62.01	48.68	2366	427	163.7	6.18	7.79	3.96	8.5	8.57	8.64	8.71	8.78
L200×	18	18	56.2	69.3	54.4	2621	466.5	182.2	6.15	7.75	3.94	8.53	8.6	8.67	8.75	8.82
	20		56.9	76.5	60.06	2867	503.6	200.4	6.12	7.72	3.93	8.57	8.64	8.71	8.78	8.85
	24		58.4	90.66	71.17	3338	571.5	235.8	6.07	7.64	3.9	8.63	8.71	8.78	8.85	8.92

附表 6-6　不等边角钢

单角钢		双角钢	

角钢型号 $B×b×t$		圆角	重心矩		截面面积	质量	回转半径			i_y，当 a 为下列数值				i_y，当 a 为下列数值			
		R	Z_x	Z_y	A		i_x	i_y	i_{y0}	6mm	8mm	10mm	12mm	6mm	8mm	10mm	12mm
		（mm）			（cm²）	（kg/m）	（cm）			（cm）				（cm）			
L25× 16×	3	3.5	4.2	8.6	1.16	0.91	0.44	0.78	0.34	0.84	0.93	1.02	1.11	1.4	1.48	1.57	1.65
	4		4.6	9.0	1.50	1.18	0.43	0.77	0.34	0.87	0.96	1.05	1.14	1.42	1.51	1.6	1.68
L32× 20×	3	3.5	4.9	10.8	1.49	1.17	0.55	1.01	0.43	0.97	1.05	1.14	1.23	1.71	1.79	1.88	1.96
	4		5.3	11.2	1.94	1.52	0.54	1	0.43	0.99	1.08	1.16	1.25	1.74	1.82	1.9	1.99
L40× 25×	3	4	5.9	13.2	1.89	1.48	0.7	1.28	0.54	1.13	1.21	1.3	1.38	2.07	2.14	2.23	2.31
	4		6.3	13.7	2.47	1.94	0.69	1.26	0.54	1.16	1.24	1.32	1.41	2.09	2.17	2.25	2.34
L45× 28×	3	5	6.4	14.7	2.15	1.69	0.79	1.44	0.61	1.23	1.31	1.39	1.47	2.28	2.36	2.44	2.52
	4		6.8	15.1	2.81	2.2	0.78	1.43	0.6	1.25	1.33	1.41	1.5	2.31	2.39	2.47	2.55
L50× 32×	3	5.5	7.3	16	2.43	1.91	0.91	1.6	0.7	1.38	1.45	1.53	1.61	2.49	2.56	2.64	2.72
	4		7.7	16.5	3.18	2.49	0.9	1.59	0.69	1.4	1.47	1.55	1.64	2.51	2.59	2.67	2.75
L56× 36×	3	6	8.0	17.8	2.74	2.15	1.03	1.8	0.79	1.51	1.59	1.66	1.74	2.75	2.82	2.9	2.98
	4		8.5	18.2	3.59	2.82	1.02	1.79	0.78	1.53	1.61	1.69	1.77	2.77	2.85	2.93	3.01
	5		8.8	18.7	4.42	3.47	1.01	1.77	0.78	1.56	1.63	1.71	1.79	2.8	2.88	2.96	3.04
L63× 40×	4	7	9.2	20.4	4.06	3.19	1.14	2.02	0.88	1.66	1.74	1.81	1.89	3.09	3.16	3.24	3.32
	5		9.5	20.8	4.99	3.92	1.12	2	0.87	1.68	1.76	1.84	1.92	3.11	3.19	3.27	3.35
	6		9.9	21.2	5.91	4.64	1.11	1.99	0.86	1.71	1.78	1.86	1.94	3.13	3.21	3.29	3.37
	7		10.3	21.6	6.8	5.34	1.1	1.96	0.86	1.73	1.8	1.88	1.97	3.15	3.23	3.3	3.39

续表

角钢型号 $B \times b \times t$		单角钢								双角钢							
		圆角	重心矩		截面面积	质量	回转半径			i_y，当 a 为下列数值				i_y，当 a 为下列数值			
		R	Z_x	Z_y	A		i_x	i_y	i_{y0}	6mm	8mm	10mm	12mm	6mm	8mm	10mm	12mm
		(mm)			(cm²)	(kg/m)	(cm)			(cm)				(cm)			
L70× 45×	4	7.5	10.2	22.3	4.55	3.57	1.29	2.25	0.99	1.84	1.91	1.99	2.07	3.39	3.46	3.54	3.62
	5		10.6	22.8	5.61	4.4	1.28	2.23	0.98	1.86	1.94	2.01	2.09	3.41	3.49	3.57	3.64
	6		11.0	23.2	6.64	5.22	1.26	2.22	0.97	1.88	1.96	2.04	2.11	3.44	3.51	3.59	3.67
	7		11.3	23.6	7.66	6.01	1.25	2.2	0.97	1.9	1.98	2.06	2.14	3.46	3.54	3.61	3.69
L75× 50×	5	8	11.7	24.0	6.13	4.81	1.43	2.39	1.09	2.06	2.13	2.2	2.28	3.6	3.68	3.76	3.83
	6		12.1	24.4	7.26	5.7	1.42	2.38	1.08	2.08	2.15	2.23	2.3	3.63	3.7	3.78	3.86
	8		12.9	25.2	9.47	7.43	1.4	2.35	1.07	2.12	2.19	2.27	2.35	3.67	3.75	3.83	3.91
	10		13.6	26.0	11.6	9.1	1.38	2.33	1.06	2.16	2.24	2.31	2.4	3.71	3.79	3.87	3.96
L80× 50×	5	8	11.4	26.0	6.38	5	1.42	2.57	1.1	2.02	2.09	2.17	2.24	3.88	3.95	4.03	4.1
	6		11.8	26.5	7.56	5.93	1.41	2.55	1.09	2.04	2.11	2.19	2.27	3.9	3.98	4.05	4.13
	7		12.1	26.9	8.72	6.85	1.39	2.54	1.08	2.06	2.13	2.21	2.29	3.92	4	4.08	4.16
	8		12.5	27.3	9.87	7.75	1.38	2.52	1.07	2.08	2.15	2.23	2.31	3.94	4.02	4.1	4.18
L90× 56×	5	9	12.5	29.1	7.21	5.66	1.59	2.9	1.23	2.22	2.29	2.36	2.44	4.32	4.39	4.47	4.55
	6		12.9	29.5	8.56	6.72	1.58	2.88	1.22	2.24	2.31	2.39	2.46	4.34	4.42	4.5	4.57
	7		13.3	30.0	9.88	7.76	1.57	2.87	1.22	2.26	2.33	2.41	2.49	4.37	4.44	4.52	4.6
	8		13.6	30.4	11.2	8.78	1.56	2.85	1.21	2.28	2.35	2.43	2.51	4.39	4.47	4.54	4.62